上海出版资金项目
Shanghai Publishing Funds
国家"十二五"重点图书出版规划项目

中国园林美学思想史

——隋唐五代两宋辽金元卷

丛书主编　夏咸淳　曹林娣

曹林娣　沈　岚　著

同济大学出版社
TONGJI UNIVERSITY PRESS

内 容 提 要

本卷展示了中国园林美学思想的开拓与成熟的历史进程,也揭示了中国园林及其美学思想的主流由北向南转移的转折:隋奠定的山水宫苑的美学风貌,到盛唐得以全面发展,以天地山川为美、自然中见人工的初唐盛唐山水园林,到中唐晚唐逐渐走向写意化,园林审美从追求悦耳悦目走向追求悦心悦意,到两宋琴棋书画诗酒茶为代表的园林美学艺术体系臻于成熟。辽金元统治者倾慕、皈依以农耕为主的中华传统园林美学思想,为明中后期及盛清时期园林美学理论的全面成熟夯实了基石。

图书在版编目(CIP)数据

中国园林美学思想史.隋唐五代两宋辽金元卷/夏咸淳,曹林娣主编;曹林娣,沈岚著. -- 上海:同济大学出版社,2015.12
ISBN 978-7-5608-6103-6

Ⅰ.①中… Ⅱ.①夏… ②曹… ③沈… Ⅲ.①古典园林-园林艺术-艺术美学-美学思想-思想史-中国-隋唐时代 ②古典园林-园林艺术-艺术美学-美学思想-思想史-中国-五代十国时期 ③古典园林-园林艺术-艺术美学-美学思想-思想史-中国-辽宋金元时代 Ⅳ.①TU986.62

中国版本图书馆 CIP 数据核字(2015)第 297218 号

本丛书由上海市新闻出版专项扶持资金资助出版
本丛书由上海文化发展基金会图书出版专项基金资助出版

中国园林美学思想史——隋唐五代两宋辽金元卷

丛书主编　夏咸淳　曹林娣

曹林娣　沈　岚　著

策划编辑　曹　建　季　慧
责任编辑　季　慧　陆克丽霞　　**责任校对**　徐春莲　　**封面设计**　陈益平

出版发行　同济大学出版社　　www.tongjipress.com.cn
　　　　　(地址:上海市四平路 1239 号 邮编:200092 电话:021-65985622)
经　　销　全国各地新华书店
印　　刷　上海中华商务联合印刷有限公司
开　　本　787 mm×960 mm　1/16
印　　张　18
字　　数　360 000
版　　次　2015 年 12 月第 1 版　　2015 年 12 月第 1 次印刷
书　　号　ISBN 978-7-5608-6103-6

定　　价　78.00 元

总序

　　中国古典园林是中华灿烂文化标志之一，与西亚园林、西方园林并为世界三大园林体系，而以历史悠久绵延不绝、构景以诗文立意、画境布局、精美独特、妙合自然山水画意著称于世。中国古典园林萌发于商周，成长于秦汉魏晋，成熟繁荣于唐宋，至明代后期、清代中期而臻全盛，以后渐趋衰微而显现嬗变迹象。

　　中国园林美学思想是园林艺术伟大实践的产物，也反过来指导、引领造园实践。

　　中国古典园林美学，荟萃了文学、哲学、绘画、戏剧、书法、雕刻、建筑以及园艺工事等艺术门类，组成浓郁而又精致的园林美学殿堂，成为中华美学领域的奇葩。

　　中国园林美学思想之精要、特征可以简括为三点：

　　一、中国园林美学思想特别注重园林建筑与自然环境的共生同构。以万物同一、天人和合的哲学思维观照天地山川，山为天地之骨，水为天地之血，山水是天地的支撑和营卫，是承载、含育万物和人类的府库和家园。人必有居，居而有园，园居必择生态良好的山水之乡。古昔帝王构筑苑囿皆准"一池三岛"模式已发其端，后世论园林构成要素也以山水居首，论造园家素养以"胸有丘壑"作为不可或缺的条件。山水精神是中国园林美学之魂，园林美学与山水美学、环境美学密不可分。

　　二、中国园林美学思想深具空间意识、着意空间审美关系。中国园林属于特殊的建筑艺术、空间艺术，特别注重美的创造，将空间艺术之美发挥到极致。以江南园林为代表的私家园林十分讲究山水、花木、屋宇诸要素之间，各种要素纷繁的支系之间，园内之景与园外之景之间，通过巧妙的构思和方法组合成一个和谐精丽的艺术整体。局部看，"片山多致，寸石生情"；全局看，"境仿瀛壶，天然图画"；大观小致，众妙并包。论者认为，"位置之间别有神奇纵横之法"。"经营位置"是中国画论"六法"之一，也是园林家们经常谈论的命题，还提出与此相关的一系列美学范畴，如疏密、乱整、虚实、聚散、藏露、蔽亏、避让、断续、错综、掩映等，议论精妙辩证。

　　三、中国园林美学思想尊尚心灵净化、自我超越为最高审美境界。古代帝王苑囿原有狩猎等功能，后蜕变为追求犬马声色之乐的场所，后世权贵富豪也每以巨墅华园夸富斗奢、满足官能物欲享受，因此被贤士指斥为荒淫逸乐。中国园林美学思想以传统士人审美理想为主流，不摒弃园林耳目声色愉悦，但要求由此更上一层，与心相会，体验到心灵的净化和提升，摆脱尘垢物累，达到自由和超越的审美境界。栖居徜徉佳园，如临瑶池瀛台，凡尘顿远，既有"养移体"的养生功能，更具"居移气"

的养心功能,故园林审美最高目标在于超尘拔俗,涤襟澄怀。由此看来,对山水环境、空间关系、生命超越的崇尚,盖此三者构成中国园林美学思想的精核。且作如是观。

中国园林美学史料丰富纷繁。零篇散帙,园记园咏,数量最大,分藏于别集、总集、游记、日记、笔记、杂著、地方志、名胜志诸类文献,诚为"富矿",但搜寻不易。除单篇散记外,营造类、艺术类、工艺类、园艺类、器物类、养生类等著作也与造园有关,或辟专章说园。如《营造法式》、《云林石谱》、《遵生八笺》、《长物志》、《花镜》、《闲情偶寄》等名著。由单篇园记发展为组记、专志、专书,内容翔实集中,或详记一座私家园林,或分载一城、一区数园乃至百园,前者如《弇山园记》、《愚公谷乘》、《寓山注》、《江村草堂记》,后者如《洛阳名园记》、《吴兴园圃》、《越中园亭记》。这些园林志著述颇具史学意识和美学意识。至于造园论专著在古代文献中则罕见,如明末吴江计成《园冶》屈指可数。这与中国文论、诗论、画论、书论专著之发达不可同日而语。究其原因,一则园林艺术综合性特强,园论与画论同理,还常混杂于营造、艺术、园艺、花木之类著作之中。再则,园林创构主体"能主之人"和匠师术业专攻不同,各有偏重,既身怀高超技艺,又通晓造园理论,而且有志于结撰园论专著以期成名不朽者,举世难得,而计成适当其任,故其人其书备受推崇。园论专著之不经见,不等于中国园林美学不发达,不成系统。被誉为世界三大园林体系之一的中国古典园林,当然也包含博大精深、自成系统的美学理论。

目前园林美学思想史研究成果颇丰,但比较零散,迄今尚未见到一部完整系统的专著,较之已经出版的《中国建筑美学史》、《中国音乐美学史》、《中国设计美学史》和多部《中国美学史》著作逊色不少。这部四卷本《中国园林美学思想史》仅是一种学术研究尝试。全书以历史时代为线索,自先秦以迄晚清,着重论析每个历史阶段有关重要著作和代表园林家的美学思想内涵、特点和建树,比较相互异同,阐述沿革关系,进而寻索梳理历史演变逻辑和发展脉络。而这一切都离不开对纷庞繁杂的园林美学史料的发掘、整理和研读,本书在这方面也下了一番工夫。限于学力和时间,疏漏舛误在所难免,尚祈专家、读者不吝指正。

本书在撰写过程中,得到诸多专家学者的关心和帮助。同济大学古建筑古园林专家路秉杰教授、程国政教授、李浈教授,上海社会科学院美学家邱明正研究员、园林家刘天华研究员,都曾提出宝贵意见和建议,使作者深受启发和得益。本书还得到同济大学出版社领导和有关编务人员的鼎力支持。2009年末,该社副总编曹建先生即与上海社会科学院文学所研究员夏咸淳酝酿此课题,得到原社长郭超先生和常务副总编张平官先生的赞同。2010年初,曹建复与编辑季慧博士商议项目落实事宜,并由季慧申报"十二五"国家重点出版规划课题,后又申请上海文化出版基金项目,均获批准。及支文军先生出任社长,继续力挺此出版项目,并亲自主持本书专家咨询会。责任编辑季慧博士及继任陆克丽霞博士多次组织书稿讨论会,经常与作者互通信息,对工作非常认真,抓得很紧。由于他们的努力和专家们的关切,在作者三易其人,出版社领导和责编有所变更的情况下,本项目依然坚持下来,越五年而成正果,实属不易。

值此付梓出版之际,作者谨向所有为本书付出劳动的人,表示深深的敬意和铭谢。

夏咸淳 曹林娣

总
序

公元 581 年，北周静帝以相国隋王杨坚，"睿圣自天，英华独秀，刑法与礼仪同运，文德共武功俱远。爱万物其如己，任兆庶以为忧。手运玑衡，躬命将士，芟夷奸宄，刷荡氛昆，化通冠带，威震幽遐"，众望所归，禅位于杨坚，杨坚兵不血刃，统一了中华，定国号为大隋（581—618 年），改元开皇。

公元 618 年隋恭帝杨侑禅让李渊，是为唐（618—907 年）。上承唐末乱世，下顺宋代承平期间出现了依次更替的后梁、后唐、后晋、后汉与后周五个朝代（907—960年）及前蜀、后蜀、吴、南唐、吴越、闽、楚、南汉、南平（荆南）、北汉等十个割据政权（891—979 年），史称五代十国。

隋文帝在位二十四年，"内修制度外抚戎夷"，赢得天下悦之，万民归心。建立的各项制度开创了中国天朝上国体系：制订了当时最为先进并影响后世基本立法的律法《开皇律》，悉除北周苛政，对贪官污吏则严惩不贷。"他能因看到百姓的食物内杂糠渣而流泪，他的百官穿布制的袍服。他命令亲信以贿赂引诱自己手下的官僚，其中计者必死。"[①]首次实行了一直沿袭到清朝的三省六部制；出现了世界上最早的金融机构银行柜坊，专营货币的存放和借贷，是世界上最早的银行雏形，比欧洲的金融机构要早六七百年；奉行了宗教信仰自由的政策，实行儒释道三教合流……

隋文帝认定"力俭则富，贪奢则亡"的道理，推行"节俭恤民，勤政务实"政策，躬履俭约，六宫服浣濯之衣，乘舆供御有故敝者，随令补用，非燕享不过一肉。有司尝以布袋贮乾姜，以毡袋进香，皆以为费用，大加谴责。实行均田制并改定赋役，采取"大索貌阅"和"输籍定样"等清查户口措施，增加财政收入。百姓承平日久，户口岁增，社会财富急剧增加：《隋书·食货志》记载，开皇十二年（592 年），"库藏皆满"[②]。开皇十七年（597 年），更是"中外仓库，无不盈积。所有赉给，不逾经费，京司帑屋既充，积于廊庑之下"[③]。

隋文帝成为最受臣民百姓爱戴、威望声誉最崇高的圣王，被波斯帝国、东罗马帝国皇帝共奉为"皇上之皇，世界皇帝"。

① 王仁宇：《中国大历史》，生活·读书·新知三联书店，2002，第 102 页。
② 魏征：《隋书·食货志》卷二四，中华书局，1973。
③ 《隋书·食货志》卷二四。

隋炀帝继承其父大业，积聚了大量财富，隋亡时，"天下储积，得供五六十年"①。元马端临称："古今称国计之富者，莫如隋。"②清王夫之亦称："隋之富，汉、唐之盛，未之逮也。"③为唐朝盛世的出现奠定了物质基础。

隋朝盛世，西域以及阿拉伯、波斯商人及日本的遣隋使来往经商或进行频繁的文化交流，陆上和海上丝绸之路都呈现出空前繁荣的景象，高昌、倭国、高句丽、新罗、百济与臣服的东突厥等国皆深受隋朝文化与典章制度的影响。

初唐(618—712年)大体上是指唐代开国至唐玄宗先天元年之间。盛唐特指唐玄宗开元时期二三十年的时间，"横制六合，骏奔百蛮"，物产丰盈，国泰民安，边疆稳固，物华天宝。

唐高祖李渊和唐太宗李世民在政治上都比较开明。贞观年间，有志于"济世安民"④的唐太宗李世民，以"斩鲸澄碧海，卷雾扫扶桑"的宏大气魄，击败强敌东突厥，唐太宗受尊"天可汗"。他以隋亡为鉴，认识到："为君之道，必先存百姓，若损百姓以奉其身，犹割股以啖腹，腹饱而身毙。若安天下，必先正其身，未有身正而影曲，上治而下乱者"。"非亲无以隆基，非德无以启化"，⑤他知人善任，"疾风知劲草，板荡识诚臣"。"纵情昏主多，克己明君鲜"，而他能虚心纳谏，居安思危，重视农业，轻徭薄赋，精简机构，加强围防，改善民族关系，开放对外交流，共同开创了政治清明、经济发展、物价低廉、社会安定的贞观盛世，为大唐朝走向极盛奠定了基础。

唐高宗时期击败西突厥、高句丽等强敌，开创了永徽之治。颇有治国之才的武则天于690年建国周，定都洛阳，改称神都。她打击门阀，重用寒门，知人善任，时号"君子满朝"，故有"贞观遗风"的美誉，亦为其孙唐玄宗的开元之治打下了长治久安的基础。

唐太宗"自古皆贵中华，贱夷狄，朕独爱之如一"⑥，这种一视华夷的思想，为他的后继者所继承，直到玄宗朝，诗人李华也说："国朝一家天下，华夷如一"⑦，在如此恢弘的文化政策哺育下，开创了地负海涵、星悬日揭的盛唐气象。

带着世界主义色彩的盛唐文化如日中天，对周边民族产生了巨大的辐射力，中国都城长安有叙利亚人、阿拉伯人、波斯人、吐蕃人与安南人来定居，出现了民族文化的大融合、大发展，社会政治、民族、文化等在总体上都呈现出多元的特点，思想界儒、道、释三教并存。

---

① 吴兢：《贞观政要·辩兴亡》卷八，中华书局，2009。
② 马端临：《文献通考·国用考一》卷二三。
③ 王夫之：《读通鉴论·炀帝》卷十九，中华书局，1975。
④ 李世民：《赋尚书》。
⑤ 李世民：《晋祠之铭并序》碑。
⑥ 《资治通鉴》贞观二十一年五月条。
⑦ 李华：《寿州刺史厅壁记》。

"八水绕京都"(图1)、"群山横地轴"的唐都长安,在隋都大兴城基础上扩建、新建,分宫城、皇城和外郭城三部分。皇城的南向和皇城、宫城的东西两向是外郭城,占全城面积的绝大部分,居民区的"坊"和商业区的"市"十分整齐对称地排列在外郭城中。长安全城规划排列南北十三坊,象征一年有闰月。皇城南向设东西四坊,象征一年有四季。全城以朱雀大街为中轴,东西呈对称布局,东西大街十四条,南北大街十一条,东西南北二十五条大街划分出东市、西市一百零八坊。面积达八十四平方公里,为汉长安城的二点四倍,为今日西安市的八倍,其南北驰道宽五百尺。① 长安成为国际大都市,开创了"中国最具世界主义色彩的朝代"!

　　长安城是按方格网式规划的一座都城。整个城的平面如同棋盘式格局。

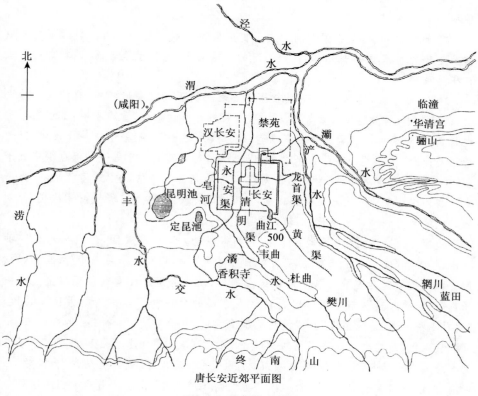

唐长安近郊平面图

图1　八水绕长安②

　　白居易《登观音台望城》,看到的是"百千家似围棋局,十二街如种菜畦。遥认微微入朝火,一条星宿五门西"③。

①　王仁宇:《中国大历史》,生活·读书·新知三联书店,2002,第108页。
②　周维权:《中国古典园林史》,第三版,北京:清华大学出版社,1990,第177页。
③　《全唐诗》卷四四八。

初唐四杰之一的骆宾王《帝京篇》："山河千里国，城阙九重门。不睹皇居壮，安知天子尊。"

创自隋文帝的分科举人制，经隋炀帝、武则天不断完善的公开的文官考试制度即科举制更加发展成熟。

唐代开科，分常选与制举，常选有秀才、明经等十二科，其中明经又分为七；制举据唐宋人的记载，当有八九十种之多，开启了我国帝制社会延续了一千三百多年的官员选拔制度，打破了过去的世族垄断，形成了"家家礼乐，人人诗书"的崇文习俗。

除科举入仕之外，唐人还有入地方节镇幕府等入仕的多种途径，为寒门士人提供了更多的机会。因此，唐代士人有着更为恢宏的胸怀、气度、抱负与强烈的进取精神。

"7世纪的初唐，是中国专制时代历史上最为灿烂光辉的一页。当帝国对外威信蒸蒸日上之际，其内部组织，按照当时的标准看来，也近于至善，是以其自信心也日积月深。"①

"官小而才大，名高而位卑"的初唐四杰之一的王勃，"高情壮思，有抑扬天地之心；雄笔奇才，有鼓怒风云之气"②，景仰"汉家二百所之都郭，宫殿平看；秦树四十郡之封畿，山河坐见。班孟坚骋两京雄笔，以为天地之奥区，张平子奋一代宏才，以为帝王之神丽"③，形羁小小的山亭之中却计划着"直上天池九万里……傍吞少华五千仞，裁二仪为舆盖，倚八荒为户牖"，对现世力量充满了自信，他"三尺微命，一介书生"，胸怀建功立业的大志，"有怀投笔，慕宗悫之长风"，欲效仿班超投笔从戎，像刘宋时代的宗悫一样，"愿乘长风，破万里浪"！

边塞诗人高适发出"万里不惜死，一朝得成功。画图麒麟阁，入朝明光宫"④的壮语、岑参有"丈夫三十未富贵，安能终日守笔砚"⑤的浩叹！李白自比管、葛、吕望、谢安，要"钓周猎秦安黎元"，然后像范蠡那样，功成身退。杜甫这位现实主义老夫子都"窃比稷与契"，暗暗以舜时贤臣教人稼穑的后稷和掌管民治的大臣契自比，"致君尧舜上，再使风俗淳"。即使到了藩镇割据、吏治腐败、国势日衰的中晚唐，士人积极入世、建功立业的总趋势并未改变。被"避父讳"封建礼教无情地堵死了进身之路的书生李贺，也不满"寻章摘句老雕虫"的书生生涯，欲弃文从武、为国效力，尚有身佩军刀，奔赴疆场的豪迈之气："男儿何不带吴钩，收取关山五十州。请君暂上凌烟阁，若个书生万户侯！"⑥这类精神气质代表了中国封建文化鼎盛时期的

① 黄仁宇：《中国大历史》，生活·读书·新知三联书店，2002，第106页。
② 王勃：《游冀州韩家园序》，见《全唐文》卷一百八十。
③ 王勃：《山亭兴序》，见《全唐文》卷一百八十。
④ 高适：《塞下曲》，见《全唐诗》卷一百十一。
⑤ 岑参：《银山碛西馆》，见《全唐诗》卷一九九。
⑥ 李贺：《南园》，见《全唐诗》卷三百九十四。

标志。

唐人以如此恢宏的胸怀气度与对待不同文化的兼容心态,随着经济文化的发展,特别是唐代诗歌、绘画、书法、音乐、舞蹈及园林艺术得到全面发展,唐代,诗画的融通有了更大的发展。

据有心人统计,四万二千八百余首全唐诗里就有六千多首关于园林景致内容的诗作,这种天人相通的自然观,深刻影响了园林的自然观,开创了园林史上富有艺术才情的时代。士人读书山林、寄宿寺观、仗剑名山大川,开阔了视野,陶冶了情趣,提高了山水审美的能力。他们往往自建园林,并将之作为心灵栖居之所,园中山水花鸟经过他们心灵的过滤,糅进了诗情和画意。私家园林所具有的清雅格调,得以更进一步的提高、升华。园林数量多、质量高。王维、李白、杜甫、白居易等都是当时精于园林鉴赏的代表人物。

艺术审美理论有了突破性发展,"意境"说影响到园林审美,"外师造化,中得心源"成为中国艺术包括构园艺术创作所遵循的圭臬。象外之象,景外之景,韵外之致,味外之旨"诗味"论,全面影响了园林创作及审美思想。

自然"人性化"成为日常生活的一部分。"羌笛何须怨杨柳,春风不度玉门关"(王之涣)、"我寄愁心与明月,随风直到夜郎西"(李白)、"山光悦鸟性,潭影空人心"(常建),"春风"、"明月"都是善解人意、温馨恬静而与人生活相伴的部分,而"山光"、"潭影"则都染有禅意。带着如此自然观构划的园林,大抵皆以泉石竹树养心,借诗酒琴书怡性,因此,无论是豪华的皇亲贵族、世家官僚园林,还是寒素的士人园林,乃至肃穆又世俗的寺观园林,都是借助真山实景的自然环境,加上人工的巧妙点缀,诗画意境的熏染,属于自然中见人工的山水园林。

佛教在唐代有很大的发展,天台、三论、法相、华严、禅宗等教派,在佛教中国化方面,都已经到了相当成熟的阶段,禅宗已经深契入中国文化之中。

天宝十四年(755年)十一月,三镇节度使安禄山联合史思明在范阳(今北京)以诛杀杨国忠为名发动叛乱,史称"安史之乱"。"安禄山的叛变,近于全朝代时间上的中点,可以视作由盛而衰的分水岭。这样一来,前面一段有了137年的伟大与繁荣,而接着则有151年的破坏和混乱。"①

从中唐开始,随着唐代从繁荣的顶峰逐步走向衰落,士大夫知识分子中,普遍出现了渴望实现儒家理想、报效朝廷但又不可得的苦闷情绪,产生了一种既想积极入世、立功扬名,又想消极退隐、独善其身的矛盾心理。这种苦闷矛盾的心理随着唐王朝的衰落而不断加深,给中晚唐五代美学思想的发展以深刻影响。文人大多采取"隐在留司官"的"中隐"即"吏隐"态度,在社会与自然、政治与田园以及自我的精神领域内找到一种平衡。

清幽澹雅的文人园林展示出这一时代独特的隐逸情韵。唐代城郊园林的大发展,调和化解了仕与隐的矛盾,为中晚唐文人的"吏隐"提供了实现的途径,"吏隐"又为郡斋园林化创造了前所未有的思想与物质条件。

诚如向达先生所言:"李唐一代之历史,上汲汉、魏、六朝之余波,下启两宋文明之新运。而其取精用宏,于继袭旧文物而外,并时采撷外来之菁英。两宋学术思想之所以能别焕新彩,不能不溯其源于此也。"①于是,"华夏民族之文化,历数千载之演进,造极于赵宋之世也"②,王国维《宋代之金石学》曰:

宋代学术,方面最多,进步亦最著。其在哲学,始则有刘敞、欧阳修等,脱汉唐旧注之桎梏,以新意说经;后乃有周敦颐、程颢、程颐、张载、邵雍、朱熹诸大家,蔚为有宋一代之哲学。其在科学,则有沈括、李诫等,于历数、物理、工艺,均有发明。在史学,则有司马光、洪迈、袁枢等,各有庞大之著述。绘画,则董源以降,始变唐人画工之画,而为士大夫之画。在诗歌,则兼尚技术之美,与唐人尚自然之美者,蹊径迥殊。考证之学,亦至宋而大盛。故天水一朝,人智之活动与文化之多方面,前之汉唐,后之元明,皆所不逮也。

元末赵汸《观舆图有感》五首之五自注云:"世谓汉、唐、宋为后三代。"③《宋史》卷三《太祖本纪》赞语本之而谓:"三代而降,考论声明文物之治、道德仁义之风,宋于汉、唐盖无让焉。"

"古人好读前四史,亦以其文字耳!若研究人心、政俗之变,则赵宋一代历史,最宜究心。中国之所以成为今日现象者,为善为恶,姑不具论,而为宋人之所造就,什八九可断言也。"④

钱穆先生从中国古代社会变迁的角度说:"论中国古今社会之变,最要在宋代。宋以前,大体可称为古代中国;宋以后,乃为后代中国。"

宋代文化之繁荣,与其渐趋健全、严密与完善的科举取士制度密不可分。唐代虽有科举制,但借科举晋身的平民官僚,寥寥可数。宋太祖说:"昔者科名多为势家所取,朕亲临试,尽革其弊矣。"⑤"惟有糊名公道在,孤寒宜向此中求","取士不问家世""升入政治上层者,皆由白衣秀才平地拔起,更无古代封建贵族及门第传统的遗存"(钱穆语)。三百余年,共举行了一百十八榜科举考试,文武两科正奏名、特奏名进士及诸科正奏名、特奏名登科约十一万人左右,是"唐、五代一万多名登科总人数的十倍多、明代两万四千多人的四点五倍、清代两万六千多人的四倍"⑥。

每一个考中的人都要登录三代,曾祖父、祖父、父亲是谁,如果三代里面有人是

① 向达:《唐代长安与西域文明·叙言》重庆出版社,2009。

② 陈寅恪:《金明馆丛稿·邓广铭宋史职官志考证序》二编,上海古籍出版社,1980,第245页。

③ 赵汸:《观舆图有感》,见《东山存稿》卷一。

④ 严复:《严几道与熊纯如书札节钞》,江苏古籍出版社,1999,第39页。

⑤ 脱脱、阿鲁图等《宋史》选举一(科目上)第一百八。

⑥ 龚延明:《〈文献通考·宋登科记总目〉补正》,《文史》2002,第4辑。

当官的,就要注上。据学者对南宋《宝祐四年登科录》的统计,这一榜共录取六百零一名进士,其中官僚出身是一百八十四人,平民出身四百十七人,差不多三分之二来自平民,第一甲第一名就是文天祥,出身于三代无官的家庭。①

宋代文化是中国典范型、经典性文化,这一文化高峰的出现跟宋几代帝王文化素质和文化提倡、推促,有着密切的关系。《宋史·文苑传·序》言:"艺祖革命,首用文吏而夺武臣之权。宋之尚文,端本乎此。太宗、真宗,其在藩邸,已有好学之名,及其即位,弥文日增。自时厥后,子孙相承。上之为人君者,无不典学;下之为人臣者,自宰相以至令录,无不擢科。海内文士,彬彬辈出焉。"②

"自太宗崇奖儒学,骤擢高得至辅弼者多矣"③。宋朝前期的甲科进士,往往用不了多久就能跃升到宰辅高位,成为王朝的高级管理者。像卓有建树的名相吕蒙正、寇准、王旦、吕夷简、晏殊、文彦博、富弼、韩琦、王安石、司马光等人,无不是通过科考迈入仕途,逐渐成为各领风骚的政坛领袖。通过更加严格合理的科举手段为国家拣选治国人才,彰显了宋朝文士地位的极大提高。在这样一种儒者文士社会政治地位普遍提升的背景下,"以天下为己任"遂成为其时士人的群体意识。"开口揽时事,议论争煌煌"④,是宋代士大夫特有的精神风貌。"儒者在本朝则美政,在下位则美俗"⑤,也造就了倾心学术、精心文章、崇尚文化的社会时尚。

贵族的消亡,推演着一个平民化社会的来临,宋代的教育、文化艺术等领域,也一齐出现了明显的平民化色彩。

宋朝形成了"虚君共治"体制,君主"以制命为职","一切以宰执熟议其可否",即由宰相执掌具体的国家治理权;如果政令"有未当者",则由"台谏劾举之",即台谏掌握着监察、审查之权,以制衡宰执的执政大权;执政、台谏,加上端拱在上的君主,三权相对独立,"各有职业,不可相侵",即公务员的分类、职能、考试录用、考核、奖惩、培训、晋升、调动、解职,权力命令的发起、传递、审查、执行、反馈、问责,都有完备的制度与程序可遵循,从而最大限度隔离私人因素的影响。⑥ 而且,唯独宋朝三百余年,没有形成破坏文官制的"内朝",文官制的运作非常稳定。规避和减轻了皇权独断和权臣专政的风险。成为君、臣上下的共识:"列圣传心,至仁宗而德化隆洽,至于朝廷之上,耻言人遇,谓本朝之治与三代同风。此则祖宗之家法也。"⑦

周敦颐、邵雍、张载和程颢、程颐二程,号为北宋理学五子,他们"自出义理",构建了中国后期社会最为精致、完备的理论体系学,不仅将纲常伦理确立为万

① 刘京臣:《搜遗撷英　廿载光阴》——读《宋代登科总录》《光明日报》(2015 年 11 月 16 日 16 版。
② 脱脱等.《宋史》卷四三九。
③ 欧阳修:《归田录》卷一。
④ 欧阳修:《镇阳读书》,见《全宋诗》卷十。
⑤ 《荀子·儒效》。
⑥ 吴钧:《宋:现代的拂晓时辰　自序》引,广西师范大学出版社,2015。
⑦ 李心传:《建炎以来朝野杂记》乙集卷三"孝宗论用人择相"条。

事万物之所当然和所以然，亦即"天理"，而且高度强调人对"天理"的自觉意识。朱熹突出了"正心、诚意"的"修身"公式，将外在规范转化为内在的主动欲求，亦即伦理的"自律"，强调通过道德自觉达到理想人格的建树，知性反省、造微于心性之际。强化了中华民族注重气节和德操、注重社会责任感与历史使命感的文化性格。

士大夫忠义之气，至于五季，变化殆尽。宋之初兴，范质、王溥，犹有余憾，况其他哉！艺祖首褒韩通，次表卫融，足示意向。厥后西北疆场之臣，勇于死敌，往往无惧。真、仁之世，田锡、王禹偁、范仲淹、欧阳修、唐介诸贤，以直言谠论倡于朝，于是中外缙绅知以名节相高、廉耻相尚，尽去五季之陋矣。故靖康之变，志士投袂，起而勤王，临难不屈，所在有之。及宋之亡，忠节相望，班班可书。①

士大夫秉持"大道之行，天下为公"的信条而敢怒敢言，他们往往把气节、操守和廉耻、名声看得比利益更重，甚至比生命更重。塑造了宋人的人格范式：至元十六年（1279年）二月，宋亡之日，状元、左丞相陆秀夫先是"杖剑驱妻子入海"，然后毅然背着八岁的小皇帝"赴海死，年四十四"；"翰林学士刘鼎孙亦驱家属并辎重沉海，不死被执，搒掠无完肤，一夕得脱，卒蹈海"②；翰林学士刘鼎孙也将自己的家眷驱赶入海中，并将各辎重物沉入海底，自己投海自尽未能如愿，被抓起来拷打得体无完肤，一天晚上得以逃脱，最后还是跳海而死。乃是宋代思想累积的结果，是重名节、重操守的人格精神的必然体现。即使权臣当道，很多心底无私的士大夫仍占据着道德高地，充当着时代风气主流而受到人们的尊敬。时有一个风清气正、人人知耻、人人思奋的社会底色。

宋代的物质文明也达到前所未有的高度，北宋京城汴京，城内已经"比汉唐京邑繁庶，十倍其人"③。

黄仁宇宣称："公元960年，宋代兴起，中国好像进入了现代，一种物质文化由此展开。货币之流通，较前普及。火药之发明，火焰器之使用，航海用之指南针，天文时钟，鼓风炉，水力纺织机，船只使用不漏水舱壁等，都于宋代出现。在11、12世纪内，中国大城市里的生活程度可以与世界上任何其他城市比较而无逊色。"④

法国学者埃狄纳称宋朝为"现代的拂晓时辰"，显现着不输于当今社会的人性化、法制化、商业化的迷人之处。美国历史教材《中国新史》(China, A New History)称"中国最伟大的朝代是北宋和南宋"(China's Greatest Age：Northern Sung and Southern Sung)。⑤

① 脱脱等：《宋史》卷四四六。
② 脱脱等：《宋史·陆秀夫传》卷四百五十一。
③ 李焘：《续资治通鉴长编》至道元年张洎语。
④ 黄仁宇：《中国大历史》，生活·读书·新知三联书店，2002，第127页。
⑤ 转引自吴钩《宋：现代的拂晓时辰·自序》引，广西师范大学出版社，2015。

中国园林美学思想史

——隋唐五代两宋辽金元卷

英国的李约瑟在《中国科学技术史》中也说,"谈到11世纪,我们犹如来到了最伟大的时期"、"达到了前所未有的高峰"、"东方的文艺复兴时代"。

南宋虽经"靖康之难"的重创,但南宋地处江南,升杭州为临安府,"山水明秀,民物康阜,视京师其过十倍矣"①,早在北宋苏州和杭州就获得人间天堂的美誉,"苏湖熟,天下足"! 柳永《望海潮》云:这三吴都会,又自古繁华,"烟柳画桥,风帘翠幕,参差十万人家。云树绕堤沙。怒涛卷霜雪,天堑无涯。市列珠玑,户盈罗绮,竞豪奢。重湖叠巘清佳,有三秋桂子,十里荷花……千骑拥高牙。乘醉听箫鼓,吟赏烟霞。异日图将好景,归去凤池夸"。

"两宋时期的物质文明和精神文明所达到的高度,在中国整个封建社会时期之内,可以说是空前绝后的。"②

两宋名园荟萃之处集中在经济文化最发达的中原洛阳、东京和江南临安、吴兴、平江等地。各类艺术审美作品都从各个侧面演说和印证着宋代美学的基本格调。

在审美品位的崇尚上,宋人将唐代朱景玄提出神、妙、能、逸四画品中的"逸品"跃升首位,黄休复《益州名画录》称,"画之逸格,最难其俦"、"莫可楷模";宋人书法"尚意"是对唐代"尚法"的反拨和自身审美的确定。

尚文的宋人虽然缺少唐人龙城虎将、醉卧沙场的气魄、气派和气势,但内心情感丰富、细腻。他们没有向往神仙或宗教的迷狂,而是面向现实人生,纯任情感自然的流露和表现,推崇平淡天然的美,鄙视宫廷艺术的富丽堂皇、雕琢伪饰,形成了儒、道、释相融的审美观,两宋园林简而意足,诗画渗融,疏朗、清雅、天趣自然,自然审美认识走向成熟,艺术体系业已完备。

然正是两宋时代,却因"天时地理"的变化,带来了空前的压力。据中国近代气象学家竺可桢先生研究,从11世纪初到12世纪末,气候转寒,温暖期逐渐缩短,至12世纪为中国近一千年历史以来最寒冷的一个时期。

从东汉到唐代,黄河曾经有八百年的安流,也就是没有发生大的泛滥。但隋唐以后,大规模的土地开发使得黄河中游的土地流失严重,到了宋代,黄河平均每2.4年决口一次,给当时的农业生产带来了相当大的压力。

面对日渐恶劣的自然生态环境,生活在北方的契丹、女真、蒙古族这些逐水草而居的游牧民族,开始向南谋求更广阔的生存空间,对以汉民族为主体的农业王朝造成巨大的威胁。

北宋始终未能收复北方的"燕云十六州",却在其东北和西北游牧民族建立的辽、西夏的步步紧逼下,最终南退到长江流域,建立南宋,在这块富庶的江南福地找到了新的舞台,虽偏据一方,却依然能延续着北宋的辉煌,与北方游牧民族建立的

① 灌圃耐得翁《都城纪胜·序》。
② 邓广铭:《关于宋史研究的几个问题》社会科学战线,吉林人民出版社,1986,第2期。

政权长期对峙直至灭亡。

"民族文化与历史之生命与精神,皆由其民族所处特殊之环境、所遇特殊之问题、所用特殊之努力、所得特殊之成绩,而成一种特殊之机构"①,"各地文化精神之不同,究其根源,最先还是由于自然环境有分别,而影响其生活方式。再由生活方式影响到文化精神"②。

辽金元分别为契丹、蒙古、女真(满族)游牧民族建立的政权。他们长期生活在"天苍苍,夜茫茫,风吹草低见牛羊"的大草原上,在政治制度及科技文化方面远逊于中原王朝。"逐水草迁徙,无城郭常居耕田之业,然亦各有分地。无文书,以言语为约束……其俗,宽则随畜田猎禽兽为生业,急则人习战攻以侵伐,其天性也。其长兵则弓矢,短兵则刀铤。利则进,不利则退,不羞遁走。苟利所在,不知礼义。自君王以下咸食畜肉,衣其皮革,被旃裘。壮者食肥美,老者饮食其余。贵壮健,贱老弱"③。

由契丹贵族在中国北方地区建立的辽朝(907—1125年),全盛时期疆域东到日本海,西至阿尔泰山,北到额尔古纳河、大兴安岭一带,南到河北省南部的白沟河。

辽天庆四年(1114年),女真族在部首领完颜阿骨打的领导下,举兵反辽,并于次年建立金朝。金天辅四年(1120年),金与宋缔盟,共同灭辽。金天会三年(1125年)二月,金军俘辽天祚帝,辽亡。

1260年,成吉思汗的孙子忽必烈登上大汗宝座,1271年,建国号为"大元",1279年灭南宋,统一全国,直到1368年亡于明。

元代蒙古统治者从草原带入的制度具有明显的中世纪色彩,逆转了"唐宋变革"开启的近代化方向。

以对所谓"学术"误天下的厌恶和不满,科举取士制度在元政权下停废长达八十年之久,是为科举制推行一千三百余年间停废最久的时期。尽管自元仁宗朝开始设立了科举取士的制度,但取录人数和进士的地位前途,都和唐、宋两朝难以相比,④有元一代铨补官员的基本格局依然是"首以宿卫近侍,次以吏业循资……自此,或以科举,或以保荐",凡用人或由贵戚世臣、军功武将,或由吏职杂途。

元翁森《四时读书乐》言:"读书之乐乐无穷,春夏秋冬乐其中。风雨霜雪频相戏,合窗展卷自从容……"宣扬一年四季都视为读书的高雅情趣,因为那时读了书也未必有功名利禄。

---

① 钱穆:《国史大纲》,北京:商务印书馆,1994,第911页。
② 钱穆:《中国文化史导论·弁言》,北京:商务印书馆,1994,第2页。
③ 班固:《汉书·匈奴传上》。
④ 元代科举考试,共举行过9次(其间由于伯颜擅权,执意废科,还曾停科两次)。科举取士(包括国子监生员会试中选者)共1 200余人,占当时相应时期文职官员总数的4%。只相当于唐代和北宋的十分之一强。元行复科举后54年间,可以确定以科举进身参相者共9人,其进士中官至省部宰臣(包括侍郎)、行省宰相及路总管者,据目前所知,亦不过六七十人(韩儒林主编《元朝史》上册)。

王夫之说:"二汉、唐之亡,皆自亡也。宋亡,则举黄帝、尧、舜以来道法相传之天下而亡之也。"宋朝之亡,不仅仅是一个王朝的覆灭,更是一次超越了一般性改朝换代的历史性巨大变故。

周良霄、顾菊英《元代史》①序文言:宋亡之后,元王朝统一中国,并在政治社会领域带来了某些落后的影响:"它们对宋代而言,实质上是一种逆转。这种逆转不单在元朝一代起作用,并且还作为一种历史的因袭,为后来的明朝所继承……明代的政治制度,基本上承袭元朝,而元朝的这一套制度则是蒙古与金制的拼凑。从严格的角度讲,以北宋为代表的中原汉族王朝的政治制度,到南宋灭亡,即陷于中断。"

其中,对园林影响比较大的一是"家产制"的回潮,来自草原的统治者将他们所征服的土地、人口与财富都当成"黄金家族"的私产,推行中世纪式的"投下分封制","投下户"即草原贵族的属民,有如魏晋-隋唐时代门阀世族的部曲农奴。

"家臣制"的兴起改变了宋代君臣那种"君虽得以令臣,而不可违于理而妄作;臣虽所以共君,而不可贰于道而曲从"的公共关系,变成"只知尊君,而不知礼臣"的主奴关系。

元廷统治者一改宋朝鼓励和保护民间商船出海贸易的情况为严格的"海禁"制:"禁私泛海者,拘其先所蓄宝货,官买之;匿者,许告,没其财,半给告者。"②

"宋律为中国传统法的最高峰"③,而"元人入主中原之后,宋朝优良的司法制度,大被破坏,他们取消了大理寺,取消了律学,取消了刑法考试,取消了鞫谳分司和翻异移勘的制度"④,治理体系陷于粗鄙化。

尽管如此,草原游牧半游牧民族的冲击,都没能中断先进的农耕文明⑤,辽国折服中原文明,自称:"吾修文武,彬彬与中华无异。"金朝建立后,女真族基本已进入农业社会;蒙古取儒学经典《易经》中的"大哉乾元"之义为国号"元",完全印证了马克思的论断:"野蛮的征服者总是被那些他们所征服的民族的较高文明所征服,这是一条永恒的历史规律。"⑥

辽金元三代统治者都十分倾慕宋朝宫苑,他们见到中原王朝宫苑和园林,自然惊为仙境,艳羡不已。因此,三代统治者都将宋王朝宫苑作为范式修建本王朝的宫苑,北京成为皇家宫苑及达官贵戚私家园林集中的地方。但游牧和半游牧文化固有的习性又使他们具有独特的园林文化方式。

① 周良霄、顾菊英:《元代史》,上海人民出版社,1993。
② 《元史》列传第九十二《奸臣传》。
③ 《中国法制史论集·宋代的县级司法》,普林斯顿大学出版社,1980。
④ 《中国法制史论集·鞫谳分司考》,普林斯顿大学出版社,1980,第124-125页。
⑤ 尼罗河流域灿烂一时的古埃及、巴比伦文明,都因草原游牧民族的冲击而中断。
⑥ 马克思《不列颠在印度统治的未来结果》,《马克思恩格斯选集》第二卷,第70页。

目　录

目录

中国园林美学思想史

隋唐五代两宋辽金元卷

目
录

第一章　隋朝园林美学思想

隋文帝开创的开皇盛世,终因隋炀帝杨广三征高丽、三游江都、屡起兴造、征伐不已、不恤民力而引发内叛外乱,盛极一时的隋王朝便土崩瓦解,曾留赫赫伟绩的隋炀帝本人在位十三年便命丧江都。

隋祚虽短,却在科技文化及园林艺术等方面创造了辉煌的成就。

(1)中国古代四大发明中的雕版印刷术、火药就产生于这一时期。

(2)兴建了古往今来世界上无与伦比的世界第一城隋京都大兴城和东都洛阳。

(3)隋炀帝杨广主持兴建的京杭大运河是世界上里程最长、工程最大的古代运河,也是最古老的运河之一,与长城、坎儿井并称为中国古代的三项伟大工程,并且使用至今,是中国古代劳动人民创造的一项伟大工程,是中国文化地位的象征之一。从此南旅往还,船乘不绝,促进南北物资文化交流,推进了经济重心南移的历史大趋势。运河边崛起了杭州、苏州、扬州等闻名中外的大都会。

隋大业(605—618年)年间,著名匠师李春建造的赵州桥,历经一千四百个春秋、十次水灾、八次战乱和多次地震,迄今依然是世界上跨径最大、建造最早的单孔敞肩型石拱桥。

号为"唐画之祖"的展子虔,善画台阁,写江山远近之势尤工,有咫尺千里之趣,为唐李思训父子所宗。

规模宏大的洛阳西苑所创的园中园的格局,开创了后代皇家园林的范式,从秦汉建筑宫苑转变为山水宫苑的一个转折点,开唐宋山水宫苑之先河。

第一节　大兴城营建的美学思想

隋朝最初定都汉长安城,大隋高祖嫌其"制度狭小,又宫内多妖异",通直散骑常侍庾季才也奏云:"汉营此城,经今将八百岁,水皆咸卤,不甚宜人。"于是,隋高祖开皇二年(582年)废弃了龙首山下、渭河南岸的汉长安城,于长安城东南方向的龙首原南坡这块"川原秀丽,卉物滋阜,卜食相土,宜建都邑,定鼎之基永固,无穷之业在斯。"①之地,拉开了另建大兴新城的序幕。隋炀帝大业九年(613年)始筑外郭城部分城垣。

大兴城的营建,史称"制度多出于颖",而"高颖虽总大纲,凡所规画,皆出于恺"。宋代的宋敏求在《长安志》中也说在隋大兴城兴建时,"命左仆射高颖总领其事,太子左庶子宇文恺创制规模,将作大匠刘龙、工部尚书巨鹿郡公贺楼(娄)子干、大(太)府少卿尚龙义并充使营建"。也就是说,营建大兴城的具体规划、设计是由鲜卑族人宇文恺完成的,宇文恺是大兴城的总设计师,这是一千多年前史书上留有姓名的城市建筑师。史称他"恺独好学,博览书记,解属文,多伎艺"、"有巧思,诏领

---

① 《隋书·高祖上》,卷一。

营新都副监",又"史臣曰:宇文恺学艺兼该,思理通赡,规矩之妙,参纵班、尔(何稠),当时制度,咸取则焉"①。著有《东都图记》二十卷、《明堂图议》二卷、《释疑》一卷,见行于世。

宇文恺的设计,虽然不能跳出周代以来象天设都、君权神授的思想窠臼,但大兴城的设计思想具有时代特色。

一、为乾卦之象　以应君子之数

风水学在魏晋时期得到长足发展,并得以广泛传播,风水术理论获得更进一步完善,其中最重要的是一些观念,如八卦、五行、干支等,都被大量采入风水理论方法系统中。当时有风水著作《八五经》(今亡佚),宋《郡斋读书志》卷十四五行类犹有记载,三卷,序云黄帝书。"八五",谓八卦,五行,虽属相墓书,但其辞亦驯雅。

隋朝时,风水学继续蔓延,出现了相地师萧吉,著有为后世所景仰的《相地要录》、《宅经》、《葬经》、《五行大义》等书。而《八五经》所述的五行八卦,被宇文恺运用到大兴城的规划上,李吉甫《元和郡县图志》卷一关内道:"宇文恺……为乾卦之象……以应君子之数。"

大兴城地势敞阔平远,宇文恺参照北魏洛阳城和东魏、北齐邺都南城,把龙首原以南东西走向六条高坡土岗横贯,以像《易经》上乾卦的六爻,并以此为核心,作为长安城总体规划的地利基础,"六坡"成为大兴城的骨架。

乾卦为《周易》六十四卦之首,乾。卦辞"元,亨,利,贞"。象曰:天行健,君子以自强不息。乾象征天,喻龙,指德才兼备的君子,六阳爻构成乾卦,纯阳刚健。体现了自强不息的进取精神。

乾卦属阳,称九,自上而下,横贯西安地面的这六条土岗从北向南,依次称为初九、九二、九三、九四、九五、九六。

按《周易》乾卦象六爻理论:

初九平地,爻辞云:"潜龙勿用"。既为潜龙,有胸怀大志之机、吞吐宇宙之势,具有很好的潜能。

九二起坡,是"见(现)龙在田",龙现身。故此"置宫室,以当帝王之居"。

九三之坡,为惕龙,即警惕之龙。"君子终日乾乾,夕惕若,厉无咎"。君子白天勤奋努力,夜晚戒惧反省,虽然处境艰难,但终究没有灾难。设置百官衙署,体现文武百官健强不息、忠君勤政的理念。宫城与皇城分别被布置在九二和九三坡地上。

九四爻辞是"或跃在渊,无咎",象曰:"或跃在渊,进无咎也。"龙也许跳进深潭,有所作为而不会遇到。

最尊贵的九五属"飞龙"之位,体现"九五至尊",便在这条高岗的中轴线部位,

① 《隋书·宇文恺·何稠列传》卷六八。

西建玄都观,东筑兴善寺,东西对称,规模宏伟,借神佛之力量镇压住这个地方的帝王之气。

二、开国维东井　城池起北辰

"建邦设都,必稽玄象"①,概莫能外。

中国古代为了认识星辰和观测天象,把天上的恒星几个一组,每组合定一个名称,这样的恒星组合称为星官。古代的汉族天文学家将星官划分为三垣二十八宿等较大的区域。

紫微垣是三垣的中垣,居于北天中央,所以又称中宫,或紫微宫。紫微宫即皇宫的意思,紫微垣以北极为中枢,东、西两藩共十五颗星。

大兴城将宫城、皇城、外郭平行排列:皇宫布置在最为尊贵的紫微宫即皇宫居于北天中央,象征北极星,以为天中,皇帝据北而立,面南而治,大兴宫(唐称太极宫)为其正殿,宫内由南向北分为前朝、后寝和苑囿三块区域。所谓"开国维东井,城池起北辰";皇城亦称子城,位于宫城之南,是百官衙署,象征环绕北辰的紫微垣;外郭城周长三百六十七公里,面积八十四平方公里,约占全城总面积的百分之八十八点八,约为现代西安城的七十五倍,象征向北环拱的群星。

城中东西、南北交错的二十五条大街,将全城分为两市一百零八坊,对应寓意108 位神灵的108 颗星曜;据宋敏求《长安志》引《隋三礼图》记载,皇城之南四坊,以象四时;南北九坊,取则《周礼》九逵之制;皇城两侧外城南北一十三坊,象一年有闰。

《周易》:"是故,易有太极,是生两仪,两仪生四象,四象生八卦。"宫名太极,宫中太极殿以北建有两仪殿。

三、皇权、政权、神权至上

皇宫、皇城、民居三个部分相对分开,界线分明,全城以对准宫城、皇城及外郭城正南门的大街为中轴线。大兴城的平面布局整齐划一,形制为长方形,建筑完全采用东西对称布局。皇城内无居民,乃隋文帝之新意,突出地表现了皇权至上的意思。此外,皇城比郭城高,宫城又比皇城高,更是反映了重视皇权的意识。

在外郭城范围内,以二十五条纵横交错的大街将全城划分为一百零八坊和东、西两市。坊之四周筑有坊墙,开四门,为了避免泄掉帝王之气,隋文帝政府下令宫、皇城之南的居民里坊,取消南北门而仅开东西门。坊内设十字街,十字街和更小的十字巷将全坊划分为十六个区。坊内实行督察制度,管理严格。商业交易活动则被限制于同样呈封闭状态的东、西两市之内(图1-1)。

---

① 《旧唐书·天文下》,卷四十。

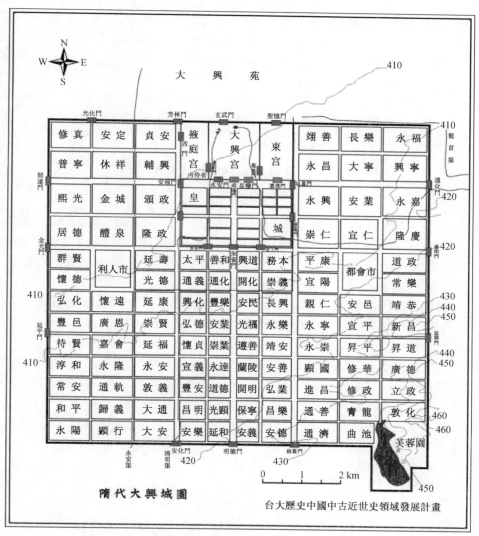

图1-1　隋代大兴城图(台大历史中国中古近世史领域发展计划)

　　皇城、宫城和重要寺庙都放在六道高坡上,体现了皇权、政权、神权的至高无上。其余冈原之间的低地为居民区,与高高在上的皇宫寺观形成鲜明对照,使政府机关集中,官与民分开,开一代都城设计之先河,反映了封建等级制度森严时期特有的城市形态。

　　整个城址位于渭水南岸,西傍沣河,东依灞水、浐水,南对终南山。根据其地理环境和河道情况,开凿了三条水渠引水入城。城南为永安渠和清明渠,城东为龙首渠,龙首渠又分出两条支渠。三条水渠都分别流经宫苑再注入渭水,不但可以解决给排水问题,而且可以进行生活物资的运输。水渠两岸种植柳树,形成了"渠柳条条水面齐"的宜人景色。

城东南还开辟有曲江"芙蓉园",其"花卉周环,烟水明媚,都人游赏盛于中秋节。江侧菰蒲葱翠,柳荫四合,碧波红蕖,湛然可爱",是全城的风景区和旅游区。

最为尊贵的紫微宫居于北天中央,它以北极为中枢,东、西两藩(即左枢右枢)共有十五颗星环抱着它。古人认为紫微宫是天皇大帝之座,紫微宫即有皇宫的意思,皇帝贵为天子,地上的君主和天上的星宿应该相对应,因此,只能把皇宫布置在北边中央位置。而且北边有渭河相倚,从防卫的角度看,也最具安全性。

第二节 皇家园林的营构思想

隋朝大兴城东南高西北低,风水倾向东南,把曲江挖成深池,并隔于城外,圈占成皇家禁苑以"厌胜",如此永保隋朝的王者之气不受威胁。曲江池本为汉的宜春下苑,有曲水循环,于是稍加修缮,更名为"芙蓉园"。它与首都大兴城紧密相连,其池下游流入城内,是城东南各坊用水来源之一。

隋炀帝时代,黄衮在曲江池中雕刻各种水饰,臣君坐饮曲池之畔享受曲江流饮,把魏晋南北朝的文人曲水流觞故事引入了宫苑之中,给曲江胜迹赋予了一种人文精神,为唐代曲江文化的形成和发展奠定了基础。

唐代在隋朝芙蓉园的基础上,扩大了曲江园林的建设规模和文化内涵,除在芙蓉园总修紫云楼、彩霞亭、凉堂与蓬莱山之外,又开凿了大型水利工程黄渠,以扩大芙蓉池与曲江池水面,这里成为皇族、僧侣、平民汇聚盛游之地。

隋朝皇宫宫殿最后部为苑囿,有亭台池沼等,是后代御花园的滥觞。隋文帝所建太极宫,装饰等都较为简朴。

隋朝皇家园林的营构思想以体现皇家气派、生态养生和追求享乐为特点,同时也注意园林的生产功能。

最有代表性的隋代皇家园林是洛阳西苑。

隋炀帝大业元年(605年),营建东部洛阳,"每月役丁二百万人,徙洛州郭内居民及诸州富商大贾数万户以实之"①。又在城西侧建禁苑,初名会通苑,又改芳林苑、上林苑,后止称西苑,②位于当时洛阳宫城西面。(据《海山记》、《大业杂记》③等记载。)

皇家气派在隋代园林的体现是规模宏大,西苑周围两百里,但较秦汉为小;建筑多且富丽。

隋西苑的布局,苑内造山为海,周十余里,水深数丈。其中有方丈、蓬莱、瀛州诸山,相去各三百步。山高出水百余尺,上有道真观、集灵台、总仙宫,分在诸山。

---

① 《资治通鉴》卷一八〇《隋纪》。
② 《河南志》图九《隋上林西苑图》,中华书局,1994,第217页。
③ 《大业杂记》,见《笔记小说大观丛刊》十九编一册。

"或起或灭,若有神变"①,仿佛虚无缥缈的海上仙山,主观上显然继承了汉代"一池三山"的形式,反映了王权与神权结合的神仙思想。

西苑北距北邙山,西至孝水,南带洛水支渠,榖水和洛水交会于东,水源十分丰富。以水景为主的设计思想,因地制宜,且山水围合,生态环境优美。苑中有五湖,每湖各十里见方。

西苑北的龙鳞渠,宽二十步,萦纡至海,缘渠作十六院,各院均开西、东、南三门,门皆临渠,水上架飞桥以达彼岸。

苑内植物丰茂,多名花奇木。飞桥百步外,即种杨柳修竹,四面郁茂,名花美草,隐映轩陛。又采"海内奇禽异兽草木之类,以实园苑"②。

苑中之园的格局,开创了后代皇家园林的范式。西苑内有十六院,分布在山水环绕的环境之中,不像汉代宫苑那样以周阁复道相连。各院院名题咏以写景和求福祉及德善为主题:分别为延光院、明彩院、合香院、承华院、凝晖院、丽景院、飞英院、流芳院、耀仪院、结绮院、百福院、万善院、长春院、永乐院、清暑院、明德院,不乏文采飞扬之处,没有说教成分。

苑内建筑众多、构建巧妙。苑中五湖中积土石为山,并构筑屈曲的亭殿,"穷极人间华丽"。风亭、月观,并装有机械装置,可以升起或隐没,"若有神变"。逍遥亭,八面合成,鲜华之丽,冠绝今古。

赏景娱乐的审美功能十分突出。西苑游观之处,复有数十,"各领胜所十余"③。有曲水池、曲水殿、冷泉宫、青城宫、凌波宫、积翠宫、显仁宫等游赏景点。或泛轻舟画舸,习采菱之歌,或升飞桥阁道,奏春游之曲。

史载隋炀帝游玩西苑时的穷奢极侈:"堂殿楼观,穷极华丽。宫树秋冬雕落,则剪彩为华叶,缀于枝条,色渝则易以新者,常如阳春。沼内亦剪彩为荷芰菱芡,乘与游幸,则去冰而布之。十六院竞以肴羞精丽相高,求市恩宠。上好以月夜从宫女数千骑游西苑,作《清夜游曲》,于马上奏之。"④每秋八月月明之夜,帝引宫人三五十骑,人定之后,开阊阖门入西苑,歌管达曙。湖海之中,都可通行龙凤舟。海东有曲水池,其间有曲水殿,上巳禊饮之所。

也有一定的生产功能。其十六院各置一屯,屯内备养刍豢。穿池养鱼,为园种蔬植瓜果。四时肴馔陆之产,靡所不有。

隋洛阳另有会通苑,《洛阳县志》云:此苑北距邙山,西至孝水,伊洛支渠,交会其间,周围一百二十六里。苑内有朝阳宫、栖云宫、景华宫、显仁宫、成务殿、大顺殿、文华殿、春林殿、春和殿,以及回流、露华、飞香、留春等十三亭和山水景点。

① 《大业杂记》,转引自梁思成《中国建筑史》,百花文艺出版社,1998,第96页。
② 《历代宅京记》卷九《洛阳下》,中华书局,1994,第149页。
③ 《河南志》图九《隋上林西苑图》,中华书局,1994,第217页。
④ 《资治通鉴》卷一八〇《隋纪四》,中华书局,1956,第5620页。

入唐，改名东都苑，一称芳华苑；武后执政期间，改名神都苑，园内有合璧宫、凝碧池、凝碧亭、明德宫(即隋显仁宫)、射堂、官马坊、黄女宫、黄女湾、芳树亭等，设有17个苑门。

隋洛阳皇家宫苑总体规划充分利用当地丰富的水资源，精心设计水利工程，营构出海、湖、池、渠多种水体形态与宫、院、殿、观各类建筑类型相融的宏大精丽的水上仙境。唐武则天光宅间改称东都洛阳曰神都，西苑也改称神都苑。

洛阳皇家宫苑从秦汉建筑宫苑转变为山水宫苑的一个转折点，开北宋山水宫苑——艮岳之先河。

第三节　隋衙署园林绛守居园的美学思想

唐代以前的官舍通常位于官署后部，供官员及其眷属住宿、生活之用，所有权属于朝廷或地方政府，官员一旦卸任或调离岗位，则要搬出官舍。绛守居园池，又名隋园、莲花池、新绛花园、居园池等，位于新绛县城西北隅高垣上，绛州古衙署后部，与官舍连，可供太守及其妻室儿女游乐，属于绛州署衙园林，为唐代大量出现的郡府园林化的先导。

绛守居园池始建于隋开皇十六年(596年)，为时任内将军、临汾县令的梁轨初构。[①] 今隋唐时期的园林面貌已荡然无存，唐穆宗长庆三年(823年)五月十七日绛州刺史樊宗师写《绛守居园池记》[②]，虽然樊宗师"古文"，因"必出于己，不袭蹈前人一言一句"而晦涩难懂，称为"涩体"，文仅七百七十七字，却代有人作注释，隋唐绛守居园池的大体风貌，还是非樊记莫属。

绛守居园池首得地理之胜，即樊宗师《绛守居园池记》所说的"宜得地形胜，泻水施法"。据记载，隋代绛州井水碱咸，既不宜饮用，又无法灌田。梁轨为民生计，于开皇十六年(596年)从距县城西北三十华里的九原山，引来"鼓堆泉"的泉水，同时在沿途修筑十二道灌渠道，有高处水不得过，则凿之，有绝处以槽阁之，鼓水从池沟沼渠而入，浇灌农田，余水则穴城而入，汩汩流入街巷畦町阡陌间，入城供居民饮用，小部分流入当时刺史的"牙城"，即流入衙署和居舍后蓄为池沼。

大业元年(605年)，炀帝的弟弟汉王谅造反，绛州薛雅和闻喜裴文安居高垣"代土建台"以拒隋军，因此形成了大水池，水面积约占全园的四分之一强，池的周边以木石围砌成驳岸，水从潭西北注入园池，形成三丈悬瀑，喷珠溅玉。然后，凿高槽、绝窦塘，造成"动与天游"缅邈的水景。

北宋时，园虽经修葺，但基本风貌未变，范仲淹有《居园池》诗云："绛台使群府，

<hr>

① 绛守居园池后历经隋、唐、宋、元、明、清官衙州牧的添建维修，一千三百多年的风云变幻，时尚追求，从隋唐时期的"自然山水园林"到宋元时期的"建筑山水园林"，直至明清时期的"写意山水园林"。

② 《全唐文》卷七百三十。

亭台参园圃,一泉西北来,群峰高下睹。"中国整个地形西北高、东南低,从西北引水至东南,顺势而为。

其次是园中亭轩、堂庑皆跨水面池,并深得借景之妙,建筑与自然美景巧妙结合,取得咫尺千里之效。

双桥贯通水池南北,北桥名"通仙桥",南桥名"采莲桥",水中见桥影如虹蜺曲脊,俯觇如蜃气、象楼台,"徊涟亭"高高屹立在两桥之中,远望如观蜃景一般。水中有山可依止曰岛,有水渚曰坻,双桥如虹蜺斗于岛坻之上,十分壮观。

池南是井阵形的轩亭,周以直棂窗的木制回廊,如北方常见的四合院貌。蔷薇花阵中踊出"香亭",与太守寝室相通,可静穆思虑。

池东西建有"新亭"和"槐亭",东流的渠水穿过"望月渠",流到尽头,便是柏枝舒展、浓荫密布的"柏亭"。

正东是"苍塘",西望水面,波光粼粼似雕刻。正东五行属木,色彩青苍色,正好相合。

正北是横贯东西的"风堤",堤势倚渠偎池,高峻起伏,倒映塘中如龟龙缠绕,灵鱼浮波,色彩斑斓。

"苍塘"西北有峦名鳌蚁原,山光水色,尽收眼底。

"苍塘"西是一片茂密的梨林叫"白滨"。樵途村径皆深闇委曲,大小亭如贮置于池渠之间,地高下如原隰之堤障溪堑。

园池内东南顾见汾水绕绛若钩带,远则有冈青翠萦绕,近则楼台井邑点画之间皆可察见。可四时合奇士,观风云霜露雨雪所为发生收敛,赋歌诗。

再次是植物成为构景主题,建筑点缀其间。直接以植物为主景的就有"采莲桥"、"香亭"、"槐亭"、"柏亭"。樊宗师《绛守居园池记》称松为"苍官"、竹为"青士","柏亭"边有高可磨云的柏树,和松竹拥列、与槐朋友,槐柏阴高而松竹之色相和合也。"白滨"形容梨花,梨花盛开之时,白色的梨花似百行素女雪中翩翩起舞。更有一片翠色稻畦如千幅绢帛。大池周边有美丽的缦草,廊庑藤萝之翠蔓和蔷薇之红刺相映成辉。园中树木若锦绣相交加而香气弥漫,畹亩之华丽,丽绝他郡。

樊宗师《绛守居园池记》中还强调了新亭门口的"槐亭"旁有槐若施力遮护槐亭,"雺郁荫后颐",若黑云气荫亭之后檐,并说此处乃"可宴可衙",可以宴集又可办案决事。这是自古以来槐崇拜的实例,中国古代有崇拜槐树的文化,人们视槐树为神,槐是公相的象征,"三槐九棘"象征三公九卿,以"槐棘"指听讼的处所。《三国志·魏志·高柔传》:"古者刑政有疑,辄议于槐棘之下。自今之后,朝有疑议及刑狱大事,宜数以咨访三公。"《资治通鉴·齐明帝建武四年》:"是故先王之制,虽有亲、故、贤、能、功、贵、勤、宾,苟有其罪,不直赦也;必议于槐棘之下,可赦则赦,可宥则宥,可刑则刑,可杀则杀。"

池西南有"虎豹门"与州衙相通,左壁画猛虎与野猪搏斗图,右壁绘身着二色锦衣的胡人驯豹的形象,栩栩如生,以示"万力千气"。

古代衙门的别称是"六扇门",上刻有猛兽利牙图案,象征威武,这里通向州衙的门用"虎豹"图案亦与此同义。

综上可见,隋唐时期的绛守居园池,布局以水为主,以原、隰、堤、谷、壑、塘等地貌单元为骨架,花木题材为主题,供游憩的园林建筑物掩映其中。宋名臣范仲淹《绛守居园池诗》:"池鱼或跃金,水帘常布雨。怪柏锁蛟龙,丑石斗貙虎。群花相倚笑,垂杨自由舞。静境合通仙,清阴不知暑。"为一以自然风光为主的山水园林。

唐宋著名文人学士如岑参、欧阳修、梅尧臣、范仲淹等皆曾驻步其间,吟诗作赋,增加了深厚的文化底蕴。

现存园池大体基本面貌是清代李寿芝重建,后经民国初年修建的风貌,已非隋唐旧貌。园池东西长,南北窄,一条子午梁(甬道)横贯园池南北,将园池分为东西两部分。

整个园林根据植物花卉的不同,划分成春、夏、秋、冬四个景区,咫尺园林将游客带到写意的山水图画中。图1-2为绛守居园池总体复原图。

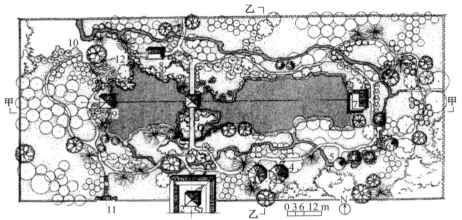

1. 洄涟亭　2. 香亭　3. 新亭　4. 槐亭　5. 望月亭　6. 柏亭　7. 苍塘亭　8. 风亭　9. 白滨亭
10. 鳌塚原　11. 虎豹门　12. 木腔瀑

图1-2　绛守居园池总体复原图①

小　结

隋朝在中国历史的长河中,好似一颗流星,瞬间陨落,但隋朝又似一道霹雳,划破了漫漫黑夜,迎来了中华大一统的光辉历史时代。隋朝积累的物质财富和开创的制度文化等,为数千年的中华文明奠定了基础,园林美学思想也垂范后世。

①　采自《南莲园池》上,见 cloudtears 的博客。

第二章　初盛唐园林美学思想

黑格尔在《哲学史讲演录》中说:时代精神是一种特定的本质或性格,它贯穿了各个部门、各个领域,是它们共同的根源。

"唐初以均田、租庸调等制,奠下立国根基,又以无比的自信包容异族文化,融铸出多彩多姿的大唐风采。"①

初盛唐在经济、文化空前繁荣,民族融合,国际文化交流日趋频繁,儒释道三教思想并存,在这样的文化土壤的滋育下,整个时代洋溢着蓬勃朝气和高度自信,美学上将北方士人的阳刚气质和南国的清虚情韵相交融,崇尚开拓进取、奋发向上、刚健有力的审美理想,体现了气魄、力量、开放和兼容的文化视野。追求事功的侠少、高蹈隐逸的隐士、放迹名山大川的诗人、"丰肥浓丽、热烈放姿"的美女、形貌各异的万国使节……(图2-1)。

图2-1　形貌各异的万国使节壁画

沉浸在诗歌海洋里的大唐帝国,艺术苑圃里百花争艳、光耀千秋:健壮朴拙方面大耳的石窟雕塑、豪宕闳放的园林、吴道子气韵雄壮的蜀道山水、李思训的金碧山水、王维的浅绛山水以及肥硕庄严的颜体、清劲道美的柳体、欹侧稳健的欧体、自由纵恣的张旭草书,乃至高贵丰满的牡丹、骠满臀圆的骏马……组合成富于浪漫气息、体现一个民族进入了高度成熟和生命力最旺盛阶段的"盛唐气象",比肩秦汉,甚至过之而无不及。

唐代由国家拥有产权的那些官舍,虽不再为官员免费配给,但可以租赁给官员居住。《唐会要》卷八十六载:"南北衙百官等,如闻昭应县两市及近场处,广造店铺,出赁与人。"

也可自建住宅。《新唐书·郭元振传》载:"及贵,居处乃俭约……建宅宜阳里,未尝一至诸院厩。"即是说,武后时期,郭元振曾任兵部尚书,后因平息内乱,封代国公,其官舍迁至宜阳里,自建官宅。

皇帝赐宅是官员获得住宅的特殊形式,将房宅的所有权一并赐予,可传诸子孙,后世仅限于少数高层官员。

有的赐宅只是给予官员以居住权,所有权仍属于国家。唐玄宗时,张九龄请求皇帝赐宅居住,玄宗批阅:"比来官宅,随事借人……可择日移入。"张九龄只有居住使用权,并无宅第所有权。

① 黄仁宇:《中国大历史》,北京:三联书店,2002,第105页。

园林美学风格也多姿多彩：壮伟绚丽的皇家宫苑、豪奢靡丽的王公贵戚园林、如秋水芙蓉倚风自笑的文人园、竹色连平地的青龙寺、桃千树的玄都观、青春波浪芙蓉园……

第一节　王孟山水田园诗及其园林美学思想

以"天下称其尽美矣"[①]的孟浩然和被誉为"诗佛"的王维为中心形成的"山水田园诗派"，享誉盛唐诗坛。他们禀受山川英灵之气，笔参造化，又天赋极高，他们笔下的山水田园，有画意诗韵，并与园林山水相映相融。盛唐山水田园诗人，大多向往归隐山林和泛舟江湖的闲适逍遥，他们或白首卧松云，或先仕后隐。王维晚年在陕西蓝田县南终南山下作辋川别业及《辋川集二十首》[②]组诗，集中地反映了他的园林美学思想。

一、诗中有画　画中有诗

宋苏轼叹服王维，指出："味摩诘之诗，诗中有画；观摩诘之画，画中有诗。"[③]其实，这也可以说是王孟诗派的共同特色。

王维（700—760年）知音律，善绘画，爱佛理，是盛唐山水田园诗代表作家，南宗文人画家之宗师。于开元九年（721年）擢进士第，释褐太乐丞，因事获罪，贬济州司仓参军。此后他开始了亦官亦隐的生涯，曾先后隐居淇上、嵩山和终南山。天宝十四年（755年）安史乱起，至德元年（756年），叛军攻陷长安，他被迫接受伪职，被定罪下狱，旋即得到赦免，不仅官复原职，还逐步升迁，官至尚书右丞。但王维"晚年惟好静，万事不关心"（王维《酬张少府》），归隐辋川别业，"气和容众，心静如空"（王维《裴右丞写真赞》），"寂寞掩柴扉，苍茫对落晖"（王维《山居即事》），与松风山月为伴，流露出自得和闲适。

"行到水穷处，坐看云起时"（王维《终南别业》），是说随意而行，走到哪里算哪里，然而不知不觉，竟来到流水的尽头，看是无路可走了，于是索性就地坐了下来……飘忽自在的云，无心以出岫，何其悠闲！如俞陛云《诗境浅说》所言，行至水穷，若已到尽头，而又看云起，见妙境之无穷。可悟处世事变之无穷，求学之义理亦无穷。此二句有一片化机之妙。

乾隆清漪园用王维"行到水穷处，坐看云起时"之意境，置"看云起时"景境，构

---

① 王士源：《孟浩然集序》，见上海古籍出版社，1994，影印宋蜀刻本。

② 王维撰，[清]赵殿成笺注：《王右丞集笺注》卷十三，上海古籍出版社，影印四库唐人文集丛刊，1992。

③ 苏轼：《东坡题跋》下卷《书摩诘蓝田烟雨图》。

思妙绝：古人一向以为，云乃触石而生，视石为云，景点的建筑是面阔三间、前廊连接着两翼对称的四方观景亭，坐落的堆石之上，犹如置于云雾之中，人坐亭中，环视周围飘云，好似乘云在遨游太空，忘乎一切，无功、无名、无己！遗址在今颐和园后山。

王维在《山居秋暝》中写其自在的山居生活，感受到"空山新雨后"的盎然生机，"明月松间照，清泉石上流"，沐浴在松林间的清辉，石头上缓缓流淌的清泉，感受到万物生生不息的生之乐趣，自然的美与心境的美完全融为一体，创造出如水月镜花般不可凑泊的纯美诗境。

"倚杖柴门外，临风听暮蝉"，拄杖立于柴门之外，侧耳聆听着暮蝉鸣叫，任由晚风习习吹过，意态是如此安详。远望着"渡头余落日，墟里上孤烟"的暮色，那袅袅升起的炊烟，享受着大自然的平静和安逸。俨如一幅和谐静谧的山水田园图。画在人眼中，人在画图中。

"漠漠水田飞白鹭，阴阴夏木啭黄鹂"（王维《积雨辋川庄作》）：水田上空，白鹭飞舞，夏日密林，黄鹂唱和。丰富的景象，不同色彩、形态的视觉冲击和听觉感受，如同一幅鲜活的立体图卷。

作为画家的王维，诗中还表现出极为丰富的色彩层次感，画面新鲜，如："日落江湖白，潮来天地青"（王维《送邢桂州》）、"泉声咽危石，日色冷青松"（王维《过香积寺》）、"荆溪白石出，天寒红叶稀"（王维《山中》）、"白云回望合，青霭入看无"（王维《终南山》），白色、碧蓝、红色，都如此耀眼、鲜丽，又都为清新的自然色。

与王维不同的是，孟浩然（689—740 年）是"红颜弃轩冕，白首卧松云"（李白《赠孟浩然》），没有为官的生活经历，他 40 岁以前，隐居于距鹿门山不远的汉水之南，曾南游江、湘，北去幽州，一度寓寄洛阳，往游越中。孟浩然禀性孤高狷洁，虽始终抱有济时用世之志，却又不愿折腰曲从，落第后，南下吴越，寄情山水，终身不仕。

孟浩然开山水田园风气诗之先，他的山水田园诗"冲澹中有壮逸之气"，既有"气蒸云梦泽，波撼岳阳城"的豪逸，又有"微云澹河汉，疏雨滴梧桐"的蕴藉和"荷风送香气，竹露滴清响"的深微，真如杜甫《解闷》诗所言："清诗句句尽堪传！"许多写景名言恰似一帧帧浅绛山水画：

"绿树村边合，青山郭外斜"（孟浩然《过故人庄》）：绿树环绕的幽静小村，城外遥遥耸立的青山，一幅旷远幽静的乡野图；"野旷天低树，江清月近人"（孟浩然《宿建德江》）：无垠旷野天似乎低于树，江水澄清，孤月亲人，随意点染的以一山水画！明秀诗境和风鸣秋叶浑然为一，风韵天成，是人与自然融为一体的纯美天地，足以涤污去浊、息烦静虑、忘却尘世的纷扰，这正是园林山水的最好艺术范本。汉末著名隐士庞德公，因拒绝征辟，携家隐居鹿门山，从此鹿门山就成了隐逸圣地。孟浩然早先一直隐居岘山南园的家里，后决心追步乡先贤庞德公的行迹，特为在鹿门山辟一归隐的别业，躬身实践了庞德公"采药不返"的道路和归宿。山岩之内，柴扉半掩，松径之下，自辟小径。这里没尘世干扰，唯有禽鸟山林为伴，隐者在这里幽居

中国园林美学思想史

———隋唐五代两宋辽金元卷

独处,过着恬淡而寂寥的生活,他"夜归鹿门","岩扉松径长寂寥,惟有幽人自来去"(《夜归鹿门歌》),窈然幽绝,句句可入画,真乃胸中有泉石,出语洒落,"气象清远,心惊孤寂",陈继儒曰:明月在天,清风徐引,一种高气,凌虚欲下!

民国苏州庞国钧以"仙鹤"为主题筑"鹤园",园内辟"岩扉"、"松径",以示其踪武庞德、孟浩然的高格(图2-2)。

图2-2 "岩扉"、"松径"

王、孟等人的隐逸,并非为苟全性命的避世,而有"一种脱情志于俗谛桎梏的义蕴;其心无滞碍、天机清妙的精神境界","超出了一般意义上的苟全性命的避世隐居,具有更为丰富和新鲜的思想文化蕴涵"。[1] 王孟山水田园诗境界与自然、简淡的大唐山水园林同一风神,诗中的画境又为园林构景的无上粉本。

二、辋川奇胜 天造地设

王维的辋川别业选址在今陕西省蓝田县西南十余公里处,乃初唐宋之问别业旧址,那里山水胜绝。《旧唐书·王维传》:"在辋口,辋水周于舍下,别涨竹洲花坞。"《册府元龟》中有:"(王维)于蓝田南辋口置别业,引辋水激流于草堂之下,涨深潭于竹中。""四顾山峦掩映,似若无路,环转而南,凡十三区,其美愈奇"[2];《辋川志》谓:"辋川形胜之妙,天造地设。"

辋川别业草堂下有天然辋水,水中有竹洲花坞,四周又有连绵的山峦,真是一处山水胜绝之地。据《全唐诗》卷一二八王维诗中的《辋川集并序》,王维自谓:余别业在辋川山谷,其游止有孟城坳、华子冈、文杏馆、斤竹岭、鹿柴、木兰柴、茱萸沜、宫槐陌、临湖亭、南垞、欹湖、柳浪、栾家濑、金屑泉、白石滩、北垞、竹里馆、辛夷坞、漆园、椒园等。与裴迪闲暇各赋绝句云尔。据此,我们可以看出辋川别业的地理环境和各景点的风貌。

① 袁行霈主编《中国文学史》第四编《盛唐的诗人群体》,高等教育出版社,1999,第243页。
② 赵殿成:《王右丞集笺注》引《山西通志》。

别业位于辋川山谷，古城下的"孟城坳"，坳背高峻的山冈上是"华子冈"，"新家孟城口"、"结庐古城下"，"结宇临欹湖"，"北垞湖水北，杂树映朱栏。逶迤南川水，明灭青林端"。"南垞"是"隔浦望人家，遥遥不相识"。"欹湖"是"湖上一回首，山青卷白云"。"临湖亭"则"轻舸迎上客，悠悠湖上来，当轩对尊酒，四面芙蓉开"。湖口"白石滩"，"清浅白石滩，绿蒲向堪把"，"跂石复临水，弄波情未极"。沿湖堤岸上是"柳浪"翻滚，"分行接绮树，倒影入清绮"，"映池同一色，逐吹散如丝"。"柳浪"往下，有水流湍急的"栾家濑"："浅浅石溜泻"，"波跳自相溅"，"汛汛凫鸥渡，时时欲近人"，活泼泼地。离水南行复入山，有泉"漾汀澹不流，金碧如可拾"，名"金屑泉"。

辋川二十景随冈峦的高低起伏、因势设景，山景有岭、岗、坞、坳，水貌则湖、泉、汀、濑、滩，引水入于舍下，布景点于岗峦丛林之间。建筑就地取材，文杏馆是"文杏裁为梁，香茅结为宇"，乃山野茅庐的构筑。不少以花木成景："木兰柴"；"茱萸沜""结实红且绿，复如花更开"山茱萸；"斤竹岭""檀栾映空曲，青翠漾涟漪"；"仄径荫宫槐，幽阴多绿苔"的"宫槐陌"，幽篁丛中的"竹里馆"，"辛夷坞"芙蓉花、"鹿柴"、"漆园"婆娑数株树、"椒园"等胜处，因多辛夷（即紫玉兰）、漆树、花椒而命名。人工所筑之景与湖光山色相融为一。据《唐朝名画录》记载：王维还将辋川园景描绘成图，"山谷郁郁盘盘，云水飞动，意出尘外，怪生笔端。"宋黄伯思在《东观余论》云："辋川二十境，胜概冠秦雍，摩诘既居之，画之，又与裴生诗之，其画与诗后得赞皇父子书之，善并美具无以复加。"

元赵孟頫《题王摩诘高本辋川图》曰："王摩诘家蓝田辋口，所为台榭亭垞合有若干处，无不入画，无不有诗。以此则摩诘之胸次萧洒，情致高远，固非尘壤中人所得仿佛也。"辋川图见图2-3。

图2-3　辋川图（辋川别业图局部（原载《关中胜迹图志》））

三、心灵之鹿野苑

王维字"摩诘",出自佛教经典《维摩诘经·方便品》,维摩诘"虽复饮食,而以禅悦为味",维摩诘是早期佛教著名居士、在家菩萨,意译为净名、无垢尘,意思是以洁净、没有染污而著称的人。他在家修行,"出淤泥而不染",泯灭了入世和出世的界限,成为中国士大夫崇尚禅悦的典范人物。又据近代国学大师陈寅恪先生的考证,"维摩诘"是除恶降魔的意思,王维取"摩诘"为字,是自觉地将自己一生的悔恼痛苦消除泯灭于佛教这个精神王国和幽寂净静的山林自然境界之中。

而"别业"一词亦来自佛教典籍《楞严经》:"阿难!如彼众生别业妄见","例彼妄见别业一人"①,是相对于"共业"而言,"别业即是与大众行为共同造作,在共同造作中有轻重、有深浅,因此感召之果报也同样有轻重之别,深浅之差异"②。

可见,辋川别业至于王维,一如佛陀之鹿野苑,心灵净土,辋川诗的终极内涵,乃作者契道的心灵语言,王维号称"诗佛",亦名至实归!

安史之乱后,王维久居辋川,三十岁左右丧妻以后,终生不再娶,以斋佛玄谈为乐,孤老而终。"晚年唯好静,万事不关心"③,"居常蔬食,不茹荤血,晚年长斋,不衣文采","在京师日饭十数僧,以玄谈为乐","退朝之后,焚香独坐,以禅诵为事"④。去世前上表朝廷请将他的别业改为寺院,今飞云山上的鹿苑寺,就是王维辋川别墅的故址,寺前重叠峦嶂,松柏满山,当年寺东有椒园,寺西有漆园,寺北有栗园。

盛唐时代佛法大盛,般若空观常被一些士人拿来察看风云月露的变幻,涅槃理论遍及一切,于是无情物悉有佛性。所谓"青青翠竹,尽是法身;郁郁黄花,无非般若"⑤。

王维在辋川别业,"与道友裴迪浮舟往来,弹琴赋诗,啸咏终日。尝聚其田园所为诗,别为《辋川集》"⑥,以至王渔洋《蚕尾续文》称:"王裴辋川绝句,字字入禅"。王维自己描述:

> 辄便往山中,憩感配寺,与山僧饭讫而去。北涉玄灞,清月映郭。夜登华子冈,辋水沦涟,与月上下;寒山远火,明灭林外;深巷寒犬,吠声如豹;村墟夜舂,复与疏钟相间。此时独坐,僮仆静默,多思曩昔,携手赋诗,步仄径,临清流也。当待春中,草木蔓发,春山可望,轻鲦出水,白鸥矫翼,露湿清皋,麦陇朝……是中有深趣矣!⑦

---

① 徐奇堂:《楞严经注释》卷二之四。
② 《佛学问答》第一辑条目二十九。
③ 王维:《酬张少府》,《王右丞集笺注》,第120页。
④ 《旧唐书》卷一百九十《王维传》。
⑤ 见敦煌出土本《神会语录》。
⑥ 《旧唐书》卷一九〇下《王维传》。
⑦ 王维:《山中与裴秀才迪书》,《王右丞集》卷十八。

王维所言的"深趣"，正是悠然自得的禅悦！在王渔洋所称"字字入禅"的王维诗中，最典型的莫过于辋川诗了。辋川诗中的空山、深林、云彩、鸟语、溪流、青苔，乃至新雨、山路、桂花、班驳的色泽等，都无不着有禅的色彩。

"新家孟城口，古木余衰柳，来者复为谁？空悲昔人有。"（王维《孟城坳》），孟城坳是城墙围成的空地，与新居比邻相映。这里，物有古木、衰柳，人有昔人、来者，古今、盛衰往来，都符合自然界生生灭灭的运动节律，"空悲"岂非徒然！俞陛云《诗境浅说续编》云："孟城新宅，仅余古柳，今虽暂为己有，而人事变迁，片壤终归来者。后之视今，犹今之视昔，摩诘诚能作达矣。"徐增《唐诗解读》卷三云：

"此达者之解。我新移家于孟城坳，前乎我，已有家于此者矣，池亭台榭，必极一时之胜。今古木之外，惟余衰柳几株。吾安得保我身后，古木衰柳，尚有余焉者否也。后我来者，不知为谁？后之视今，亦犹吾之视昔，空悲昔人所有而已。"

王维对于人事变迁、仕途穷通乃至物兴物衰物生物灭都泰然视之，安祥静穆、闲适优游，有限的自我跃身大化，进入了时空混沌、万象浑化的境界，成为诗人中完美地体现般若思想境界的第一人。有超越存有的指向——即佛家之"空"，是佛家"空"观下不离真俗二谛的引领："空山不见人，但闻人语响。返景入深林，复照青苔上。"（王维：《鹿柴》）恬静而幽深，冷、暖色相映，诗歌交响。是参禅悟道之后完美的自我体验；色尘世界是因缘生，因缘灭，"因缘所生法，我说即是空，亦为是假名，亦是中道义。未曾有一法，不从因缘生，是故一切法，无不是空者"。[①]

《太平御览》卷九五七《木部六》引谢灵运《名山志》曰："华子冈上杉千仞，被在崖侧。"原华子冈位于今江西省南城县麻姑山中，传因仙人华子期尝翔集于此山而得名。辋川"华子冈"之名系沿用。王维偕裴迪登上华子冈，见"飞鸟去不穷"（王维：《华子冈》），目送众鸟相继高飞远去渐至影踪消匿之际，引申佛家"飞鸟喻"譬喻于介尔一念间契入悟境，显示佛说世间诸法缘起生灭的原理。华子冈上"连山复秋色"的自然美色，最终亦将湮没于夜幕之中，印证着佛理的"即色达于真际"即归寂灭的谛义。

其他如木兰柴"无处所"的夕岚、"明灭青林端"的北坨南川水、《文杏馆》的"栋里云"，这些超逸飘渺的自然意象，若有若无、刹那生灭的境象，都是对大自然一种深层禅意的观照，洽契佛禅之"空"义，虚幻的物象，附以虚幻的心性，虚幻成一片化机。叶维廉说："这种心境很像入定似的意识。"形成了"禅趣"。"俱道适往，着手成春"[②]，进入"薄言情悟，悠悠天钧"的艺术天地。这正是和禅宗的"识心见性、自成佛道"的思想相吻合。

古印度两个最早的寺庙之一的"竹林精舍"，正是释迦牟尼在此宣传佛教教义之地，因为竹子节与节之间的空心，是佛教概念"空"和"心无"的形象体现，观音菩

---

① 龙树菩萨著《中论·观四谛品二十四》。

② 司空图：《二十四诗品·自然篇》。

萨在往昔之时，现身于南海普陀山的紫竹林中，听潮起潮落，悟苦空无我，修成耳根圆通，能"寻声救苦，大慈大悲"。

"檀栾映空曲，青翠漾涟漪"《斤竹岭》见《全唐诗》卷二三〇的斤竹岭，亦或是王维"独坐幽篁里，弹琴复长啸。深林人不知，明月来相照"（《竹里馆》）的"竹里馆"，皆是王维禅思之地，在一个远离俗尘的萧瑟静寂、冷洁但又身心自由的小天地里，观照般若实相，心净土净，体会维摩诘菩萨的"身在家，心出家"的真谛。

辋川随着王维的去世，很快就成人们的追忆，在几乎同时代的杜甫笔下："不见高人王右丞，蓝田丘壑漫寒藤。最传秀句寰区满，未绝风流相国能。"①

第二节　李杜卢鸿等文人园林美学思想

盛唐不以山水诗人闻名于世的其他著名文人，亦都酷爱山水，他们大多有游历名山大川的经历、读书山林的习惯，严耕望先生《唐人习业山林寺院之风尚》一文，就列举了二百余人的事例，详细论述了唐朝士人在山林寺院隐居读书的社会风尚。因此，唐人自有挥之不去的山水情结和结庐名山的嗜好，都是盛唐文化孕育出来的天才诗人、画家。李白、杜甫、卢鸿为其中佼佼者。

李白和杜甫为中国诗歌灿烂星空中的双子星座，他们曾"醉眠秋共被，携手日同行"，情同手足。比李白小十一岁的杜甫盼望与李白"何时一樽酒，重与细论文"（图2-4）。

图2-4　李白与杜甫（台湾关渡宫）

卢鸿是和王维名望相当的山水画家、诗人、书法家，曾三辞皇封，为人激赏："何谓清风全扫地，世间今复有卢鸿"，是位终身隐逸名山的著名高士。

---

① 杜甫：《解闷》。

一、造化钟神秀　好入名山游

夙有"济苍生"、"安社稷"远大抱负的李白,早年就接触并信仰当时很盛行的道教,喜爱栖隐山林,求仙访道,超凡脱俗。于唐玄宗开元十三年(725年)就"仗剑去国,辞亲远游"。"五岳寻仙不辞远,一生好入名山游","此行不为鲈鱼脍,自爱名山入剡中"(李白《初下荆门》)。凡佳山水,必有诗人足迹。苏南、浙西至匡庐、洞庭一线,有中国最秀美的山水,尤其是剡中与洞庭,更是许多诗人留连忘返的处所。李白可以独坐敬亭山,"相看两不厌"(李白的《独坐敬亭山》)、"秋风吹不尽,总是玉关情"(李白《子夜吴歌秋歌》)、"举杯邀明月,对影成三人"(李白《月下独酌》),敬亭山、秋风、明月等自然意象,都是诗人的知己,诗人可以当作倾诉、寻求安慰的对象,山川草木之灵性和人之灵性间不藉语言,互相生发。

号为"东南第一山"之称的九华山,古称陵阳山、九子山,位于安徽省池州境内。方圆一百公里内有九十九峰,主峰十王峰海拔一千三百四十四点四米,山体由花岗石组成,山形峭拔凌空。今有太白书堂,传说为李白隐居九华山时居所,初建于南宋嘉熙初(约1237年),是青阳县令蔡元龙为纪念李白二游九华而始创,院内有太白井,相传李白曾烹泉水品茗于此。

开元十五年(727年)来到安州(今安陆),遇到唐高宗朝宰相许围师,"妻以孙女",入赘相门之家,开始了"酒隐安陆"十年的生活。

李白在《安陆白兆山桃花岩寄刘侍御绾》诗中言:"云卧三十年,好闲复爱仙。蓬壶虽冥绝,鸾鹤心悠然。归来桃花岩,得憩云窗眠。对岭人共语,饮潭猿相连。时升翠微上,邈若罗浮巅。两岑抱东壑,一嶂横西天。树杂日易隐,崖倾月难圆。芳草换野色,飞萝摇春烟。入远构石室,选幽开上田。独此林下意,杳无区中缘。永辞霜台客,千载方来旋。"他入远山构建石头房子,选幽景开垦土质最好的田地,似乎永远要与世事隔绝,过耕读生活。

李白在白兆山桃花岩上,写下了《山中问答》、《蜀道难》、《送孟浩然之广陵》等近百篇著名篇章。著名的诗篇《山中问答》云:"问余何意栖碧山,笑而不答心自闲。桃花流水窅然去,别有天地非人间。"

日本智仁亲王和其子智忠亲王二代人的别墅桂离宫,宫中被认为是日本园林建筑的最高作品之一的"笑意轩",即取义于此诗(图2-5)。

李白自己认为"酒隐安陆"、"蹉跎十年",他是"酒隐"而非"久隐","闲来垂钓碧溪上,忽复乘舟梦日边"(行路难),夙怀"申管晏之谈,谋帝王之术,奋其智能,愿为辅弼,使寰区大定,海县清一"(《代寿山答孟少府移文书》)的宏图,原为辅弼,他不屑通过科举,而希望荐引。

开元二十五年(737年),李白到山东,客居任城,时与鲁中诸生孔巢父、韩沔(一作韩准)、裴政、张叔明、陶沔在徂徕山,日日酣歌纵酒,狂妄而不可狎近,这就是后人艳称的"竹溪六逸"。"竹溪六逸"有着隐士与逸民的心理特征,性之所至,高风绝尘。他们寄情于山水林泉，桀骜不驯，放旷不羁，柴门蓬户，兰蕙参差，妙辩玄宗，尤精庄老，那是一种悠然自在的文化态度，更是一种理想而浪漫的生存方式。

狮子林"竹溪六逸"图，刻画的就是"竹溪六逸"的放逸风范，他们在竹林溪边的敞轩中，三人在地毯上或扶几手持大蒲扇，或昂首站立，或团坐沉吟；三人行走纵谈，其中一人背手持扇，神情专注，甚为生动(图2-6)。

天宝元年(742年)经道士吴筠的推荐，李白终于供奉翰林，入朝为官，"仰天大笑出门去，我辈岂是蓬蒿人"(李白《南陵别儿童入京》)！具有"戏万乘若僚友，视俦列如草芥"[1]凛然风骨的李白，抱着政治幻想当了翰林院待诏。

图2-5　桂离宫"笑意轩"

图2-6　竹溪六逸

据丰睿的《松窗录》载，兴庆宫沉香亭牡丹盛开之时，玄宗乘"照夜白"马，太真妃以步辇从。诏特命从梨园弟子(宫中艺人)选优者，计得十六部乐章。当时，李龟年以歌擅一时。当他手捧紫檀板率众乐人上前献歌时，玄宗曰："赏名花，对妃子，焉用旧乐词为？"遂命龟年持金花笺宣赐翰林供奉李白，令其做《清平调词》三章，是三首七言乐府诗。第一首从空间角度写，以牡丹花比杨贵妃的美艳："云想衣裳花

①　苏轼：《李太白碑阴记》，见张志烈等《苏轼全集校注》，河北人民出版社，2010，第1092页。

想容,春风拂槛露华浓。若非群玉山头见,会向瑶台月下逢。"第二首从时间角度写,表现杨贵妃的受宠幸:"一枝红艳露凝香,云雨巫山枉断肠。借问汉宫谁得似,可怜飞燕倚新妆。"第三首总承一、二两首,把牡丹和杨贵妃与君王糅合,融为一体:"名花倾国两相欢,长得君王带笑看。解释春风无限恨,沉香亭北倚阑干。"全诗构思精巧,辞藻艳丽,将花与人浑融在一起写,描绘出人花交映、迷离恍惚的景象,显示了诗人高超的艺术功力。

李隆基大喜,赐饮。大太监高力士地位显赫,天子称他为兄,诸王称他为翁,驸马、宰相还要称他一声公公,何等神气!但李白借着醉酒,竟令高力士为他脱靴!陈御史花园裙板上的高力士为李白脱靴图中,高力士脱靴,杨贵妃捧砚,李白醉态可掬(图2-7)。

"青蝇易相点,白雪难同调"(李白《翰林读书言怀呈集贤诸学士》),李白遭到高力士、张垍等奸臣的嫉妒与谗毁。高力士为报此脱靴之辱,借《清平调》中"可怜飞燕倚新妆"句所用赵

图2-7　高力士为李白脱靴图
(陈御史花园)

飞燕一典,说是暗喻杨贵妃,赵飞燕因貌美受宠于汉成帝,立为皇后,后因淫乱后宫被废为庶人,自杀。李白不堪忍受毁谤,"严光桐庐溪,谢客临海峤。功成谢人间,从此一投钓"(李白《翰林读书言怀呈集贤诸学士》),企慕严光和谢灵运那样,摆脱世俗的烦恼,寄迹林下,度安闲隐逸的生活。

天宝三载以"赐金放还"的名义李白被迫离开长安,彻底粉碎了政治幻想。浪迹江湖,终日沉饮,人称"醉圣"。史载其"每醉为文章,未少差错,与不醉之人相对议事,皆不出其所见"。杜甫《饮中八仙歌》赞道:"李白斗酒诗百篇,长安市上酒家眠。天子呼来不上船,自称臣是酒中仙。"图2-8为李白醉酒。

图2-8　李白醉酒(忠王府)

李白安史之乱中,曾为永王幕僚,因败系浔阳狱,远谪夜郎,中途遇赦东还。晚年投奔其族叔当涂令李阳冰。常游览寺观与他人的园池,所谓"借君西池游,聊以散我情"(李白《游谢氏山亭》)。

安徽省当涂县青山有"谢氏山亭",南齐谢玄晖任宣城太守时所建。据陆游《入蜀记》卷三记载:"青山南小市有谢玄晖故宅基……由宅后登山,路极险,凡三四里许……至一庵……庵前有小池曰谢公池,水味甘冷,虽盛夏不竭。绝顶又有小亭,亦名谢公亭。"

李白《游谢氏山亭》时,"扫雪松下去,扪萝石道行",在谢公池塘边,觉得"花枝拂人来,山鸟向我鸣",更何况"田家有美酒,落日与之倾。醉罢弄归月,遥欣稚子迎"。李白自比好游山水的南朝谢灵运,在《同族侄评事黯游昌禅师山池》时,"萧然松石下",感到"花将色不染,水与心俱闲"[1]。

杜甫在青年时代曾数次漫游。十九岁时,他出游郓瑕(今山东临沂)。二十岁时,漫游吴越,历时数年。二十四岁时又曾北游齐(今山东济南)、赵(今河南、河北、山东等地),"放荡齐赵间,裘马颇清狂","快意八九年,西归到咸阳"的齐赵之游。

"岱宗夫如何?齐鲁青未了。造化钟神秀,阴阳割昏晓。荡胸生层云,决眦入归鸟。会当凌绝顶,一览众山小。"这首气势非凡的《望岳》诗就是杜甫漫游时的作品,见到泰山高大巍峨的气势和神奇秀丽的景色,使劲地睁大眼睛张望,眼眶有似决裂像着了迷似的,想把这一切看个够。神奇缥缈的自然美景,荡涤心胸,作者豪气荡漾,"会当凌绝顶,一览众山小",登泰山而小天下,气骨峥嵘,体势雄浑,气象何其磅礴!

大自然是艺术的母体,名山大川的雄伟壮美和瑰丽神奇的崇高之美,给人以丰富的想象和力量,使人振奋,催人进发。自然是神秘的美的宝藏,以自己的崇高和优美,给人美的享受,净化了人的灵魂,启迪了人的思想。

二、吾将此地巢云松

结庐名山胜景,是盛唐诗人的雅尚。庐山虽不属于五岳之列,但地处赣、鄂、皖三省交界地区,滨湖带江,山深林密。"无山不峰,无峰不石,无石不泉也。至于彩霞幻生,朝朝暮暮,其处江湖之界乎,此所谓山泽通气者矣。"[2]有"匡庐奇秀甲天下"之誉。庐山清幽绝人,远离都邑,交通闭塞,一无物质的诱惑,是文人结庐栖遁的绝佳场所,历史上庐山隐士数量曾居各名山之首。钟情于"清水出芙蓉,天然去雕饰"的美学趣味的李白,对庐山美景叹赏不已。瀑布是地球内力和外力作用而形成的,是大自然的鬼斧神工。李白为庐山瀑布的壮丽景色所倾倒,写了五古和七绝两首《望庐山瀑布》。七绝《望庐山瀑布》诗:

---

[1] 《李太白集》卷二十。
[2] 王思任:《游庐山记》,见《王季重十种》,浙江古籍出版社,2010。

日照香炉生紫烟，遥看瀑布挂前川。飞流直下三千尺，疑是银河落九天。

日照峰和香炉峰上似乎冉冉升起了团团紫烟，遥看那瀑布好似一条巨大的白练从悬崖直挂到前面的河流上，多么绚丽壮美的图景！瀑布喷涌飞泻直下，令人怀疑是银河从九天倾泻下来了！若真若幻，气势雄奇而神奇。

另一首五古《望庐山瀑布》诗："西登香炉峰，南见瀑布水。挂流三百丈，喷壑数十里。欻如飞电来，隐若白虹起。初惊河汉落，半洒云天里。仰观势转雄，壮哉造化功！"公开宣布"而我乐名山，对之心益闲。无论漱琼液，还得洗尘颜。且谐宿所好，永愿辞人间"。写瀑布磊落清壮，气势壮美阔大，由"壮哉造化功"的浩叹，乃至产生了"永愿辞人间"的念头。

李白更钟情于庐山上的"五老峰"，五老峰犹如五位老人并肩而立，姿态各异，或如诗人吟咏，或如勇士高歌，或如老僧盘坐，或如渔翁垂钓。李白赞美："庐山东南五老峰，青天削出金芙蓉；九江秀色可揽结，吾将此地巢云松。"（《望庐山五老峰》）阳光照射下的五老峰金碧辉煌，耸立如青天削出，险峻秀丽，如同盛开着的金色芙蓉花，犹如一幅彩色山水画。登上峰顶，九江秀色可随手采揽，五老峰的青松白云之中是李白理想的隐居之地。

"五老峰"成为中国古典园林构景的诗歌依据之一，网师园"五峰书屋"前后的峰石，留园"五峰仙馆"前的厅山，都是庐山五老峰的象征(图2-9)。

图2-9 "五峰仙馆"前的厅山(留园)

天宝十五年(756年)，安史叛军占领了洛阳以北的广大地区，为避战乱，李白带着宗氏夫人隐居在庐山五老峰下的屏风叠，实现了他"吾将此地巢云松"的夙愿。李白在此修建了读书草堂，时达半年之久，留下了二十四首光辉诗篇。他逍遥自得，在《山中与幽人对酌》，"两人对酌山花开，一杯一杯复一杯。我醉欲眠卿且去，明朝有意抱琴来。"本为避乱暂时隐居,但李白在《赠王判官时余归隐居庐山屏风叠》诗中表示"明朝拂衣去,永与海鸥群",产生了长期隐居的想法。

三、卜居必林泉

杜甫年轻时也并非那么"温柔敦厚",政治上颇有抱负,希望自己"立登要路津"(杜甫《奉赠韦左丞丈二十二韵》),壮怀激烈,"性豪业嗜酒,嫉恶怀刚肠"(杜甫《壮游》),乃至"眼边无俗物,多病也身轻"(杜甫《漫成二首》之一)。

杜甫一生经历了大唐由盛至衰的过程,由于"举进士不中第,困长安"十年,被迫走权贵之门,投赠干谒,奔走献赋,但都无结果。直到天宝十四(755年)载,才得授一个河西尉的小官,但杜甫"不作河西尉,凄凉为折腰",改任右卫率府兵曹参军,是年十一月安史之乱爆发,更历经坎坷。至德二载(757年),杜甫"麻鞋见天子,衣袖露两肘",被肃宗授为左拾遗,旋因营救房琯,触怒肃宗,乾元元年(758年)六月,被贬华州司功参军,从此远离朝廷,开始了"支离东北风尘际,漂泊西南天地间"的人生苦旅。759年,杜甫自华州弃官后,携家逃难,先是同谷,接着至秦州,后又翻山越水来到了成都。时任成都尹的是严武,"武与甫世旧,待遇甚隆",第二年(唐肃宗上元元年),凭着和四川长官严武的交情,并由表弟出资,杜甫于城西浣花溪畔找了块好地方,又向友人要了松苗、桤木等来种植,建起自己的草堂。在成都草堂四年的时间,作了二百四十多首诗。

成都浣花溪畔的草堂也最令杜甫怀念。广德元年(763年),杜甫在梓州,因怀思草堂而作《寄题江外草堂(梓州作,寄成都故居)》诗,宣称自己"我生性放诞,雅欲逃自然。嗜酒爱风竹,卜居必林泉"(杜甫《寄题江外草堂(梓州作,寄成都故居)》),生性爱自然,具魏晋名士风流,如阮籍般一样的放诞本性,涤荡去秽累,飘逸任自然。

浣花溪草堂选址环境优美,"浣花流水水西头,主人为卜林塘幽"(杜甫《卜居》),草堂在浣花溪水边,这里"江深竹静两三家",草堂处于山水田园之间。草堂周围,是"舍南舍北皆春水"(杜甫《客至》),一片宁静幽美的田园风光;"背郭堂成荫白茅,缘江路熟俯青郊。桤林碍日吟风叶,笼竹和烟滴露梢。"(杜甫《堂成》)

"田舍清江曲,柴门古道旁。榉柳枝枝弱,枇杷树树香。"(杜甫《田舍》)"黄四娘家花满蹊,千朵万朵压枝低。"草堂点缀着竹木松和花果,屋顶覆以茅草。人与浣花溪,茅舍,竹篱,柴扉和周边的花木水乳般交融在一起。

"诛茅初一亩,广地方连延。经营上元始,断手宝应年。"(杜甫《寄题江外草堂(梓州作,寄成都故居)》)艾除茅草一亩地,从上元元年(760年)开始营建,到宝应元年(762年)建成。

草堂质朴自然,2001年在杜甫草堂旧址发掘的唐宋民居遗迹看,宅院的门扉朝向东南,浣花溪水绕行于东南西三面,院子里有生活用的水井,井边向东北是一条小小的排水沟渠,以青石砌筑,简朴憨实。以茅草苫盖为屋顶,"敢谋土木丽,自觉面势坚。台亭随高下,敞豁当清川"。(杜甫《寄题江外草堂(梓州作,寄成都故居)》)

随地势高下修筑亭台水槛,结构殊不草草。

"干戈未偃息,安得酣歌眠",杜甫心念战乱中的民生疾苦,与"安得广厦千万间,与天下寒士俱欢颜"同一博大胸襟。《杜臆》评析曰:松曰霜骨,松苗曰霜根,立言清峭。士大夫能视物我一体,则无自私自利之怀。少陵伤茅屋之破,则思广厦万间,以庇寒士,念草堂则曰"干戈未偃息,安得酣歌眠",咏四松则曰"敢为故林主,黎庶犹未康",触处皆仁心发露,稷契之徒也。

今重建的杜甫草堂的厅亭榭等建筑,皆以杜甫诗名为额,花草也依杜诗。如草堂有竹篱环绕四周,堂前方开有一简陋的木薪门,"田舍清江曲,柴门古道旁"(杜甫《田舍》)作《堂成》诗纪之。"桤林碍日吟风叶,笼竹和烟滴露梢。"今为"露梢风叶之轩"。

工部祠右前侧配庑"水竹居",出自杜甫《奉酬严公寄题野亭之作》中"懒性从来水竹居"句。指水清竹绿,环境幽雅的草堂。工部祠前左侧配庑名"恰受航轩",建筑形状狭长如舟,以杜甫《南邻》诗中的"秋水才深四五尺,野航恰受两三人"诗意命名。杜诗有"新添水槛供垂钓",又写有《水槛遣心二首》,径名"水槛",用杜诗"细雨鱼儿出,微风燕子斜"的意境;通向草堂的小路,两旁植有花木,用杜甫《客至》诗中写的"花径不曾缘客扫,蓬门今始为君开",名"花径"。

清嘉庆十六年(1811年)重修草堂时,沿旧制于工部祠西侧假山建二亭一台,分别为"邑香亭"、"看云亭"与"春风啜茗台"。其中"邑香亭"之名,出自杜甫《狂夫》诗中"雨邑红蕖冉冉香"一句。

杜甫一生,除了浣花溪畔的草堂外,还有重庆奉节县东的夔州草堂、梓州(治地今三台县城)草堂等。

杜甫颠沛流离到夔州,已是穷困潦倒,老病缠身,但这里山川钟灵,古迹蕴奇,有充满奇情异趣的远古传说,足慰诗人之心。

杜甫在重庆奉节县东的夔州草堂居住一年零十个月,共创作诗歌四百四十三首;"伏枕云安县,迁居白帝城。春知催柳别,江与放船清。农事闻人说,山光见鸟情。禹功饶断石,且就土微平。"(杜甫《移居夔州作》)时值春暖花开,柳绿江清,杜甫这里处处山光明丽,鸟雀歌唱的风景,"瀼东瀼西一万家,江南江北春冬花。背飞鹤子遗琼蕊,相趁凫雏入蒋牙。"(杜甫《夔州歌十绝句》之五)杜甫入住的瀼西是一个临水靠山,气候温暖,人口稠密,物产丰富的粮油之乡,"六月青稻多,千畦碧泉乱"。(杜甫《行官张望补稻畦水归》)

后来,杜甫流亡到东川节度使治所的梓州(治地今三台县城),度过了"世乱郁郁久为客,路难悠悠常傍人"的一年零八个月,写下了一百余首诗。杜甫寓居的梓州草堂及后人修建的草堂寺、工部祠等早已不存。今三台县城"梓州杜甫草堂",又称"成州同谷县杜工部祠堂"、"同谷草堂"、"子美草堂"、"诗圣祠",俗称"杜公祠"。

北宋宣和年间成州知州晁说之倡导,郭慥于宣和三年始,兴建了"成州同谷县杜工部祠堂"和"濯凤轩"、"发兴阁"等纪念杜甫的祠宇轩阁,而且撰写了文情跌宕、记事感怀的《濯凤轩记》、《成州同谷县杜工部祠堂记》、《发兴阁记》等三篇散文佳作,并镌刻于石。

晁说之在宣和四年(1122年)二月二十六日撰写的《濯凤轩记》:"杜工部昔日所居之地,新祠奉之者也。"在宣和四年二月濯凤轩告竣之时,"新祠已开始祀奉",说明杜工部祠堂必建于宣和四年之前。今草堂是依据杜甫多次登牛头山咏吟故事,在县城西郊梓州公园牛头山顶明代工部草堂遗址重建的,基本上是清末民国以来遗存的原貌。

草堂傍山依水,岩峦峻秀,松竹耸茂。后有子美崖、子美谷、子美泉诸景。草堂院内亭台楼榭,花团锦簇,佳木林立,风景迷人。有八棵苍劲的古柏,大门外有一棵古槐,花圃里有斑竹、海棠,一树一态,一枝一景,构成了迷人的胜景奇观。内有杜甫生平介绍,杜甫在三台期间的事迹及名篇佳作展览,名人字画等。草堂主体建筑为两进两院,沿中轴线往上为草堂大门,两面是一副明刻板对,上联刻:天地尚留诗稿在;下联刻:江山亦借草堂传。门楣上悬一匾额,榜书:"诗圣祠"。

杜甫三处居地,都有山光水色的自然生态环境,由于"诗"的崇高地位,吸引了唐后大量风流倜傥的文人墨客和经纶满腹的高人隐士,使草堂具有了丰厚的人文积淀。

四、山为宅兮草为堂　芝兰兮药房

《新唐书》卷二百十九隐逸传载:

"古之隐者,大抵有三概:上焉者,身藏而德不晦,故自放草野,而名往从之,虽万乘之贵,犹寻轵而委聘也;其次,挈治世具弗得伸,或持峭行不可屈于俗,虽有所应,其于爵禄也,泛然受,悠然辞,使人君常有所慕企,怊然如不足,其可贵也;末焉者,资槁薄,乐山林,内审其才,终不可当世取舍,故逃丘园而不返,使人常高其风而不敢加訾焉。"

孙思邈"称疾还山,高宗赐良马,假鄱阳公主邑司以居之"。王希夷"玄宗东巡狩,诏州县敦劝见行在,时九十余,帝令张说访以政事,宣官扶入宫中,与语甚悦,拜国子博士,听还山。敕州县春秋致束帛酒肉,仍赐绢百、衣一称"。

在诸多隐士中,卢鸿一倍受殊荣。卢鸿一名鸿一,字浩然,隐于嵩山(今登封市),博学工书、画,颇善籀、篆、隶、楷。开元十二年(724年)尝撰并八分书唐普寂禅师碑。工山水树石,得平远之趣。笔意位置,清气袭人,与王维相埒。《新唐书卷二百十九隐逸传》载,玄宗开元初(713年),备礼征再,不至。五年,诏曰:"鸿有泰一之道,中庸之德,钩深诣微,确乎自高。诏书屡下,每辄辞托,使朕虚心引领,于今数年。虽得素履幽人之介,而失考父滋恭之谊,岂朝廷之故与生殊趣邪? 将纵欲山林,往而不能返乎? 礼有大伦,君臣之义不可废也。今城阙密迩,不足为劳,有司其赍束帛之具,重宣兹旨,想有以翻然易节,副朕意焉。"恳切希望卢鸿能出山赴任,以满足他的心愿。卢鸿盛情难却，应召来到东都洛阳，谒见玄宗，不肯下拜。宰相很不明白，派人询问缘故。卢鸿答道："忠信之人不讲究这些礼节，我敢以忠信进见！"玄宗闻知后，就另升内殿，设宴款待，当场授他做谏议大夫。卢鸿还是坚决辞谢。"许还山，岁给米百斛、绢五十，府县为致其家，朝廷得失，其以状闻。将行，赐隐居服，官营草堂，恩礼殊渥。鸿到山中，广学庐，聚徒至五百人。及卒，帝赐万钱。鸿所居室，自号宁极云。"

玄宗为了成就其志，就赐他一身隐居服，一所草堂，让他带官归山，每年可得到粮米一百石、布绢五十匹。而且还让他随时记下朝廷的得失，直接把状子交给玄宗。一些府县的官员也常常到他家拜访。卢鸿回山后，广开门户，召聚五百弟子讲学，直到去世。时人称之为唐代的"山中宰相"。

卢鸿隐居嵩山后，筑"嵩山别业"，收徒授业，与高僧名道普寂、司马承贞等游，每日里吟诗作画，怡然自乐。他曾自图其居，画了《嵩山十志图》，包括"草堂、倒景台、樾馆、枕烟庭、云锦淙、期仙蹬、涤烦矶、幂翠亭、洞元室、金碧潭"等十景，图写隐居之处的山林景物，时称山林绝胜。插图系以唐、宋各家笔意拟之，图中峰峦浑厚，林木苍厚，笔墨细密严实，松秀浑然，柔中带刚。卢鸿的《嵩山十志图》每图各系以诗及序。与王维的《辋川图》一样，名传当时与后代。尽管画家原作久已失传，唯能见到传为李公麟的《草堂十志图》临本。但诗及序还在，据此，"嵩山别业"的构筑思想有了生动的依据。

《嵩山十志图诗序》[①]载：

草堂者，盖因自然之溪阜。前当墉洫，资人力之缔构；后加茅茨，将以避燥湿，成栋宇之用。昭简易，叶乾坤之德道。可容膝休闲，谷神同道，此其所贵也。及靡者居之，则妄为剪饰，失天理矣！

词曰：山为宅兮草为堂，芝兰兮药房。罗薜荔兮拍薜荔，荃壁兮兰砌。薜荔薜荔兮成草堂，阴阴邃兮馥馥香，中有人兮信宜常。读金书兮饮玉浆，童颜幽操兮不易长。

草堂依自然山水而筑，茅茨土覆顶，面积小仅容膝，具有朴拙的山林生趣。作者明确反对"妄为剪饰"，认为崇饰乃"失天理矣"！山为住宅，结草为堂，用香草涂抹，有屈原楚辞的浪漫情怀。

"倒景台者，盖太室南麓，天门右崖，杰峰如台，气凌倒景。登路有三处可憩，或曰'三休台'，可以邀驭风之客，会绝尘之子。超逸真，荡遐襟，此其所绝也。及世人登焉，则魂散神越，目极心伤矣。""倒景台"也是因山而建，"杰峰如台，气凌倒景"，十分高峻，在此洗胸涤怀，精神超逸。

"樾馆"，是"即林取材，基颠柘，架茅茨"，就地取材，"紫岩限兮青溪侧，云松烟茑兮千古色。芳麓兮荫蒙茏，幽人构馆兮在其中"。在山水及云松烟茑间，卧风霞旦，享受大

---

① 《全唐诗》第二函第七册，上海古籍出版社影印康熙扬州诗局本，1986。

自然的真趣。

草堂环境，重幽叠邃，如"草树绵幂兮翠蒙茏"的"幂翠庭"："盖崖积阴，林萝杳翠。其上绵幂，其下深湛。"

室返自然的"洞元室"："因岩作室，即理谈玄。室返自然，元斯洞矣。""岚气肃兮岩翠冥，空阴虚兮户芳迎。披蕙帐兮促萝筵，谈空空兮覈元元。蕙帐萝筵兮洞元室，秘而幽兮真可吉。返自然兮道可冥，泽妙思兮草玄经，结幽门兮在黄庭。"

"云锦淙"，"盖激溜冲攒，倾石丛倚，鸣湍叠濯，喷若雷风，诡辉分丽，焕若云锦"，图上一帘瀑布挂在山壁上，激流滚滚泻入山谷溪流中。

草堂为卢鸿安神养性之地，十景中"涤烦矶"为的是澡性涤烦："涤烦矶者，盖穷谷峻崖，发地盘石，飞流攒激，积漱成渠。澡性涤烦，迥有幽致。可为智者说，难为俗人言。"用"飞流攒激，积漱成渠"的清水，涤除烦恼。

图2-10　嵩山十志图·云锦淙

作者思想时时流露出道教仙境和成仙的"心境"，如："枕烟庭者，盖特峰秀起，意若枕烟"，犹如"杨雄所谓爱静神游之庭是也"。"可以超绝纷世，永洁精神矣"，飘飘欲仙，超凡脱俗。又如："期仙磴者，盖危磴穹窿，迥接云路，灵仙仿佛，若可期及"，高接云天，登上凌空的期仙磴，仿佛看到青霞紫云、仙人的鸾歌凤舞，似乎已经成为山中神仙了。

作者还着重指出，像"金碧潭"这样"水洁石鲜，光涵金碧，岩葩林茑，有助芳阴"的美景，那些"世生缠乎利害"者，是"未暇游之"，也不会欣赏的。

第三节　贵族园林的美学思想

公卿贵戚、将相显要亦竞修园池，遍布长安、洛阳一带。长安城南二十里的樊川，清流逶迤如带，水之曲处，为韦、杜二巨族世居之地，据《长安图志》载："韦杜二氏，轩冕相望，园池栉比。""朱坡、樊川，颇治亭观林芿，凿山股泉，与宾客置酒为乐。子孙皆奉朝请，贵盛为一时冠。"①

---

① 《新唐书》卷一六六杜佑本传。

宋李格非《洛阳名园记》载,唐贞观、开元间,光东京洛阳城郊的公卿邸园号有千余处。宋张舜民《画墁录》称京官在京城也多园池:"唐京省入伏,假三日一开印。公卿近郭皆有园池,以至樊杜数十里间,泉石占胜,布满川陆,至今基地尚在。"连官阶最低的九品校书郎也不例外,如綦毋校书(李颀《题綦毋校书别业》)、李校书花药园①等。

太平公主"崇饰邸第……田园遍于近甸膏腴……财货山积,珍奇宝物,侔于御府"②;太平公主山池,"构仙山分既毕,侔造化之神术:其为状也,攒怪石而岑嶅;其为异也,含清气而萧瑟:列海岸而争耸,分水亭而对出。东则峰崖刻画,洞穴萦回……其西则翠屏崭岩,山路诘曲,高阁翔云,丹岩吐绿"。③

武驸马山亭"林园洞启,亭壑幽深,落霞归而叠嶂明,飞泉洒而回潭响。灵槎仙石,徘徊有造化之姿;苔阁茅轩,仿佛入神仙之境"。④

山池模拟自然山水,如义阳公主山池,"径转危峰逼,桥回缺岸妨"、"攒石当轩倚,悬泉度牖飞"、"池分八水背,峰作九山疑"⑤,模拟九山疑。

"禀性骄纵,立志矜奢。倾国府之资财,为第宇之雕饰"⑥的安乐公主,曾经恃宠向父亲唐中宗奏请昆明池以为汤沐。那是汉武帝时穿凿引流的一大湖泊,位于长安城西,有渔蒲之利、风光之美。据史料记载,中宗没有同意,回复说:"自前代已来,不以与人。"于是,这位天之娇女竟在长安城西南郊外,令司农卿赵履温种植、将作大匠杨务廉引流凿沼,延袤十数里,时号定昆池,"定,言可抗订之也",俨然与昆明池一分高下的意思。张鷟《朝野佥载》卷三载:夺百姓庄园,造定昆池四十九里,直抵南山。延袤数里,累石为山,以象华岳,引水为涧,以象天津。堆山像华岳,引水像天河。安乐公主"所营第宅并造安乐佛寺,拟于宫掖,巧妙过之……于金城坊造宅,穷极壮丽,帑藏为之空竭。"⑦庄园"飞阁步檐,斜桥磴道。饰以金银,莹以珠玉"⑧,唐人有诗赞曰:"刻凤蟠螭凌桂邸,穿池叠石写蓬壶","掩映雕窗交极浦,参差绣户绕回塘。"侍驾随游的宗楚客在定昆池畔写了首《奉和幸安乐公主山庄应制》:

> 玉楼银榜枕严城,翠盖红旗列禁营。日映层岩图画色,风摇杂树管弦声。水边重阁含飞动,云里孤峰类削成。幸睹八龙游阆苑,无劳万里访蓬瀛。

连权倾天下的太平公主也感叹:"看他的起居住处,我们真是白活了!"

---

① 于邵《游李校书花药园序》:"崇文馆校书郎李公寝门之外,大亭南敞。大亭之左,胜地东豁,环岸种药。不知斯地几十步,但观其缥缈霞错,葱茏烟布,密叶层映,虚根不摇,珠点夕露,金燃晓光。而后花发五色,色带深浅;生一香,香有远近;色若锦绣,酷如芝兰;动皆袭人,静则夺目。"(《全唐文》卷四二七)。

② 《旧唐书外戚》卷一百八十七。

③ 宋之问:《太平公主山池赋》,见《全唐文》,卷二百四十。

④ 宋之问:《奉陪武驸马宴唐卿山亭序》,见《全唐文》卷二百四十一。

⑤ 杜审言:《和韦承庆过义阳公主山池五首》,见《全唐诗》卷六十二。

⑥ 近年出土的《大唐故勃逆宫人志文并序》。

⑦ 《旧唐书外戚》卷一百八十七。

⑧ 唐张鷟:《朝野佥载》,卷三。

"唐宁王山池院引兴庆水西流,疏凿屈曲,连环为九曲池。上筑土为基,叠石为山,植松柏,有落猿岩,栖龙岫,奇石异木,珍禽怪兽。又有鹤洲仙渚,殿宇相连,左沧浪,右临漪,王与宫人宾客宴饮弋钓其中。"①

岐阳公主、长宁公主、义阳公主、宰相李林甫、杨国忠,名将郭子仪、马璘、李晟之亭馆,皆极豪奢靡丽。《旧唐书卷一百一十杨国忠传》载:

> 贵妃姊虢国夫人……于宣义里构连甲第,土木被绨绣,栋宇之盛,两都莫比,昼会夜集,无复礼度……国忠山第在宫东门之南,与虢国相对,韩国、秦国甍栋相接,天子幸其第,必过五家,赏赐宴乐。每扈从骊山,五家合队,国忠以剑南幢节引于前,出有饯路,还有软脚,远近饷遗,珍玩狗马,阉侍歌儿,相望于道。

豪奢的土木工程在贵族园林中习以为常,如《七修类稿卷十五义理类》:"杨国忠尝以沉香为阁,檀香为栏槛,麝香和泥为壁,至牡丹开时,登阁以赏,谓之四香阁。"沉香因为香味独特、香品高雅、十分难得,自古以来即被列为众香之首。所以沉香是世界五大宗教共同认同的稀世珍宝。沉香树因病变开始结香后,会经历漫长的生长期,至少需要几年至十几年的时间甚至上百年才能形成一块优质的沉香木,因此产量极少,市场供不应求,因此十分珍贵。杨国忠居然用沉香为阁,其奢侈可见。

武后男宠"张易之初造一大堂甚壮丽,计用数百万。红粉泥壁,文柏帖柱,琉璃沉香为饰"②。中宗朝权相宗楚客的新宅"皆是文柏为梁,沉香和红粉以泥壁,开门则香气蓬勃。磨文石为阶砌及地,着吉莫靴者,行则仰仆"③。柏木作为房梁,更在粉墙的材料中加入沉香木屑,推门而入,只觉满室馨香扑面。而更有甚者,是将各色花纹的石料打磨后用来砌地面和台阶,光滑无比,以至于穿着"吉莫靴"的人走在上面便会前仰后合。

"九月,丁未,波斯李苏沙献沉香亭子材。左拾遗李汉上言:'此何异瑶台、琼室!'上虽怒,亦优容之。"④胡三省注引杜佑曰:林邑出沉香,土人破断其木,积以岁年,朽烂而心节独在,置水中则沉,故名沉香。诸蕃志:沉香所出非一,形多异而名亦不一:有如犀角者,谓之犀角沈;如燕口沈;如附子者,谓之附子沉;如梭者,谓之梭沉;纹坚而理致者,谓之横阳沉。今其材可为亭子,则条段又非诸沈比矣。

《旧唐书卷一百一十杨国忠传》:"王铇为御史大夫,兼京兆尹,恩宠侔于国忠,而位望居其右。"《唐语林》卷五:"天宝中,御史大夫王铇有罪赐死,县官簿录铇太平坊宅,数日不能遍。宅内有自雨亭子,檐上飞流四注,当夏处之,凛若高秋。又有宝钿井阑,不知其价。"

曾几何时,乐游燕喜之地,皆为野草,"昔时金阶白玉堂,即今惟见青松在"!

---

① 《关中胜迹图志》卷六。

② 太平广记一卷第一百四十三征应九(人臣咎征)。

③ 同上。

④ 《资治通鉴·唐纪》五十九。

第四节　皇家园林美学思想

初唐倡导俭约，皇家宫苑多利用隋旧苑改建，但唐太宗犹"飞盖去芳园，兰桡游翠渚"，面对晋祠的富丽堂皇，竟称"金阙九层，郿蓬莱之已陋；玉楼千仞，耻昆阆之非奇"[1]，蓬莱仙阁之美，昆山阆地之仙，都无法与晋祠的建筑媲美！至高宗、睿宗、玄宗朝则大建离宫别苑：大明宫、兴庆宫、华清宫、大内三苑即禁苑、西内苑、东内苑……唐玄宗对曲江进行了大规模扩建，于是曲江流饮、杏园探花、进士国宴、郊游踏春、慈恩寺观戏、雁塔题名，盛况空前绝后。

唐朝自贞观之治到开元盛世，皇家园林营构的美学思想因国力强盛程度和帝王的个人道德修养和才情之别，亦有区别，大体是贞观前期尚简朴，此后营建渐多，至开元盛世更大兴土木。长安城内外建有众多壮丽的大内御苑、行宫和离宫御苑。

诸如三大内宫苑：西内的太极宫、东内大明宫、南内的兴庆宫；长安城的远郊是星罗棋布的离宫、行宫，如北郊有中国古代最早、最大的禁苑区；避暑夏宫麟游县天台山的九成宫，避寒的冬宫临潼县骊山之麓的华清宫，翠微宫、玉华宫也久负盛名。

总体来说，皇家园林体量雄伟、简洁雄浑、装饰华丽，雍容大度，洋溢着天朝大国的自信与辉煌，体现了体天象地、经纬宇宙、非壮丽无以重威的皇极意识。

一、贵顺物情　戒其骄奢

唐太宗继承唐高祖李渊制定的尊祖崇道国策，励精图治，贞观初期，唐太宗颇能以史为戒，认识到"奢靡之始，危亡之渐"，视奢侈纵欲为王朝败亡的重要原因，因此厉行俭约。唐吴兢《贞观政要第十八》有"俭约"一章[2]：

> 贞观元年（627年），太宗谓侍臣曰：自古帝王凡有兴造，必须贵顺物情。昔大禹凿九山，通九江，用人力极广，而无怨者，物情所欲，而众所共有故也。秦始皇营建宫室，而人多谤议者，为徇其私欲，不与众共故也。朕今欲造一殿，材木已具，远想秦皇之事，遂不复作也。古人云："不作无益害有益。""不见可欲，使民心不乱。"固知见可欲，其心必乱矣。至如雕镂器物，珠玉服玩，若恣其骄奢，则危亡之期可立待也。

> 自王公以下，第宅、车服、婚嫁、丧葬，准品秩，不合服用者，宜一切禁断。由是二十年间，风俗简朴，衣无锦绣，财帛富饶，无饥寒之弊。

帝王兴土木，务必以物资人力来衡量利弊，就如夏禹治水，疏通九江，为民造福。而秦始皇为了一己之私，营建宫室，遭到人民反对。又谈到自己本想造一座宫殿，材木工

---

①　李世民：《晋祠之铭并序》碑。
②　1978年上海古籍出版社曾据涵芬楼藏"戈本"校点刊行。

具已经准备就绪，但因有秦始皇的前车之鉴而作罢。引古训："不做没有益处的事，只挑有益的做；不显耀可以引起贪欲的财货，免得搞乱人民清净的心思。"显耀财货，他的心一定被污浊了。就像雕镂器物，珠玉服玩，如果只知道享受它们，那么灭亡的时候就能数着日子到来了。所以，太宗严禁自王公及之下，第宅、车服、婚嫁、丧葬的奢侈，如若装饰过于豪华，便将遭到查处。所以二十年来，风清俗美。

太宗能身体力行，履行节俭，《贞观政要节俭》：

> 贞观二年（628 年），公卿奏曰："依《礼记》，季夏之月，可以居台榭。今夏暑未退，秋霖方始，宫中卑湿，请营一阁以居之。"太宗曰："朕有气疾，岂宜下湿？若遂来请，糜费良多。昔汉文将起露台，而惜十家之产，朕德不逮于汉帝，而所费过之，岂为人父母之道也？"固请至于再三，竟不许。

贞观二年，暑气未退，秋雨已至，皇宫中非常潮湿，请求修建一座暖阁让太宗居住。太宗说："朕有哮喘病，难道就不怕潮湿？但如果修建的话，会浪费许多人力物力。以前汉文帝想修建露台，因为怜惜十户百姓家产（而放弃这个想法），朕功德不及汉文帝，而比他还要奢侈浪费，难道是为人父母的道理吗？"所以再三上书，太宗就是不允许。

太宗效法开创了文景之治的汉文帝，虽然因南征北战、开疆拓土，自己得了哮喘病很需要干燥的温阁，但因"糜费良多"而不许。

《贞观政要节俭》：

> 贞观四年（630 年），太宗谓侍臣曰："崇饰宫宇，游赏池台，帝王之所欲，百姓之所不欲。帝王所欲者放逸，百姓所不欲者劳弊。孔子云：'有一言可以终身行之者，其恕乎！己所不欲，勿施于人。'劳弊之事，诚不可施于百姓。朕尊为帝王，富有四海，每事由己，诚能自节，若百姓不欲，必能顺其情也。"魏徵曰："陛下本怜百姓，每节己以顺人。臣闻'以欲从人者昌，以人乐己者亡'。隋炀帝志在无厌，惟好奢侈，所司每有供奉营造，小不称意，则有峻罚严刑。上之所好，下必有甚，竞为无限，遂至灭亡。此非书籍所传，亦陛下目所亲见。为其无道，故天命陛下代之。陛下若以为足，今日不啻足矣；若以为不足，更万倍过此，亦不足。"太宗曰："公所奏对甚善。非公，朕安得闻此言？"

贞观四年，唐太宗再次重申了他的俭约观，并引孔子"己所不欲，勿施于人"的训导，来自我约束，如魏徵所说"节己以顺人"，以隋炀帝贪欲无度为戒，并提到"上之所好，下必有甚，竞为无限，遂至灭亡"的恶性循环，非常精警！

唐太宗不仅从谏如流①，还善于读书，时时以史为戒，贞观十六年（642 年）他读《刘聪传》，"聪将为刘后起凤仪殿，廷尉陈元达切谏，聪大怒，命斩之。刘后手疏启请，辞情甚切，聪怒乃解，而甚愧之。人之读书，欲广闻见以自益耳，朕见此事，可以为深诫。比者欲造一殿，仍构重阁，今于蓝田采木，并已备具，远想聪事，斯作遂止"（《贞观政要节

---

① 涂绪谋在《唐太宗贞观之失述评》中指出，考诸史实，唐太宗失德、失策、失治之处甚多，若非忠智之士有所补救，他的许多过失都足以导致败家亡国。

俭》)。以刘聪史事为鉴,将营建宫殿并加造层楼这项营建工程停止了。

贞观十一年(637年)太宗还下诏惩革厚葬的恶习:"以厚葬为奉终,以高坟为行孝,遂使衣衾棺椁极雕刻之华,灵冥器穷金玉之饰。富者越法度以相尚,贫者破资产而不逮,徒伤教义,无益泉壤,为害既深,宜为惩革。"以奢侈者可以为戒,节俭者可以为师,反对堆坟树碑,倡导从简丧葬,这并非是吝惜钱财,而是为了提倡节俭薄葬,避免贻害自己和子孙。希望各州府的官员严格检查,葬礼如有不遵照律令格式的,根据情节定罪。京城里五品以上官员和皇亲贵族如有违反,要写下罪状上奏朝廷。

在太宗表率下[①],出现了许多清廉俭约的大臣:"岑文本为中书令,宅卑湿,无帷帐之饰"、"户部尚书戴胄卒,太宗以其居宅弊陋,祭享无所"、"温彦博为尚书右仆射,家贫无正寝,及薨,殡于旁室。"

魏徵宅内,连正堂都没有,一次他生病,唐太宗当时正要营造小型的宫殿,于是停下工,用这些材料为魏徵营造正堂,五天就完工了,唐太宗还派使者赠送给魏徵喜欢的素布被褥,以成全他节俭的志向。

正因为贞观二十余年间(627—649年),太宗贯彻了"自王公以下,第宅、车服、婚嫁、丧葬,准品秩不合服用者,宜一切禁断"的主张,因此国家风俗简朴,衣无锦绣,财帛富饶,无饥寒之弊,取得天下大治的理想局面,史称"贞观之治",为后来的"开元之治"奠定了厚实的基础。

诚然,李世民晚年著《帝范》中承认自己也有奢纵失度之失:

> 吾在位以来,所制多矣。奇丽服,锦绣珠玉,不绝于前,此非防欲也;雕楹刻桷,高台深池,每兴役,此非俭志也;犬马鹰鹘,无远必致,此非节心也;数有行幸,以亟劳人,此非屈己也。斯事者,吾之深过,勿以兹为是而后法焉。[②]

《论语·泰伯》引曾子言曰:"鸟之将死,其鸣也哀;人之将死,其言也善。"太宗晚年告诫亦步亦趋地奢靡好内的太子李治(即后来的唐高宗)的话自然出自真心,他反省的"贞观之失"与史书所载基本吻合,如:

太宗常幸洛阳,颇见可欲,多治隋氏旧宫,或纵田游[③];贞观四年,唐太宗发卒修洛阳宫以备巡幸,被给事中张玄素批评为财力不及隋世而土木之作甚于炀帝[④];贞观五年,又修仁寿宫,更命曰九成宫,又将修洛阳宫,民部尚书戴胄表谏……上嘉之……久之,竟命将作大匠窦璡修洛阳宫。其工程凿池筑山,雕饰华靡,不知耗费了多少资财[⑤];贞观六年(632年)正月,唐太宗将巡幸九成宫,姚思廉进谏,唐太宗找借口:"朕有气疾,暑辄顿剧,

① 魏征曾骂过李世民听其言远超上圣,论事则未逾於中主。唐太宗与唐高宗授意史官在贞观历史记录中大肆隐恶饰美,唐太宗公然要求"望史官宜不书吾恶"。

② 《帝范崇文》第十二。

③ 王谠撰《唐语林》周勋初校证. 北京:中华书局,1987,第1302页。

④ 司马光:《资治通鉴》,北京:中华书局,1956,第6079页。

⑤ 司马光:《资治通鉴》,北京:中华书局,1956,第6088页。

往避之耳。"①贞观十一年(637年)春,唐太宗又修飞山宫,魏徵劝谏无果。五月,魏徵上疏说太宗"欲善之志不及于昔日"、"谴罚积多,威怒微厉"。同年八月,太宗谓侍臣曰:"上封事者皆言朕游猎太频……"②;贞观十二年,唐太宗又东巡入洛,次于显仁宫,宫苑官司因供奉不精多被责罚。

建于终南山的太和宫为唐高祖李渊于武德八年(625年)四月二十一日所造。《唐会要·太和宫》:"造太和宫于终南山。贞观十年(636年)废。至二十一年(647年)四月九日,上不豫,公卿上言,'请修废太和宫,厥地清凉,可以清暑,臣等请撤俸禄,率子弟微加功力,不日而就。'手诏曰,'此者风虚颇积,为弊至深,况复炎景燕时,温风铿节,沉疴属此,理所不堪。久欲追凉,恐成劳扰。今卿等有请,即相机行。'于是遣将作大匠阎立德于顺阳王第取材瓦以建之。包山为苑,自栽木至于设幄,九日而毕功。因改为翠微宫。正门北开,谓云霞门,视朝殿名翠微殿,寝名含风殿。并为皇太子构别宫,正门西开,名金华门,殿名喜安殿。唐太宗有《秋日翠微宫》诗,描写翠微宫之秋,不仅风景优美,"荷疏一盖缺,树冷半帷空。侧阵移鸿影,圆花钉菊丛",而且可以获得"摅怀俗尘外,高眺白云中"的精神享受。

"上以翠微宫险隘,不能容百官,庚子,诏更营玉华宫于宜春之凤皇谷。"③"上营玉华宫,务为俭约,惟寝殿覆瓦,余皆茅茨,然所费已巨亿计。充容徐惠上疏曰:'今东征高丽,西讨龟兹,营缮相继,服玩华靡。夫以有尽之农功,填无穷之巨浪,图未获之他众……珍玩技巧,乃丧国之斧斤;珠玉锦绣,实迷心之鸩毒。作法于俭,犹恐其奢;作法于奢,何以制后!'上善其义,甚礼重之。"④

纵观历史,唐太宗贞观年间所谓的"奢纵失度",主要还只限于"治隋氏旧宫,或纵田游"方面,作为开国帝王,在宫苑营造思想上,还是以俭约为主,力戒奢侈纵欲。

二、九天阊阖开宫殿

建筑形式和色彩体现出来的建筑体量,能给人以最直观的影响视觉感受,如对称、完整的建筑体量,传递出庄严和肃穆;自由、多样化的建筑形体营造的是活泼、轻松的氛围;体量厚重庄严的建筑形体,给人以强大的力量感,甚至产生被征服、被控制的威慑力。

始建于隋文帝开皇十三年(593年)的"仁寿宫",是隋文帝的离宫。唐太宗贞观五年(631年)修复扩建,更名为"九成宫","九成"之意是"九重"或"九层",言其高大。九成宫,周垣有一千八百多步,曾建成延福、排云、御容、咸亨、大全、永安、丹霄等大型宫殿。

唐代东西两都的宫苑占地面积都很大、建筑高大雄壮,色彩明丽,与恢宏大气的两

① 司马光:《资治通鉴》,北京:中华书局,1956,第6094页。
② 司马光:《资治通鉴》,北京:中华书局,1956,第6125-6131页。
③ 司马光:《资治通鉴》第一百九十八卷(唐纪)。
④ 《纲鉴易知录》卷四五,中华书局,第四册唐纪,第1183页。

都城市格局相协调。

高宗时建于东都洛阳的上阳宫,是毗连于洛阳宫城西的大型宫苑。雄伟壮丽,据《唐六典》记载,有玉京门、金阙门、泰初门、含露门、仙桃门、寿昌门、元武门、客省院、荫殿、翰林院、飞龙厩和上清殿等,可乘高临深,有登眺之美(图2-11)。

图2-11　唐李昭道(传)《洛阳楼》图轴

白居易《洛川晴望赋》:"三川浩浩以奔流,双阙峨峨而屹立。飞梁径度,讶残红之示消;翠瓦光凝,惊宿雨之犹湿。……瞻上阳之宫阙兮,胜仙家之福庭。"

贾登《上阳宫赋》:"取大壮之规模,尔其则以三象;启云构而承天,擎露盘而洗日。俯驰道而将半,临御沟而对出。凝海上之仙家,似河边之织室。"

李赓《东都赋》:"上阳别宫……横延百堵,高量十丈。出地标图,临流写障。霄倚霞连,屹屹言言。翼太和而耸观,侧宾曜而疏轩。"

上阳宫高大宏丽,云构承天,楼台镇空,门阙、台阁、亭观极尽豪奢,韦机建成后,曾因太过华丽,受到弹劾免职。

上阳建筑雕饰精丽华贵,石蟾蜍水口,琉璃瓦当,"丹粉多状,鸳瓦鳞翠,虹梁叠状",绿瓦红柱,红油漆殿柱,色彩鲜丽厚重。

太极宫是长安三大内宫苑之一,位于唐长安城中轴部位的最北部,为唐京的正宫,故又称京大内,原为隋宇文恺设计的大兴宫,实际上是太极宫、东宫、掖庭宫的总称,有殿、阁、亭、馆三四十所,加上东宫尚有殿阁宫院二十多所,承天门、太极殿、两仪殿南北排列,处于全宫的中部,其他殿院与阁门分布于两侧,左右对称,突出了皇权的至尊地位,富丽堂皇,体量恢弘,面积为明清紫禁城的二点七倍。

长安三大内宫苑以大明宫体量最宏伟。唐贞观八年(634年),太宗李世民为供其父李渊避暑,于长安宫城东北角禁苑内修建永安宫,次年改名大明宫。龙朔二年(662年)高宗李治加以扩建,一度改名蓬莱宫,大明宫是唐长安城三大殿规模最大的一座,称为"东内",是全世界最辉煌壮丽的宫殿群,唐时达二百余年的政治中心和国家象征。

大明宫占地三百五十公顷,踞龙首原上的全城制高点,有高屋建瓴之势。平面呈梯形,南宽北窄,周长七千六百二十八米,是明清北京紫禁城的四点五倍,被誉为千宫之宫、丝绸之路的东方圣殿。

宫城内有三道平行的东西向夯土宫墙,仅在同城门相接处和城墙转角处内外表面砌砖。宫城北部的东、北、西三面城墙之外平行筑有防卫性的复墙夹城。西、东两面的夹城距宫城均为五十五米,北夹城距宫城一百六十米。

宫城南墙正中的丹凤门为正门,东有延政、望仙二门,西有建福、兴安二门;西墙中部有右银台门,其北有九仙门;东墙有左银台门;北墙正中为玄武门,其东有银汉门,西有青霄门,玄武门正北夹墙有重玄门。

北门一带是当时北衙禁军的驻地,在不到二百米距离内设了三道门(包括玄武门内的重门)。反映了当时宫城建筑庭院审美与功能并重的时代特点。

北宋王溥的《唐会要》记载:"蓬莱宫北据高原,南望爽垲,每天晴日朗,南望终南山如指掌,京城坊市街陌如在槛内。"气象之巍峨轩敞,气势壮阔。

大明宫分为外朝、内廷两部分。

外朝沿袭唐太极宫的三朝制度,沿着南北向轴线纵列了大朝含元殿、日朝宣政殿、常朝紫宸殿。三殿东西两侧建有若干殿阁楼台。外朝部分还附有若干官署,如中书省、门下省、弘文馆、史馆等。

大明宫正殿含元殿建在三层大平台之上,利用龙首原高地为殿基,比太极宫高出十米左右。殿东、北、西三面为夯筑土墙,白灰抹面。殿宽十一间,每间面阔五米余,进深四间,北墙距北内槽柱中心五米,内槽柱南北跨距九点八米,殿四周为副阶围廊。殿址上现存方形柱础一座,下面方形部分长宽各一点四米,高零点五二米,上凸覆盆高十厘米,上径八十四厘米,可见含元殿的尺度规模。

含元殿朱柱素壁,白色的墙面,红色的柱子,碧瓦朱甍,表面雕刻莲花的绿琉璃砖瓦,红色的屋脊,赭黄色的斗拱,流光溢彩,庄严而素净。殿前龙尾道长七十五米,道面铺素面方砖、四叶纹方砖、瑞兽葡萄纹莲花方砖,两边为有石柱和螭首的青石勾阑。殿东西两侧前方有翔鸾、栖凤两阁,以曲尺形廊庑与含元殿相连。

庞大的宫殿建筑群,高大巍峨,成为后世宫殿的范例。"九天阊阖开宫殿,万国衣冠拜冕旒",何等恢宏的天国鼎盛气象!

华清宫内的华清池,制作宏丽,据陈鸿《华清汤池记》:"安禄山于范阳,以白玉石为鱼龙凫雁,仍以石梁及石莲花以献。雕镂巧妙,殆非人功。上大悦,命陈于汤中,仍以石梁横亘汤上……又尝于宫中置长汤数十,门屋环回,以文石。为银楼谷船及白香木船致于其中。至于楫棹,皆饰以珠玉。又于汤中垒瑟瑟及沉香为山以状瀛洲、方丈。"①

装饰着各种花纹的美玉,用金银嵌饰的小船,绿宝石拟水、沉香木为山,象征海中三神山。郑嵎《津阳门诗》:"宫娃赐浴长汤池。刻成玉莲喷香液,锦凫绣雁相追随。宫妆襟袖皆仙姿。穷奢极侈沾恩私。堂中特设夜明枕,银烛不张光鉴帷。"真是穷奢而极欲,古今罕匹。

兴庆宫占地面积二千零十六亩,宫内的主要建筑如勤政务本楼、花萼相辉楼等多呈楼阁式,显示出高台基、大屋顶,大屋顶的垂脊呈弧形,屋檐也微微翘起,整个坡面呈"旋轮线"形,屋面形象优美,还起到一个重要的平衡作用,加强了柱子的稳定性。屋脊的两端饰有"鸱尾",使整个建筑更加壮观,更富有神采。兴庆宫的建筑还采用硕大的斗拱,挺拔的柱子,绚丽的彩绘,高高的台基,有机地结合为统一体,显示出尊贵、豪华、富丽、典雅的建筑文化特色。

三、槛外低秦岭　窗中小渭川

唐代离宫别苑多选择郊外山岳地带,如"翠柏苍松绣作堆"的骊山、"槛外低秦岭,窗中小渭川"、"绿竹入幽径,青萝拂行衣"的终南山、重峦叠嶂、"气压昆仑天柱矮"的宝鸡天台山等,都是自然中现人工的佳例。

建筑往往因地制宜、随势高下而筑,与秀丽的山水相融,体现了早期山水园林自然中现人工的营构思想。

位于陕西临潼县骊山之麓的唐离宫华清宫,堪为典型。华清宫之地从周幽王所建骊宫起,历秦、汉、唐三代,都是帝王游乐沐浴的离宫,尤以盛唐时修建的华清宫建筑群为最(图2-12)。

"骊山云树郁苍苍,历尽周秦与汉唐",山上青松翠柏遍岩满谷,点缀着名木佳卉。华清宫由宫殿、亭阁、回廊组成。宫殿座北面南,为高台建筑。长生殿,朝元阁、集灵台、宜春亭、芙蓉园、斗鸡殿等高低错落隐现于绿荫鲜花丛中。远望此山逶迤起伏,郁郁葱葱,堪似一匹纯青的骊马,因而得名骊山。清乾隆本《临潼县志》:"翠云亭亦曰翠阴亭,居第一峰绝顶稍东。两岭绝下,俯瞰华清宫左右并前后,各数百里外皆在指顾。山与宫相借并美。是亭尤合擅其胜云。"正如清代诗人杨晃明《骊山晚照》诗曰:"丹枫掩映夕阳残,千壑万涯画亦难。此是骊山真面目,一生能得几回看!"

三千年前发现的骊山温泉,初唐时就利用温泉水建温泉宫,至玄宗时改为华清宫,并利用泉水建成华清池。

水面有分有聚,以聚为主,则给人以池水漫漫,清澈开朗,深邃莫测之感;以分为主,则产生虚实对比,萦徊曲折,无限幽深之意境。

---

① 《全唐文》卷六一二。

華清宮圖

华清宫图（汪道亨，冯从吾：《陕西通志》，清乾隆刻本）

图2-12　华清宫图(汪道亨,冯从喜《陕西通志》)

这里春天山花烂漫,重峦叠翠。入夏,一池湖水,凝碧浓绿,凉爽宜人;秋日,枫松相映,灿若明霞;隆冬时节,白雪银妆,娇娆迷人。一年四季景色不同,一天四时景色各异。

九成宫所在的宝鸡天台山,东障童山,西临凤凰山,南有石臼山,北依碧城山,沟壑众多,崖峻谷深,林海茫茫,群峰巨石隐于苍松翠柏之中,组成一幅幅色彩斑斓的自然画面。使人置身于"岚光晴亦霭,树色郁犹苍""偶闻松涛声,却是万籁静"的境界。九成宫坐落在峭壁对峙,群山万壑之间,云雾迷漫,气象万千,河、湖(水库)、溪、瀑、潭、泉俱全,山环水绕,纵横交错,水质洁净,碧波荡漾。

大内御苑紧邻于宫廷区的后面或一侧,宫、苑虽分置但往往彼此穿插、延伸,"宫松叶叶墙头出,柳带长条水面齐""阴阴清禁里,苍翠满青松",宫中亦广植松、柏、桃、柳、梧桐等树木,草木葱茏,繁花似景,自然成景。上官仪《早春桂林殿应诏》诗曰:"晓树流莺满,春堤芳草积"。

在画家阎立本任总设计师的皇家宫苑大明宫,也广植柳树和梧桐,大明宫里的修史馆门前东西两侧栽种了七十四棵枣树,没有杂树。(《旧唐书》卷四十三)大明宫还有以植物为主要景色的园中园,如樱桃园、杏园、桃园、梨园、葡萄园、石榴林等。大明宫内廷部分以太液池为中心,池中建蓬莱山,岸边栽植翠竹数十丛,池周建曲廊,廊周罗布四百多间殿宇厅堂、楼台亭阁,寝殿在池南。这是帝王后妃起居游憩的场所，属于离宫形制。

上阳宫是供唐王朝宫室后妃居住和朝廷及宫室人游赏、离居的地方，属于离宫园林。根据《唐六典》记载，对照《永乐大典》中的上阳宫图，观风殿、化成院、麟趾殿、本院、芬芳殿、上阳宫等数十处宫殿建筑是依据地形地势分布，采用的是自由的、集锦式的布局，散置在上阳宫的园林空间之中。"山水隐映，花气氤氲"，自然性更强，择地更得体于自然。

"上阳花木不曾秋，洛水穿宫处处流。画阁红楼宫女笑，玉箫金管路人愁。幔城入涧橙花发，玉辇登山桂叶稠。曾读列仙王母传，九天未胜此中游。"（王建《上阳宫》）涧水依地势引入宫中，再出宫入洛河，是水域丰盈的水景园。

"上阳花木不曾秋"，宫内有常青不凋的松柏、青翠的竹木和南方的桂、橙之类阔叶长青树。所以，"上阳花草青营地"（元稹《上阳白发人》）。

兴庆宫就唐玄宗旧居五王子宅所在的兴庆坊建成，是唐代园林与宫廷建筑相结合的典范。宫殿正殿为兴庆殿，主要建筑还有大同殿、南薰殿、新射殿等。"南苑草芳眠锦雉，夹城云暖下霓旄"，东面通过夹城与大明宫连通。整座宫殿没有一条全局的中轴线，为非对称布局（图2-13）。

《唐语林》记载："玄宗起凉殿，拾遗陈知节上疏极谏。上令力士召对。时暑毒方甚，上在凉殿，座后

图2-13　唐兴庆宫残碑

水激扇车，风猎衣襟。知节至，赐坐石榻，阴雷沈吟，仰不见日，四隅积水成帘飞洒，座内含冻，复赐冰屑麻节饮。陈体生寒栗，腹中雷鸣，再三请起方许，上犹拭汗不已。陈才及门，遗泄狼藉，逾日复故。谓曰：'卿论事宜审，勿以己方万乘也。'"

凉殿和前述王铁的自雨亭等类建筑技术较早出现在比较干燥的两河流域以西

地区,这一带曾属拂林领土,《旧唐书·拂菻传》云:"至于盛暑之节,人厌嚣热,乃引水潜流上遍于屋宇。机制巧密,人莫知之。观者惟闻屋上泉鸣,俄见四檐飞溜,悬波如瀑,激气成凉风,其巧如此。"为此向达先生在《唐代长安与西域文明》中认为,中国"采用西亚风之建筑当始于唐"。

南部有较大的园林区,龙首渠横贯兴庆宫,在瀛洲门东侧穿越东西横墙注入园林区,潴为龙池。园林区以龙池为中心,用沉香木建造的沉香亭,亭周边种植牡丹。

四、马嵬玉陨　御沟题红

华清池,曾是三千宠爱在一身、回眸一笑百媚生,六宫粉黛无颜色的杨贵妃"温泉水滑洗凝脂"之地;"七月七日长生殿,夜半无人私语时",是唐玄宗李隆基和贵妃杨玉环山盟海誓之处;马嵬驿舍,又为杨玉环"宛转蛾眉马前死"、"君王掩面救不得"之所,"一代红颜为君绝,千秋遗恨滴罗巾血",苍凉悲壮的《长生殿》弹词,至今犹令人感慨唏嘘!"此恨绵绵无绝期"的大唐爱情,留给后人天长地久的遐想。

在寥落古行宫里,"白头宫女在,闲坐说玄宗"(元稹《行宫》),玄宗时期各宫的宫女人数为唐代之最,《新唐书》记载"开元,天宝中,宫嫔大率至四万"。到唐肃宗至德三年正月,一次就放宫人三千名。[①] 玄宗时期洛阳上阳宫发生了红叶题诗的浪漫故事。最早见于《本事诗》,北宋刘斧在《青琐高议》中收入题为《流红记》故事,并注明宋人张实所作,是改编最详细有趣的一则。总的看起来晚唐范摅《云溪友议》中宫女诗的诗意和韵味胜于其他传本:"卢渥舍人应举之岁,偶临御沟,见一红叶,命仆搴来,叶上乃有一绝句。置于巾箱,或呈于同志。及宣宗既省宫人,初下诏,许从百官司吏,独不许贡举人。渥后亦一任范阳,获其退宫人,睹红叶而吁嗟久之,曰:'当时偶题随流,不谓郎君收藏巾箧。'验其书迹,无不讶焉。诗曰:'流水何太

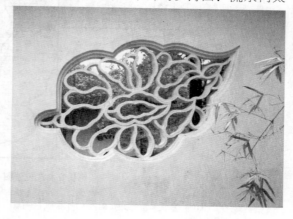

急,深宫尽日闲。殷勤谢红叶,好去到人间。'"虽然有"附会牵合"(鲁迅评语)之嫌,并不碍于其美,李渔据此设计了一种"秋叶匾",制成如秋叶状的匾额。《闲情偶寄》称:"御沟题红,千古佳事;取以制匾,亦觉有情。""红叶"也成为园林抒情元素之一,如苏州沧浪亭中的秋叶花窗,造型优美,给人以美丽的遐想(图2-14)。

图2-14　秋叶花窗(沧浪亭)

---

① 《旧唐书》卷十·本纪第十。

第五节　公共游豫园林

　　长安城东南隅的曲江,位于今西安市南郊(图2-15)。古时称长江流经扬州一段弯曲的水流为曲江。这里有一块低洼地蓄水,《太平寰宇记》说:"曲江池其水曲折,有似广陵之江,故名之。"

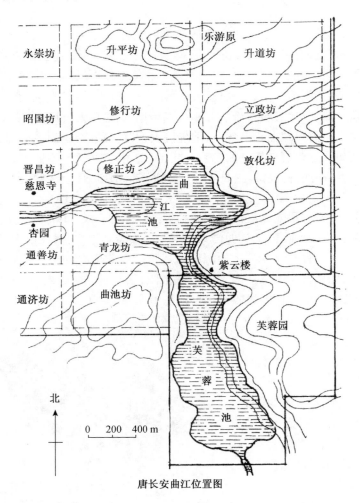

唐长安曲江位置图

图2-15　唐长安曲江位置图(周维权《中国古典园林史》第三版第252页)

一、咸京旧池　帝里佳境

　　秦代称恺洲,秦始皇在此修建离宫"宜春苑"。《史记·秦始皇本纪》:"以黔首

葬二世杜南宜春苑中。"《史记·司马相如列传》载:"过宜春宫,相如奏赋以哀二世
行失也。其辞曰:登陂陁之长阪兮,坌入曾宫之嵯峨。临曲江之隑州兮,望南山之
参差。"《索隐》:案,隑音祈。隑即碕,谓曲岸头也。张揖曰:"隑,长也。苑中有曲江
之象,中有长州,又有宫阁路,谓之曲江,在杜陵西北五里。"内有错落有致的宫殿,
水流曲折的曲江池和长洲,远处又有高低参差的南山,风景如画。

汉武帝时对曲江水源进行了疏浚,修"宜春后苑"和"乐游苑"。

隋营京城(大兴城)时,宇文恺凿其地为池,开皇 3 年(583 年),隋文帝正式迁入
新都。《隋唐嘉话》卷上载:"京城南隅芙蓉园者,本名曲江园,隋文帝以曲名不正,
诏改之。"[1]遂更曲江为"芙蓉池",称苑为"芙蓉园"。而且还下令对曲江大加涤挖拓
展,一度被堵塞的泉眼,经疏浚修挖之后,涌流不止,流入城内,是城东南各坊用水
来源之一。

唐王朝建立后,在隋朝芙蓉园的基础上又进一步凿疏之。唐玄宗时恢复"曲江
池"的名称,而苑仍名"芙蓉园"。宋人张礼《游城南记》称:"唐开元中疏凿为胜境。
江故有泉,俗谓之汉武泉。又引黄渠水以涨之。"[2]徐松《唐两京城坊考》亦载:"黄渠
自义谷口涧,分水入此渠,北流十里,分两渠,一渠西流,经樊川,合丈八沟。一渠东
北流,经少陵原而北流,入自京城之东南隅,注为曲江。"[3]

《太平广记》卷二五一记载:"唐开元中,疏凿为胜境,南即紫云楼、芙蓉苑,西即
杏园、慈恩寺。花卉环周,烟水明媚。"

经过唐玄宗的扩建,以曲江池为中心,周围修建了许多亭台楼阁,南有紫云楼、
芙蓉苑,西有杏园、慈恩寺、乐游园、青龙寺等,两岸云台亭榭、宫殿楼阁连绵起伏,
菰蒲葱翠,垂柳如烟,四季竞艳,亭楼殿阁隐现于花木之间,景色绮丽如画。形成一
个成片连接、范围广大、内容丰富的公共园林区。

德宗贞元八年进士欧阳詹《曲江池记》[4]载:

> 兹池者,其天然欤!循原北峙,回冈旁转,圆环四匝,中成窅坎。窔窱港洞,生
> 泉噴源,东西三里而遥,南北三里而近。当天邑别卜,缭垣未绕,乃空山之泊,旷野
> 之湫……西北有地平坦,弥望五六十里而无洼坳。

唐王棨《曲江池赋》:"帝里佳境,咸京旧池……其地则复道东驰,高亭北立。旁
吞杏圃以香满,前噷云楼而影入。嘉树环绕,珍禽雾集。阳和稍近,年年而春色先
来;追赏偏多,处处之物华难及。只如二月初晨,沿堤草新。莺啭而殘风裊雾,鱼跃
而圆波荡春。"一派勃勃生机。

---

① 上海古籍出版社编:《唐五代笔记小说大观》,上海古籍出版社,2000,第 93 页。
② 张礼:《游城南记》,见宋联奎等辑《关中丛书》第四集,台北艺文印书馆印 1970 年版。
③ 徐松:《唐两京城坊考》,张穆校补、方严点校,中华书局,1985,第 128 页。
④ 《欧阳行周文集》卷五,四部丛刊据明正德刻本影印。

曲江"鸟度时时冲絮起,花繁衮衮压枝低"①,岸边花繁枝低、鸟喧絮飞,"江色沈天万草齐,暖烟晴霭自相迷"②,近处草青天蓝,远处烟岚青雾弥漫,"此中境既无佳境,他处春应不是春"③!

二、飞埃结红雾　游盖飘青云

唐代初年,曲江即为皇家游宴之首选,从太宗李世民到中宗、睿宗等,常有春日游幸芙蓉苑活动。至玄宗时,帝室皇亲之胜游曲江,更达到了鼎盛阶段。"六飞南幸芙蓉园,十里飘香入夹城",据《旧唐书·玄宗纪上》,唐玄宗李隆基为游览曲江,专门为自己从兴庆宫至曲江芙蓉园修建了长七千九百六十米,宽五十米"夹城复道":"(开元二十年六月)遣范安及于长安广花萼楼,筑夹城至芙蓉园。"杜甫诗所称"青春波浪芙蓉园,白日雷霆夹城仗。阊阖晴开昳荡荡,曲江翠幕排银榜"、"白日雷霆夹仗城,六龙南下芙蓉苑,十里飘香入夹城"。

"皇皇后辟,振振都人,遇佳辰于令月,就妙赏乎胜趣"④,皇室贵族、达官显贵都会携家眷来此游赏,樽壶酒浆,笙歌画船,宴乐于曲江水上。"九重绣毂,翼六龙而毕降;千门锦帐,同五侯而偕至"。他们"泛菊则因高乎断岸,被禊则就洁乎芳",在岸高处泛览菊花,于地芳香处行被之事,洗去身上的污垢。"戏舟载酒,或在中流;清芬入襟,沉昏以涤;寒光炫目,贞白以生;丝竹骈罗,缇绮交错"⑤。

"曲江池……都人游赏盛于中和、上巳节。"⑥"穿花蛱蝶深深见,点水蜻蜓款款飞"⑦,"曲水池边青草岸,春风林下落花杯"⑧,春日曲江岸边野草青青、春风吹送,而处处都有游人坐享春色、畅饮甘醇。

曲江池春秋两季及重要节日定期开放,以中和(农历二月初一)、上巳(三月初三)最盛;中元(七月十五日)、重阳(九月九日)和晦日(每月月末一天)也很热闹。

上巳节,俗称三月三,汉民族传统节日也是被禊的日子,即春浴日。《周礼·春官·女巫》:"女巫掌岁时被除衅浴。"郑玄注:"岁时被除,如今三月上巳,如水上之类;衅浴谓以香薰草药沐浴。"

杜甫《丽人行》"三月三日天气新,长安水边多丽人",三月三日上巳日,唐代长安士女多于此日到城南曲江游玩踏青。"雷解圜丘毕,云需曲水游。岸花迎步辇,仙杖拥行舟"。⑨

---

① 王涯:《游春词二首》之二,见《全唐诗》三四六。
② 李山甫:《曲江二首》之二,见《全唐诗》卷六四三。
③ 秦韬玉:《曲江》,见《全唐诗》卷六百七十。
④ 欧阳詹:《曲江池记》,见《欧阳行周文集》卷五,《全唐文》卷五九七。
⑤ 同上。
⑥ 《长安志卷九·唐京城三昇道坊》引宋·康骈撰《剧谈录·曲江》)。
⑦ 杜甫:《曲江二首》,见《全唐诗》卷二二五。
⑧ 薛能:《寒食日曲江》,见《全唐诗》卷五百六十一。
⑨ 赵良器:《三月三日曲江侍宴》全唐诗:卷二○三。

"都人士女,每至正月半后,个乘车跨马,供帐于园圃,或郊野中,为探春之宴。"①

早在隋炀帝时代,黄衮在曲江池中雕刻各种水饰,臣君在曲池之畔享受曲江流饮,把魏晋南北朝的文人曲水流觞故事引入了宫苑之中。

唐皇帝游赏继承发展了"曲江流饮"的传统。

唐中宗时,"凡天子饷会游豫,唯宰相及学士得从。春幸梨园,并渭水被除,则赐细柳圈辟疠。夏宴蒲萄园,赐硃樱;秋登慈恩浮图,献菊花酒称寿;冬幸新丰,历白鹿观,上骊山,赐浴汤池,给香粉兰泽,从行给翔麟马,品官黄衣各一。帝有所感即赋诗,学士皆属和。当时人所歆慕,然皆狎猥佻佞,忘君臣礼法,惟以文华取幸"。②

曲江赐宴,除了听歌看舞、品尝珍馐美味之外,皇帝赐御制诗于臣僚,大臣们则依韵相和,依韵赋诗也是其中的一项重要活动,曲江曾是皇家及诗人群体诗酒徜徉的宝地。宋之问《春日芙蓉园侍宴应制》:"年光竹里遍,春色杏间遥。烟气笼青阁,流文荡画桥。飞花随蝶舞,艳曲伴莺娇。今日陪欢豫,还疑陟紫霄。"③写早春时节,在青烟漂浮、卧桥如画的曲江池上,花飞蝶舞、莺唱歌飞,陪伴皇帝饮宴而极尽欢乐的诗人,似乎感觉自己飘飘然登上了九霄之外的天宫。

"曲江游赏,虽云至神龙以来,然盛于开元之末。"④王维《三月三日曲江侍宴应制》诗曰:"万乘亲斋祭,千官喜豫游。奉迎从上苑,祓禊向中流。草树连容卫,山河对冕旒。画旗摇浦溆,春服满汀洲。仙籞龙媒下,神皋凤跸留。从今亿万岁,天宝纪春秋。"

唐玄宗与其近臣设宴紫云楼,曲江风物,尽收眼底;宰相贵官、翰林学士们则设宴于曲江水面彩船之上,泛舟赏景,诗酒酬唱;其余官员则分别依景张宴,各尽其欢。张宴之时,精通音律的唐明皇还特命宫中梨园弟子、左右教坊及民间乐妓等随宴表演,轻歌曼曲,处处飘绕。

五代王仁裕《开元天宝遗事·天宝下》:"长安春时,盛于游赏,园林树木无闲地。故学士苏颋《应制》云:飞埃结红雾,游盖飘青云。帝览之嘉赏焉,遂以御花亲插颋之巾上,时人荣之。"说苏颋随玄宗皇帝春游芙蓉园,在紫云楼观赏万民游曲江盛景,但见尘埃轻飘与烟水红花相映,结成红雾,游人幄帐成片,彩绸飘扬无边无际直接青云。得到了玄宗亲自插花的嘉赏。《唐语林卷二·文学》也有同样记载。唐玄宗还"命侍臣及百僚每旬暇日寻胜地宴乐,仍赐钱,令有司供帐造食"⑤。

每逢春季放榜,赐新科进士大宴于曲江亭,人称"曲江宴"。《唐诗纪事》卷六十五李肇《国史补》云:

---

① 王仁裕:《开元天宝遗事》卷下。
② 《新唐书·文艺传中·李适》卷二百一十五。
③ 陶敏,易淑琼:《沈佺期宋之问集校注》,中华书局,2001,第483-484页。
④ 《唐五代笔记小说大观王定保《唐摭言》》,上海古籍出版社,2000,第1598页。
⑤ 刘昫等撰《旧唐书·玄宗下》卷八。

曲江大会……迩来渐侈靡，皆为上列所占……所以逼大会，则先牒教坊请奏，上御紫云楼垂帘观焉。时或拟作乐，则为之移日。故曹松诗云："追游若遇三清乐，行从应妨一日春。"敕下后，人置皮袋，例以图章、酒器、钱绢实其中，逢花即饮。故张籍诗云："无人不借花园宿，到处皆携酒器行。"其皮袋，状元、录事同点检，阙一则罚金。曲江之宴，行市罗列，长安为之半空。

在盛世文明中享受生活，而田园又使他们的享受汰洗了浮华、世俗之气，变得更为优雅高尚。

皇帝赐宴曲江、君臣赋诗同乐的活动延续到中唐时期。据《旧唐书·德宗本纪》载，唐德宗曾在贞元四年"赐百僚宴于曲江亭"，并作《重阳赐宴诗》六韵赐予大臣，"群臣毕和，上品其优劣，以刘太真、李纾为上等，鲍防、于邵为次等，张濛、殷亮等二十人又次之。唯李晟、马燧、李泌三宰相之诗不加优劣"①。

三、乐游原上望　应无不醉人

乐游原在长安(今西安)城南，秦代属宜春苑的一部分，得名于西汉初年。《汉书·宣帝纪》载："神爵三年，起乐游苑。"汉宣帝第一个皇后许氏产后死去葬于此，因"苑"与"原"谐音，乐游苑即被传为"乐游原"。

乐游原位居唐代长安城内地势最高地。隋代宇文恺设计大兴城(唐太极宫)时，根据地形特点，按《周易》卦式分六道高坡建设，乐游原就处在第六道，也就是最高的高坡上。

武则天的女儿太平公主在乐游原建造亭阁，使乐游原的游赏内容大大增加。其后，唐玄宗时将太平公主乐游原上的私人园林先后赐给宁王、申王、岐王、薛王等兄弟，诸王在此又大兴土木，修造了许多新的游玩之处。

唐代的乐游园在曲江池东北，眺望四野，成为长安重阳登高、文人览景抒怀的最佳处。"乐游古园崒森爽，烟绵碧草萋萋长……阊阖晴开迭荡荡，曲江翠草排银榜。拂木低回舞袖翻，缘云清切歌声上"②，古木参天，碧草萋萋，风景如画。春天，"乐游原上望，望尽帝都春。始觉繁华地，应无不醉人。"(刘得仁《乐游原春望》)张九龄《登乐游原春望书怀》有句云："城隅有乐游，表里见皇州。策马既长远，云山亦悠悠。万壑清光满，千门喜气浮。花间直城路，草际曲江流。"登高远望，只见皇城近在眼前，策马前行，则云山悠悠而来；终南山清光满溢，长安城喜气盈门；入城之路笔直前伸，曲江流水在青草中波光荡漾，真是美不胜收。

开元年间韦述撰《两京新记》载唐代士人乐游原游赏活动时所云："每三月上巳、九月重阳，士女游戏，就此祓禊登高……朝士词人赋诗，翌日传于京师。"

---

① 刘昫等撰：《旧唐书·德宗下》，卷一十三。
② 彭定求等修：《全唐诗》卷二百十六。

第六节　园林动植物审美思想

　　原产印度或中亚地区的薔薇花、郁金香，原产于波斯一带和印度西北部的茉莉，原产西亚、南亚和地中海地区、开绝域的异花戎王子，兼具花卉特性者如石榴，适合在庭院搭架栽种者如葡萄等，都成为中国园林里常见的植物品种。

　　石榴，原产于伊朗地区特别是中亚一带多石的土地上，西汉时期就有外藩进献的十株石榴树栽种到上林苑。到唐代，一方面西域国家继续进贡新的品种，石榴，又名安石榴、海石榴、金罂、沃丹、丹若等，具色、香、味之佳。石榴原产印度、波斯、缅甸、阿富汗等中亚地区，汉代同佛经、佛像一起传入中国。石榴集圣果、忘忧、繁荣、多子和爱情等吉祥意义于一身。

　　唐朝有些菩萨手持石榴枝的形象，象征平安神、夫妻恩爱神等。石榴在希腊神话中称为"忘忧果"，古希腊就有手持石榴的女神，此后，石榴一直是繁荣的象征，石榴的拉丁学名为 Punica granatum，意为累累多籽，古波斯人称石榴为"太阳的圣树"，喜欢榴子晶莹，含有多子丰饶之意。

　　南北朝开始，人们喜欢"榴开百子"的吉祥含义。《北史》卷五六《魏收传》记载，高延宗安德王新纳赵郡李祖收之女为妃，王到李宅赴宴，妃母宋氏荐二石榴于王前，高延宗不解其意，大臣魏收解释曰："石榴房中多子，今皇上新婚，妃母以石榴兆子孙众多。"渐成祝福婚后多子女的象征物。

　　葡萄，原产于尼罗河流域和美索不达米亚平原等地区。葡萄，亦作"蒲陶"、"蒲萄"、"蒲桃"。落叶藤本植物，叶掌状分裂，花序呈圆锥形，开黄绿色小花，浆果多为圆形和椭圆形，色泽随品种而异，是常见的水果，亦可酿酒。葡萄产自西域，汉通西域始引种栽种。《汉书·西域传上·大宛国》："汉使采蒲陶、目宿种归。"由于葡萄味美宜人，"入口甘香冰玉寒"，是深受人们喜爱的水果。葡萄枝藤繁茂，果实众多，因此葡萄在人们的心目中还是子孙兴旺的吉祥象征。葡萄中加上贪嘴的松鼠，由于鼠为十二生肖之首，子时最为活跃，加上鼠类多子，吃了多子葡萄，多子、丰产等意义凸现(图2-16)。

图2-16　葡萄(拙政园)

蔓草,又叫吉祥草、玉带草、观音草等,"蔓"谐音"万",形状如带,"带"又谐音"代",蔓草由蔓延生长的形态和谐音引申出"万代"寓意,与牡丹在一起谓富贵万代。蔓草纹特别在隋唐时期最为流行,形象更显丰美,成为一种富有特色的装饰纹样,后人称它为"唐草"。唐草的曲线优美,构成自由,头尾多作相连结锁为九连环,适合于任何图面的镶嵌,所以被广泛地应用在装饰上。纯用蔓草为飞罩,比较罕见。蔓草挽成如意结,更增称心如意的吉祥含义。图2-17为留园中的蔓草花窗。

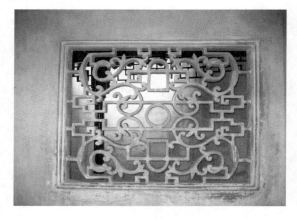

图2-17　蔓草花窗(留园)

泰勒曾说:"文化或文明,就其广泛的民族学意义来说,乃是包括知识、信仰、艺术、道德、法律、习俗和任何人作为一名社会成员而获得的能力和习惯在内的复杂整体。"[①]审美习俗正是文化观念呈现出来的具象。

盛唐时代,比德的棠棣花、修竹,以及雍容华贵的牡丹、芍药、绚丽的桃花乃至樱桃和华美、健硕、昂扬的龙凤等想象的神物,共同妆点着盛唐气象,这些绚丽的色彩显示出庄严和隆重的气氛,渲染着欢乐和喜庆的色彩,也成为权力、身份、地位的表征。

绚丽的美作为一种华贵的美的象征,它的光彩夺目的外在形式,正是同高贵的地位、丰饶的财富联系在一起的。"华贵",就意味着外表的"华"和内在的"贵"。正如马克思所说的:"金银不仅在消极方面是多余的、可以省掉的对象,而且它们的审美特性使它们成为奢侈、装饰、华丽、炫耀的自然材料,一句话,成为剩余品和财富的积极形式。"[②]

一、花萼相辉　竹义为鉴

唐玄宗李隆基很重视兄弟情谊,兴庆宫的花萼楼,创建于开元八年(720年),楼名取自《诗经》"棠棣"篇,此诗是周人宴会兄弟时,歌唱兄弟亲情、以笃友爱的诗。"凡今之人,莫如兄弟",为一篇主旨。"棠棣",即今郁李,棠棣花开每两三朵彼此相

---

① 泰勒:《文化之定义》,引自庄锡昌等编:《多维视野中的文化理论》,浙江人民出版社,1987,第99-100页。

② 马克思:《政治经济学批判》,引自《马克思　恩格斯　论艺术》第一册,人民文学出版社,1960,第248页。

依，所以，诗人以棠棣之花喻比兄弟，"棠棣之华，鄂不韡韡"，棠棣之花光灿鲜明，凡今天下之人，莫如兄弟更亲，因为"兄弟者，分形连气之人也"①。钱钟书《管锥编》所说："盖初民重'血族'之遗意也。就血胤论之，兄弟天伦也，夫妇则人伦耳；是以友于骨肉之亲当过于刑于室家之好……观《小雅·棠棣》，'兄弟'之先于'妻子'，较然可识。"《棠棣》咏及的主题恒久、深邃之至。兄弟友爱，手足亲情，这是人类的普遍情感，《棠棣》对这一主题作了诗意开拓，因而千古传唱，历久弥新。"花萼楼"，意即花复萼，萼承花，相互辉映之意。以象征兄爱弟、弟敬兄，兄弟亲爱相扶。修建此楼的初衷是为和诸王欢宴。当时宁王宪、薛王业、岐王范、申王辉宅环于龙池宫侧，取名花萼相辉也。②

五代王仁裕《开元天宝遗事》卷下"竹义"记载：

太液池岸有竹数十丛，牙笋未尝相离，密密如栽也。帝因与诸王闲步于竹间，帝谓诸王曰："人世父子兄弟，尚有离心离意。此竹宗本不相疏，人有生贰心怀离间之意，见此可以为鉴。"诸亲王皆唯唯，帝呼为竹义。

唐玄宗把竹连根不疏，比喻兄弟之义。

玄宗开元五年(717年)，进士王泠然为河南省临汝县薛家竹亭作赋，称"闲亭一所，修竹一丛，萧然物外，乐自其中"，竹丛中的一亭，环境是"杂以乔木，环为曲沼。遵远水以浇浸，编长栏而护绕。向日森森，当风袅袅。劲节迷其寒燠，繁枝失其昏晓，疏茎历历傍见人，交叶重重上闻鸟。其亭也，溪左岩右，川空地平。材非难得，功则易成。一门四柱，石础松楔。泥含淑气，瓦覆苔青。才容小榻，更设短屏。后陈酒器，前开药经……""亭间坐卧，清户开而向林；门下往来，翠阴合而无草。禁行路使勿伐，命家僮使数埽。""游子见而忘归，居人对而遗老。"③极写竹子之品格对人的熏陶作用。

刘岩夫《植竹记》曰："秋八月，刘氏徙竹凡百余本，列于室之东西轩，泉之南北隅。克全其根，不伤其性，载旧土而植新地。烟翠霭霭，寒声萧然。"为什么这么不杂列可以代琴瑟的"椅桐"，可以代甘实的"楂梨"？答曰："君子比德于竹焉，原夫劲本坚节，不受霜雪，刚也；绿叶凄凄，翠筠浮浮，柔也；虚心而直，无所隐蔽，忠也；不孤根以挺耸，必相依以林秀，义也；虽春阳气王，终不与众木斗荣，谦也；四时一贯，荣衰不殊，恒也；垂实以迟凤，乐贤也；岁擢笋以成干，进德也……夫此数德，可以配君子，故岩夫列之于庭，不植他木，欲令独擅其美，且无以杂之乎！"④

---

① 颜之推：《颜氏家训·兄弟第三》。
② 宋敏求撰：《长安志》卷九。
③ 王泠然：《汝州薛家竹亭赋》，见《全唐文》卷二九四。
④ 刘岩夫：《刘氏植竹记》，见《全唐文》卷七三九。

二、江头数顷杏花开　芙蓉园中樱桃宴

唐代及第进士参加吏部的关试后,要进行许多次的宴集,总称"关宴"。

五代王定保《唐摭言·慈恩寺题名游赏赋咏杂纪》云:

> 新进士尤重樱桃宴。乾符四年,永宁刘公第二子覃及第……独置是宴,大会公卿。时京国樱桃初出,虽贵达未适口,而覃山积铺席,复和以糖酪者,人享蛮榼一小盏,亦不啻数升。

《太平广记》卷四百一十一《草木六·果下·樱桃》亦有类似记载。

杏园探花宴。进士发榜后,新科进士在杏园初次聚会,称为探花宴。由大家推选两名年轻英俊的进士充当探花使,由他们骑马遍游曲江附近乃至长安各大名园,去寻觅新鲜的名花,并采摘回来供大家欣赏。

李唐王朝凭借强大的国势和繁荣的外交,曾以接纳贡品或者征求方物的方式引进了大量西域物种。荷花,别名莲花、芙蕖、水芝、水芙蓉、莲等,多年生水生植物。在中国境内早就有野生植物,《诗经》有"灼灼芙蕖",屈原"制芰荷以为衣兮,集芙蓉以为裳",但都指野生荷花。

佛教借莲华以弘扬佛法,"看取莲花净,方知不染心"[1];《华严经探玄记》描述真如佛性曰:"如世莲花,在泥不染,譬如法界真如,在世不为世法所污",莲花于是成为"佛花",成为智慧与清净的象征。印度将莲分成青、黄、赤、白四种,"池中莲花大如车轮,青色青光,黄色黄光,赤色赤光,白色白光,微妙香洁"。[2] 伴随佛教文化的传入,唐代开始大量进行人工培植莲花品种。

唐宫中不少人为取悦武则天,称她的男宠张昌宗(号六郎)美若莲花,杨再思"纠正"曰:"我以为是莲花似六郎,并非六郎似莲花。"

兴庆宫池"波摇岸影随桡转,风送荷香逐酒杯",无疑池内有莲;长安城北禁苑内建行白莲花亭,且为皇帝常幸之地,想必也有莲花可赏。曲江芙蓉园则是一处专门种植莲花的园林。

王维《敕赐百官樱桃》诗曰:"芙蓉阙下会千官,紫禁朱樱出上兰。才是寝园春荐后,非关御苑鸟衔残。归鞍竞带青丝笼,中使频倾赤玉盘。饱食不须愁内热,大官还有蔗浆寒。"据考,此诗写于天宝十一年(752年),樱桃宴在每年的四月一日举行,皇帝禁苑的樱桃是新年最先成熟的水果,皇帝荐祖后大摆樱桃宴,遍赐群臣。

"芙蓉园中樱桃宴"给人留下了深刻印象,唐代诗人丘丹在回忆长安的四月时,就特别歌咏到这件事:"忆长安,四月时:南郊万乘旌旗。尝酴玉卮更献,含桃丝笼交驰。芳草落花无限,金张许史相随。"南郊即是南苑,指芙蓉园。在四月初一这一

---

① 孟浩然:《题大禹寺义公禅房》,见《全唐诗》卷一百六十。

② 《阿弥陀经·极乐世界》。

天,皇帝率百官千骑,来南郊芙蓉园赐宴,盛满美酒的玉杯连续敬献,装有新鲜樱桃的丝笼不断送来。在这芳草铺地落英缤纷的时节,君臣尝新饮宴,令人难忘,是唐代诗人忆长安四月时最先想到的事情。

从唐玄宗时代开始,"芙蓉园中看花",皇帝游幸芙蓉园成为一种经常性的活动,春夏秋三季似乎每季都有,尤其是在二、三、四三个月中,更形成了基本固定的游赏日期。二月一日中和节,皇帝驾幸芙蓉园,欣赏早春之景;三月三日上巳节是曲江胜游的高潮,皇帝此时登临芙蓉园紫云楼,观百官、万民同乐之景;四月一日的樱桃宴也多在芙蓉园内举行。

皇帝游幸芙蓉园都是从东垣夹城潜行来回的,外面的人不能看到皇帝的游赏队伍,只能听见那轰隆隆的车辇声音,还可以闻见从夹城中飘过来的大批嫔妃宫女留下的阵阵香气。

中宗女长宁公主有东庄别业,郑倍描绘道:"拂席萝薜垂,回舟芰荷触。"可见这里辟有莲花池陂。

中宗幼女安乐公主以骄纵闻名,当年为未能私占昆明池赌气而开辟了规模宏大的定昆池园林。后来杜甫曾感叹道:"忆过杨柳渚,走马定昆池。醉把青荷叶,狂遗白接离。"可见这里亦有莲花种植。

武则天侄子武三思宅第奢丽,韦安石诗云:"梁园开胜景,轩驾动宸衷。早荷承湛露,修竹引薰风。"看来此处也以莲花池最为醒目。

初唐重臣杨师道的安德山池久负盛名,许敬宗形容其"台榭疑巫峡,荷藻似洛滨",可见莲花种植面积之大。

每逢上巳日(农历的三月三日),正赶上唐代新科进士正式放榜之后,踏着仲春的草色,踏青赏春阳光明媚。新科进士及第时总要在这里乘兴作乐,放杯至盘上,放盘于曲流上随水转,按照古人"曲水流觞"的习俗,酒杯流至谁前谁就要执杯畅饮,并当场作诗,由众人对诗进行评比,称为"曲江流饮"。

"岁岁人人来不得,曲江烟水杏园花",因举行宴会的地点一般都设在杏园曲江岸边的亭子中,所以也叫"杏园宴"。北宋张礼《游城南记》说:"出(慈恩)寺,涉黄渠,上杏园,望芙蓉园,西行,过杜祁公家庙。"杏园在曲江池的西边,与大慈恩寺南北相望,位置在长安东南角上的通善坊。这里种植杏树很多,唐姚合《杏园》诗曰:"江头数顷杏花开,车马争先尽此来。欲诗无人连夜看,黄昏树树满尘埃。"春天杏花开放时,在进士中选出的两个年轻者为"两街探花使",任务是在曲江池沿岸采摘名花。杏花遂有了及第花的特殊含义。所以"杏园宴"亦称"探花宴"。"更无名籍强金榜,岂有花枝胜杏园。"[①]

后来"杏园宴"逐渐演变为文人雅士们吟诵诗作的"文坛聚会"。盛会期间同时举行一系列趣味盎然的文娱活动,引得周围四里八乡男女老幼围驻观看,好不热

---

① 徐夤:《长安即事三首》,见《全唐诗》卷七百零九。

闹。而"曲江流饮"正是"文坛聚会"很风雅的一种行乐方式。

三、紫萼扶千蕊 黄须照万花

唐人喜欢牡丹绽放的华贵富丽,雍容大气,长安富户和平民皆尊崇牡丹,酷爱牡丹,开花时节,万人空巷,诚如诗中所说:"唯有牡丹真国色,花开时节动京城"(刘禹锡),"花开花落二十日,一城之人皆若狂"(白居易)。据李肇《唐国史补》,中唐时,"京师贵游尚牡丹三十余年矣,每暮春,车马若狂,以不耽玩为耻"。

佛寺赏花更为当时百姓的习俗。《剧谈录》卷下"慈恩寺牡丹"条云:"京国花卉之盛,尤以牡丹为上,至於佛宇道观,游览罕不经历。"①牡丹中又以大红大紫为贵,"曲水亭西杏园北,浓芳深院红霞色"。(权德舆)慈恩寺的牡丹,是长安城一绝,紫牡丹,白牡丹,品种在当时很珍贵奇特。牡丹怒放,其中有两丛牡丹每次开花五六百朵,甚为壮丽。

牡丹价格十分昂贵,竟至"一本有直数万者"。牡丹名冠众花,素有花王之称,"万万花中第一流,浅霞轻染嫩银瓯"②。牡丹花在万花中品流第一,它那丰硕富丽的花冠,就像嫩白色的银盆轻轻染上一抹浅浅的彩霞。

皇家更重牡丹。《龙城录》载唐玄宗时,著名的花工兼诗人宋单父,能变易牡丹品种,被玄宗招至骊山,植牡丹万本,颜色不相同,人称"花师"。牡丹又称木芍药。唐李濬的《松窗杂录》载:开元中,禁中爱种木芍药,即今牡丹花。花分红、紫、浅红、纯白四种。玄宗命移植于兴庆池以东的沉香亭前。"开元年间,御苑沉香亭前栽有木芍药,一枝并生二花,朝则深红,午则深碧,暮则深黄,夜则粉白,香艳异常,唐明皇称之为花妖。"③而且那时的重瓣牡丹"一朵千叶,大而且红"。

"国色朝酣酒,天香夜染衣",唐人李正封这首咏牡丹诗,更可谓是写尽了牡丹的雍容瑰丽妖娆绰约。

玄宗后,牡丹开始风靡,李肇《唐国史补》载:"京城贵游尚牡丹三十余年矣。每暮春,车马若狂,以不耽玩为耻……一本有直数万者。元和末,韩令(韩弘)始至长安,居第有之,遽命斫去。"

在唐代,牡丹以深花为佳。当时最有名的品种有"姚黄"和"魏紫",分别称为花王和花后。姚黄开时直径可达一尺多,观赏的人拥挤到站在墙头上,立在人肩上的地步。魏紫甚至看一次要付出十几个铜钱。牡丹在盛唐以后受到极高的崇尚,富裕阶层更是风靡。

国色天香、雍容华贵的牡丹,直到今天,依然尊居国花的地位,如颐和园有牡丹国花台。

---

① 康骈撰:《剧谈录》,影印文渊阁《四库全书》第 1042 册,第 681 页。

② 徐夤《牡丹花二首》其二,见《全唐诗》,卷七百零八。

③ 王仁裕:《开元天宝遗事》卷上。

唐代亦重紫薇,中书省作为国家最高政务中枢,因处帝居,开元初一度称紫微省(古代天文学中紫微星垣常被用来比喻帝居),因谐音关系,中书省中多植紫薇花,所谓"紫薇花对紫薇郎"。从《开元天宝遗事》中,可以看到长安禁苑中,除了牡丹外,还多栽千叶桃花、千叶白莲等。

　　《幻戏志》卷七记其时有浙西鹤林寺杜鹃花"繁盛异於常花",花开日,"节使宾僚官属,继日赏玩。其后一城士女,四方之人,无不载酒乐游。连春入夏,自旦及昏,闾里之间,殆於废业"。① 其奢游不逊于长安。

　　桃花林是中国古代最著名的打鬼神仙门神的居所,鬼见桃花就害怕,道教道士打鬼用桃木剑,镇鬼用"桃符",桃子称作仙桃,桃花是仙花。所以,道教的道观中,都盛植作为教花的桃。

　　玄都观,本名通达观,北周大象三年(581年)置。隋开皇二年(582年)移至安善坊。在隋朝,玄都观是全国的道教学术研究中心。隋文帝杨坚任命王延为观主。在盛唐时,玄都观十分兴盛。《唐会要》载:"玄都观有道士尹从,通三教,积儒书万卷,开元年卒。天宝(713—742年)中,道士荆月出,亦出道学,为世所尚,太尉房绾每执师资之礼,当代知名之士,无不游荆公之门。""玄都观里桃千树",桃花盛开时玄都观自然成为长安城赏桃花的胜地,"紫陌红尘拂面来,无人不道看花回"。

四、九苞应灵瑞　五色成文章

　　《礼记·礼运》:"麟、凤、龟、龙,谓之四灵。"麟为百兽之长,凤为百禽之长,龟为百介之长,龙为百鳞之长。四灵,也就是汉族人幻想的神兽,具有祛邪、避灾、祈福的作用。

　　自秦汉以来,百鳞之长的龙逐渐成为帝王的象征。而百禽之长的凤凰是由火、太阳和各种鸟复合而成的氏族图腾。雄曰凤,雌曰凰。

　　司马迁《史记》卷一百一十七《司马相如列传》:"相如之临邛,从车骑,雍容闲雅甚都;及饮卓氏,弄琴,文君窃从户窥之,心悦而好之……文君夜亡奔相如。"司马相如以琴心挑逗临邛富户卓王孙新寡之女文君,弹的琴曲名据传为《凤求凰》,其中:"有一美人兮,见之不忘。一日不见兮,思之如狂。凤飞翱翔兮,四海求凰。无奈佳人兮,不在东墙。将琴代语兮,聊写衷肠。何日见许兮,慰我彷徨。愿言配德兮,携手相将。不得于飞兮,使我沦亡。"

　　唐代的凤凰集丹凤、朱雀、青鸾、白凤等凤鸟家族与百鸟华彩于一身,终成鸟中之王。唐人喜欢以凤凰比喻人物,表达思想,唐武则天自比为凤,并以匹帝王之龙,自此,凤成为龙的雌性配偶,凤凰合体,且整体被"雌"化,成为封建皇朝最高贵女性的代表。

　　但由于凤凰集众美于一身,象征美好与和平,是吉祥幸福美丽的化身,凤凰美

―――――――――

　　① 蒋防撰:《幻戏志》,莲塘居士辑《唐人说荟》,道光二十三年(1843)序刊本,六集,第32页。

图 2-18　凤嬉牡丹(苏州春在楼)

图 2-19　日本金阁寺屋脊凤凰

丽的身影活跃在唐人的思想和灵魂深处。唐李峤《凤》："有鸟居丹穴,其名曰凤凰。九苞应灵瑞,五色成文章。"杜甫《凤凰台》将凤凰作为兴国祥瑞之来归君子:"自天衔瑞图,飞下十二楼。图以奉至尊,凤以垂鸿猷。再光中兴业,一洗苍生忧。"唐人喜欢以凤凰称美于物,《全唐诗》中,"凤"出现二千九百七十八次,"凰"二百八十二次,"鸾"一千零八十次。称长安为凤凰城,"寒辞杨柳陌,春满凤凰城"[①];以凤车、凤辇、凤驾或凤舆等来指皇帝的车驾。用凤凰做建筑物的装饰:《旧唐书礼仪志》:"证圣元年(武后第六年)正月丙午申夜,佛堂灾,延烧明堂,至曙,二堂并尽……则天寻令依旧规制重造明堂,凡高二百二十四尺,东西南北广三百尺,上施宝凤。"图 2-18 为苏州春在楼的凤嬉牡丹。

深受大唐文化影响、按大唐长安模样而建的日本平安京(今日本京都)的金阁寺和慈照寺(银阁寺),屋脊上至今还兀立着凤凰(图 2-19)。

唐人将凤凰作为装饰物或装饰图案来美化日常生活,如凤钗在秦专供后宫戴,成为女子头上不可或缺的装饰。"罗将翡翠合,锦逐凤凰舒"[②],为丝织品上的装饰图案。

第七节　宗教园林的美学思想

隋炀帝时,就奉行佛、道并重的宗教政策。入唐以后,基于大唐帝国的文化开放政策,外来宗教如景教、摩尼教、祆教、伊斯兰教、拜火教等传入中国,与盛行的道教、佛教、儒教并存,在这样的文化土壤上,宗教园林亦如雨后春笋般涌现。占主导地位的是佛、道两家,两家通过竞争和融合,致使唐代的佛寺和道观建设高度繁荣,长安城寺、庙、观、台、庵多达好几百座。

初盛唐时期,在寺观的选址、兴建的缘由及寺观功能诸方面都呈现出鲜明的时代特色。

一、挟带林泉　形胜之地

"天下名山僧占多",初盛唐沿袭了魏晋南北朝以来在名山胜区建寺修观的传统。唐代长安城寺、庙、观、台、庵,都选址在长安周围的名山胜水之区。

大慈恩寺建寺之初,李治即命令选择"挟带林泉,务尽形胜之地",经过反覆比较,决定修建在长安东南部的晋昌坊隋代无漏寺的旧址上。这里地处长安城南,风景秀丽的晋昌坊,南望南山,北对大明宫含元殿,东南与烟水明媚的曲江相望,西南和景色旖旎的杏园毗邻,清澈的黄渠从寺前潺潺流过,花木茂盛,水竹森邃,"驱山

---

① 卢照邻:《首春贻京邑文士》,见《全唐诗》卷四十二。

② 李峤:《帷》,见《全唐诗》卷六〇。

晚照光明显,雁塔晨钟在城南",为京都之最。

长安城南的樊川,是西安城南少陵原与神禾原之间的一片平川,靠近终南山,多涧溪,樊川潏河两岸,襟山带水,风光秀丽,私园别墅荟萃,素有"天下之奇处,关中之绝景"①之称。著名的"樊川八大寺院"即兴教寺、观音寺、兴国寺、洪福寺、华严寺、禅经寺、牛头寺和法幢寺,由东南而西北,分别位于樊川左右的少陵原和神禾原畔,且两相对峙,面对终南山拱立,尽占地形之利,寺内清雅恬静、花木茂盛、松柏常青。踞樊川八大寺之首的兴教寺,位于长安县樊川的少陵原畔,距古城西安约二十公里。寺院傍原临川,绿树环抱,南对终南山,俯视樊川。

大荐福寺,原来建于唐长安城开化坊内,是唐太宗之女襄城公主的旧宅园,雁塔晨钟,古柏参天,至今仍枝条盘曲的千年古槐多株,参天的古柏。唐长安城内的青龙寺"竹色连平地,虫声在上方"。

另如长安周边名山:秦岭山麓的楼观台、南五台的圣寿寺,都翠竹葱茏,松柏阴郁。蓝田县王顺山的悟真寺,背负山林,蓝水环绕,环境清幽。户县圭峰山下的草堂寺的"草堂烟雾",更是闻名遐迩。

寺观遍及全国各地的名山大川,如四川乐山,唐时为中国西南佛教文化的重要所在,旖旎水乡,九曲飞瀑,夹江千佛岩。中国四大佛教圣地之一的峨眉山,秀峰耸峙,植物茂密,"八宫两观一拜台"(八宫即玄都宫、斗母宫、南海宫、玉虚宫、紫霄宫、灵应宫、万寿宫、玉真宫,两观即群仙观、回龙观)。

作为清凉圣地、紫府名山的五台山,异花芬馥,幽石莹洁,苍岩碧洞,瑞气萦绕,《括地志》云:"其山层盘秀峙,曲径萦纡,灵岳神溪,非薄俗可栖。止者,悉是栖禅之士,思玄之流。"《名山志》记载:"五台山五峰耸立,高出云表,山顶无林木,有如垒土之台,故曰五台。"其中五座高峰,山势雄伟,连绵环抱,台顶雄旷,层峦叠嶂,峰岭交错,挺拔壮丽:东台望海峰,台顶"蒸云浴日,爽气澄秋,东望明霞,如陂似镜,即大海也"。中国佛协前会长赵朴初填词赞曰:"东台顶,盛夏尚披裘。天著霞衣迎日出,峰腾云海作舟浮,朝气满神州。"西台挂月峰,"顶广平,月坠峰巅,俨若悬镜";南台锦绣峰,"顶若覆盂,圆周一里,山峰耸峭,烟光凝翠,细草杂花,千峦弥布,犹铺锦然";北台叶斗峰,五台中最高峰,有"华北屋脊"之称,"顶平广,圆周四里,其下仰视,巅摩斗杓";中台翠岩峰,"顶广平,圆周五里,巅峦雄旷,翠霭浮空"。古以仙都视之。《仙经》云:"五台山,名为紫府,常有紫气,仙人居之。"《六贴》云:"银宫金阙,紫府青都,皆是神仙所居。"《大唐神州感通录》云:"代州东南,有五台山者,古称神仙之宅也。山方五百里,势极崇峻。上有五台,其顶不生草木。松柏茂林,森于谷底。其山极寒,南号清凉山,山下有清凉府。经中明说,文殊将五百仙人住清凉雪山,即斯地也。所以,古来求道之士,多游此山。灵踪遗窟,奄然在目,不徒设也。"

在唐代朝野都尊奉文殊菩萨,视五台山为文殊菩萨的圣地,位列中国佛教四大

---

① 宋敏求撰:《长安志图》卷中。

名山之首。所以五台山空前隆盛,寺庙林立,僧侣若云。留存至今的南禅寺、佛光寺,都在五台山。佛光寺因势建造,坐东向西,三面环山,唯西低下而疏豁开朗。寺区松柏苍翠,殿阁巍峨,环境清幽。寺内建筑高低错落,主从有致。

二、建寺造观　缘由多元

唐皇室李姓,尊李姓的道教先祖老子为始祖,道教成了"本朝家教",于是,道观迅速发展。据杜光庭中和四年(884年)十二月十五日的记载,唐代从开国以来,所造宫观约一千九百余座,所度道士计一万五千余人,其亲王贵主及公卿士庶或舍宅舍庄为观并不在其数。据《唐会要》记载,长安城里的道观就有三十所之多,建筑都极其华丽。

唐高祖武德二年(619年),召集各地高僧聚集京师,确立十位高僧为大德和尚。唐太宗重兴译经事业,任命波罗颇迦罗蜜多罗为主持,同时还剃度了三千人为僧。唐玄宗时(712—756年),密教得到了玄宗的信任,又促使密宗形成。安史之乱后,佛教在北方受到摧残,声势骤减。禅家的南宗由于神会的努力,渐在北方取得地位。神会又帮助政府征收度僧税钱,以为军费的补助,因而南宗传播得到更多便利,遂成为别开生面的禅宗。又有慈恩宗、律宗等佛教宗派相继成立。寺院数量比唐初几乎增加了一倍,"凡京畿上田美产,多归浮屠"[①]。

都城和地方城镇兴建了大量寺院、道观、佛塔,据《长安志》、《寺塔记》等记载,仅长安城内就有一百九十五座寺观,分别建置在77个坊里之内,[②]并继承前代续凿石窟佛寺。

最早佛塔是供奉或收藏佛祖释迦牟尼火化后留下的舍利的。唐法门寺即为存释迦牟尼佛骨而建。始建于北魏时期约499年前后,现寺内尚存的北魏千佛残碑就是立塔建寺后不久树立的。当时称"阿育王寺"(或"无忧王寺")。隋朝时,阿育王寺改为"成实寺"。唐朝是法门寺的全盛时期,它以皇家寺院的显赫地位,以七次开塔迎请佛骨的盛大活动,对唐朝佛教、政治产生了深远的影响。唐初时,高祖李渊改名为"法门寺"。

武德二年(619年),秦王李世民在这里度僧八十名入住法门寺,原宝昌寺僧人惠业为法门寺第一任住持。唐贞观年间,把阿育王塔改建为四级木塔。唐代宗大历三年(768年)改称"护国真身宝塔"。自贞观年间起,对法门寺进行扩建、重修工作,寺内殿堂楼阁越来越多,宝塔越来越宏丽,区域也越来越广,最后形成了有二十四个院落的宏大寺院。寺内僧尼由周魏时的五百多人发展到五千多人,是"三辅"之地规模最大的寺院。今从地宫发掘了四枚佛指骨舍利,其中三枚为仿佛祖真身灵骨而造的附属品,是世界上目前经过考古科学发掘,有文献和碑文证实的释迦牟

---

① 《新唐书·王缙传》卷一百五十八。
② 李浩:《唐代别业考》,西北大学出版社,1998,第14页。

尼真身舍利,是当今佛教界的最高圣物。① 图 2-20 为现今的法门寺。

图 2-20　今法门寺

唐代佛教逐渐世俗化,佛寺好塔的兴建也出现了多样化:

为了追悼在灭隋战争中阵亡的将士,太宗下令选择十处当年激战之地建造佛寺,据《大唐内典录》卷五所载,一共建成七座佛寺。

宫室成员为感恩或祈福所建:如大慈恩寺建于唐贞观二十二年(648 年),为唐高宗李治(当时为太子)追悼母亲文德皇后而建,为"思昊天之报,罔寄乌鸟之情",报答慈母的养育之恩,遂名为大慈恩寺。规模宏大,豪华壮丽。慈恩寺《玄奘法师传》称它:"像天阙,仿阁孤园,穷班(鲁班)倕(工倕)巧艺,尽衡霍良木。文石梓柱……重簷复殿,云阁禅房,凡十一院,凡壹千八百九十七间,床褥器物备皆满盈。"是大唐规模最大的寺院,唐代高僧玄奘受朝廷圣命,为首任上座主持。

大荐福寺是唐文明元年(684 年)三月十二日,即唐高宗驾崩后百余日,武则天以睿宗的名义,为高宗追献冥福而建的。寺初名"大献福寺",天授元年(690 年)改称"荐福寺",武则天御书飞白体赐荐福寺以寺额。

唐代出现了赴印度求法取经的两位高僧玄奘(602—664 年)和义净(635—713 年)。629 年,玄奘西行经陆路赴印度求法,义净则在 671 年南下走海途。两人分别滞留印度十五年和二十三年,完成了学业,谢绝了丰厚的待遇,又都冒着九死一生的风险,毅然回归故土,报效祖国。他们卓越的品德和才学赢得了大唐朝野士庶与

① 1987 年 4 月,封闭一千多年的神秘地宫之门被打开,里边金碧辉煌,千年古物熠熠放光。经测量,地宫长 21.21 米,面积 31.84 平方米,是国内迄今发现的佛塔地宫中最大的一个。

僧俗两界的普遍尊敬,敕封"三藏"之号。玄奘活跃在唐太宗、唐高宗时代。义净继其后,活跃在武则天、唐中宗时代。两人先后主持国立译馆,任译主。玄奘译出一千三百三十五卷经典;义净则主译了四百二十多卷(据《义净塔铭》)。

唐太宗李世民为玄奘的译作写了《大唐三藏圣教序》,太子李治写了《圣教序记》。女皇武则天为义净的译作也写了《三藏圣教序》。复"周"为"唐"后,义净的译场更受到重视。唐中宗李显特别写了一篇《大唐龙兴三藏圣教序》,亲御西门颁示天下。大唐著名的佛寺和佛塔有的就是为他俩树立的丰碑。

唐永徽三年(652年),玄奘从印度取经回国后,在大慈恩寺译著经文,译著经典达十九年凡七十五部一千三百三十五卷。为了贮存这些佛典,玄奘提出修建大佛塔。唐高宗李治是一位信奉佛教的皇帝,玄奘法师向唐高宗上表,请求在慈恩寺翻经院建造高塔,以保存他从印度带回来的佛经和佛像。他的建议很快得到唐高宗的同意。建塔时,玄奘法师参加了设计监修,还参与搬运砖石的劳动。当时修建了五层土心砖塔,不久倾废。

武则天长安元年(701年),有人献《法华经》,经文中有一位西方的女王,生前敬佛,修建了壮丽的七重宝塔。女王后来升入佛国,成了主宰西天万佛的女佛祖。武则天听了很高兴,于是诏令天下州县遍建七重塔,大雁塔就是设在国都长安城的一座。俗语说:救人一命胜造七级浮屠,七级浮屠就是这种七层塔。"大雁塔"之名是根据《慈恩寺三藏法师传》所载:摩揭陀国一僧寺一日有群雁飞过,忽一雁落羽堕地而死,僧人惊异,以为雁即菩萨,众议埋雁建塔纪念,因有雁塔之名。

大雁塔为仿木结构楼阁式砖塔,颇具我国民族建筑的艺术风格和特点。塔高六十四米,平面方形,每层有方形塔室,沿楼梯可盘旋而上。四面都有用砖券成的拱门,可凭栏远眺,古都长安景色尽收眼底。塔身基座南面镶嵌有唐太宗李世民撰著的《大唐三藏圣教序》及唐高宗李治所写的《大唐三藏圣教序记》碑刻两块。碑文为唐代著名书法家褚遂良书写,字体端雅,劲秀潇洒,为唐名碑之一。慈恩寺中还有著名画家阎立本、吴道子所作的壁画。唐代大慈恩寺规模极大,占据晋昌坊的一半,房屋达一千八百余间。

大雁塔是我国楼阁式方形砖塔的优秀典型,气势雄伟。平面设计成正对东南西北的四边形。这一建筑形式源于西域制度,象征佛的方袍。大雁塔初建时是"砖表土心,仿西域率堵波制度,以置西域经像",可见当时其建筑形式应该是印度覆钵式塔身七层塔簷上,都有斗拱、拦额。每层塔面上,都有突出的砖柱,远望好像是一间间房屋组成,古朴别致。章八元《题慈恩寺塔》:"十层突兀在虚空,四十门开面面风。"

兴教寺是唐代著名僧人玄奘法师(602—664年)的遗骨迁葬地,创建于唐高宗总章二年(669年),建五层砖塔藏之,并随即建寺,以示纪念。后来,唐肃宗李亨曾来此游览,题名曰"兴教"。今兴教寺玄奘灵塔及陪葬于玄奘塔左右的两高徒窥基、圆测,三塔呈品字排列,中间最高的一座是玄奘灵塔,塔身通体用青砖砌成,作四角锥体,高二十一点零四米,共五级,平面呈正方形,底层边长五米,塔面作仿木结构,用砖砌作扁柱、栏额及斗拱,均分作三间。塔檐叠涩砌出,檐下均饰两层菱角牙子。二层以上塔心实砌。塔的底层北壁镶有唐文宗开成四年(839 年)刻的刘轲撰文《唐三藏大遍觉法师塔铭并序》,塔底层南面有拱形券洞,龛内有玄奘的泥塑像。玄奘塔造型庄重稳固,装饰简洁明快,是中国现存较早的一座仿木结构楼阁式砖塔,在中国建筑史上占有相当重要的地位。

小雁塔建于唐中宗景龙年间(707—710 年),是为了存放唐代高僧义净从天竺带回来的佛教经卷、佛图等,由皇宫中的宫人集资、著名的道岸律师在荐福寺主持营造的一座较小的密檐砖塔,由地宫、基座、塔身、塔檐等部分构成,塔身为四方形,青砖结构。原有十五层,现存十三层,高四十三点四米,塔形秀丽,佛教传入中原地区并融入汉族文化的标志性建筑之一。塔院与荐福寺门隔街相望。

大小雁塔和兴教寺,都是为"舍身求法"的玄奘和义净立的丰碑。

也有为世俗功利需要而兴建的佛寺。如武则天利用佛教徒怀义等伪造的《大云经》,将她夺取政权说成是符合弥勒佛的旨意,随后在全国各州建造大云寺,又在洛阳郊外的白司马坂(北邙山的一个山坡)建造大铜佛像,并加封法朗等和尚为县公,又授怀义为行军总管等。

四川乐山大佛,以山为佛、以佛为山,借佛祖威猛以镇水妖,这是乐山大佛的修建初衷。唐四川凌云寺位于三江汇合处,每逢洪水季节便水患不断,名僧海通想借修建大佛以镇水妖。于是他历尽艰辛,四处化缘历时 20 年集资,后经剑南川西节度使韦皋,继续将其建成。开凿于唐玄宗开元初年(713 年),历时九十年方竣工。乐山大佛为迄今世界上最大的一尊石刻佛像。大佛像双手抚膝,神情肃穆,目视莽莽大江。体型巨大,"山是一座佛,佛是一座山",雕刻技术高超,结构匀称,比例适宜,线条流畅。体现了自然与人工、佛寺与山水浑然一体的建造理念和手法。

隋、唐时期的建筑,既继承了前代成就,又融合了外来影响,形成一个独立而整整的建筑体系,把中国古代建筑推到了成熟阶段,并远播影响于朝鲜、日本。寺观的建筑布局形式趋于统一。如唐代佛寺建筑是在中国宫室型的基础上定型化并有所发展的。其特点是:

(1)主体建筑居中,有明显的纵中轴线。由三门(象征"三解脱",亦称山门)开始,纵列几重殿阁。中间以回廊联成几进院落。

(2)在主体建筑两侧,仿宫廷第宅廊院式布局,排列若干小院落,各有特殊用途,如净土院、经院、库院等。如著名的长安章敬寺有四十八院、五台山大华严寺有十五院。各院间亦由回廊联结。主体与附属建筑的回廊常绘壁画,成为画廊。

(3)塔的位置由全寺中心逐渐变为独立。大殿前则常有点缀式的左右并立的小型实心双塔,或于殿前、殿后、中轴线外置塔院。

僧人墓塔常于寺外别立塔林。这些都与当时佛教界渐趋重视教理经义的研究而不重视拜塔与绕塔经行有关。

石窟寺大量出现,且窟檐由石质仿木转向真正的木结构。供大佛的穹窿顶以及覆斗式顶,背屏式安置等大量出现,这些都表现了中国石窟更加民族化的过程。

寺院多为伽蓝七堂式,即寺院由七种不同用途的佛教建筑组成,包括山门、佛殿、法堂、僧堂、厨库、浴室、西净(厕所)。

寺中建塔,塔的结构多为楼阁式和密檐式两种,楼阁式塔是唐代塔的主流。

三、宗教圣地　红尘俗世

佛教初传入中国,属于两大先进文化之间的交流,发生激烈的文化碰撞,西晋王谧《答桓玄难》云:

"曩者晋人略无奉佛,沙门徒象,皆是诸胡,且王者与不之接。"①西晋武帝乃"大弘佛事,广树伽蓝"②。唐释道世撰《法苑珠林》卷一百《传记篇·兴福部第五》:"右西晋二京合寺一百八十所……右东晋一百四载。立寺一千七百六十八所。译经二十七人二百六十三部。僧尼二万四千人。"③

但魏晋时随着讲经、倡导的日趋世俗化、娱乐化,佛寺的宗教色彩也逐渐淡薄。传为隋侯白的《启颜录》里记载了法师讲经,座中之人出疑求解,已经不乏随俗就便,偏离宣佛之正道,而以临场的机智巧答见长,逐渐具有了娱乐的趣味:

北齐高祖尝以大斋日设聚会。时有大德法师开讲……石动筩最后论义,谓法师曰:"且问法师一个小义,佛常骑何物?"法师答曰:"或骑千叶莲花,或乘六牙白象。"动筩云:"法师全不读经,不知佛所乘骑物。"法师又即问云:"檀越读经,佛骑何物?"动筩答云:"佛骑牛。"法师曰:"何以知之?"动筩曰:"经云'世尊甚奇特'岂非骑牛?"坐皆大笑。④

北齐名优利用"骑"与"奇"的谐音,又《玉篇》:"特,牡牛也。"遂将"奇特"说成"骑公牛",引起哄堂大笑!

至唐代,寺观成为世俗日常生活的一大空间。佛寺功能越加多样化,世俗气息特浓,游宴风气更盛。

《南部新书》卷五言:"长安戏场多集于慈恩,小者在青龙,其次荐福、永寿,尼讲盛于保唐。"⑤

长安之外的佛寺也有设戏场者。《太平广记》卷三十四《崔炜》记贞元中崔炜居南海,"时中元寺,番禺人多陈设珍异于佛庙,集百戏于开元寺"⑥。同书卷三百九十

---

① 《全晋文》卷二十,严可均编《全上古三代秦漢三国六朝文》,中华书局,1965,第2册,第1569页。
② 《大正新修大藏经》第52册,台此:斯文丰出版公司,1973,第502页。
③ 《大正新修大藏经》第53册,台北:斯文丰出版公司,1973,第1025页。
④ 曹林娣、李泉辑注《启颜录》,上海古籍出版社,1990,第1页。
⑤ 钱易撰《南部新书》,景印文渊阁《四库全书》第1036册,第210页。
⑥ 李昉撰《大平广记》,景印文渊阁《四库全书》第1045册,第177页。

四《徐智通》,言唐楚州医人徐智通闻二雷神相约斗技,其一有"寺前(龙兴寺)素为郡之戏场,每日中聚观之徒,通计不下三千人"①之语。

可见唐时佛寺中设戏场、演出百戏至为寻常。

起于唐代神龙年间(705—707年)新科进士的"雁塔题名"风俗,更为中国文化之风流佳话。"名题雁塔,天地间第一流人第一等事也"! 唐代以科举入仕为首要的途径,科举的科目中又以进士科最难,也最荣耀。最后进士及第者的名额最多也不过30人。五代王保定《唐摭言》云:"神龙以来,杏园宴后,皆于慈恩寺塔下题名,同年中推善书者纪之。"又宋樊察《慈恩雁塔题名序》云:"自神龙以来,进士登科皆赐游江(指曲江池)上,题名雁塔下,由是遂为故事。"凡新科进士及第,当推举善书者将他们的姓名、籍贯和及第时间题写在大雁塔壁上,后如有人晋身卿相,还要把姓名改为朱笔书写。

今大雁塔六层悬挂有唐代五位诗人诗会佳作。752年晚秋,诗圣杜甫与岑参、高适、薛据、储光羲相约同登大雁塔,凭栏远眺触景生情,酒筹助兴赋诗述怀,每人赋五言长诗一首。

岑参的诗写道:"塔势如涌出,孤高耸天宫。登临出世界,磴道盘虚空。兀突压神州,峥嵘如鬼工。四角碍白日,七层摩苍穹……"

杜甫写道:"高标跨苍穹,烈风无时休。自非旷士怀,登兹翻百忧。方知象教力,足可追冥搜。仰穿龙蛇窟,始出枝撑幽。七星在北户,河汉声西流。羲和鞭白日,少昊行清秋。秦山忽破碎,泾渭不可求。俯视但一气,焉能辨皇州……"把登塔的所见描绘得淋漓尽致,极富吸引力。

寺院经济大发展,生活区扩展,不但有供僧徒生活的僧舍、斋堂、库、厨等,有的大型佛寺还有磨坊、菜园。许多佛寺出租房屋供俗人居住,带有客馆性质。

小　结

初盛唐时期的盛世文明,带来了人们空前昂扬的胸襟,普遍追求优雅高尚的审美趣味,"自然成野趣,都使俗情忘"②,无论是皇家宫苑、贵族别业、寺观园林还是士大夫私园,都以风光天然、不加穿凿为美。

韦氏骊山别业本来与骊山宫室没有关系,《唐诗纪事》卷一一记:"嗣立庄在骊山鹦鹉谷,中宗幸之。嗣立献食百舉,及木器藤盘等物。上封为逍遥公,谷为逍遥谷,原为逍遥原。"杜佑《杜城郊居王处士凿山引泉记》记:"神龙中,故中书令韦公嗣立骊山幽栖谷庄,实为胜绝,中宗爱女安乐公主恃宠恳求,竟不之许,曰:'大臣产

①　李昉撰《大平广记》,景印文渊阁《四库全书》第1045册,第774页。
②　唐韦述:《春日山庄》,见《全唐诗》卷一百零八。

业,宜传后代,不可夺也。'"但因为在骊山,且风景秀丽,又距汤池不远,因为与骊山行宫的地缘关系,才往往成为帝王游幸骊山汤泉后的又一个驻跸之处。据《旧唐书卷八十八韦思谦传附韦嗣立传》,韦嗣立"少举进士,累补双流令,政有殊绩,为蜀中之最……嗣立与韦庶人宗属疏远,中宗特令编入属籍,由是顾赏尤重。赏于骊山构营别业,中宗亲往幸焉,自制诗序,令从官赋诗,赐绢二千匹。因封嗣立为逍遥公,名其所居为清虚原幽栖谷"。虽得恩宠,但同传称嗣立上疏劝谏"中宗崇饰寺观,又滥食封邑者众,国用虚竭",他的山庄绝不会"崇饰"。

唐沈佺期《陪幸韦嗣立山庄》见到的是:"台阶好赤松,别业对青峰。茆室承三顾,花源接九重……斜枕冈峦,黑龙卧而周宅。……观其奥区一曲,甲第千甍,冠盖列东西之居,公侯开南北之巷……万株果树,色杂云霞;千亩竹林,气含烟雾。激樊川而萦碧濑,浸以成陂;望太乙而邻少微,森然逼座……于是下高台,陟曲沼,铺落花以为茵,结垂杨而代幄。霁景含日,晚霞五彩而丹青;韶望卷云,春膏一色而凝黛。"①别业中,"有重崖洞壑,飞流瀑水"。②

文人以隐待仕的优裕条件和偃仰士林的从容心境,即使奔波于幕府、蹉跎于科场,依然卜居必林泉,追求精神享受。以外郡为隐的提法亦时见盛唐,外郡可清静为政,颇多游赏乐事。就是逸人别业,也是"水亭凉气多,闲棹晚来过。涧影见藤竹,潭香闻芰荷"③,不乏太平气象,格调清雅、幽美闲逸,具有散朗飘逸的风神。

由于诗画艺术家参与构园,园景中含蕴着他们的情感,诗画意境与园景开始融糅,为中唐至两宋园林文学化奠定了基础。

初盛唐自然山水园中,普遍出现人工开凿的水池和堆叠的假山。除上述达官贵人园喜欢筑山引水,寒素处士园也喜欢凿山引泉,据杜佑《杜城郊居王处士凿山引泉记》载:王处士并不富裕,他"短褐或敝,箪笥屡空,守道安贫,不求不竞。嗜山水,乘兴游衍,逾月方归。诚士林之逸人,衣冠之良士。终南之峻岭,青翠可掬;樊川之清流,逶迤如带……开双洞于岩腹,兴郁燠而生寒;交清泉于巇上,遭旱暵而淙注。止则澄澈,动则潺湲,宛如天然,莫辨所泄。悬布垂练,遥曳晴空"。④

初盛唐营构寺观园林目的多元化,以及寺观风景的优美,使寺观园林进一步世俗化。

隋初唐的壮丽和清旷的皇家山水宫苑,奠定了后世皇家园林的基本美学风貌。

隋唐园林中出现了许多出自西域建筑样式和建筑材料,引进了诸如葡萄、石榴、芙蓉等花木新品种。

① 宋之问:《春游宴兵部韦员外韦曲庄序》,载《全唐文》卷二四一。
② 宋敏求撰《长安志》卷一五。
③ 孟浩然《浮舟过陈逸人别业》,见《全唐诗》卷一百六十。
④ 杜佑:《杜城郊居王处士凿山引泉记》,转引自李浩:《唐代别业考》,第169页。

第三章　中晚唐五代园林美学思想

遭受七年多安史之乱浩劫的唐王朝,日后又出现了藩镇割据,虽也不乏励精图治的君主,也出现过中兴局面,但无法从根本上力挽大唐衰颓的狂澜。唐人吊马嵬、叹玄宗:"可怜四纪为天子,不及卢家有莫愁!"皇家园林大多已是"寥落古行宫,宫花寂寞红","废苑墙南残雨中,似袍颜色正蒙茸"(罗邺《芳草》);随着"昔日王谢堂前燕,飞入寻常百姓家",门阀士族退出了历史舞台,大批中下层文人登上政治舞台。

但随之而来的激烈党争,宦海沉浮,中唐士人失去了盛唐士人那种昂扬的精神风貌和高士情怀,代之以寂寞孤独、惆怅萧飒的冷落心境,追求清雅高逸的情调。

士人凭借他们对自然美的高度鉴赏力和空间意识,直接参与园林的规划,融进他们对人生哲理的体验、宦海浮沉的感怀,士流园林清新雅致的格调得以更进一步地提高和升华,园林趋向小型化、诗意化和写意化,真正意义上的"文人园林"诞生了。

由于文人对"中隐"的青睐,衙署园林和公共园林得到长足发展。

儒学与禅宗开始携手。柳宗元说佛教"不爱官,不争情,乐山水而嗜闲安","性情爽然不与孔子异道"[1],吕温则说佛教"极力以持其善心,专念以夺其浮想",能使人"心无所念,念无所求"。秋风夕阳下的晚唐,更是令人"伤时伤势更伤心",文人性格趋向狂放不羁。"溪花与禅意,相对亦忘言"(刘长卿),"淡然离言说,悟悦心自足"(柳宗元),更多文人倾心禅悦,园林山水草木也情染禅理,文人从山水中寻求到了栖息心灵的淡泊境界。

中唐以后,随着文学艺术写意色彩的增加,小中见大的空间写意成分增多,从有限的景象感知到无限的审美经验,自然景境中的"虚与实"、"少与多"、"有限与无限",按照人的视觉心理活动特点,形象地加以揭示表现出来,对写意山水的创作,从思想方法上奠定了基础,"意境"说普遍影响到园林审美。

后因五代十国的战乱,池塘竹树被兵车蹂躏,皆废而为丘墟,高亭大榭也都为战火焚燎化为灰烬,唐代洛阳的园林艺术可以说是"与唐共灭而俱亡"了。但经吴越王钱镠的努力,江南地区得以复兴。

第一节　白居易的园林美学思想

白居易既是有唐一代继李白杜甫以后的第三位大诗人,又是一位居必营园、有着丰富构园美学思想的园林大师。日本见村松勇著《中国庭园》书中赞誉白居易是真正开辟中国庭园的祖师,日本园林界尊其为日本园林文化的"导师"。

白居易尝言:"高人乐丘园,中人慕官职"[2],"从幼迨老,若白屋,若朱门,凡所

---

①　柳宗元:《送僧浩初序》,见《柳河东全集》卷二十五,第284页。
②　白居易:《咏怀》,见朱金城笺校《白居易集笺校》,上海古籍出版社,1988,第406页。

止,虽一日二日,辄覆黄土为台,聚拳石为山,环斗水为池,其喜山水,病僻如此"①,从小到老,像白色的茅屋,像朱色的大厦,凡是居住的即使住一天两天,白氏总是要搬个几畚箕的泥土来做个台子,聚集一些卵石来筑座假山,再环绕个小小的水池,喜好山水像这样成了病和癖好。白居易毫不讳言自己对园林的钟情:"适情处处皆安乐,大抵园林胜市朝"②,"歌酒优游聊卒岁,园林潇洒可终身"③,"天供闲日月,人借好园林"④,"已收身向园林下,犹寄名于禄仕间"⑤,"自晒此迂叟,少迂老更迂。家计不一问,园林聊自娱"⑥,自称自己和刘梦得(刘禹锡)一样"同为懒慢园林客,共对萧条雨雪天"⑦。

据《文献通考》卷四十七,唐代供职京师者已达两千多人,还有数倍于此的家眷、小吏、杂役、佣人等,国家为官员提供免费官舍的色彩逐渐消退,转而以有偿形式供官员租赁,虽然官署中设置官舍这一惯例并未完全断绝,但官舍未必在官署之内。

"贞元十九年(803年)春,白居易以拔萃选及第,授校书郎,始于长安求假居处,得常乐里故关相国私第之东亭而处之。"(《养竹记》)那时校书郎为九品官员,"茅屋四五间,一马二仆夫,俸钱万六千,月给亦有余"⑧。

元和六年(811年),白居易四十岁时,因母丧归葬渭上,退居陕西下邽县义津乡金氏村,亦名紫兰村(今信义乡太上庄)旧居四个年头,期间,生活十分清苦:白居易《村居卧病》,"空腹一盏粥,饥食有余味"、"葺庐备阴雨,补褐防寒岁"。

元和十年(815年),白居易任太子左赞善大夫,官阶正五品上,在长安昭国坊租宅而居,诗云:"归来昭国里,人卧马歇鞍……柿树绿阴合,王家庭院宽,瓶中鄠县酒,墙上终南山。"仍租房而居。

元和十二年(817年)白氏四十六岁,在任江州司马时造"庐山草堂",写下《草堂记》这一园林史上不朽篇章。

元和十四年(818年),四十八岁的白居易升重庆忠州刺史,在重庆忠州城东坡地,栽花种树,写有《东坡种花》《步东坡》《别东坡花树》等诗。

———————————
① 白居易:《草堂记》,见朱金城笺校《白居易集笺校》,上海古籍出版社,1988,第2736页。
② 白居易:《谕亲友》,见朱金城笺校《白居易集笺校》,上海古籍出版社,1988,第2223页。
③ 白居易:《从同州刺史改授太子少傅分司》,见朱金城笺校《白居易集笺校》,上海古籍出版社,1988,第2237页。
④ 白居易:《寻春题诸家园林》,见朱金城笺校《白居易集笺校》,上海古籍出版社,1988,第2245页。
⑤ 白居易:《洛下闲居寄山南令狐相公》,见朱金城笺校《白居易集笺校》,上海古籍出版社,1988,第2286页。
⑥ 白居易:《闲居偶吟招郑庶子皇甫郎中》,见朱金城笺校《白居易集笺校》,上海古籍出版社,1988,第2481页。
⑦ 白居易:《雪夜小饮赠梦得》,见朱金城笺校《白居易集笺校》,上海古籍出版社,1988,第2512页。
⑧ 白居易:《常乐里闲居偶题十六韵兼寄刘十五公舆、王十》,见朱金城笺校《白居易集笺校》,上海古籍出版社,1988,第265页。

唐代推行均田制,官员按品阶分得永业田、职分田和宅地。宅地即官员在任时政府为其提供的住宅基地,还可自建住宅。

太和三年(829 年)白居易五十八岁,告病归洛阳。《旧唐书卷一六六·白居易传》载:"初,居易罢杭州,归洛阳。于履道里得故散骑常侍杨凭宅,竹木池馆,有林泉之致。"自苏州刺史任归,由田姓家买得履道坊故散骑常侍杨凭宅园,钱不足,以两马偿之。自此"月俸百千官二品,朝廷雇我作闲人"①,以太子宾客分司东都洛阳。在这里,亲自营修履道坊园池:"数日自穿凿",并终老于此。

白居易主张"量力置园林"②,园林的"广袤丰杀,一称心力"③,所建的园林面积宽度和长度,体积高低和大小,都务必合于心意,适应财力。

白居易在渭上旧居,新筑了亭台,并植树栽竹,美化了环境;重庆忠州东坡地也是植树栽花,还教民种植荔枝等经济作物;虽很难以"园林"称,但含有园林元素;真正称得上园林的是江西的庐山草堂和洛阳的履道坊园池。尽管如此,白居易在这几处的园林化实践和相关的诗文中,都表现了他的园林美学思想。白居易"中隐"思想,对郡斋园林以巨大影响(详见本章第四节)。他大量的园林美学思想,留存于他写的三百余篇园林诗文之中,还有数百首赏园、品园及园居的"闲适"诗中,涉及建筑、山水、植物四大园林物质构成,也涉及选址思想、审美思想及室内陈设等精神性建构系列,在中国园林发展史上占有显著地位。

一、幽僻嚣尘外 清凉水木间

"遂就无尘坊,仍求有水宅"④。白居易选择将母亲归葬于下邽县的渭上,自己迁居渭上旧居金氏村,而未回下邽县的下邑里白氏老家,可能尚有其他种种原因,但"故园渭水上,十载事樵牧"⑤,渭上金氏村(紫兰村)南临渭水、东望华山,具有天然形胜,且水甜地肥,而下邽县的下邑里下有盐碱,水质咸恶,并不宜居。白居易钟情渭水,诗中每每称美之:

"旧居清渭曲,开门当蔡渡"⑥,家住在清清的渭河弯曲处,出门正对着蔡渡。"况兹清渭曲,居处安且闲。"⑦

《沉渭赋》说得更清楚,"门去渭兮百步,常一日而三往"。

---

① 白居易:《从同州刺史改授太子少傅分司》,见朱金城笺校《白居易集笺校》,上海古籍出版社,1988,第 2237 页。

② 白居易:《闲居贫活计》,见朱金城笺校《白居易集笺校》,上海古籍出版社,1988,第 2568 页。

③ 白居易:《草堂记》,见朱金城笺校《白居易集笺校》,上海古籍出版社,1988,第 2736 页。

④ 白居易:《洛下卜居》,见朱金城笺校《白居易集笺校》,上海古籍出版社,1988,第 449 页。

⑤ 白居易:《孟夏思渭上旧居寄舍弟》,见朱金城笺校《白居易集笺校》,上海古籍出版社,1988,第 560 页。

⑥ 白居易:《重到渭上旧居》,见朱金城笺校《白居易集笺校》,上海古籍出版社,1988,第 492 页。

⑦ 白居易:《效陶潜体诗十六首》,见朱金城笺校《白居易集笺校》,上海古籍出版社,1988,第 303 页。

《渭南县图经》云："渭水至临潼县交口渡,东入渭南境,又东折至县城北,曰上涨渡。又东南流,曰下涨渡。又东北折而流曰蔡渡,以汉孝子蔡顺得名,其地有蔡顺碑。与乐天故居紫兰村,正隔渭河一水耳。"

"地与尘相远,人将境共幽。"①"幽僻嚣尘外,清凉水木间。"白居易《幽居早秋闲吟》:"袅袅过水桥,微微入林路。幽境深谁知,老身闲独步。"

《旧唐书·白居易传》卷一百六十六:

在溢城,立隐舍于庐山遗爱寺,尝与人书言之曰:"予去年秋始游庐山,到东西二林间香炉峰下,见云木泉石,胜绝第一。爱不能舍,因立草堂。前有乔松十数株,修竹千余竿,青罗为墙援,白石为桥道,流水周于舍下,飞泉落于檐间,红榴白莲,罗生池砌。"

白居易在"匡庐奇秀甲天下山"的匡庐筑"草堂",基址选在香炉峰与遗爱寺之间的峡谷地,使其隐于"峰寺之间","面峰腋寺",为山增景而不争景。

他的履道园池是城市山林,是洛阳城优胜之地:"东都风土水木之胜在东南偏,东南之胜在履道里,里之胜在西北隅,西郏北垣第一第,即白氏叟乐天退老之地。"②白居易十分自得地在《池上闲吟》说:"非庄非宅非兰若,竹树池亭十亩余。非道非僧非俗吏,褐裘乌帽闭门居。"不是一般的庄院、住宅和佛寺,而是有"竹树池亭十亩余"的园林,自己也"非道非僧非俗吏",穿着褐色裘衣戴着乌纱帽闭门闲居,而是逍遥自在的一个艺术空间。

"疏凿出人意,结构得地宜"③,山水建筑出乎人工,布局安排要合"地宜",即符合自然肌理。因地制宜地将建筑、山水、植物等园林元素进行合理布局。

在园林山水建筑的布局设计上,白居易一向主张因地制宜,白居易《重修府西水亭院》:"因下疏为沼,随高筑作台",他欣赏裴侍中晋公的集贤林亭"因下张沼沚,依高筑阶基",这实际上就是计成说的"园林巧于因借"的"因":"因者:随基势高下,体形之端正,碍木删桠,泉流石注,互相借资;宜亭斯亭,宜榭斯榭,不妨偏径,顿置婉转,斯谓'精而合宜'者也。"④

"灵襟一搜索,胜概无遁遗"⑤,远近不仅要有山水胜景,更要有秀色可揽,这就是明代计成《园冶》所总结的借景之妙:

"借者:园虽别内外,得景则无拘远近,晴峦耸秀,绀宇凌空;极目所至,俗则屏之,嘉则收之,不分町疃,尽为烟景,斯所谓巧而得体也。"⑥

① 白居易:《履道新居二十韵》,见朱金城笺校《白居易集笺校》,上海古籍出版社,1988,第1585页。
② 《旧唐书·白居易传》卷一六六。
③ 白居易:《裴侍中晋公以集贤林亭即事诗三十六韵见赠,猥蒙征和,才拙词繁,辄广为五百言以伸酬献》《白居易集笺校》,上海古籍出版社,1988,第2033页。
④ 计成:《园冶注释》,中国建筑工业出版社,1988,第47页。
⑤ 白居易:《裴侍中晋公以集贤林亭即事诗三十六韵见赠,猥蒙征和,才拙词繁,辄广为五百言以伸酬献》《白居易集笺校》,上海古籍出版社,1988,第2033页。
⑥ 计成:《园冶注释》,中国建筑工业出版社,1988,第47页。

"凭高望平远,亦足舒怀抱"①,白居易在渭上旧居新建乘凉亭台,"轩楹高爽,窗户虚邻;纳千顷汪洋,收四时之烂缦",白居易《新构亭台示诸弟侄》:"东窗对华山,三峰碧参差,南檐当渭水,卧见云帆飞。"东望华山、南对渭水,能够在窗前平挹江濑,卧见渭河上云帆飞动。《重到渭上旧居》,"唯有山门外,三峰色如故",与裴侍中晋公以集贤林亭"嵩峰见数片,伊水分一支"相类。

也能借天光云影等虚景和季相的变化,他《闲园独赏》:"午后郊园静,晴来景物新;雨添山气色,风借水精神。"《春池闲汎》,则"树集莺朋友,云行雁弟兄",庐山草堂"春有锦绣谷花,夏有石门涧云,秋有虎溪月,冬有炉峰雪。阴晴显晦,昏旦含吐,千变万状,不可殚纪"②。

草堂前原有一片树林,"种树当前轩,树高柯叶繁。惜哉远山色,隐此蒙笼间。一朝持斧斤,手自截其端。万叶落头上,千峰来面前。忽似决云雾,豁达睹青天。又如所念人,久别一款颜。始有清风至,稍见飞鸟还。开怀东南望,目远心辽然。人各有偏好,物莫能两全。岂不爱柔条,不如见青山。"③轩前树林,树高叶密,挡住了青山,于是手持斧斤截其端,伐去堂前树,"岂不爱柔条,不如见青山"!"结构池西廊,疏理池东树。此意人不知,欲为待月处。持刀剒密竹,竹少风来多。此意人不会,欲令池有波。"④为待月在池西修廊,修剪池东可能遮住月光的树;为了借风力使水池产生涟漪,所以用刀砍去密竹、留下空隙。

在洛阳履道园池,亦筑台观龙门和嵩山太室、少室峰之景。

二、规模俭且卑 山木半留皮

白居易一贯主张:"不斗门馆华,不斗园林大。"⑤他说:"庾信园殊小,陶潜屋不丰。何劳问宽窄?宽窄在心中。"⑥

早先,白居易渭上南园有"茅茨十余间",所筑"平台高数尺,台上结茅茨。东西疏二牖,南北开两扉。芦帘前后卷,竹簟当中施。清冷白石枕,疏凉黄葛衣"⑦。茅茨、芦帘、竹簟、白石枕、黄葛衣,都是自然物和自然色,俨然一村居茅舍。

在庐山香炉峰下新置的草堂:"架岩结茅宇,斫壑开茶园"⑧,茅屋架在岩石上,在山谷辟地种茶。草堂仅仅建"三间两柱,二室四牖","三间茅舍向山开,一带山泉

① 白居易:《望江楼上作》,见朱金城笺校《白居易集笺校》,上海古籍出版社,1988,第395页。
② 白居易:《草堂记》,见朱金城笺校《白居易集笺校》,上海古籍出版社,1988,第2736页。
③ 白居易:《截树》,见朱金城笺校《白居易集笺校》,上海古籍出版社,1988,第394页。
④ 白居易:《池畔二首》,见朱金城笺校《白居易集笺校》,上海古籍出版社,1988,第459页。
⑤ 白居易:《自题小园》,见朱金城《白居易集笺校》,上海古籍出版社,1988,第2475页。
⑥ 白居易:《小宅》,见朱金城《白居易集笺校》,上海古籍出版社,1988,第2232页。
⑦ 白居易:《新构亭台示诸弟侄》,见朱金城笺校《白居易集笺校》,上海古籍出版社,1988,第330-331页。
⑧ 白居易:《香炉峰下新置草堂,即事咏怀,题于石上》,见朱金城笺校《白居易集笺校》,上海古籍出版社,1988,第384页。

绕舍回"①,"绕水欲成径,护堤方插篱"②。

《草堂记》曰:"木斫而已,不加丹;墙圬而已,不加白。砌阶用石,幂窗用纸,竹帘纻帏,率称是焉。"只将木材砍削平整,不涂彩绘。墙壁用泥涂抹,不刷白灰,用石头砌成台阶,纸糊的窗户,用竹帘子和麻木做的帐子,这样就都称心了。"下铺白石,为出入道",就地取材,一任自然。

保持原木色彩,自然质朴,健康、环保,与山居环境完全融合,正是现代美国建筑大师莱特提出的"有机建筑",白居易早在一千余年前已经践行了!

那并非是因为经济条件的限制,他在洛阳履道里建草亭时,已经是"百千随月至"的时候了,《自题小草亭》:"新结一茅茨,规模俭且卑;土阶全垒块,山木留半皮……壁宜藜杖倚,门称荻帘垂。"还是这类茅草覆顶、"山木半留皮"的建筑,《葺池上旧亭》也依然是"苔封旧瓦木"。

履道里园池十七亩,是唐亩,合今十三点四亩,筑屋也不多,《池上篇》序曰:"屋室三之一……初乐天既为主,喜且曰:'虽有池台,无粟不能守也',乃作池东粟廪。又曰:'虽有子弟,无书不能训也。'乃作池北书库。又曰:'虽有宾朋,无琴酒不能娱也',乃作池西琴亭,加石樽焉。"所筑粟廪、书库、琴亭,除了储粮所需的粮仓外,都为文人所需。

白居易觉得小园可爱可亲,他的《重戏答》诗说:"小水低亭自可亲,大池高馆不关身"。他反对攀比、自轻自贱,"林园莫妒裴家好,憎故怜新岂是人"!《重戏赠》曰:"集贤池馆从他盛,履道林亭勿自轻。"裴家是指宰相裴度新修集贤宅,池馆甚盛。

白居易曾经写《题洛中第宅》,说他们虽然"门高占地宽",但"试问池台主,多为将相官。终身不曾到,唯展宅图看"!自己实际上享受不到。诚如清俞樾所言:"世之达官贵人,经营第宅,风亭月榭,重枥累翼,而驰驱鞅掌,曾不得以日偃仰其中者,夫岂少哉?"③在《自题小园》中也说:"回看甲乙第,列在都城内。素垣夹朱门,蔼蔼遥相对。主人安在哉,富贵去不回。池乃为鱼凿,林乃为禽栽。何如小园主,挂杖闲即来。亲宾有时会,琴酒连夜开。"

"洞北户,来阴风,防徂暑也;敞南甍,纳阳日,虞祁寒也"(《草堂记》),向北开一门,吹来凉风,防暑热;南面敞开以纳阳光,御寒气,完全符合自然科学原则。

一度崇拜白居易,甚至将其视为文殊下凡的日本,园林以白诗文置景、点景处很多,这些地方依然保留着这类茅草覆顶、"山木半留皮"的建筑。如智仁亲王的乡村别墅、京都的桂离宫,采用白居易《春题湖上》"月点波心一颗珠"所建"月波"楼(图 3-1)。

---

① 白居易:《别草堂三绝句》,见朱金城笺校《白居易集笺校》,上海古籍出版社,1988,第 1132 页。

② 白居易:《草堂前新开一池养鱼种荷》,见朱金城笺校《白居易集笺校》,上海古籍出版社,1988,第 386 页。

③ 俞樾:《香雪草堂记》,见《吴县志》卷三九上。

图 3-1　桂离宫月波楼

三、石倚风前树　激作寒玉声

山水是园林主要的物质元素。叠山早在初盛唐时就出现了,如安乐公主累石为山,以像华岳;义阳公主模拟九山疑等,但据白居易的《池上篇并序》中,虽有"岛池桥道间之",但并没有叠石为山的论述。

白居易履道里园池中有三岛:"中高桥,通三岛径",并有"中岛亭",岛上有小亭阁。"欲入池上冬,先葺池中阁"①。"岛"上有无叠石没有记载。池中筑"三岛"以比拟海中三神山,即蓬莱、瀛洲、方丈,在唐代已经习见,唐玄宗让方士造蓬壶,长乐公主山庄也是"刻凤蟠螭凌桂邸,穿池凿石写蓬壶",池岛结合,无论是文化内涵还是生态都很有意义,白居易园池有三岛,但没有在诗文中涉及神仙岛,看来,白居易很理性。

唐人嗜石,白居易堪称最懂石头价值、最懂赏石的第一人。他写了许多咏石、赏石的诗文,诸如《盘石铭并序》②、《双石》、《北窗竹石》等,尤其钟情于太湖石,除了写《太湖石记》③外,还写了两首《太湖石》诗。

白居易之所以爱石,是因为石是永恒的象征,"苍然两片石,厥状怪且丑。俗用无所堪,时人嫌不取"④。苍然两片太湖石,在时人眼里又怪又丑,"嫌不取",但白居

易却当宝爱之,殊不知,怪、丑都意味着对形式标准的超越,保持着石之本真境界。"结从胚浑始,得自洞庭口。万古遗水滨,一朝入吾手"! 这不就是明代文人感悟到的"石令人古"吗! 白居易早就明白个中三昧了,因此,他欣喜若狂,"担舁来郡内,洗刷去泥垢。孔黑烟痕深,罅青苔色厚。老蛟蟠作足,古剑插为首。忽疑天上落,不似人间有"。不仅用船运至郡衙,而且为之洗垢涤污,特写《双石》诗以纪之,还深情地"回头问双石,能伴老夫否。石虽不能言,许我为三友",将万古之石,从自然之中剥离出来,与当今之人相伴为友,这天然之石亦已成为"人造物"的艺术品了,可以赋予石以艺术生命。

千万年湖水的激荡、自然的鬼斧神工,在太湖石身上留下时间印记,千奇百怪、百孔千苍,犹如一尊尊天然雕塑:

有盘拗秀出如灵丘鲜云者,有端俨挺立如真官神人者,有缜润削成如珪瓒者,有廉稜锐刌如剑戟者。又有如虬如凤,若跧若动,将翔将踊,如鬼如兽,若行若骤,将攫将斗者。风烈雨晦之夕,洞穴开喧,若饮云歕雷,嶷嶷然有可望而畏之者;烟霁景丽之旦,岩崿霮霮,若拂岚扑黛,霭霭然有可狎而玩之者。昏晓之交,名状不可。①

有的盘曲转折,美好特出,像仙山,像轻云;有的端正庄重,巍然挺立,像神仙,像高人;有的细密润泽,像人工做成的带有玉柄的酒器;有的有棱有角、尖锐有刃口,像剑像戟。又有像龙像凤的,有像蹲伏有像欲动的,有像要飞翔有像要跳跃的,有像鬼怪的,有像兽类的,有像在行走的有像在奔跑的,有像攫取的有像争斗的。风雨晦暗的晚上,洞穴张开了大口,像吞纳乌云喷射雷电,卓异挺立,令人望而生畏。雨晴景丽的早晨,岩石山崖结满露珠,像云雾轻轻擦过,黛色直冲而来,有和善可亲堪可赏玩的。黄昏与早晨,石头呈现的形态千变万化,无法描述。

白居易《太湖石记》总结道:"三山五岳,百洞千壑,觊缕簇缩,尽在其中。"就是三山五岳、百洞千壑,弯弯曲曲,丛聚集缩,尽在其中。自然界的百仞高山,一块小石就可以代表。南朝僧人惠标曾咏石云:"中原一孤石,地理不知年。根含彭泽浪,顶入香炉烟。崖成二鸟翼,峰作一芙莲。何时发东武,今来镇蠡川。"②太湖石是大自然的缩影! 大和元年(827年),白居易颂《太湖石》:"烟翠三秋色,波涛万古痕。削成青玉片,截断碧云根。风气通岩穴,苔文护洞门。三峰具体小,应是华山孙。"大和三年(829年)再咏《太湖石》:"远望老嵯峨,近观怪欹崟。才高八九尺,势若千万寻。嵌空华阳洞,重叠匡山岑",太湖石上留有波涛万古痕,体量虽小,也堪称华山孙,而莓苔古色写苍古,钱起有诗曰:"唯怜石苔色,不染世人踪。"

太湖石嵌空的洞穴,如怪石嶙峋的华阳山上万状千奇的洞穴,又似重叠嵯峨庐山峰峦! 宋范成大在《吴郡志》中写道:"(太湖石)以生水中者为贵。石在水中,岁久

① 白居易:《太湖石记》,见朱金城《白居易集笺校》,上海古籍出版社,1988,第3937页。
② 逯钦立辑校:《先秦魏晋南北朝诗》,中华书局,1983,第2622页。

为波涛所冲击,皆成嵌空。石面鳞鳞作魇,名曰弹窝,亦水痕也。"①

爱石、赏石,但不占有。白居易认为:"石无文无声,以甲乙丙丁品之,其数四等,罗浮、天竺之徒次焉。"可供玩赏的石头品类中,太湖石是甲等,罗浮石、天竺石之类的石头都次于太湖石。他在长庆二年(822年)七月被任命为杭州刺史,宝历元年(825年)三月又出任了苏州刺史。刺史在安史之乱后是省级以下州郡的军事行政长官。嗜石的他完全可以获得奇石产地的名石,但是,居官清廉的白居易,在杭州"三年为刺史,饮冰复食蘗。唯向天竺山,取得两片石。此抵有千金,无乃伤清白"②,离任时带走了属于次于太湖石的两片"天竺山",犹怕因此伤了清名!

他所得的有限之石皆一一有清楚的来历,据《池上篇并序》,乐天罢杭州刺史时,得天竺石一、罢苏州刺史时,得太湖石四,还有"弘农杨贞一与青石三,方长平滑,可以坐卧"③。

白居易的石头有作为实用的,如方长平滑的三块青石,便于他在池边坐卧观赏园景,"白石卧可枕,青萝行可攀"④;还可当支琴石:"疑因星陨空中落,叹被泥埋涧底沈。天上定应胜地上,支机未必及支琴。提携拂拭知恩否,虽不能言合有心。"⑤

其他石大多环池配置,作为立而观之的景石:履道里园池西近西墙岸边,还有用嵩山石叠置的池岸;池中胜处"太湖四石青岑岑"⑥;池边观倒影:"澄澜方丈若万顷,倒影咫尺如千寻";⑦伊渠水中,置石激流,潺湲成韵:"嵌嵚嵩石峭,皎洁伊流清;立为远峰势,激作寒玉声"⑧。

"看山倚高石,引水穿深竹。虽有潺湲声,至今听未足"(《六十六》)。

石与花木相伴,构成刚柔相济、阴阳结合的画面:"石倚风前树,莲栽月下池"(《莲石》);"上有青青竹,竹间多白石。"(《北亭》)。

石与建筑物相伴,特别是窗前置石,与主人朝夕相处,还能构成美丽的立体画轴,白居易特别喜欢在窗前置石,而且最爱竹石窗。他在《北窗竹石》中写道:"一片瑟瑟石,数竿青青竹;向我如有情,依然看不足。"北窗外竹石成景,开李渔"尺幅窗"的先声(图3-2)。

白居易爱水,《池上竹下作》:"水能性淡为吾友",官舍内也要有池,《官舍内新

---

① 范成大:《吴郡志》卷二九,江苏古籍出版社,1999,第422页。

② 白居易:《三年为刺史》之二,见朱金城《白居易集笺校》,上海古籍出版社,1988,第447页。

③ 白居易:《池上篇并序》,见朱金城《白居易集笺校》,上海古籍出版社,1988,第3705页。

④ 白居易:《秋山》,见朱金城《白居易集笺校》,上海古籍出版社,1988,第298页。

⑤ 白居易:《问支琴石》,见朱金城《白居易集笺校》,上海古籍出版社,1988,第3110页。

⑥ 白居易:《池上作西溪、南潭,皆池中胜处也》,见朱金城《白居易集笺校》,上海古籍出版社,1988,第2075页。

⑦ 白居易:《池上作》,见朱金城《白居易集笺校》,上海古籍出版社,1988,第2075页。

⑧ 白居易:《亭西桥下,伊渠水中,置石激流,潺湲成韵,颇有幽趣,以诗记之》,见朱金城《白居易集笺校》,上海古籍出版社,1988,第2482页。

中国园林美学思想史——隋唐五代两宋辽金元卷

凿小池》①:"帘下开小池,盈盈水方积。中底铺白沙,四隅甃青石。勿言不深广,但取幽人适……岂无大江水,波浪连天白?未如床席前,方丈深盈尺。清浅可狎弄,昏烦聊漱涤。最爱晓暝时,一片秋天碧。"

"平生见流水,见此转留连……与君三伏月,满耳作潺湲。深处碧磷磷,浅处清溅溅。碕岸束呜咽,沙汀散沦涟。翻浪雪不尽,澄波空共鲜。两岸滟预口,一泊潇湘天……巴峡声心里,松

图 3-2　竹石尺幅窗

江色眼前。"②见到水、水滩,白居易总能联想到滟预口和潇湘天,仿佛听到巴峡声、松江色,是大江水的写意化。

水被称为"园林命脉",白居易《草堂前新开一池,养鱼种荷,日有幽趣》:"淙淙三峡水,浩浩万顷陂。未如新塘上,微风动涟漪。小萍加泛泛,初蒲正离离。红鲤二三寸,白莲八九枝。绕水欲成径,护堤方插篱。已被山中客,呼作白家池。"

《草堂记》:"堂东有瀑布,水悬三尺,泻阶隅,落石渠,昏晓如练色,夜中如环佩琴筑声……堂西依北崖右趾,以剖竹架空。引崖上泉,脉分线悬,自檐注砌,垒垒贯珠,霏微如雨露,滴滴飘洒,随风远去。"

在洛阳履道坊园池,宅园十七亩,"水五之一",并作滩、引渠、砌堰,《小阁闲作》:"阁下水潺潺",《池上篇》:"十亩之宅,五亩之园;有水一池,有竹千竿。勿谓土狭,勿谓地偏。足以容膝,足以息肩。"《池上竹下作》说:"穿篱绕舍碧逶迤,十亩闲居半是池。"大面积渺渺的水面形成平静、淡远的意境。引入园内的伊水,用白石砌成小滩,《新小滩》诗曰:"石浅沙平流水寒,水边斜插一渔竿;江南客见生乡思,道似严陵七里滩。"仿佛到了富春山下东汉严子陵垂钓的"严子滩",《池上泛舟,遇景成咏,赠吕处士》说:"岸浅桥平池石宽,飘然轻棹泛澄澜。"

《池上作西溪、南潭,皆池中胜处也》:"西溪风生竹森森,南潭萍开水沉沉。丛翠万竿湘岸色,空碧一泊松江心。"

四、园林半乔木　窗前故栽竹

白居易《题王家庄临水柳亭》:"弱柳缘堤种,虚亭压水开",《履道西门二首》又说:"履道西门有弊居,池塘竹树绕吾庐。"有"园"必有"林",林木花卉是园林重要的

①　白居易:《官舍内新凿小池》,见朱金城《白居易集笺校》,上海古籍出版社,1988,第 367 页。
②　白居易:《题牛相公归仁里宅新成小滩》,见朱金城《白居易集笺校》,上海古籍出版社,1988,第2463 页。

物质构成元素。

白居易《会昌二年春题池西小楼》曰，"园林一半成乔木"，在《六十六》诗中也说："童稚尽成人，园林半乔木。"白居易居游的园林，植物都是主角。他的《孟夏思渭上旧居寄舍弟》渭上旧居，"手种榆柳成，荫荫复墙屋"，"榆柳百余树，茅茨数十间，寒负檐下日，热濯涧底泉"[①]，《重到渭上旧居》又"插柳作高林，种桃成老树"。

重庆忠州所称的"东坡园"，俨然一座巨大的公共植物园。那是白居易由"只领俸禄，不授实权"的江州司马到忠州（今四川忠县）任刺史时所为。酷爱园林、酷爱植物花卉的白居易，来到"巴俗不爱花，竟春无人来"[②]的忠州地区，毅然决定移此风俗，"忠州且作三年计，种杏栽桃拟待花"[③]，于是"持钱买花树，城东坡上栽。但购有花者，不限桃杏梅。百果参杂种，千枝次第开"[④]，他青衣草履，荷锄持斧，《东溪种柳》："乘春持斧斫，裁截而树之。长短既不一，高下随所宜。倚岸埋大干，临流插小枝。"还《种荔枝》："十年结子知谁在，自向庭中种荔枝"，待到"绿荫斜景转，芳气微风度。新叶鸟下来，萎花蝶飞去"[⑤]，他"闲携斑手杖，徐曳黄麻屦"[⑥]，享受着欣欣向荣的美色。尽管他盼望着重返京城，待要真的离别忠州时，白居易却因"二年留滞在江城，草树禽鱼皆有情"[⑦]，恋恋不舍，"何处殷勤重回首，东坡桃李种新成"[⑧]。还写下《别种东坡花树》《别桥上竹》等诗篇，表达他依依惜别的心情。

白居易也很欣赏水岸边的芳茵草坪，在《答尉迟少监水阁重宴》诗说"草岸斜铺翡翠茵"，在《钱塘湖春行》，"乱花渐欲迷人眼，浅草才能没马蹄"。

白居易继承了植物比德的传统，他歌松柏之"亭亭"；恶紫藤之"蛇曲"；羡桐花之"叶碧"；卑枣子之"凡鄙"；重白牡丹之"皓质"；赞竹、莲、桂之"贞劲秀异"，"闲园多芳草，春夏香靡靡……院门闭松竹，夜径穿兰芷"[⑨]。尤其爱竹，他在《池上竹下作》说："水能性淡为吾友，竹解心虚即我师。"他写《养竹记》曰：

> 竹似贤，何哉？竹本固，固以树德；君子见其本，则思善建不拔者。竹性直，直以立身；君子见其性，则思中产不倚者。竹心空，空以体道，君子见其心，则思应用虚受者。竹节贞，贞以立志；君子见其节，则思砥砺名行，夷险一致者。夫如是，故君子人多树之为庭实焉？……于是日出有清阴，风来有清声，依依然，欣欣然，若有情于感遇也。嗟乎！竹，植物也，于人何有哉？以其有似于贤，而人爱惜之，封植之，

---

① 白居易：《效陶潜体诗十六首》，见朱金城《白居易集笺校》，上海古籍出版社，1988，第 303 页。
② 白居易：《东坡种花二首》，见朱金城《白居易集笺校》，上海古籍出版社，1988，第 599 页。
③ 白居易：《种桃杏》，见朱金城《白居易集笺校》，上海古籍出版社，1988，第 1162 页。
④ 白居易：《东坡种花二首》，见朱金城《白居易集笺校》，上海古籍出版社，1988，第 559 页。
⑤ 白居易：《步东坡》，见朱金城《白居易集笺校》，上海古籍出版社，1988，第 607 页。
⑥ 白居易：《步东坡》，见朱金城《白居易集笺校》，上海古籍出版社，1988，第 607 页。
⑦ 白居易：《别种东坡花树两绝》其一，见朱金城《白居易集笺校》，上海古籍出版社，1988，第 1205 页。
⑧ 白居易：《别种东坡花树两绝》其一，见朱金城《白居易集笺校》，上海古籍出版社，1988，第 1205 页。
⑨ 白居易：《郡中西园》，见朱金城《白居易集笺校》，上海古籍出版社，1988，第 1402 页。

况其真贤者乎？然则竹之于草木,犹贤之于众庶。

白居易和晋王子猷一样,"不可一日无此君",居必有竹:忠州任归长安,卜居在新昌,喜欢《竹窗》,"未暇作厩库,且先营一堂。开窗不糊纸,种竹不依行。意取北檐下,窗与竹相当";"篱东花掩映,窗北竹婵娟。"[1]洛阳履道里宅园,有竹千竿,"履道西门有弊居,池塘竹树绕吾庐。"[2]"窗前故栽竹,与君为主人。"(《招王质夫》)长庆二年(822年),白居易自长安至杭州任刺史途中,还在怀念新昌里宅的竹窗,写《思竹窗》:"不忆西省松,不忆南宫菊。唯忆新昌堂,萧萧北窗竹。窗间枕簟在,来后何人宿?"

五、识分知足　外无求焉

《旧唐书·白居易传》:

居易儒学之外,尤通释典,常以忘怀处顺为事,都不以迁谪介意……居易初对策高第,擢入翰林,蒙英主特达顾遇,颇欲奋厉效报,苟致身于讦谟之地,则兼济生灵,蓄意未果,望风为当路者所挤,流徙江湖。四五年间,几沦蛮瘴。自是宦情衰落,无意于出处,唯以逍遥自得,吟咏情性为事……

早期追求的儒家"兼济天下"理想屡屡受挫后,于是"独善其身",晚期以佛家"洁身自好",中唐以后禅宗尤其是南禅遍布士林,由于南禅强调的是"直指人心,见性成佛"的顿悟教,文人不必去深山老林"悟道",南禅直接催化出了白居易的"不如作中隐,隐在留司官"[3]的理论。

"会昌中,请罢太子少傅,以刑部尚书致仕。与香山僧如满结香火社,每肩舆往来,白衣鸠杖,自称香山居士。"他写《菩提寺上方晚眺》曰:"楼阁高低树浅深,山光水色暝沉沉。嵩烟半卷青绡幕,伊浪平铺绿衣衾。飞鸟灭时宜极目,远风来时好开襟。谁知不离簪缨内,长得逍遥自在心。"

白居易仰慕崔子玉的《座右铭》,写《续座右铭》,其中说:"勿慕贵与富,勿忧贱与贫。自问道何如,贵贱安足云。闻毁勿戚戚,闻誉勿欣欣。自顾行何如,毁誉安足论。"不羡慕尊贵与富有,不忧虑微贱与贫穷。应该问自己道德和修养怎么样,身份的尊贵或贫贱是不值得说的。听到诋毁的话不必过分忧伤,听到赞誉的话不必过分高兴。应该检点自己的行为怎么样,别人对自己的诋毁或者赞誉不值得理会。

园林是他践行"中隐"理论的载体。白居易早在任校书郎时,就感到"帝都名利场,鸡鸣无安居",满足于"窗前有竹玩,门外有酒沽。何以待君子,数竿对一壶"[4]。

① 白居易:《新昌新居四十韵》,见朱金城《白居易集笺校》,上海古籍出版社,1988,第1269页。
② 白居易:《履道西门二首》,见朱金城《白居易集笺校》,上海古籍出版社,1988,第2511页。
③ 白居易:《中隐》,见朱金城《白居易集笺校》,上海古籍出版社,1988,第1493页。
④ 白居易:《常乐里闲居偶题十六韵》,见朱金城《白居易集笺校》,上海古籍出版社,1988,第265-266页。

元和二年(807年)36岁的白居易当盩厔尉,在《官舍小亭闲望》:"亭上独吟罢,眼前无事时。数峰太白雪,一卷陶潜诗。人心各自是,我是良在兹。回谢争名客,甘从君所嗤。"①"一朝归渭上,泛如不系舟,置心世事外,无喜亦无忧。"②"直道速我尤,诡遇非吾志。胸中十年内,消尽浩然气!"③

作于812~814年间的《咏拙》诗中,白居易觉得:"我性拙且蠢,我命薄且屯……亦曾举两足,学人踏红尘。从兹知性拙,不解转如轮。亦曾奋六翮,高飞到青云。从兹知命薄,摧落不逡巡……以此自安分,虽穷每欣欣……静读古人书,闲钓清渭滨。优哉复游哉,聊以终吾身。"《旧唐书·白居易传》:

> 太和(827—836年)已后,李宗闵、李德裕朋党事起,是非排陷,朝升暮黜,天子亦无如之何。杨颖士、杨虞卿与宗闵善,居易妻,颖士从父妹也。居易愈不自安,惧以党人见斥,乃求致身散地,冀于远害。凡所居官,未尝终秩,率以病免,固求分务,识者多之。

超然于党争之外,白居易《不如来饮酒》诗这样说:"相争两蜗角,所得一牛毛!""蜗牛角上争何事,石火光中寄此身。"④他在《西楼独立》:"但休争要路,时时醉立小楼中。"在《家园江色》中说:"舟船如野渡,闲行一步一随身。"诚如叶梦得在《避暑录话》说:"白乐天与杨虞卿为姻家,而不累于虞卿;与元稹、牛僧儒相厚善,而不党于元稹、僧儒;为裴晋公所爱重,而不因晋公以进;李文饶素不乐,而不为文饶所深害。处世者如是人,亦足矣。推其所由得,惟不汲汲于进,而志在于退,是以能安于去就爱憎之际,每裕然有余也……雍容无事,顺适其意而满足其欲者十有六年。"

知足保和的心境,越到晚年表现得越突出,他《尝黄醅新酎忆微之》曰:"世间好物黄醅酒,天下闲人白侍郎。"在《效陶潜体十六首》言:"便得心中适,尽忘身外事。更复强一杯,陶然遗万累!"而园林正是他践行"中隐"理论的载体。他是以林泉风月为家资:

白居易在庐山《草堂记》中很潇洒地描述:"堂中设木榻四,素屏二,漆琴一张,儒、道、佛书各三两卷……乐天既来为主,仰观山,俯听泉,旁睨竹树云石,自辰及酉,应接不暇。"从上午七时到九时,下午五时到七时,白居易都陶醉在大自然的美色中。"俄而物诱气随,外适内和。一宿体宁,再宿心恬,三宿后,颓然嗒然,不知其然而然,因陶醉而忘乎所以了。他在《池上篇》中曰:

> 有堂有庭,有桥有船。有书有酒,有歌有弦。有叟在中,白须飘然。识分知足,外无求焉。如鸟择木,姑务巢安。如龟居坎,不知海宽。灵鹤怪石,紫菱白莲。皆吾所好,尽在吾前。时饮一杯,或吟一篇。妻孥熙熙,鸡犬闲闲。优哉游哉,吾将终老

---

① 白居易:《官舍小亭闲望》,见朱金城《白居易集笺校》,上海古籍出版社,1988,第279页。

② 白居易:《适意二首》,见朱金城《白居易集笺校》,上海古籍出版社,1988,第318-279页。

③ 白居易:《适意二首》其二,见朱金城《白居易集笺校》,上海古籍出版社,1988,第318页。

④ 白居易:《对酒五首》其二,见朱金城《白居易集笺校》,上海古籍出版社,1988,第1841页。

乎其间。

《旧唐书·白居易传》：

太和三年夏，乐天始得请为太子宾客，分秩于洛下，息躬于池上。

凡三任所得，四人所与，泊吾不才身，今率为池中物。每至池风春，池月秋，水香莲开之旦，露清鹤唳之夕，拂杨石，举陈酒，援崔琴，弹《秋思》，颓然自适，不知其他。酒酣琴罢，又命乐童登中岛亭，合奏《霓裳散序》，声随风飘，或凝或散，悠扬于竹烟波月之际者久之。曲未竟，而乐天陶然石上矣。

华亭鹤、白莲、紫菱和翠竹，是白居易钟爱之物。《洛下卜居》诗说，华亭鹤"饮啄供稻粱，包裹用茵席……远从徐杭郭，同到洛阳陌。下担拂云根，开笼展霜翮。贞姿不可杂，高性宜其适……未请中庶禄，且脱双骖易。岂独为身谋，安吾鹤与石"。鹤的贞姿和高性，白莲和建筑构件的原木色，那么纯洁和本色，一如白居易淡泊无垢的心境。

庐山草堂有三物：素屏、隐几、藤杖，白居易从中也看到了自我，分别写"三谣"以陈情：

《蟠木谣》云："尔既不材，吾亦不材，胡为乎人间裴回？蟠木蟠木，吾与汝归草堂去来。"《素屏谣》说："物各有所宜，用各有所施。尔今木为骨兮纸为面，舍吾草堂欲何之？"《朱藤杖》云："朱藤朱藤，吾虽青云之上、黄泥之下，誓不弃尔于斯须。"三件所谓无用之物，白居易在他们的无用之中看到了自身。

第二节　亭台记游中的园林美学思想

中晚唐五代时期，诚如权德舆所说："人生而静，性之适也。若乃庙堂之贵，轩冕之盛，君子所以劳心济物，屈己存教。功成事遂，复归于静。用能周旋于道，常久而不已者也。有唐再造，俗厚政和。人多暇豫，物亦茂遂。名园胜概，隐辚相望。"[①]同时出现了众多的园林亭台记及山水记游作品，文人在亭台山水这些园林物质构成元素中寄寓了丰富的美学思想。

唐末五代时袁州人杨夔在《题望春亭诗序》中说："夫楼阁亭榭之建，其名既殊，其制亦异。至于瞰江流，跨岭脊，延亲宾，合歌乐，晴朝月夕，肆坐放怀，盖其致一也。"[②]建楼阁亭榭固然可以放怀山水，以涤胸洗襟，然中晚唐五代时期，士人面对种种纷乱的世事，揽景抒怀，总有"夕阳无限好，只是近黄昏"的感伤。

力倡文学要"极帝王理乱之道，系古人规讽之流"的元结，以及以儒家正统自居

---

① 徐铉：《毗陵郡公南原亭馆记》，见《全唐文》卷八百八十三。
② 杨夔：《题望春亭诗序》，见《全唐文》卷八六六。

的韩愈,他们笔下的台阁峰溪似乎都染有"仁德";永贞革新失败被贬永州的柳宗元,笔下的"山水",无不寄托遥深,悲慨郁结。

总之,中晚唐众多亭台游记之作,创造出具有诗情画意的山水画面,但由于以景寓情,大多构成凄清的意境。

一、轻钟鼎之贵　徇山林之心

权德舆于贞元、元和间执掌文柄,时人奉为宗匠。刘禹锡、柳宗元等皆投其文门下,求其品题。性直谅宽恕,蕴藉风流,好学不倦。

权德舆为浙江吴兴县许氏的溪亭,赞"亭制约而雅,溪流安以清"。关于亭台的奢俭和选址提出了自己的观点:

"夸目心者,或大其闳,文其节棁,俭士耻之;绝世离俗者,或梯构岩,绝结萝薜,世教鄙之。曷若此亭,与人寰不相远,而胜境自至。"

高门豪奢、炫人眼目、雕梁画栋,纹饰太过者,倡导俭朴者以为羞耻;而绝世离俗者或躲进深山,在山中岩石之间设置阶梯、绝结萝薜,也会遭到当世恪守正统礼教的人士的鄙弃。传统意义上的凿岩穴居、餐霞饮露的"形隐",已越来越朝着注重心性主体精神化修炼的"心隐"方向发展。只要能把握隐逸的精神实质而涵养自己的隐逸品格,不必高卧林泉、脱离尘世即可获得隐逸的乐趣。与隐逸的精神化倾向相适应,隐逸形态也就有了小隐、中隐、大隐之别。

因此作者激赏此亭"与人寰不相远,而胜境自至",和陶渊明的"结庐在人境,心远地自偏"异曲同工。

环境清幽,青苍在目,流水潺潺,鸥鸟飞翔,鱼翔浅底,还时时有归云飞来覆盖在茅亭上。更重要的是主人的闲暇心态,"许氏方岸冠,支邛竹,目送溪鸟,口吟《招隐》,则神机自王,利欲自薄,百骸六藏之内累,无自而入焉"!许氏头戴隐士帽,身穿隐士服,手持竹杖,口吟晋人左思的《招隐》诗,"方其引满陶然,心与境冥,则是非得丧,相与奔北之不暇,又何可滑于胸中"①又怎么可能扰乱他(许氏)的心胸呢!突出了水的精神性因素,淡化了物质功能因素。

杨夔《小池记》言自己卜居于前溪,"构草堂竹斋,植修篁。竹斋之前,有地周三十步,因命僮执锸穴为池焉,逗前溪余派以涨之。流或时涸,则汲井以满。环池树菊及诸菜果,可以左右俎机者。暇则散襟曳筇,修吟自怡。或从风微澜,或因雨暗溢,则江湖之思满目矣"!聊以寄托江湖之思,且"宏农子性洁,不喜淆杂,故一卉一木,爽静在眼前。池之上,未尝许片叶寸梗,顷刻浮泛",虽然池沼极小,在旁人看来:"广不袤丈,深不逾雉,竭其水不足以泽生物,穷其深不足以安龟鳖;无蒲藻以潜其鱼,无波澜以方其舟;孜孜,虚耗僮力。"但作者回答:"吾所以独洁此沼,亦以镜其

---

① 权德舆:《许氏吴兴溪亭记》,《全唐文》卷四九四。

心也!"①使我(高洁)品性因此而始终不渝,并非要蓄水豢养各种水族动物以便舟船往来炫耀!

徐铉所记的乔公亭,亦复如此:

五代同安城北双溪禅院的方外之士,在昔日乔公之旧居之上,"爰构经行之室,回廊重宇,耽若深严,水濑最胜,犹鞠茂草","不奢不陋,既幽既闲。凭轩俯盼,尽濠梁之乐;开牖长瞩,忘汉阴之机。川原之景象咸归,卉木之光华一变。每冠盖萃止,壶觞毕陈,吟啸发其和,琴棋助其适。郡人瞻望,飘若神仙"②。

晋陵郡丞河南尉迟绪在大历四年夏,"以俸钱构草堂于郡城之南,求其志也",草堂"材不斫,全其朴;墙不雕,分其素。然而规制宏敞,清泠含风,可以却暑而生白矣。后有小山曲池,窈窕幽径,枕倚于高墉;前有芳树珍卉,婵娟修竹,隔阂于中屏。由外而入,宛若壶中;由内而出,始若人间,其幽邃有如此者",尉迟绪有雄辞奥学,阶上有群书万卷,阶下有有空林一瓢。非道统名儒,不登此堂;非素琴香茗,不入兹室。穷幽极览,忘形放怀。③

旧相毗陵公别馆,"其地却据峻岭,俯瞰长江。北弥临沧之观,南接新林之戍。足以穷幽极览,忘形放怀。于是建高望之亭,肆游目之观,睨飞鸟于云外,认归帆于天末……辟精庐于中岭;倚层崖而筑室,就积石以为阶。土事不文,木工不斫。虚牖夕映,密户冬燠,素屏麈尾,棐几藜床,谈元之侣,此焉游息"。

崇尚的是自然质朴,房舍随形而筑,用原木的自然色,家具也是一任自然,与友人谈玄论道。有清澈的"方塘","虚楹显敞,清风爽气袭其间;埼岸萦回,红药翠藻其涘。至于芳草嘉禾,修竹茂林,纷敷翳蔚,不可殚记"!更为惬意的是,"每良辰美景,欣然命驾。群从子弟,结驷相追。角巾藜杖,优游笑咏,观之者不知其为公相也"!与在朝为官时的出入不自由比,好似天壤之别!所以,"轻钟鼎之贵,徇山林之心","道风素范,岂不美欤"④!

虽然"佳景有大小,道机有广狭",但以"寓目放神,为性情筌蹄"、"以俭为饰,以静为师"的审美理想是一致的。不必隐居到名山大川,不出户庭也能悠闲自得。前尚书右司郎中卢公,"因数仞之丘,伐竹为亭,其高出于林表,可用远望。工不过凿户牖,费不过剪茅茨。以俭为饰,以静为师","亭前有香草怪石,杉松罗生。密筱翠筼,腊月碧鲜。风动雨下,声比箫籁。亭外有山围溢城,峰名香炉。归云轮囷,片片可数。天香天鼓,若在耳鼻",得地利之宜,远观近揽,皆为赏心悦目之景色,主人在此,"恬智相养"、"心和于内,事物应于外"⑤,得以尽享天赐之美!

梵阁寺常准上人精院,一反所谓"峰峦不峭,无以为泰华;院宇不严丽,无以为

---

① 杨夔:《小池记》,《全唐文》卷八六七。
② 徐铉:《乔公亭记》,《全唐文》卷八八二。
③ 李翰:《尉迟长史草堂记》,《全唐文》卷四百三十。
④ 徐铉:《毗陵郡公南原亭馆记》,《全唐文》卷八八三。
⑤ 独孤及:《卢郎中浔阳竹亭记》,《全唐文》卷三八九。

梵阁"的侈而夸之见,"非天云而高,非川泽而深,非江海而远,非山林而静。满庭多修竹古树,乔柯密叶,扶疏胶。其下向有茅斋洞,启晨朝日出,光照屋栋,一闻钟磬,焚香扫地,其心泠然也;亭午无人,经行林中,凡鸟不来,时闻天风,其形飘然也;沉沉子夜,清宵琼绝,唯余皓月,铺轩洞牖,其气凝然也"。主人在此,"栖处偃仰,动淹星岁"[1]。

二、惬心自适　与世忘情

永州地处湘南,自然山水奇险、秀美,环境幽僻,让人忘怀得失。元结出任道州刺史而来到永州,招抚流亡的百姓,赈济灾民,修屋营舍,安顿贫弱。"清廉以身率下",将儒家的仁政之道投射到永州奇异的山水意象之中,其游记儒家思想颇浓。

如在《七泉铭并序》中他直接将"泉"名之为"惠"、"忠"、"孝"、"直"、"方"这五泉,取儒家礼仪之道为泉命名,然后"铭之泉上,欲来者饮漱其流,而有所感发者矣"!在《五如石铭并序》中,元结将那些"左右前后及登石巅均有如似"之怪石称为"五如石",以与"七泉"并称,可谓用心良苦矣!

道州城西小溪,"清流触石,洄悬激注;佳木异竹,垂阴相荫","水抵两岸,悉皆怪石,欹嵌盘曲,不可名状",如此秀美佳境却"无人赏爱","乃疏凿芜秽,俾为亭宇;植松与桂,兼之香草,以裨形胜"[2],象征高洁的松桂和香草,这表现出元结对美的追求,更反映了他淡泊名利、爱好天然的性格,遂名之为"右溪"!秀绝的溪水正是元结怀才不遇的人格写照。"次山放恣山水,实开子厚先声,文字幽眇芳洁,亦能自成境趣"[3]。

元结亦不避谈独善其身、隐居自养之意。在《浯溪铭》中曰:"爱其胜境,遂家溪畔。溪,世无名称者也。为自爱之故命曰浯溪……吾欲求退,将老兹地。"在《台铭》中也说道:"古人有畜愤闷与病于世俗者,力不能筑高台以瞻眺,则必山巅海畔,伸颈歌吟以自畅达,今取兹石,将为台。"并说:"谁厌朝市,羁牵局促,借君此台,一纵心目。"并在《庼铭》中畅言:"林野之客,所耽水石……惬心自适,与世忘情。"在《阳华阳铭》也公开宣称:"九疑万峰,不如阳华。阳华崭,其下可家。洞开为岩,岩当阳端。岩高气清,洞深泉寒……沟塍松竹,辉映水石,尤宜逸民,亦宜退士。吾欲投节,穷老于此。"

元结在为自己获得安命栖身之所而欣慰的同时,也为他人有宁静、幽僻的栖身之所高兴。他称赞去官家于崖下的"丹崖翁"是"湘中得道之逸者",并称"吾欲与翁,东西茅宇,饮啄终老,翁亦悦许。世俗常事,阻人心情"[4]!

① 符载:《梵阁寺常准上人精院记》,《全唐文》卷六八九。
② 元结:《右溪记》,见《全唐文》卷三百八十。
③ 高步瀛:《唐宋文举要》甲编卷一引清吴先生的话。
④ 元结:《丹崖翁宅铭并序》,见《全唐文》卷三百八十二。

三、蠲浊流清　与万化冥合

"自幼好佛"的柳宗元因朝中权力集团的倾轧而从礼部员外郎贬官邵州刺史，再贬永州司马，与佛门弟子朝夕相处，谈佛论禅，逐渐萌生"志乎物外"，"不爱官，不争能，乐山水而嗜闲安"的思想，表现在山水游记中主要为空寂与幽冷的情怀。

永贞元年(805年)九月，柳宗元贬谪永州，写下了著名的《永州八记》，即《始得西山宴游记》、《钴鉧潭记》、《钴鉧潭西小丘记》、《小石潭记》、《袁家渴记》、《石渠记》、《石涧记》、《小石城山记》，大抵皆"借石之瑰玮，以吐胸中之气"[1]。既为自胜之道，同时也在永州奇山异水的幽僻秀美中熏陶着自己情操。

正如罗丹所言："生活中不是缺少美，而是缺少发现美的眼睛。"在柳宗元的眼里，《钴鉧潭记》中"小丘"奇特怪异，真美："其石之突怒偃蹇，负土而出，争为奇状者，殆不可数。其然相累而下者，若牛马之饮于溪；其冲然角列而上者，若熊罴之登于山"，然境遇却是"唐氏之弃地，货而不售"、"农夫渔父过而陋之，贾四百，连岁不能售"，无人赏爱！乃"更取器用，铲刈秽草，伐去恶木，烈火而焚之。嘉木立，美竹露，奇石显。由其中以望，则山之高，云之浮，溪之流，鸟兽之遨游，举熙熙然回巧献技，以效兹丘之下。枕席而卧，则清冷之状与目谋，瀯瀯之声与耳谋，悠然而虚者与神谋，渊然而静者与心谋"！柳宗元按自己的审美观去发现美、创造美，获得了美的熏陶，心灵得到抚慰。

《始得西山宴游记》中，西山之高，"凡数州之土壤，皆在衽席之下"，"是山之特立，不与培塿为类"！西山顶上更有"尺寸千里"、"萦青缭白，外与天际"的宏大境界，使柳宗元感受到了自然界的"悠悠乎与灏气俱而莫得其涯，洋洋乎与造物者游而不知其所穷"的气势，于是，"引觞满酌，颓然就醉"，"苍然暮色，自远而至，至无所见，而犹不欲归。心凝形释，与万化冥合"！

"坐潭上，四面竹树环合，寂寥无人，凄神寒骨，悄怆幽邃"[2]；在袁家渴，"每风自四山而下，振动大木，掩苒众草，纷红骇绿，蓊香气；冲涛旋濑，退贮溪谷；摇飏葳蕤，与时推移"（《袁家渴记》）；石渠"侧皆诡石、怪木、奇卉、美箭，可列坐而庥焉。风摇其巅，韵动崖谷。视之既静，其听始远"（《石渠记》）……。

无处不奇，无处不美，柳宗元忘情于山水，山水使他情感、精神系统中获得了能量的均衡，造成心理能的转移，淡忘化解了痛苦。

永州愚溪，原名"冉溪"、"染溪"，柳宗元却因"余以愚触罪，谪潇水上。爱是溪，入二三里，得其尤绝者，家焉。古有愚公谷，今予家是溪，而名莫定，土之居者犹龂龂然，不可以不更也，故更之为愚溪"（《愚溪诗序》），"愚溪之上，买小丘为愚丘。自愚丘东北行六十步，得泉焉，又买居之为愚泉……合流屈曲而南，为愚沟。遂负土

---

① 茅坤辑:《唐宋八大家文钞·唐大家柳柳州文钞》。
② 柳宗元:《至小丘西小石潭记》，见《柳宗元集》卷二十九。

累石，塞其隘为愚池。愚池之东为愚堂。其南为愚亭。池之中为愚岛"，如是，则凡溪、丘、泉、沟、池、堂、亭、岛八者咸以愚辱焉，作《八愚诗》，纪于溪石上"①，溪、丘、泉、沟、池、堂、亭、岛皆美，因柳宗元"以愚触罪"，统统强被"愚"名，以排遣郁积于胸中的愤懑！溪、丘、泉、沟、池、堂、亭、岛仿统统成了作者耿介性格的象征。

四、美不自美　因人而彰

815年，柳宗元之兄柳宽任职邕州，在马退山（又称四厦岭）上构建了一座颇为精巧的茅亭："因高丘之阻以面势，无楹栌节棁之华。不斫椽，不翦茨，不列墙，以白云为藩篱，碧山为屏风，昭其俭也。"②马退山风景秀丽，"是山崒然起于莽苍之中，驰奔云矗，亘数十百里，尾蟠荒陬，首注大溪，诸山来朝，势若星拱，苍翠诡状，绮绾绣错。"柳宽作亭于此，"每风止雨收，烟霞澄鲜，辄角巾鹿裘，率昆弟友生冠者五六人，步山椒而登焉。于是手挥丝桐，目送还云，西山爽气，在我襟袖，以极万类，揽不盈掌。"由于马退山茅亭"僻介闽岭，佳境罕到，不书所作，使盛迹郁湮，是贻林间之愧。故志之"。因为"夫美不自美，因人而彰。兰亭也，不遭右军，则清湍修竹，芜没于空山矣"③。自然美因为人的欣赏而使其价值得到呈现，这是一个著名的美学论断。

马退山的美自古以来就存在，但由于该地"壤接荒服，俗参夷徼，周王之马迹不至，谢公之屐齿不及，岩径萧条，登探者以为叹"，无人知晓，被隐藏了，需要人来彰显才能显现出来，所以柳宗元写《邕州柳中丞作马退山茅草亭记》做宣传，不使盛迹郁湮；美是客观存在的，必须通过"美"的眼睛来发现；还有一层意思，是名人效应带来的人文精神，如兰亭之于王右军。

同时代的白居易也持相同的观点，他在《白苹洲五亭记》中也说："大凡地有胜境，得人而后发；人有心匠，得物而后开：境心相遇，固有时耶？盖是境也。"

北宋李格非在《洛阳名园记》中论司马光的"独乐园"："温公自为之序，诸亭、台诗，颇行于世，所以为人欣慕者，不在于园耳。"

扬州平山堂与欧阳修、杭州西湖与苏东坡、苏州沧浪亭与苏舜钦相仿佛，园与人之间的关系是，人成了园的精神内核，园成了人的外在符号。

后世人慕园，不在园之本身，而是园中的人，园中人的魅力，明陈继儒在《园史序》中道出其中原委："吾昔与王元美游弇州园，公执酒四顾，咏灵运诗云：'中有天地物，今为鄙夫有'。余戏问曰：'辋川何在？盖园不难，难于园主人；主人不难，难于此园中有四部稿耳'。"

明金幼孜在《辋川图记》中说："昔王右丞居辋川，其名胜至今不绝乎谈士之口……夫天地间山水之奥区无处无之，然大抵因人而重，王右丞为唐名人，其诗律

①　柳宗元：《愚溪诗序》，载《柳宗元集》卷二四。
②　柳宗元：《邕州柳中丞作马退山茅草亭记》，见《柳宗元集》卷二十七。
③　柳宗元：《邕州柳中丞作马退山茅草亭记》，见《柳宗元集》卷二十七。

冠绝当代，故其别业之在辋川，四时嬉游其间，形之歌咏，至于今为人所传诵，虽未造其地，亦皆引领想慕其胜，此无他，因其人而增重也。昔人所谓山若增而高，水若增而深，其此之谓欤。"

刘禹锡因参加过当时政治革新运动而得罪了当朝权贵，被贬至安徽和州县当一名小小的通判。半年之内，和州知县强迫刘禹锡搬了三次家，面积一次比一次小，最后仅是斗室，刘禹锡写了超凡脱俗、情趣高雅的《陋室铭》：

山不在高，有仙则名。水不在深，有龙则灵。斯是陋室，惟吾德馨。苔痕上阶绿，草色入帘青。谈笑有鸿儒，往来无白丁。可以调素琴，阅金经。无丝竹之乱耳，无案牍之劳形。南阳诸葛庐，西蜀子云亭。孔子云："何陋之有？"[1]

并请柳公权刻上石碑，立在门前。

居处虽然简陋，却因主人的有"德"而"馨"，也就是说陋室因为有道德品质高尚的人存在当然也能出名，声名远播，刻金石以记之。

第三节　将相池台美学思想

安史之乱后，虽然也有如著名的经济改革家和理财家刘晏这样清廉的官员，他历仕唐玄宗、肃宗、代宗、德宗四朝，两度登宰相之位，长期总领全国财赋，效率高，成绩大，被誉为"广军国之用，未尝有搜求苛敛于民"的著名理财家，能够"居取便安，不慕华屋。食取饱适，不务兼品。马取稳健，不择毛色"[2]。建中元年(780年)，因杨炎所陷被害，家中所抄财物唯书两车，米麦数石而已。

但总的如史书所载："天宝中，贵戚勋家，已务奢靡，而垣屋犹存制度。然卫公李靖家庙，已为婴臣杨氏马厩矣。及安、史大乱之后，法度隳弛，内臣戎帅，竞务奢豪，亭馆第舍，力穷乃止，时谓'木妖'。"[3]

一、门高占地宽　外方珍异多

"水木谁家宅，门高占地宽"，豪侈的贵族园林占地面积大。

平定安史之乱的大功臣郭子仪(697—781年)，权倾朝野"岁入官俸二十四万贯……其宅在亲仁里，居其里四分之一，中通永巷，家人三千，相出入者不知其居。前后赐良田美器，名园甲馆，声色珍玩，堆积羡溢，不可胜纪。代宗不名，呼为大臣"[4]。足见其气势恢弘，豪门广阔。住宅位于长安城的亲仁里，其面积之大，占据

---

①　刘禹锡：《刘禹锡集遗文补遗》，上海人民出版社，1975。
②　李肇：《唐国史补》，载《唐五代笔记小说大观本》，上海古籍出版社，2000，卷上。
③　刘昫：《旧唐书·马璘传》卷一五二，中华书局，1975。
④　刘昫：《旧唐书·郭子仪传》卷一二〇，中华书局，1975。

亲仁里的四分之一。其家人三千，为方便来往，中通永巷，各院间需乘车马，而家僮门客于大门出入，竟互不相识。梁锽诗曰："堂高凭上望，宅广乘车行。"

公子弘广常于亲仁里大启其弟，里巷负贩之人，上至公子簪缨之士，出入不问。或云：王夫人赵氏爱女，方妆梳对镜，往往公麾下将吏出镇去，及郎吏，皆被召，令汲水持帨，视之不异仆隶。他曰，子弟焦列启陈，公三不应。于是继之以泣曰："大人功业已成，而不自崇重，以贵以贱，皆游卧内，某等以为虽伊霍不当如此也。"公笑而谓曰："尔曹固非所料。且吾官马粟者五百匹，官饩者一千人，进无所往，退无所据，向使崇垣扃户，不通内外，一怨将起，构以不臣，其有贪功害能徒，成就其事，则九族齑粉，噬脐莫追。今荡荡无间，四门洞开，虽谤毁是兴，无所加也，吾是以尔。"①

郭子仪的儿子郭弘广在长安亲仁里启造府第，里巷中的小贩子或者士人们，也不受干扰。有人说，郭子仪的夫人王氏和他的爱女，正在对镜梳头时，往往就有出镇的将领来辞行；有时，也有属员来请示。郭子仪不但不要她们回避，而且还要她们亲自倒茶水或拿擦脸巾，视她们与普通人甚至仆人一样。过后，他的孩子们给他提意见，郭子仪再三不作答。于是，他们流着泪，说："大人功业已经成就，即使自己不拿架子，也不能以贵为贱。不管是什么人连卧室都可以出入，这怎么行？我们想，即便是伊尹、霍光那样的人，也不会这样做。"郭子仪笑着对他们说："你们都没想明白。咱们家吃官粮的马就有五百匹、吃官饭的上千人。现在进没地方走，退没地方守。假如筑起高墙，壁垒森严，内外不通，一旦有人诬告，说我有造反的心，再有贪功嫉贤的人加以佐证，咱们全家就会被搓成粉末。那时候，咬肚脐子后悔都来不及。现在咱们院落板荡荡，四门大开着，小人们即使怎样地向皇帝进谗，用什么来加罪于我？我们为的是这个啊。"他的孩子们都表示钦服。

权倾四海的宰相元载，"城中开南北二甲第，室宇宏丽，冠绝当时"②，所建的屋宅，竟占了长安城里的大宁、安仁两里，其规模之大，难以想象。

懿宗时，土地的买卖已使得"富者有连阡之田，贫者无立锥之地"③。但懿宗时相国韦宙，"善治生，江陵府东有别业，良田美产，最号膏腴，而积稻如坻，皆为滞穗"。咸通初，"江陵庄积谷尚有七千堆"，被懿宗谓之"足谷翁"④，购买土地数量十分惊人。

园池奢华无比，建筑用材喜欢用"外方珍异"。

据苏鹗《芸辉堂》载：元载末年，造"芸辉堂"于私第。芸辉，香草名也，出于阗国。其香洁白如玉，入土不朽烂，春之为屑，以涂其壁，故号芸辉焉。而更构沉檀为梁栋，饰金银为户牖，内设悬黎屏风，紫绡帐。其屏风本杨国忠之宝也，屏上刻前代美

①　《太平广记卷二三九》引唐胡琚《谭宾录》。
②　《旧唐书·元载传》一一八卷。
③　刘昫：《旧唐书·懿宗本纪上》卷十九，北京：中华书局，1975。
④　孙光宪：《北梦琐言》，见《唐五代笔记小说大观本》卷一，上海：上海古籍出版社，2000。

女伎乐之形,外以玟瑰水犀为押,又络以真珠瑟瑟。精巧之妙,殆非人工所及。紫绡帐得于南海溪洞之酋帅,即鲛绡之类也。轻疏而薄,如无所碍。虽属凝冬,而风不能入;盛夏则清凉自至。其色隐隐焉,忽不知其帐也,谓载卧内有紫气。而服玩之奢僭,拟于帝王之家。芸辉之前有池,悉以文石砌其岸,中有苹阳花,亦类白苹,其花红大如牡丹,不知自何而来也。更有碧芙蓉,香洁菡萏伟于常者。

李德裕(787—850 年),字文饶,唐赵郡(今河北赵县)人。唐代著名政治家。其父李吉甫宪宗时为宰相。少好学,有壮志,不喜科试,以门荫入仕。李德裕生活奢侈,"每食一杯羹,费钱约三万,杂宝贝、珠玉、雄黄、朱砂,煎汁为之。至三煎,即弃其滓于沟中"[①]。

《太平广记》卷四百五,宝六引唐康骈《剧谈录·李德裕》载:

在文宗武宗朝。方秉相权,咸势与恩泽无比。每好搜摄殊异,朝野归附者,多求宝玩献之。常因暇日休浣,邀同列宰辅及朝士晏语。时畏景燣曦,咸有郁蒸之苦。轩盖候门,已及亭午,缙绅名士,交扇不暇。时共思憩息于清凉之所。既延入小斋,不觉宽敞。四壁施设,皆有古书名画,而炎铄之患未已。及列坐开樽,烦暑都尽。良久,觉清飚凛冽,如涉高秋。备设酒肴,及昏而罢。出户则火云烈日,爅然焦灼。有好事者,求亲信察问之。云:此日以金盆贮水,浸白龙皮,置于坐末。龙皮有新罗僧得自海中,海旁居者,得自鱼尾,有老人见而识之,僧知李好奇,因以金帛赎之,又暖金带壁尘簪,皆希世之宝,及李南迁,悉于恶溪沉溺,使昆仑没取之云在鳄鱼穴中,竟不可得矣。

李德裕喜欢搜求奇珍异宝。不管是当朝的还是在野的,凡是给他送礼的,多半都是搜求宝玩献给他。他常常借着休假的日子,邀请同朝的宰辅及朝士宴聚。当时正是酷暑,烈日当头,晒得大地宛如蒸笼,一近中午,缙绅名士就只顾扇扇子了。这时候,人们都在思求一个凉爽的去处。等人们被迎入小斋,立时感到宽敞。四壁悬有古书名画。但是炎热之患未除。等到开樽痛饮,就不知闷也不知热了。喝上一会儿,便觉得清风凛冽,如同进入深秋。酒肴很丰盛,直喝到日近黄昏才罢。但是一出门又觉得风如火云如烟,焦灼难当。原来,是因为用金盆装满水,把一张白龙皮浸泡在里边,放到了座位上。"白龙皮"是外方宝物,会生寒气。"龙皮"是新罗僧人从海中得到的,海旁居住的人,从鱼群尾部得到,有一个老人见到知道是宝物。新罗僧知道李德裕喜欢奇物,就花钱买下,又送暖金带避尘簪,都是稀世珍宝。当李德裕去南方时,都在恶溪沉没。让昆仑奴入水找它,说是在鳄鱼穴中,竟拿不到它了。

二、留此林居 贻厥后代

李德裕为唐代著名的"牛李党争"之李党领袖,和代表庶族地主阶级的牛僧孺

① 李冗:《独异志》卷下,见《唐五代笔记小说大观本》,上海:上海古籍出版社,2000。

党争激烈,宣宗继位之后,牛党得势,德裕被贬为崖州(今海南岛琼山东南)司户,卒于任所。

《邵氏闻见后录》卷二七:"牛僧孺、李德裕相仇,不同国也,其所好则每同。今洛阳公卿园圃中石,刻奇章者,僧孺故物,刻平泉者,德裕故物,相半也。如李邦直归仁园,乃僧孺故宅,埋石数,尚未发。平泉在凿龙之右,其地仅可辨,求德裕所记花木,则易以禾黍矣。"牛李两人斗得你死我活,在构园池、嗜奇石、好花木上,也竞务奢豪。

《新唐书》李德裕本传载,作为门阀士族的代表,李德裕"所居安邑里第,有院号'起草',亭曰'精思',每计大事,则处其中,虽左右侍御不得豫。不喜饮酒,后房无声色娱。生平所论著多行于世云"。李德裕保持着传统士人禀赋,品位很高雅。

"春榭笼烟暖,秋庭锁月寒。松胶粘琥珀,筠粉扑琅玕。今日园林主,多为将相官。终身不曾到,只当图画看。"[1]尽管李德裕没有时间享受园居生活,但嗜好园池花石的雅尚使他如痴如醉。《旧唐书》卷一七四《李德裕传》:"东都于伊阙南置平泉别墅……初未仕时,讲学其中。及从官藩服,出将入相,三十年不复重游,而题寄歌诗,皆铭之于石。今有《花木记》、《歌诗篇录》二石存焉。"

自言经营"平泉"之志曰:

经始"平泉",追先志也。吾随侍先太师忠懿公,在外十四年,上会稽、探禹穴、历楚泽、登巫山、游沅湘、望衡峤。先公每维舟清眺,意有所感,必凄然遐想。属目伊川,尝赋诗曰:"龙门南岳尽伊原,草树人烟目所存,正是北州梨枣熟,梦魂秋日到郊园。"吾心感是诗,有退居伊、洛之志……吾乃剪荆榛,驱狐狸,如立班生之庐,渐成应叟之地。又得江南珍木奇石,列于庭际。平生素怀,于此足矣……虽有泉石,杳无归期,留此林居,贻厥后代。[2]

东都平泉庄,去洛城三十里,卉木台榭,若造仙府。有虚槛,前引泉水,潆回疏凿,像巴峡洞庭十二峰九派,迄于海门,江山景物之状。竹间竹径,有平石,以手摩之,皆隐隐云霞龙凤草树之形。有鱼肋骨一条。长二丈五尺八其上刻云,会昌二年,海州送到(庄东南隅,即征士韦楚老拾遗别墅,楚老风韵高邈。雅好山水,李居廊庙日。以白衣累擢谏署。后归平泉。造门访之,楚老避于山谷间,远其势也,)初德裕之营平泉也,远方之人,多以土产异物奉之,求数年之间,无所不有。时文人有题平泉诗者,"陇右诸侯供语鸟,日南太守送名花"。威势之使人也。[3]

李德裕《平泉山居草木记》:"嘉树芳草,性之所耽……因感学《诗》者多识草木之名,为《骚》者必尽荪荃之美,乃记所出山泽,庶资博闻。"记中仅洛阳各名园所没有的奇木异花、怪石药草,即达80余种,大都来自现江、浙、皖、赣、湘、鄂、桂、粤等

① 白居易:《题洛中第宅》,载朱金城《白居易集笺校》,上海古籍出版社,1988,第1745页。
② 李德裕:《平泉山居戒子孙记》,载《李文饶别集》卷九。
③ 《太平广记》卷四百五,宝六引《剧谈录》。

地。李德裕特别强调了《论语·阳货》中的孔子教育学生要学习《诗经》，其中有"多识于鸟兽草木之名"的教诲，还有《楚辞·离骚》的香草比德之美。

美石，则是自然的精灵，罗致目前，占有欲外，亦自然渗有文人爱自然的情愫："复有日观、震泽、巫岭、罗浮、桂水、严湍、庐阜、漏泽之石在焉"，泰山石、太湖、巫山、罗浮山、严子陵钓台、庐山、漏泽湖等地。还有"台岭、八公之怪石，巫山、严湍、琅邪台之水石，布于清渠之侧；仙人迹、鹿迹之石，列于佛榻之前"①。

李德裕曾从山东邹县峄山得到一枚兖州石，此石洞府玲珑，岩窦峻峭，无斧凿痕，可供清玩。他将奇石置于室内，日日观赏，因作诗一首："鸡鸣日观望，远与扶桑对。沧海似熔金，众山如点黛。遥知碧峰首，犹立烟岚内。此石依五松，苍苍几千载。"

李德裕叮嘱子孙，不许出卖此园或以园中一草一木予人："鬻吾'平泉'者，非吾子孙也；以'平泉'一树一石与人者，非佳也。吾百年后，为权势所夺，则以先人所命，泣而告之，此吾志也。"②拳拳之心可叹！

但事与愿违，随着李德裕失势，并客死崖州，园中名品便多为洛中有势力者取去。五代张洎《贾氏谈录》载：

李德裕平泉庄，台榭百余所，天下奇花异草珍松怪石，靡不毕具。自制《平泉花木记》，今悉以绝矣！唯雁翅桧（叶婆娑如鸿雁之翅）、珠子柏（柏实皆如珠子联生叶上）、莲房玉蕊等犹有存者。怪石为洛城有力者取去，石上皆刻"有道"二字。③

又曰："李德裕平泉怪石名品甚众，各为洛城有力者取去。礼星石（其石纵广一丈，长丈余，有纹理成斗极象），狮子石（石高三四尺，孔窍千万，递相通贯，其状如狮子，首尾眼鼻皆具），为陶学士徙置梁园别墅。"

《河南志》：河南长殿南有婆娑亭，贮奇石处。世传李德裕醒酒石，以水沃之，有林木自然之秋。今谓婆娑石，盖以树名。

后来，李德裕孙索之不得，据《五代史》记载："张全义，字国维。监军尝得李德裕平泉醒酒石。德裕孙延古因托全义复求之。监军愤然曰：'自黄巢乱后，洛阳园池，无复能守，岂独平泉一石哉！'全义尝在巢贼中，以为讥己，因大怒，奏笞杀监军者。"

宋人刘克庄曾叹曰："牛李嗜如冰炭，惟爱石如一人！"牛僧孺是著名政治家、文学家，曾三任节度、唐穆宗、文宗朝两度出任宰相，白居易《太湖石记》称"公以司徒保厘河洛，治家无珍产，奉身无长物"，《旧唐书》牛僧孺本传也说他"识量弘远，心居事外，不以细故介怀。洛都筑第于归仁里。任淮南时，嘉木怪石，置之阶廷，馆宇清

————————————
① 李德裕：《李文饶别集》卷九（四部丛刊据明刻本影印）。
② 李德裕：《平泉山居戒子孙记》，见《李文饶别集》卷九。
③ 张洎：《贾氏谈录》（永乐大典本）第4页。

华,竹木幽邃。常与诗人白居易吟咏其间,无复进取之怀。"[1]为官廉洁,拒受厚赂。白居易《太湖石记》载:韩公武为其父韩弘之事"以家财厚赂权幸及多言者,班列之中,悉受其遗",朝中群臣,唯独牛僧孺不受。当时并无人知晓,后来因事皇上拿到了韩家的账簿,才明白。然性嗜石,"公之僚吏,多镇守江湖,知公之心,惟石是好,乃钩深致远,献瑰纳奇,四五年间,累累而至。公于此物,独不谦让,东第南墅,列而置之,富哉石乎"!"惟东城置一第,南郭营一墅,精葺宫宇,慎择宾客,性不苟合,居常寡徒,游息之时,与石为伍。"

牛僧孺最喜欢太湖石,并把太湖石峰从大到小分为甲乙丙丁四类,每类分别品评为上中下三等,刻于石表,如"牛氏石甲之上"之类,这便开了唐末宋初品石之风的先河。

一次,他在苏州任地方官的朋友李某辗转搞来几座"奇状绝伦"的太湖石峰,"似逢三益友,如对十年兄",牛僧孺激赏,写成一首四十句的五言长诗,寄奉同好白居易和刘禹锡,白、刘各自奉和了一首,白居易《奉和牛相公题姑苏所寄太湖石奇状绝伦因题二十韵见示兼呈梦得》称赞:"错落复崔嵬,苍然玉一堆。峰骈仙掌出,鳞坼剑门开","黛润沾新雨,斑明点古苔。未曾栖鸟雀,不肯染尘埃","在世为尤物,如人负逸才。渡江一苇载,入洛五丁推"。自叹虽曾和刘禹锡同曾为苏州刺史,却无缘得此奇石,"共嗟无此分,虚管太湖来"。

刘禹锡《和牛相公题姑苏所寄太湖石兼寄李苏州》:"有获人争贺,欢遥众共听。一州惊阅宝,千里远扬舲。"牛僧孺在邸墅中罗致了大量的太湖石峰,"厥状非一……百仞一拳,千里一瞬,坐而得之。此其所以为公适意之用也……公待之如宾友,视之如贤哲,重之如宝玉,爱之如儿孙……"[2]

他收藏的奇石有太湖石、礼星石、文斗极像石、狮子石、罗浮石、落雨石、罢工石、天竺石、盘石、梅花石等。

除太湖石、盘石、狮子石等园林石之外,大多为清供石。这些奇石,如云、如人、如圭、如剑、如虬、如凤、如鬼、如兽,千姿百态,有形有象,生动奇妙。牛僧孺把他们分成甲乙丙丁四品,每品再分上中,然后在每块石头上都刻上"牛氏石"三个字。

李、牛收罗之奇石,都是列而观之的"景石"。李之奇石一时云散,已如前述,"牛氏石"也很快换了主人,因此,同样嗜石的宋人苏轼不免感叹:"洛阳泉石今谁主,莫学痴人李与牛。"

三、四美具 六胜兼

谢灵运《拟魏太子邺中集诗八首序》:"天下良辰、美景、赏心、乐事,四者难并。"裴度的湖园,不仅有"四美",且园景兼有北宋李格非所说的"宏大、幽邃、人力、苍

中国园林美学思想史
——隋唐五代两宋辽金元卷

---

① 《旧唐书》卷一七二。

② 白居易:《太湖石记》,见朱金城《白居易集笺校》,上海古籍出版社,1988,第3936页。

古、水泉、眺望"六胜。

裴度唐宪宗元和十年(815年)为宰相,十二年以讨平淮西吴元济功,封晋国公。穆宗朝曾为东都留守,后再入相,大和四年(830年)罢相,复为东都留守,开成三年(838年)卒。

裴度在洛阳有集贤里宅园和午桥别墅两处园林。

《河南志》集贤坊条下曰:"中书令裴度宅,园池尚存,今号湖园,属民家。"仅寥寥数语。"湖园"是集贤里宅园。《唐两京城坊考》卷五东京外郭城集贤坊:"中书令裴度宅。《旧书》本传:东都立第于集贤里,筑山穿池,竹木丛萃,有风亭水榭,梯桥架阁,岛屿回环,极都城之胜概。"《旧唐书》裴度本传:"东都立第于集贤里,筑山穿池,竹木丛萃,有风亭水榭,梯桥架阁,岛屿回环,极都城之胜概。"[1]李格非《洛阳名园记》记载最详尽:

> 洛人云:园圃之胜,不能相兼者六:务宏大者少幽邃,人力胜者乏闲古,多水泉者无眺望。能兼此六者,惟湖园而已。予尝游之,信然。在唐为裴晋公园。园中有湖,湖中有洲,曰百花湖。北有堂曰四并,其四达而旁东西之蹊者,桂堂也。截然出于湖之右者,迎晖亭也。过横池,披林莽,循曲径而后得者,梅台、知止庵也。自竹径望之超然、登之翛然者,环翠亭也。渺渺重邃,犹擅花卉之盛,而前据池亭之胜者,翠樾轩也。其大略如此。若夫百花酣而白昼暝,青苹动而林阴合,水静而跳鱼鸣,木落而群峰出,虽四时不同,而景物皆好,则又不可殚记者也。

位于日本金泽市中心的"兼六园",设置了池塘、喷泉、瀑布、溪流等景观,种植了松、枫、梅、樱、等树木,兰、菊、燕子花、草坪等花卉,加上亭、台、楼、阁等建筑,是一座回游式园林。与冈山的后乐园、水户的偕乐园并称为日本三大名园。幕府的老中松平定信认为,其名就取自中国宋代诗人李格非所著的《洛阳名园记》,兼备李格非所提出的"宏大、幽邃、人力、苍古、水泉、眺望"的名园条件,所以命名为兼六园。

裴度午桥别墅又称绿野庄,《旧唐书裴度传》记载:

> 又于午桥创别墅,花木万株,中起凉台暑馆,名曰绿野堂。引甘水贯其中,酾引脉分,映带左右。度视事之隙,与诗人白居易、刘禹锡酣宴终日,高歌放言,以诗酒琴书自乐,当时名士,皆从之游。

第四节　吏隐与衙署园林美学思想

张九龄建议"不历州县不拟台省"的原则在唐中期尤其是德宗以后的选官制度

---

① 《旧唐书》,《裴度传》卷一百七十。

中逐渐落实,自大历时起,外官的俸禄收入逐渐超过京官,州县官的地位得到提升,导致士人吏道观的改变,晚唐在外任州县官的文学之士数量远多于初盛唐时期。

士人最理想的隐居方式是以仕求隐的"中隐"——远离朝廷这个政治权力中心,到州郡做地方官,或者干脆做个清闲的散官,边官边隐,似出似处,与现实政治保持着若即若离的关系,这样既能获得世俗的享乐,又可体会隐逸的乐趣,"山林太寂寞,朝阙空喧烦;唯兹郡阁内,嚣静得中间"①,"遑遑干世者,多苦时命塞。亦有爱闲人,又为穷饿逼。我今幸双遂,禄仕兼游息"②,"君不见,南山悠悠多白云;又不见,西京浩浩唯红尘。红尘闹热白云冷,好于冷热中间安置身"③。更圆融通达地调谐了身与心、职与事、仕与隐的矛盾,是白居易"外以儒行修其身,中以释道治其心"④人生哲学的具体体现。

初盛唐时京官们在休沐时住在城内或郊外别业,承汉东方朔的隐于金马门、晋王康琚"大隐隐朝市",便自称为"朝隐";中晚唐时期,"朝隐"现象已不再成为主流,代之以"吏隐"一词,经刘长卿、韦应物、刘禹锡特别是白居易的演绎和发展,"吏隐"的内涵越加丰富,诚如日本学者赤井益久教授所指出的,由"隐于吏中"进而"兼吏隐",进而演变为"以吏为隐",其内核愈益向隐的方向倾斜。"吏隐"即白居易的"中隐"⑤,既然可以"不劳心与力,又免饥与寒。终岁无公事,随月有俸钱";"身闲当贵真天爵,官散无忧即地仙。林下水边无厌日,便堪终老岂论年"⑥。

"郡斋",在中晚唐也可以指县级官吏的住宅即"官舍",郡县官舍已经成为中晚唐士人实现"吏隐"的另一类主要场所,郡斋园林化势不可当,士大夫们可以"不以利禄萦心,虽居官而与隐者同":虽身仕而心隐,既不怠政,有"邑有流亡愧俸钱"的责任心;又在休沐闲暇之日或放浪行迹,或于官衙内,逍遥山水、忘忧畅怀;如是,化解了仕与隐、政治与山林的矛盾,从而在自我的精神领域内找到一种平衡,奠定了吏隐的出处方式,体现了文人隐逸观的变化。

元和十年(815年)刘禹锡到连州,执掌属下桂阳、阳山、连山三县的行政主官,便在海阳湖畔修建了一座别具一格的观景亭,自名曰:吏隐亭。自作《吏隐亭述》和五律《吏隐亭》,亭"前有四榭,隔水相鲜。架险通蹊,有梁如霓",《吏隐亭述》:"石坚不老,水流不腐。不知何人,为今为古?坚焉终泐,流焉终竭,不知何时,再融再结?"⑦《吏隐亭》诗曰:"结构得奇势,朱门交碧浔。外来始一望,写尽平生心。日轩

① 白居易:《郡亭》,见朱金城《白居易集笺校》,上海古籍出版社,1988,第433页。
② 白居易:《咏怀》,见朱金城《白居易集笺校》,上海古籍出版社,1988,第406页。
③ 白居易:《雪中晏起……》,见朱金城《白居易集笺校》,上海古籍出版社,1988,第2060页。
④ 白居易:《醉吟先生墓志铭》,见朱金城《白居易集笺校》,上海古籍出版社,1988,第3815页。
⑤ 白居易除了在《中隐》诗中两次提到"中隐"一词,在其他诗文中皆用"吏隐",故"吏隐"即"中隐"的另一称谓。
⑥ 白居易:《池上即事》,载朱金城《白居易集笺校》,上海古籍出版社,1988,第1888页。
⑦ 刘禹锡:《吏隐亭述》,载《全唐文》卷六零七。

漾波影,月砌镂松阴。几度欲归去,回眸情更深。"

一、竹里藏公事　花间隐使车

大历间官至礼部侍郎张谓,十分羡慕其从弟的官舍:"羡尔方为吏,衡门独晏如。野猿偷纸笔,山鸟污图书。竹里藏公事,花间隐使车。不妨垂钓坐,时脍小江鱼。"[①]官舍成为猿鸟的乐园,公事似乎就是赏花钓鱼,郡斋本身和隐居环境的相同,甚至达到浑然一体。

"地远秦人望,天晴社燕飞。"[②]"江徼多佳景,秋吟兴未穷。送来松槛雨,半是蓼花风。"[③]官荣州刺史唐刘兼:"郡城楼阁绕江滨,风物清秋入望频。铜鼓祭龙云塞庙,芦花飘市雪粘人。"[④]

唐韩翃《送李中丞赴商州》:"香麇松阴里,寒猿黛色中。郡斋多赏事,好与故人同。"地方官也都热衷于构建郡治园林,"移山入县宅,种竹上城墙。惊蝶遗花蕊,游蜂带蜜香"、"引水远通涧,叠山高过城"[⑤]。

中唐时期,苏州出现了"古来贤守是诗人"的情况,刘禹锡、白居易、韦应物先后为苏州太守,苏州子城为郡治衙门所在地,厅斋堂宇,亭榭楼馆,密迩相望,成为一处规模宏大的官署园林。郡治内有齐云楼、初阳楼、东楼、西楼、木兰堂、东亭、西亭、东斋等构筑,园林充满了诗意。

轩有听雨、爱莲、生云、冰壶,堂有木兰、光风霁月、思贤、绣春、凝香,亭名更异彩纷呈,池上之亭名积玉、苍霭、烟岫、晴漪,形容太湖石、茂树、水光、云烟,等等。多有深意的品题,唐宋文人多有酬唱,给亭榭楼台抹上浓浓的诗意。

韦应物任刺史时有《郡斋雨中与诸文士燕集》:"兵卫森画戟,宴寝凝清香。海上风雨至,逍遥池阁凉。"

白居易"朝亦视簿书,暮亦视簿书。簿书视未竟,蟋蟀鸣座隅。始觉芳岁晚,复嗟尘务拘"。因此,想到"西园景多暇,可以少踌躇。池鸟澹容与,桥柳高扶疏。烟蔓袅青薜,水花披白蕖。何人造兹亭,华敞绰有余。四檐轩鸟翅,复屋罗蜘蛛。直廊抵曲房,窈窕深且虚。修竹夹左右,清风来徐徐。此宜宴嘉宾,鼓瑟吹笙竽"。[⑥]

卢熊《苏州府志》:"'齐云楼'在郡治后子城上。相传即古月华楼也。"《吴地记》:"唐曹恭王所造,白公(即白居易)诗亦云。改号'齐云楼',盖取'西北有高楼,上与浮云齐'之义。"又:据此,楼则自乐天始也。《吴郡志》说它:"轮奂雄特,不惟甲于二浙;虽蜀之西楼,鄂之南楼、岳阳楼、庾楼,皆在下风。"楼前同时建文、武二亭。又有芍

① 张谓:《过从弟制疑官舍竹斋》,见《全唐诗》卷一九七。
② 羊士谔:《郡楼晴望》《全唐诗》卷三三二。
③ 李咸用:《登楼值雨》《全唐诗》卷六百四十五。
④ 刘兼:《郡楼闲望书怀》,载《全唐诗》,卷七六六。
⑤ 姚合:《武功县中作三十首》其二十一、十六。
⑥ 白居易:《题西亭》,载朱金城《白居易集笺校》,上海古籍出版社,1988,第1401页。

药坛,每岁花时,太守宴客于此,号"芍药会"。

初阳楼临水且高耸:"危楼新制号初阳,白粉青菱射沼光。避酒几浮轻舴艋,下棋曾觉睡鸳鸯。"[1]

东楼,独孤及《九月九日李苏州东楼宴》:"是菊花开日,当君乘兴秋。风前孟嘉帽,月下庾公楼。酒解留征客,歌能破别愁。醉归无以赠,只奉万年酬。"[2]与庾公南楼媲美。

赏景之亭名四照,在郡圃东北,各植花石,随岁时之宜,春有海棠,夏有湖石,秋有芙蓉,冬有梅花。

据《负暄野录》载:庆元四年,赵不嚞在此会客,问客亭名由来,有客答道:"《山海经》云:招摇之上,其花四照。及《华严经》云:无量宝树,普庄严花,焰成轮光四照。"又说:"光之四照常圆满园,今亭四面见花,故以此为名耳。"后世园林都有四季之景,盖肇始于此。

西楼,唐白乐天冬天尝在此楼命宴赏雪,看到"散面遮槐市,堆花压柳桥。四郊铺缟素,万室甃琼瑶。银楯携桑落,金炉上丽谯"[3]的雪景。

"木兰堂之名亦久矣,皮陆唱和诗有《木兰后池》,即此也。池中有老桧,婆娑尚存,父老云白公手植,已二百余载矣。"[4]

二、因土得胜　因俗成化

除了郡斋之内的庭院外,有些州郡刺史还在郡内寻找佳境构筑亭宇。

楼台榭亭"事约而用博,贤人君子多建之。其建之,皆选之于胜境"。泉州二公亭选址在"高不至崇,庳不至夷,形势广衺,四隅若一。含之以澄湖万顷,挹之以危峰千岭。点圆水之心,当奔崖之前,如镜之钿,状鳌之首"。"通以虹桥,缀以绮树,华而非侈,俭而不陋"[5]。

刘长卿任睦州司马刺史,萧定就在附近山里构筑了一座幽寂亭:

康乐爱山水,赏心千载同。结茅依翠微,伐木开蒙笼。

孤峰倚青霄,一径去不穷。候客石苔上,礼僧云树中。

旷然见沧洲,自远来清风。五马留谷口,双旌薄烟虹。

沉沉众香积,眇眇诸天空。独往应未遂,苍生思谢公。[6]

杭州五位刺史相继建亭五座:相里造在灵隐山谷间建了虚白亭,韩皋建候仙

---

① 皮日休:《登初阳楼寄怀北平郎中》,《全唐诗》卷六一三。
② 独孤及:《九月九日李苏州东楼宴》,《全唐诗》上卷二四七。
③ 白居易:《西楼喜雪命宴》,载朱金城《白居易集笺校》,上海古籍出版社,1988,第1646页。
④ 朱长文:《吴郡图经续记》州宅上,江苏古籍出版社,1986,第14页。
⑤ 欧阳詹:《二公亭记》,载《欧阳行周文集》卷五。
⑥ 刘长卿:《题萧郎中开元寺新构幽寂亭》,载《全唐诗》卷一四九。

亭,裴常棣建观凤亭,卢元辅建见山亭,元䒭建冷泉亭。"五亭相望,如指之列,佳境殚矣,虽有敏心巧目,复何加焉?"

白居易决定不再建亭,而为刺史元䒭建的冷泉亭作一篇记:

> 东南山水,余杭郡为最。就郡言,灵隐寺为尤。由寺观,冷泉亭为甲。亭在山下,水中央,寺西南隅。高不倍寻,广不累丈,而撮奇得要,地搜胜概,物无遁形。春之日,吾爱其草薰薰,木欣欣,可以导和纳粹,畅人血气。夏之夜,吾爱其泉泠泠,风泠泠,可以蠲烦析酲,起人心情。山树为盖,岩石为屏,云从栋生,水与阶平。坐而玩之者,可濯足于床下;卧而狎之者,可垂钓于枕上。矧又潺湲洁沏,粹冷柔滑。若俗士,若道人,眼耳之尘,心舌之垢,不待盥涤,见辄除去。潜利阴益,可胜言哉! 斯所以最余杭而甲灵隐也。

山亭或湖亭,为吏隐官员们在"地僻人远,空乐鱼鸟"的远边,开辟出"别见天宇"的山水胜境。

所建亭皆有寓意深刻的品题,如杭州灵隐山谷间的虚白亭,取《庄子·人间世》"虚室生白,吉祥止止"之意,意思是说,只有虚空寂静的心室,才能生出纯白的光辉,种种吉祥的征兆都会集于心境的静止当中。

太原王弘中在连州的"燕喜亭",位于丘荒之间,"斩茅而嘉树列,发石而清泉激"[1],因势而修筑,"出者突然成丘,陷者呀然成谷,洼者为池而缺者为洞,若有鬼神异物,阴来相之……立屋以避风雨寒暑"[2]。韩愈以山林仁德的审美思想一一为之命名:

> 其丘曰"俟德之丘",蔽于古而显于今,有俟之道也。其石谷曰"谦受之谷",瀑曰"振鹭之瀑",谷言德,瀑言容也。其土谷曰"黄金之谷",瀑曰"秩秩之瀑",谷言容,瀑言德也。洞曰"寒居之洞",志其入时也;池曰"君子之池",虚以钟其美,盈以出其恶也。泉之源曰"天泽之泉",出高而施下也。合而名之以屋,曰"燕喜之亭",取《诗》所谓"鲁侯燕喜"者颂也。[3]

郡守刘嗣之在濠城(今安徽凤阳一带)之西北隅废城墙上所修"四望亭","崇不危,丽不侈。可以列宾筵,可以施管磬。云山左右,长淮萦带,下绕清濠,旁阚城邑,四封五通,皆可洞然"[4]。该亭可观佳景,诸如"淮柳初变,濠泉始清。山凝远岚,霞散余绮",但郡守并非徒为赏景,"春台视和气,夏日居高明,秋以阅农功,冬以观肃成",而为"布和求瘼之诚志",了解民间疾苦,实施更好的治理。

杨虁诠释"望春亭"的命意谓"四时相序,春实称首,春德发生,德合仁也,爱民

① 韩愈:《燕喜亭记》,载韩愈著《韩昌黎全集》卷一三,中国书店,1991。
② 韩愈:《燕喜亭记》,载韩愈著《韩昌黎全集》卷一三,中国书店,1991。
③ 韩愈:《燕喜亭记》,载韩愈著《韩昌黎全集》卷一三,中国书店,1991。
④ 李绅:《四望亭记》,载《全唐文》卷六九四。

之务,莫先于仁。仁以合天,天以合仁,治道尽矣"①!

永州刺史韦使君所以筑新堂,是因为"茂树恶木,嘉葩毒卉,乱杂而争植,号为秽墟"。茂盛的树木中有恶木,绚丽的花草中有毒花,好坏杂居,善恶难分,实在不是一个清新洁净的去处。所以他"始命芟其芜,行其涂,积之丘如,蠲之浏如。既焚既酾,奇势迭出,清浊辨质,美恶异位……怪石森然,周于四隅,或列或跪,或立或仆,窍穴逶邃,堆阜突怒。乃作栋宇,以为观游"。柳宗元将"新堂"与韦公的吏治相联系,褒美其志曰:"见公之作,知公之志。公之因土而得胜,岂不欲因俗以成化?公之择恶而取美,岂不欲除残而佑仁?公之蠲浊而流清,岂不欲废贪而立廉?公之居高以望远,岂不欲家抚而户晓?夫然,则是堂也,岂独草木土石水泉之适欤?山原林麓之观欤?"②赞颂他居高望远,顺应民情,铲除残暴,废除贪污,保护贤良和富民的政策。

地方建楼阁,"不殚货,不峻程,不罢民,而成不朽之绩",方为美,襄阳北楼"振陈成新,拔卑为高。经营鼓智,才力什一",峨峨横空,"襄人骇之,谓灵物佐助"!"为食肴酒,聚宾而登之。座宾相顾,如在颢气"③。

薛文美因安徽泾县修县之古厅,"柱木倾斜,风雨不蔽,颓毁既甚,坐立非安","始创高亭一间两厦。风来入面,目达四方,危拟鳌头,静同天籁,乃命曰'齐云亭'……槟桷端坚,栋梁宏壮,威仪百里,花焕一方。复于厅后,盖廊屋三间,水阁三间。重梁续柱,架崄飞空,檐影照波,荷香入槛,曰'来风阁'。东北隅茅亭一所,花卉杂,果实枝繁,翠色长在,岚光不散,亦重修饰,别是幽奇,曰'烟锁亭'"。④

杨汉公于唐文宗开成三年(838年)任湖州刺史。"乃疏四渠,浚二池,树三园,构五亭。卉木荷竹,舟桥廊室,洎游宴息宿之具(以及游览、宴饮、休息、住宿的设施),靡不备焉"⑤。

皆有品题:白亭、集芳亭、山光亭、朝霞亭、碧波亭,"五亭间开,万象迭入,向背俯仰,胜无遁形……游者相顾,咸曰:'此不知方外也?人间也?又不知蓬瀛昆阆复何如哉'"⑥,作者称赞杨汉公既"乐山水,多高情"又"忧黎庶,有善政",兼而有者。

三、郡人士女　得以游观

士大夫文人信奉"内圣外王"之道,他们担任地方官吏期间,除了在力所能及的范围内,履行"外王"之道,造福一方,还尽量搞一些文化建设。

唐穆宗长庆二年(822年),白居易任杭州刺史。"大抵此州,春多雨,夏秋多

---

① 杨夔:《题望春亭诗序》,载《全唐文》卷八六六。
② 柳宗元:《永州韦使君新堂记》,载《柳宗元集》卷二七。
③ 符载:《襄阳北楼记》,载《全唐文》卷六八九。
④ 薛文美:《泾县小厅记》,载《全唐文》卷八七二。
⑤ 白居易:《白苹洲五亭记》,载朱金城《白居易集笺校》,上海古籍出版社,1988,第3798页。
⑥ 白居易:《白苹洲五亭记》,载朱金城《白居易集笺校》,上海古籍出版社,1988,第3798页。

旱"。筑钱塘湖堤,是白居易的一项重要政绩。

他亲自主持修建了一条拦湖大堤,把西湖分为上下两湖:上湖蓄水,并建水闸,"渐次以达下湖",人称白公堤。"白乐天守杭州,政平讼简。贫民有犯法者,于西湖种树几株;富民有赎罪者,令于西湖开葑田数亩。历任多年,湖葑尽拓,树木成荫。乐天每于此地,载妓看山,寻花问柳。居民设像祀之。亭临湖岸,多种青莲,以象公之洁白。"白居易《玉莲亭》诗:

> 湖上春来似画图,乱峰围绕水平铺。
>
> 松排山面千层翠,月照波心一点珠。
>
> 碧毯绿头抽早麦,青罗裙带展新蒲。
>
> 未能抛得杭州去,一半勾留是此湖。
>
> 孤山寺北贾亭西,水面初平云脚低。
>
> 几处早莺争暖树,谁家新燕啄春泥。
>
> 乱花渐欲迷人眼,浅草才能没马蹄。
>
> 最爱湖东行不足,绿杨阴里白沙堤。①

《余杭形胜》:"余杭形胜四方无,州傍青山县枕湖。绕郭荷花三十里,拂城松树一千株。""湖上春来似画图"的西湖,从此成为优美的公共游豫园林。

唐宝历元年(825 年),白居易任苏州刺史,组织修路凿渠,将苏州的名胜虎丘与苏州城区相联,水路即山塘河,凿河之土堆成大堤,延亘七里,人称七里山塘,沿堤种桃李莲梅数千株,人称虎丘山塘为"白公堤"。白居易曾兴奋地写道:"自开山寺路,水陆往来频。银勒牵骄马,花船载丽人。芰荷生欲遍,桃李种仍新。好住河堤上,长留一道春。"

他自己游览虎丘,"一年十二度,非少亦非多"。② 从此,山塘成为苏州名胜。虎丘也被改造成"仙岛":"又缘山麓凿水四周,溪流映带,别成仙岛,沧波缓溯,翠岭徐攀,尽登临之丽瞩矣。"

相传他在苏州任刺史期间,常到天平山游览、下榻、读书。今天平山高义园第二进楼下四面厅悬额"乐天楼"。

天平山上的"白云泉"传为白居易在苏州任刺史时所发现。"白云泉"为裂隙泉,是天然的优质泉水,水清澈透明,醇厚甘冽,胜过唐陆羽所品评的天下三泉,号"吴中第一水"。此泉从石隙流出,如线状,丝连蒙络,下泻于池沼,故又名"一线泉";旧时,寺僧以中空竹管插石隙中,将泉水导至池中央一钵盂内,水稍高出盂周而不外溢,接水入石盂中,故又称"钵盂泉"。真如白云泉对联所说:"万笏穿云藏翠坞;一盂浸月散珠泉。"白居易写了脍炙人口的《白云泉》诗,今刻在摩崖上(图 3-3):

---

① 张岱:《西湖梦寻卷一·玉莲亭》。

② 白居易:《夜游西武丘寺八韵》,载《白居易集笺校》卷二四,上海古籍出版社,1988,第 1674 页。

天平山上白云泉,云本无心水自闲。

何必奔冲下山去,更添波浪向人间。

起句即点出吴中的奇山丽水、风景形胜的精华所在。"此山在吴中最为崷崪高耸,一峰端正特立","巍然特出,群峰拱揖","云本无心",出陶渊明《归园田居》诗"云无心以出岫"句,水在悠悠地流淌,"无心"、"自闲",本来都是对人精神的一种境界,这里显然是对"云水"的拟人化,表现白云坦荡淡泊的胸怀和泉水清静雅致的神态。句中连用两个"自"字,突出强调云水的自由自在,自得自乐,逍遥而惬意。"云自无心水自闲",实为诗人思想感情的自我写照。唐敬宗宝历元年(825年)至二年,白居易任苏州刺史期间,政务十分繁忙琐碎,"清且方堆

图3-3 白云泉(苏州天平山)

案,黄昏始退公。可怜朝暮景,消在两衙中"①,颇受拘束。面对闲适的白云与泉水,想到自己"心为形役"的情状,不禁产生羡慕的心情,一种清静无为、与世无争的思想便油然而生:"何必奔冲下山去,更添波浪向人间!"在山中"闲",现在却要舍此而奔冲下山,使本已经不平静的人间世,又增添了波浪,增添了不平静,为什么? 与杜甫《佳人》诗中的"在山泉清,出山泉浊"同调。

扬州的"赏心亭",亦为官府兴建的具有公共园林性质的游赏之地,据嘉庆重修《扬州府志·古迹一》:赏心亭"连玉钩斜道,开辟池沼,并葺构亭台","供郡人士女,得以游观"。

湖北鄂州市西的樊山北小山上,建一为接待过往官员或宾客的馆舍,实为宴游之处。遂取谢灵运的《和伏武昌登孙权故城》"樊山开广宴"诗句,命名为"广宴亭"②。

① 白居易:《秋寄微之十二韵》,见朱金城《白居易笺校》,上海古籍出版社,1988,第1631页。
② 元结:《广宴亭记》,载《元次山文集》卷九。

第五节　唐园林美学理论

"意境"之"境",指"境界",本来出自佛家经典,它的审美性格使它成为了"意境"的理论渊源。盛唐以后,意境论开始全面发展,中晚唐以来,迅速发展起来的中国佛学禅宗日益侵入文艺和美学的领域。禅宗关于通过直觉、顿悟以求得精神解脱、达到绝对自由的人生境界的理论,使意境论更趋成熟,且与园林美学密切结合。

一、思与境偕　境生于象外

在我国美学史上最早的意境说,一般认为出于传为盛唐王昌龄(698—756 年)的《诗格》:

> 诗有三境。一曰物境:欲为山水诗,则张泉石云峰之境,极丽绝秀者,神之于心,出身于境,视境于心,莹然掌中,然后用思,了然境象,故得形似。二曰情境:娱乐愁怨,皆张于意而处于身,然后驰思,深得其情。三曰意境:亦张之于意而思于心,则得其真矣。

《诗格》将物境、情境、意境分为三境,与后来所称艺术意境不同,我们所说的意境包括了"物境"和"情境"。意境中的景是含情之景,情是寄寓于景中之情;"诗佛"王维的诗画是禅宗美学思想的最早体现者,辋川《鹿柴》:"空山不见人,但闻人语响。返景入森林,复照青苔上。"字义很简单,山谷是空无人影,却有人讲话的声音,打破静谧的山林;落日的余辉透过枝繁叶茂的幽暗的深林,斑斑驳驳的树影映在青苔上。青苔显示着无人迹。鹿柴附近的空山深林在傍晚时分景色幽静,"无言而有画意[①];诗中"空山""人语""森林""青苔"等皆为"物境",是"象",象仅仅是表现王维心中"境"的载体,意境通常由若干个意象组成,意象是构成意境的元素。"境"就是"情",是他对大自然的热爱和对尘世官场的厌倦,"无言卧看山","欲辩已忘言"!诚如清代沈德潜《唐诗别裁》卷十九说:"佳处不在语言,与陶公'采菊东篱下,悠然见南山'同。""鹿砦"既是养鹿之所,鹿,在佛教中占有重要地位。鹿是温和的动物,代表慈悲、友谊。在佛陀的本生谭中,佛陀常化现鹿身说法。穿鹿皮衣象征出家修行。《太子瑞应本起经》卷上有云:悉达多太子入山修道时,遇到两位猎人,遂自忖:既已弃家,则不宜如凡夫被服宝衣,犹存欲望。故脱去宝裘,而向猎人买鹿皮衣,并披着离去。

对于王维一如佛陀之鹿野苑,鹿野苑是佛陀自诞生至入灭,八十年期间,遗留的四大圣地之一。王维辋川二十景唯一的动物景点是"鹿柴",王维常与裴迪游赏

---

① 刘辰翁:《唐诗品汇》卷三十九。

其间,并各赋《鹿柴》诗,王维突出了鹿柴的幽深静谧,罕有人迹的神秘性;黄叔灿《唐诗笺注》还曾评析云:"反景照入,空山阒寂,真麋鹿场也。"麋鹿在佛家是"真性"的象征。

鹿柴是王维静虑参禅的地方,隐没于山岭,悄无人迹,居中可伴明月而友麋鹿,操琴吟诗,看花开花落,思考人生、宇宙的终极问题。诗从"空"入手,空山"无"人,却"有"人语,深林"无"日光,却"有"反影复照,都有极深的趣味。唐汝询《唐诗解》云:"空山不见人,但闻人语响,幽中之喧也。如此变化,方入三昧法门。"李瑛《诗法易简录》云:"写空山不从无声无色处写,偏从有声有色处写,而愈见其空。"这正是王维善用色空辩证的例子。本来本体空寂不离现象之喧,以耳根来说,王维曾说:"耳非住声之地,声无染耳之迹。"[1]声尘与耳根之间的细微体会,王维早已从禅佛得到深刻启悟。色尘的阴荫与光影也是如此,眼耳都是观照的凭借,只有从六根与六尘的对应加以观照,方能细密觉知其中的喧寂或深碧、浅绿之素采。

他吸取禅宗的静坐默念,说法时以言引事物的暗示,以及色空观,使其诗歌读来奥深理曲,委婉含蓄,充满寂、空、静、虚的意境,再结合音乐的弱音、停顿,山水画的飞白,又使诗歌富有节奏变化。反映环境的虚空冷静,空山中依稀听到的人语声却给山造成更大的空无感觉,空是绝对的,声是有条件和暂时的,人语声会随人去而消逝,山却长久空下去,人语打破寂静,显得山更静,这不是色空的演绎么?"复照青苔上"揭示静默世界中的无限轮回,全诗充满禅理的思考。

唐代司空图提出"思与境偕"[2],就是情与景的交融,其中的"偕"是和谐共存的意思,也就是情思意绪与客观外物和谐统一为一个富有诗意的整体。情和景是构成意境的两大支柱,缺一不可。

意境等于实境加虚境,虚境是一种超然于"物"外的隐约可感而实不可捉摸的空灵境界,就是司空图说的"韵外之致"、"味外之旨""诗味"论[3],刘禹锡"境生于象外"[4]说,强调了实境之外的虚境,实境是基础,是虚境所赖以生产和存在的前提。审美的理想和境界,标志着晚唐美学的重大转变。

司空图《二十四诗品》[5]更为集中和鲜明地表现了禅宗的意境美学思想。司空图(837—908年),河中虞乡(今山西省永济县)人,字表圣,自号知非子、耐辱居士。懿宗咸通十年(869年)进士,官礼部员外郎,僖宗时拜中书舍人。后梁代唐,闻哀帝被杀,绝食而卒。司空图《二十四诗品》有《含蓄》一品,韵味说等园林美学理论命题,唐代美学中最具概括性的关于诗歌意境的创作论和审美,很有创意的绘画创作

---

① 王维:《王右丞集》卷十八《与魏居士书》。
② 司空图:《二十四诗品》。
③ 司空图:《与李生论诗书》,《全唐文》卷八百七。
④ 刘禹锡:《董氏武陵集记》,《全唐文》卷六〇五 。
⑤ 陈尚君,汪涌豪:《司空图〈二十四诗品〉辨伪》认为非司空图作,而为明人伪作。见陈尚君《唐代文学丛考》,中国社会科学出版社,1997。

方法论和审美观,对园林审美以巨大影响。

张彦远《历代名画记》卷一所论的"意存笔先,画尽意在"、"意余于象"与"笔不周而意周",与司空图"含蓄"同一韵味。

二、形似与神似

晋人在艺术实践中的"以形写形,以色貌色"的"形似"说,唐人将发展为"畅神"指导下的"神似"说,对自然美的提炼、典型化,美真统一论。

唐张彦远(815—907年),出身于宰相世家,其家又世代喜好和注意书法绘画的艺术实践和收藏鉴赏,拥有大量的古今字画佳作,几乎可以与皇室的收藏媲美。在这种家庭文化的氛围中,使张彦远在书法及绘画方面,尤其是在书画理论和书画史上取得了很高的成就。他在《历代名画记卷一·论画六法》:

昔谢赫云:"画有六法:一曰气韵生动,二曰骨法用笔,三曰应物象形,四曰随类赋彩,五曰经营位置,六曰传移模写,自古画人,罕能兼之。"彦远试论之曰:

古之画或能移其形似而尚其骨气,以形似之外求其画,此难可与俗人道也。今之画纵得形似而气韵不生,一气韵求其画,则形似在其间矣……夫象物必在于形似,形似须全其骨气,骨气形似皆本于立意而归乎用,故工画者多善书。至于台阁树石,车舆器物,无生动之可拟,无气韵之可侔,直要位置向背而已……至于鬼神人物,有生动之可状,须神韵而后全,若气韵不周,空成形似,笔力未道空善赋彩,谓非妙也……至于经营位置,则画之总要。自顾陆以降,画迹鲜寸,难悉详之。唯观吴道玄之迹,可谓六法俱全,万象必尽,神人假手,穷极造化也。所以气韵雄壮,凡不容于缣素;笔迹磊落,遂恣意于墙壁。其细画又甚稠密,此神异也。至于传移模写,乃画家末事。然今之画人,粗善写貌,得其形似,则无气韵,其具彩色,则失其笔法,岂曰画也。

张彦远指出,自古以来绘画的人很少能兼得谢赫所说的画之六法之妙。他说,古代的画,往往放弃对象的形貌之似而推尚画的风骨气韵,从形似之外去追求画的意境,此中奥妙难以与俗人说清楚。

现在人的画,即使得到形貌之似,但是气韵不能产生。

感性形态的'似',乃指对感性物象的妙肖,即"形似"。刘勰《文心雕龙·物色》说:"体物为妙,功在密附。"倘要妙于体物,乃在于细致,贴切,而不在于机械、如实地摹写。不是简单的草草而就,大而化之。主体在剪裁物象,营心构象时,须把握物象的内在精神,从功能角度进行传达,方能巧得其微。王昌龄曾经这样描述"形似"的获得过程:"神之于心,处身于境,视境于心,莹然掌中,然后用思,了然境象,故得形似。"①意在强调若要求得形似,必当以神遇物,以心会物,从而入乎其内,在

---

① 王昌龄:《诗格·论文意》,见张伯伟《全唐五代诗格校考》,陕西人民教育出版社,1996。

物我交融中处身于境界之中反省内视,在内在心灵体悟物象所融入的境界,再出乎其外,遂对感性物态了如指掌。此时所创造的艺术之象,必然已具形似。

"形似"势必限制物象内在生命力的表现,忽略物象的内在精神,"巧太过而神不足也"[①]不能达到艺术之"真",是肤浅的,是苏轼所说的"见与儿童邻"[②]。巧为形似,就要追求"似与不似"之间的有机统一,"移其形似而尚其骨气,以形似之外求其画"[③]。获得气之真,神之真,而不惟姿之真。

谢赫《古画品录·张墨荀勖》:"若拘以体物,则未见精粹;若取之象外,方厌膏腴,可谓微妙也。"

深谙佛道的司空图所谓"离形得似",其离乃本于佛家,意即由"不即不离"而得神似。这就是后来的"以不似之似似之"。

司空图主张"超以象外,得其环中",实际上都是要求以似与不似来创造出充分体现艺术生命整体的感性之象,都希望通过似与不似来突破物态自身局限,以觉天尽性,从有限中实现无限。如赏石文化。

中国古典园林的旱船,有形似、介于似与不似之间及抽象写意三类,颐和园的清宴舫和狮子林的旱船过于"形似",遭诟病;拙政园香洲、留园涵碧山房都介与似与不似之间;扬州何园的船厅、上海豫园(图3-4)、苏州拥翠山庄的月驾轩

图 3-4　船舫(豫园)

等建于平地或山上的写意式船舫因完全超越了形似而获得艺术真实。

神似而高度体现自然之道与主体内在精神的统一。

张彦远《历代名画记》云:"古之画,或能遗其形似,而尚其骨气。以形似之外求其画,此难可与俗人道也。今之画,纵得形似,而气韵不生。以气韵求其画,则形似在其间矣。"

司空图《与李生论诗书》所谓"近而不浮,远而不尽"的"韵外之致",正是指其溢于作品气韵之外的余味。"山川、人物、花鸟、虫鱼,都充满着生命的动——气韵生

①　屠隆:《画笺·宋画》,见《考槃馀事》卷二。
②　苏轼:《书鄢陵王主簿所画折枝二首》。
③　张彦远:《历代名画记·叙论》。

动。"①韵是作品的特征、特质、情态、风采、韵致，为用。故清代唐岱《绘事微言》云："有气则有韵"，"自然山性即我性、山情即我情"，"自然水性即我性、水情即我情"，物我性情融为一体，体现生命精神，得造化之妙，以巧夺天工。明陆时雍《诗镜总论》所谓的"韵动而气行"。唐末五代荆浩所著的《笔法记》云：

> 曰："画者，华也。但贵似得真，岂此扰矣。"叟曰："不然。画者，画也。度物象而取其真。物之华，取其华；物之实，取其实。不可执华为实。"

说的是画画这种艺术，关键在于画的功夫。揣摩事物的形象采取其中的真实的一面。事物虚浮，就选取其虚浮的一面表现；事物真实，就选取它真实的一面表现，不可以把虚浮与真实混为一谈。

三、"外师造化，中得心源"

张彦远《历代名画记》记载："初，毕庶子宏擅名于代，一见惊叹之，异其唯有秃毫，或以手摸绢素，因问璪所受。璪曰：'外师造化，中得心源。'毕宏于是阁笔。""外师造化，中得心源"这一概括而又具有纲领性的画论，出于张璪的《绘境》，"心源"系借用佛家术语。原指不为妄心所扰的虚静心态②，"造化"，即大自然，强调艺术必须师法自然，但不是简单的再现模仿自然，而是更重视主体的抒情与表现，是主体与客体、再现与表现的高度统一。解释了艺术创作的全过程，这就是说，艺术必须来自现实美，必须以现实美为源泉。但是，这种现实美在成为艺术美之前，必须先经过画家主观情思的熔铸与再造。必须是客观现实的形神与画家主观的情思有机统一的东西。作品所反映的客观现实必然带有画家主观情思的烙印，成为历万古而犹新的艺术创作圭臬。张璪于寺壁所画《双松图》，"根如蹲虬，枝若交戟。离披惨澹，寒起素壁。高秋古寺，僧室虚白。至人凝视，心境双寂"③。运思与造化匹敌。传为盛唐王维所著《学画秘诀》："肇自然之性，成造化之功。或咫尺之图，写百千里之景，东西南北，宛尔目前。春夏秋冬，生于笔下……妙悟者不在多言，善学者还从规矩……"其中，"肇自然之性，成造化之功"和对物象意的"妙悟"，与"外师造化，中得心源"说相得益彰。为山水园林创作开了无穷法门。

四、文学性园名品题

中晚唐亭台楼阁品题者日见频繁，如前所说的元结"右溪"，柳宗元的"愚溪"，白居易的"五亭记"中，都已经对景点有了各式品题，其中不乏情景交融的文学品题。但园名的品题即使是白居易，也还没有文学性命名，大多以地名、人名命名。

---

① 宗白华：《美学散步》，上海人民出版社，1981，第123页。
② 《菩提心论》："妄心若起，知而勿随，妄若息时，心源空寂。万德斯具，妙用无穷。"又《止观》五："若欲照知，须知心源。心源不二，则一切诸法皆同虚空"。
③ 符载《江陵府陟岵寺云上人院壁张璪员外画双松赞》，《全唐诗》卷六九〇。

晚唐司空图以"休休亭"名园,已露主题园的端倪。

司空图历任殿中侍御史、礼部员外郎,僖宗次凤翔,召图知制诰,寻拜中书舍人,隐中条山王官谷,作文以伸志。晚年为文,尤事放达。后梁开平二年(908年),唐哀帝遇害,他绝食而死,终年七十二岁。

司空图原住中条山王官谷,有祖上的田产,于是隐居不出。五代张洎《贾氏谈录》:"司空图侍郎旧隐三峰,天祐末移居中条山王官谷,其谷周迴十余里,泉石之美冠于此山,北岩智商有瀑水流注谷中,溉良田数顷,至今为司空氏之庄宅,子孙犹存。"中条山环境优美,五老峰犹如冠冕配饰一般高耸于中条山上,是溪蔚然涵其浓英之气,王官谷位于西安与洛阳之间,乃涤烦清赏之境。司空图在唐僖宗光启三年(887年)写的《山居记》中,写居处亭堂室之名皆含深意:

> 其亭曰"证因"。证因之右,其亭曰"拟纶",志其所著也。拟纶之左,其亭曰"修史",勖其所职也。西南之亭曰"濯缨",濯缨之窗旦鸣,皆有所警。堂曰"三诏之堂",室曰"九之室",皓其壁以模玉川于其间,备列国朝至行清节文学英特之士,庶存耸激耳。其上方之亭曰"览昭",悬瀑之亭曰"莹心",皆归于释氏,以栖其徒。①

"证因",证知因果。司空图有《证因亭》诗曰:"峰北幽亭愿证因,他生此地却容身。"带有佛教含蕴;"拟纶",志其所著也。司空图曾任唐僖宗中书舍人,中书省代皇帝草拟诏旨,称为掌丝纶。《礼·缁衣》"王言如丝,其出如纶。""修史"亭,勖其所职也。西南之亭曰"濯缨",典出《楚辞·渔夫》:"沧浪之水清兮,可以濯我缨;沧浪之水浊兮,可以濯我足。"言政治清明出仕;政治浑浊则隐居山林之旨趣。堂曰"三诏之堂",典出东汉末年名士焦光弃官隐居焦山,朝廷曾三诏其出仕,他三次拒诏,终老山中。史称"三诏不起"。作者用以表明自己的隐居之志。室曰"九之室",宋吴聿《观林诗话》:"天门有九,故曰九。"言其室高居之高。"皓其壁以模玉川于其间,备列国朝至行清节文学英特之士,庶存耸激耳",以励其志节。"览昭"、"莹心",有清泉洗心之旨。这些亭名已经形成一个系列,内容都与归隐"休休"相关。据《新唐书·列传一一九》司空图本传载:

> 图本居中修山王官谷,有先人田,遂隐不出。作亭观素室,悉图唐兴节士文人。名亭曰休休,作文以见志曰:"休、美也,既休而美具。故量才,一宜休;揣分,二宜休;耄而聩,三宜休;又少也惰,长也率,老也迂,三者非济时用,则又宜休。"因自目为耐辱居士。

建造了简陋的亭观等房子。在亭中画下唐兴以来全部有节操者及知名文人的图像,并题名为"休休亭",他阐释亭名:"辞官,是美事。既安闲自得,美也就有了。本来,衡量我的才能,一宜辞官;估量我的素质,二宜辞官;我老而昏聩,三宜辞官;

---

① 司空图:《山居记》,载《全唐文》卷八百七。

再,我年轻时懒散,长大后马虎,老了后迂腐。这三者都不是治世所需要的,所以更宜辞官了。"还自称为"耐辱居士"。《新唐书》本传摘引了他写的《休休亭记》,"休休亭"可视为园名,犹北宋之沧浪亭。并有《题休休亭》,一作《耐辱居士歌》复伸其志。

第六节　吴越国园林美学思想

宋朱长文:《吴郡图经续记》记载:

钱氏有吴越,稍免干戈之难。自乾宁(894年正月至898年八月)至于太平兴国三年(978年)钱俶纳土,凡七十八年。自钱俶纳土至于今元丰七年(1084年),百有七年矣。当此百年之间,井邑之富,过于唐世,郭郭填溢,楼阁相望,飞杠如虹,栉比棋布,近郊隘巷,悉甃以甓。冠盖之多,人物之盛,为东南冠,实太平盛事也。[1]

晚唐五代时期,战火峰起,江南在吴越王钱镠的统治下,却能"井邑之富,过于唐世",和他"奉中原正朔"的政策有很大的关系,这样,使他在乱世中争得统领江南一郡十三州(包括今浙江省和江苏、福建的部分地区),并采取"国以民为本,民以食为天,保境安民"的国策,重点放在经济建设上,在浙东沿海地区修筑了拦海石塘,以抵御海潮的冲击,建立杭城、疏浚西湖,治理太湖、发展农商,为弘扬和发展吴越经济文化竭尽全力。

钱镠子孙秉承"以民为本、保境安民"的国策,使吴越国自成富甲天下的一方天堂,再次出现"三川北虏乱如麻,四海南奔似永嘉"、"避地衣冠尽向南"的北人南迁潮流,其分布地域远比永嘉南迁为广,其中太湖流域诸州郡及赣、湘、汉诸水流域的少数州郡为人口最为集中的地区。吕温《祭座主故兵部尚书顾公文》云:"天宝季年,羯胡内侵,翰苑词人,播迁江浔,金陵、会稽文士成林"[2]。吴越国盛世达八十多年,是五代十国中延祚最长的一国。

一、诸子姻戚　嗜治林圃

由于吴越国"国富兵强,垂及四世,诸子姻戚乘时奢僭,宫馆苑圃,极一时之盛"[3],广陵王元璙帅中吴,好治林圃,有南园、东圃、钱元璙池馆、金谷园等。"其诸子狥其所好,各因隙地而营之,为台为沼。"(宋朱长文《乐圃记》)

苏州古城西南隅的南园,为吴越国广陵王钱元璙及其子指挥使钱文奉所创建,初建时的规模极大,极盛时达150～200亩,园内的厅堂亭榭极多,有三阁八亭二台,异木奇石。安宁厅、思玄堂、清风、绿波、迎仙等三阁;有清涟、涌泉、消暑、碧云、流

---

① 朱长文:《吴郡图经续记》城邑篇,江苏古籍出版社,1986,第6-7页。

② 吕温:《祭座主故兵部尚书顾公文》,见《全唐文》卷六三一。

③ 归有光:《沧浪亭记》,载《震川先生集》卷十五。

杯、沿波、惹云、白云等八亭；又有以天生树木制作亭柱的迎春亭、百花亭。在西池的岛屿上，建有尖顶及呈螺螺式的龟首、旋螺二亭。园内遍植奇花异草，树木蓊郁，"老木皆合抱，流水奇石，参错其间。"[1]有清流崇阜，水石柳堤，竹林成径、桃夭有蹊，风景绝佳。钱氏"车马春风日日来，杨花吹满城南路"；"醨流以为沼，积土以为山，岛屿峰峦，出于巧思，求致异木，名品甚多，比及积岁，皆为合抱。亭宇台榭，值景而造……每春纵士女游览，以为乐焉"。[2]《宋平江城坊考》引续志云，今府学后一方之地皆故园。[3]

"东圃"，一作东墅，是钱元璙治吴时又一别墅，其子钱文奉为衙前指挥时所创，在葑门内今苏州大学处。30 年间，极园池之赏。奇卉异木及其身，见皆成合抱。园内有奇卉异木，名品千万，崇岗清池，茂林珍木，又累土为山，亦成岩谷，极园池之响。当年元璙父子常常跨白骡、披鹤氅，缓步花径，或泛舟池中，容与往来，诗酒流连。

金谷园乃钱元璙第三子文辉在晋代景德寺故址所建，俗称三太尉园。崇岗清池，茂林珍木。盖艳羡晋石崇之金谷园："前临清渠，柏木几千万株，流水周于舍下，有观阁池沼，多养鱼鸟。家素习伎，颇有秦赵之声。出则日以游目弋钓为事，入则有琴书之娱。又好服食咽气，志在不朽，傲然有青云之操。"[4]故径以"金谷园"为名。

二、信佛顺天　佛殿重丽

吴越王钱镠寒微之时，初奉道教，传说他后遇高僧法济，法济对他说："他日称霸吴越，当须护持佛法。"并劝他："好自爱，他日贵极，当以佛法为主。"他对高僧法济禅师十分尊重，"见必跪拜，檀施丰厚，异于常数"。法济圆寂时，他亲自撰写赞词并亲执丧礼，追谥为"建初兴国大师"。临终时，钱氏又告诫他的儿子："吾昔自径山法济示吾霸业，自此发迹，建国立功，故吾常厚顾此山焉！他日汝等无废吾志。"

所以，钱镠三代五王始终奉行"信佛顺天"之旨，使得杭州城乡，遍布寺院，寺与寺之间，梵音相闻，僧众云集。

据史书记载："吴越国时，九厢四壁，诸县境内，一王所建，已盈八十八所，含十四州悉数数之，不胜举目矣。"

吴越寺庙"倍于九国"，仅杭城扩建创建的寺院可查的就有二百余所，吴越寺庙"倍于九国"。

灵隐寺，隋时慧诞法师来杭弘扬佛法。在唐大历六年(771 年)，曾作过全面修葺，灵隐寺宇已具相当规模，香火旺盛。唐朝茶圣陆羽的《灵隐寺记》载："晋宋已降，贤能迭居，碑残简文之辞，榜蠹稚川之字。榭亭岿然，袁松多寿，绣角画拱，霞晕

---

[1]　范成大：《吴郡志》卷十四园亭，江苏古籍出版社，1986。
[2]　朱长文：《吴郡图经续记》，江苏古籍出版社，1986，第 15—16 页。
[3]　范成大：《吴郡志》卷十四园亭，江苏古籍出版社，1986。
[4]　晋石崇：《思归引》序。

于九霄;藻井丹楹,华垂于四照。修廊重复,潜奔潜玉之泉;飞阁岩晓,下映垂珠之树。风铎触钧天之乐,花鬘搜陆海之珍。碧树花枝,春荣冬茂;翠岚清籁,朝融夕凝。"

当时,灵隐寺的规模宏大,天下高僧云集。而"会昌法难"灵隐受池鱼之灾,寺毁僧散,钱镠命请永明延寿大师重兴开拓,并新建石幢、佛阁、法堂及百尺弥勒阁,并赐名灵隐新寺。重建灵隐寺扩大规模外,灵隐寺鼎盛时,曾有九楼、十八阁、七十二殿堂,僧房一千三百间,僧众多达三千余人。

并改建扩建下天竺、中天竺等寺院,先后兴建了不少著名寺庙,如梵天寺、昭庆寺、慧日永明院(净慈寺)、九溪的理安寺,赤山埠的六通寺,南高峰的荣国寺,月轮山的开化寺(六和塔院)等。

吴山环翠楼海会寺原址建石佛智果院时,使之面对大江,俯瞰城廓,引人入胜。后唐清泰元年(934年),吴越王钱元瓘兴建吴山瑞隆院时有意栽竹成景,吸引游人。天福年间,吴越王妃仰氏在宝莲山建释迦院(即宝成寺)时,就广植牡丹,引来了苏轼的"赏释迦院牡丹诗"。

宋开宝七年(974年),吴越王钱弘俶在孤山六一泉建报先寺,面对西泠渡口,山明水秀,以湖、山、泉、石汇成胜景。苏轼诗云:"天欲雪,云满湖。楼台明灭山有无,水清石出鱼可数,林深无人鸟相呼。"这就是他在访报先寺僧人时描绘的渡口景色。钱弘俶在葛岭建寿星院,就专门筑有高台,"外江内湖,一览在目",后人名之为"江湖汇观",成为一景。

乾德二年(964年),又在葛岭东北宝云山建千光王寺(即宝云寺),寺内建有清轩、月窟、澄心阁,南隐堂、妙思堂、云巢、灵泉井、茶坞、初阳台等,使文人园林图景融入了寺庙园林,故有"宝云楼阁闹千门"之称。

吴越之时,北山灵隐,南山净寺,两寺相埒,互为呼应。吴越高僧永明延寿在扩建"灵隐新寺"九楼、十八阁、七十二殿后,应诏主持慧日永明院(即净慈寺)重建,背靠翠峦,面对碧波,梵宇层迭,宏伟庄严,且寺钟初动,山谷皆应。于是逐步形成以净慈寺为中心的南山寺庙群,与北山寺庙群形成"两峰胜概山僧得"的寺庙园林构图。

在杭州的历史上,吴越时期,吴越王"以有土有民为主,不忍兴兵杀戮",保境安民,休兵乐业,清明向上的"吴越之治",使杭州成为东南地区的政治、经济、文化中心,更是佛教文化的中心。

吴越在建寺同时,还建造了不少佛塔、经幢,成为寺庙园林建筑的重要组成部分。如建造南塔,才有塔院梵天寺;建造六和塔,才有塔院开化寺;建造保俶塔时,又"附以佛庐"建崇寿寺,寺后有石如屏风,故又名屏风院,该寺台殿高耸,隐约于丹枫麟石之间,从白堤仰望,犹如"天上神宫"。

此外,现存的白塔和雷峰塔,以及梵天寺经幢,灵隐寺经幢等均为吴越遗物,点缀于西湖湖山之间。

过去，登南、北高峰塔"观钱江如带，瞰西湖如杯"。至今，保俶塔、六和塔均成为西湖的标志，成为点缀城市园林不可或缺的景物。佛教的兴盛，推动佛教艺术的发展，始于唐代的西湖摩崖石刻造像，在五代吴越达到了新的高峰，现存摩崖造像中有确切纪年可考的也自吴越始。在吴越国都所在地的周围和佛教胜地如慈云岭、烟霞洞、石屋洞、飞来峰等处均以摩崖造像著称于世。[①]

吴越时期的摩崖石刻，佛像塑造、佛经雕刻特别丰富，寺庙园林、佛塔经幢随处皆有。学佛习禅之人日渐增多，佛门禅坛的诗词文章层出不穷。

重元寺初名重玄寺，肇建于南梁天监二年(504年)，原为陆僧瓒故宅。梁武帝倡佛，士大夫舍宅为寺蔚然成风。陆僧瓒"因睹祥云重重所覆，请舍宅，为重云寺。中误书为重玄，遂名之"。

重玄寺一度易名承天寺、能仁寺，后又恢复重玄寺，清时因避康熙帝玄烨之讳，易"玄"为"元"，重元寺名就一直延用至今。

唐时，重元寺堪称巨刹，著名诗人韦应物(737—792年)《登寺阁诗》描写的即为重元寺：

> 时暇陟云构，晨霁澄景光。始见吴都大，十里郁苍苍。
> 山川表明丽，湖海吞大荒。合沓臻水陆，骈阗会四方。
> 俗繁节又暄，雨顺物亦康。禽鱼各翔泳，草木遍芬芳。
> 于兹省氓俗，一用劝农桑。诚知虎符忝，但恨归路长。

当时重元寺在苏州城内显示了自己的特色，寺内有一著名的药圃，僧人元达，好种名药，专门到各地采集药种后，在寺内栽种，诗人皮日休曾经专门到寺里访问，并题诗以赠：

> 香蔓蒙笼覆昔邪，桧烟杉露湿袈裟。
> 石盆换水捞松叶，竹径迁床避笋牙。
> 藜杖移时挑细药，铜瓶尽日灌幽花。
> 支公谩道怜神骏，不及今朝种一麻。

诗人白居易在寺内书写的《法华院石壁所刻金字经》碑文，以"石经功德契如来付嘱之心"。会昌三年(844年)武宗灭佛，重元寺毁于一旦，大中元年复兴，此一经过反映在重元寺唐陀罗尼经幢(现无存)的题刻上。

五代，重元寺经南唐"钱氏又加修葺，殿阁崇丽，前列怪石。寺中有别院五，曰永安，曰净土，禅院也；曰宝幢，曰龙华，曰圆通，教院也……又有圣姑庙，盖梁时陆氏之女，吴人于此祈有子，颇验"。寺中"结楼架阁，上切星汉。处处严奉，高栋重檐，斗丽跨雄，楼阁翚飞，下俯鳞宇，碧棁丹拱，隐雾延晖。……金阒琼楼，浮屠入云"。

---

① 参见冷晓《寺庙园林在历史演递中独成胜景》，见《杭州通讯(下半月)》2007 年 08 期。

当时作紫檀香百宝幢覆以殿宇,翰林晁承旨与当时诸公凡二十三人为之写赞。

毁于易代战乱的六朝寺观园林,经吴越国修复扩建出现了繁荣之势;吴郡图经续记·卷上:"自佛教被于中土,旁及东南,吴赤乌中,已立寺于吴矣。其后,梁武帝事佛,吴中名山胜境,多立精舍。因于陈隋,寖盛于唐……唐季盗起,吴门之内,寺宇多遭焚剽。钱氏帅吴,崇向尤至。于是,修旧图新,百堵皆作,竭其力以趋之,唯恐不及。郡之内外,胜刹相望,故其流风余俗,久而不衰。民莫不喜罄财以施僧,华屋邃庑,斋馔丰洁,四方莫能及也。寺院凡百三十九……瑞光禅院,在盘门内。故传钱氏建之,以奉广陵王祠庙,今有广陵像及平生袍笏之类在焉。"

小　结

中晚唐五代时期,科举选士结束了士族独霸各级官位的局面,大大改变了官僚系统的成分,大批文人参与了园林营构,园林追求诗画意境,特别是中唐以后,主动追求以诗入园、因画成景,升华了中国园林艺术。

随着佛教的中国化,唐代儒道释进一步融合,宗教的世俗化,促进寺观园林的兴盛。寺观园林具有公共园林的性质,同时,地方文人官员继承六朝"兰亭"、"新亭"等公共园林建设,也在各地创建了公共游豫场所。

随着政治中心的北移,江南地区战乱少,吴越王又开创了"吴越之治",毁于易代战乱的六朝寺观园林,经吴越国修复扩建出现了繁荣之势;私家园林呈现蓬勃发展之势。

园林创作技巧和手法的运用,较之上代又有所提高而跨入了一个新的境界。太湖石的鉴赏有了质的飞跃;园林植物配置已经注意诗文意境。

"竹庄花院遍题名"①、"七字君题万象清"②,唐人已注意题诗对园林意境的凸显作用。

白居易的园林美学思想,为私家园林创作注入儒、道、释的精神,特别是闲适保和的"中隐"理想,形成文人园林的思想主轴之一,给宋人以巨大影响。

---

① 郑谷:《郊墅》《全唐诗》卷六七六。
② 杜荀鹤:《和友人见题山居》《全唐诗》卷六九二。

第四章　北宋园林美学思想

960年宋太祖赵匡胤代后周称帝,976年最后灭北汉,从而结束了封建割据的局面,建立了赵宋王朝(960—1126年),建都开封,史称北宋。其间,与在边境挑衅的辽立"澶渊之盟"①,换来了宋、辽之间达一百六十余年间的礼尚往来、通使殷勤的和平局面,"生育繁息,牛羊被野,戴白之人不识干戈",使北宋经济繁华迈向巅峰。公元1126年金兵攻陷开封,北宋亡,传九世,历时167年。

开国之初,宋太祖赵匡胤在赵普的强烈劝说下,对石守信、王审琦等禁兵统帅"杯酒释兵权",南宋人李焘《续资治通鉴长编》卷二生动地记载了建隆二年(961年)七月的这则逸事:

于是召守信等饮,酒酣,屏左右谓曰:"我非尔曹之力,不得至此,念尔曹之德,无有穷尽。然天子亦大艰难,殊不若为节度使之乐,吾终夕未尝敢安枕而卧也。"守信等皆曰:"何故?"

上曰:"是不难知矣,居此位者,谁不欲为之。"守信等皆顿首曰:"陛下何出此言?今天命已定,谁敢复有异心。"

上曰:"不然。汝曹虽无异心,如麾下之人欲富贵者,一旦以黄袍加汝之身,汝虽不欲为,其可得乎?"

皆顿首涕泣曰:"臣等愚不及此,惟陛下哀矜,指示可生之途。"

上曰:"人生如白驹之过隙,所为好富贵者,不过欲多积金钱,厚自娱乐,使子孙无贫乏耳。尔曹何不释去兵权,出守大藩,择便好田宅市之,为子孙立永远不可动之业,多置歌儿舞女,日饮酒相欢以终其天年。我且与尔曹约为婚姻,君臣之间,两无猜疑,上下相安,不亦善乎?"皆拜谢曰:"陛下念臣等至此,所谓生死而肉骨也。"

明日,皆称疾请罢,上喜,所以慰抚赐赉之甚厚。②

以"仁厚立国"的赵匡胤,对待具有潜在威胁的实力人物,采用以丰财厚禄的赎买政策,兵不血刃将兵权集中到自己手中。并确立了"王者虽以武功克敌,终须以文德致治"③的"佑文"政策。宋叶梦得的《避暑漫抄》记载:"艺祖受命之三年,密镌一碑,立于太庙寝殿之夹室,谓之誓碑,用销金黄幔蔽之,门钥封闭甚严。因敕有司,自后时享(四时八节的祭祀)及新太子即位,谒庙礼毕,奏请恭读誓词。独一小黄门不识字者从,余皆远立。上至碑前,再拜跪瞻默诵讫,复再拜出。群臣近侍,皆不知所誓何事。自后列圣相承,皆踵故事。靖康之变,门皆洞开,人得纵观。碑高七八尺,阔四尺余,誓词三行:

① 自咸平二年(999年)开始,辽朝陆续派兵在北宋边境挑衅,掠夺财物,屠杀百姓,给宋边境地区的居民带来了巨大灾难。最后北宋在宋真宗登上澶州北城门楼以示督战,"诸军皆呼万岁,声闻数十里,气势百倍"的情况下,依然以"助军旅之费"之名,每年送给辽岁币银10万两、绢20万匹的条件,与辽订立"澶渊之盟",这是一种地缘政治的产物,表示这两种带竞争性的体制在地域上一度保持力量的平衡。

② 李焘:《续资治通鉴长编》卷二,中华书局,1979。

③ 李攸:《宋朝事实》卷三。

一云：'柴氏子孙，有罪不得加刑，纵犯谋逆，止于狱内赐尽，不得市曹刑戮，亦不得连坐支属。'一云：'不得杀士大夫及上书言事人。'一云：'子孙有渝此誓者，天必殛之。'后建炎间，曹勋自金回，太上寄语，祖上誓碑在太庙，恐今天子不及知云。"

宋初内外相制、佑文抑武等"祖宗家法"，固然有效地防止了藩镇割据和宦官、外戚干政等前朝弊端，却为以文官为主体的"朋党之争"创造了条件。所谓小人有党，君子亦党，北宋一朝，新党旧党之争，愈演愈烈，即使双方都为坦诚君子，但因各有政治抱负，都想要治国平天下，而方式却迥然不同，也会因争原则而激烈党争，两派轮番执政，朝升暮黜，政策变换不定，投机小人乘机左右逢源，争权夺利，国事日非，直到靖康之辱而亡国。

宋代士人"大都是集官僚、文士、学者三位于一身的复合型人才"，"政治家、文章家、经术家三位一体，是宋代'士大夫之学'的有机构成"①。司马光、王安石、范仲淹、欧阳修、苏轼……群星璀璨，他们是政治家，又是文学家、画家、书法家、音乐家、美学家。宋文人的全才型文化品格，大大丰富和提升了全社会的美学水平。

"腹有诗书气自华"，北宋士大夫生活情趣和审美情趣普遍高雅化，他们"以深远闲淡为意"（欧阳修《六一诗话》），嗜尚"蔬笋气"、"山林气"，欣赏出水芙蓉，雅淡神逸之美，而厌弃"金玉锦绣"、错彩镂金，鄙视粗俗的声色狗马、朝歌暮嬉的感官享受。为后代知识分子提供了品质生活的最佳样本，提供了美和价值的示范。

诗、词、歌、赋、书、画、琴、棋、茶、古玩构合为宋人的生活内容；吟诗、填词、绘画、戏墨、弹琴、弈棋、斗茶、置园、赏玩构合为宋人的生活方式；诗情、词心、书韵、琴趣、禅意便构合为宋人的心态——在本体意义上是情调型、情韵型的宋人心态。对这些文化艺术对象所怀抱的是玩味性、欣赏性（更多的是清赏性）、体验性的态度，这便进入审美层面。于是，审美上便崇尚和追求"韵"。"韵"风行于宋代文化和审美领域，成为对明代中后期美学最具影响力的范畴。

宋代皇帝如真宗、仁宗、神宗、徽宗，都有非常强的文人气质，到了真宗、仁宗时期，进入了宋文化发展巅峰时期。

北宋藏富于民，宋人施德操在《北窗炙輠录》中曾记载宋仁宗两则轶事：

"仁宗尝与宫人博，才出钱千。既输却，即提其半走。宫人皆笑曰：'官家太穷相，既输又惜，不肯尽与。'仁宗曰：'汝知此钱为谁钱也？此非我钱，乃百姓钱也。我今日已妄用百姓千钱也。'"

又一次，仁宗夜里在宫中听到丝竹歌笑之声，问曰："此何处作乐？"宫人曰："此民间酒楼作乐处。"宫人因曰："官家且听外间如此快活，都不似我宫中如此冷冷落

① 王永熙：《宋代文学通论》，河南大学出版社，1997，第27页。

落也。"仁宗曰:"汝知否? 我因如此冷落,故得渠如此快活。我若为渠,渠便冷落矣。"

民富国穷,民间的快乐居然胜过皇宫。吴自牧《梦粱录》写道:"不论贫富,游玩琳宫梵宇,竟日不绝。家家饮宴,笑语喧哗","至如贫者,亦解质借兑,带妻挟子,竟日嬉游,不醉不归","不特富家巨室为然,虽贫乏之人,亦且对时行乐也"。欧阳修《六一诗话》:"京师辇毂之下,风物繁富,而士大夫牵于事役,良辰美景,罕获宴游之乐。其诗至有'卖花担上看桃李,拍酒楼头听管弦'之句。"

宋代崇文重教,读书求仕之风席卷全国,毕沅《续资治通鉴》记载宋仁宗两劝赵普读书,卷四载:"赵普初以吏道闻,寡学术,帝每劝以读书,普遂手不释卷。"卷十六又载:"普少习吏事,寡学术,及为相,太祖常劝以读书,晚年,手不释卷。每归私第,阖户启箧,取《论语》读之竟日。及临政,处决如流。普事两朝,出入三十余年,刚毅果断,能以天下为己任,宋初在相位者未有其比。"[1]

宋真宗赵恒《劝学诗》曰:"富家不用买良田,书中自有千钟粟。安居不用架高堂,书中自有黄金屋。出门无车毋须恨,书中有马多如簇。娶妻无媒毋须恨,书中有女颜如玉。男儿欲遂平生志,勤向窗前读六经。"

民间出现了"孤村到晓犹灯火,知有人家夜读书"(晁冲之《夜行》)的盛况。全民知识水平全面提高、审美素质全面发展,文质彬彬,温文尔雅,底蕴深厚,纯化了全民的审美情趣。

宋初园林美学思想,与整个美学发展同步,对中晚唐五代园林美学思想来说,有一延伸期和惯性运动期,称为"唐韵浸染期",此后是"宋调形成期、宋调鼎盛期"[2]。园林美学思想是对唐代特别是中唐、南唐和后蜀美学思想的熏陶、传承和发展,最后又能独立门户,自成体系。

理学开山祖、人称濂溪先生的周敦颐的"濂溪乐处"和自号为"安乐先生"的邵雍的"安乐窝",对中国园林美学思想以巨大影响。

文人将绘画所用笔墨换成山石花草,完成了三度空间的立体画,真正意义上的"士人园"诞生了。无论是"惟造平淡难"的诗歌、清旷淡雅的绘画,乃至淡雅净洁的宋瓷,"平淡"为美成为宋代标志性的审美理想和审美标准,也体现了宋代园林审美的基本态度和格调。

随着平民审美意识的普遍提升,园林艺术走向生活的同时,也走进了宾馆酒楼。

北宋山水园林兴造掀起高潮。皇家宫苑领其风气之先,仅东京城内和近郊皇家宫苑就有琼林苑、金明池、玉津园和撷芳园等不下八、九处之多,艮岳更具有划时代的意义。

---

① 毕沅:《续资治通鉴》卷四、卷十六,中华书局,1957。
② 吴功正:《论宋代美学》,见南京大学学报(哲学人文社科版),2005,第1期。

第一节 "仕隐"文化与士人的生命范式

中唐白居易晚年平和、闲适的心态对宋人心态影响甚大,宋人所取名号,"醉翁、迂叟、东坡之名,皆出于白乐天诗云"①,宋人周必大指出:"本朝苏文忠公不轻许可,独敬爱乐天,屡形诗篇。盖其文章皆主辞达,而忠厚好施,刚直尽言,与人有情,于物无着,大略相似。谪居黄州,始号东坡,其原必起于乐天忠州之作也。"《容斋二笔》载:苏东坡"责居黄州,始自称东坡居士,详考其意,盖对慕白乐天而然……非东坡之名偶尔暗合也"。② 林逋《读王黄州诗集》:"放达有唐惟白傅,纵横吾宋是黄州。"诗中的"黄州"指的是宋初的王禹偁,王禹偁自幼喜爱白诗,他平易流畅、简雅古淡的诗风,被宋人视为"白体诗人",已初步表现出对于平淡美的追求,故清人吴之振说,"元之独开有宋风气"。宋初李昉也是"为文章慕白居易"③。吴德仁:"夫欲为元亮,则陋穷而难安,欲为乐天,则备足而难成;吴德仁居两人之间,真率仅似陶,而俸养略如白,其放达则有之,岂非贤者!"④如是,真率似陶潜、"中隐"如白乐天、三教合一的思潮等,陶铸出宋人全新的仕隐文化。

在党争激烈,朝升暮黜或暮升朝黜的北宋时期,坚守着"为天地立心,为生民立命,为往圣继绝学,为万世开太平"的士人,把自我人格修养的完善看作是人生的最高目标,一切事功仅是人格修养的外部表现而已,强调通过道德自觉达到理想人格的建树。因此,"不以物喜,不以己悲;居庙堂之高则忧其民,处江湖之远则忧其君。是进亦忧,退亦忧。然则何时而乐耶? 其必曰'先天下之忧而忧,后天下之乐而乐'乎⑤! 因为他们可以向内心去寻求个体生命的意义,去追求经过道德自律的自由,"与唐人相比,宋代文人的生命范式更加冷静、理性和脚踏实地,超越了青春的躁动,而臻于成熟之境,而以平淡美为艺术极境"⑥。他们心态平和,潇洒地融于仕与非仕之间、无可与无不可之中,从心所欲、游刃有余,如欧阳修自述的那样,"方其得意于五物也,太山在前而不见,疾雷破柱而不惊",进入自由境界。

一、未成小隐聊中隐 可得长闲胜暂闲

北宋政治家、文学家、开创一代文风的文坛领袖欧阳修在《与尹师鲁第一书》中说:

> 又常与安道言,每见前世有名人当论事时,感激不避诛死,真若知义者。及到

---

① 龚颐正:《芥隐笔记》,四库全书本。
② 洪迈:《容斋二笔》卷五。
③ 脱脱等:《宋史》卷三○七。
④ 胡仔:《苕溪渔隐丛话》前集卷四引张耒语。
⑤ 范仲淹:《岳阳楼记》,《全宋文》卷三八六。
⑥ 袁行霈:《中国文学史》第二版第三卷,高等教育出版社,1999,第 10 页。

115

贬所,则戚戚怨嗟,有不堪之穷愁,形于文字,其心欢戚,无异庸人。虽韩文公不免此累。用此戒安道,慎勿作戚戚之文。①

欧阳修一生中多次被贬谪,晚年自号"六一居士",作《六一居士传》曰"吾家藏书一万卷,集录三代以来金石遗文一千卷,有琴一张,有棋一局,而常置酒一壶……以吾一翁,老于此五物之间,是岂不为'六一'乎?"②书、金石、琴、棋、酒、一"居士",即在家修行的佛教徒,三教融合为一,代表了欧阳修的生活品味和审美追求。

宋初王禹偁,"事上不曲邪,居下不诌佞。见善若已有,嫉恶过仇雠"③。在第三次被贬黄州,公退之暇,在所建小竹楼上,"被鹤氅,戴华阳巾,手执《周易》一卷,焚香默坐,消遣世虑"④。鹤氅是用鸟羽织成的裘衣,隐士、仙人、道士等人物穿用的服装;华阳巾是道士的一种头饰;《周易》即《易经》,为儒家经典,"焚香默坐"为佛教徒修行方式,俨然为三教合一的外在形象。

苏轼(1037—1101年),字子瞻,为有宋一代文艺思潮和美学趋向的典型代表,也是具全才型文化品格的代表人物。他是著名的文学家,唐宋散文八大家之一;诗歌与黄庭坚齐名;词与南宋辛弃疾并称"苏辛",为豪放派词人。他多才多艺,书法与蔡襄、黄庭坚、米芾合称"宋四家";绘画善画竹木怪石,其画论、书论也多卓见。是北宋继欧阳修之后的文坛领袖。

苏轼是"三教合流"的典范人物,具有"以儒治世、以佛静心、以道修身"的思想特点,他自号"东坡居士",又一生崇道,并不断地试验、实践道教的生活方式,企图炼成内丹,成为神仙式的人物,晚年几乎成为一个道士。还写了数百首涉及自己炼内功、求神仙的诗歌,故后人称他为"坡仙"。

苏轼嘉祐二年(1057年)进士,任福昌县主簿、大理评事、签书凤翔府节度判官,召直史馆。神宗元丰二年(1079年)知湖州时,御史劾以作诗讪谤朝廷,三年贬黄州团练使。哲宗元祐元年(1086年)还朝,累迁翰林学士,出知杭州、颍州(今安徽省阜阳县)。绍圣初,又被劾奏讥斥先朝,远谪惠州(今广东省惠阳县)、儋州(今海南省儋县)。元符三年(1100年),始被召北归,卒于常州。一生宦海浮沉,奔走四方,但"苏一生并未退隐,也从未真正'归田',但他通过诗文所表达出来的那种人生空漠之感,却比前人任何口头上或事实上的'退隐'、'归田'、'遁世'要更深刻更沉重。"⑤

中国隐逸之风从老子的"道隐"和庄子的"心隐",到魏晋南北朝的"林隐",从中唐白居易的"中隐",再到宋苏轼的"仕隐",从而达到了一个极致。

元丰二年(1079年),苏轼由徐州(彭城)徙知湖州(吴兴),在宋州(商丘)登船由水

---

① 欧阳修:《欧阳文忠集》卷六九。
② 欧阳修:《欧阳文忠集》卷四四。
③ 《全宋文》卷三戚纶王禹偁诔词。
④ 王禹偁:《黄州新建小竹楼记》,见《小畜集》卷十七。
⑤ 李泽厚:《美的历程》,文物出版社,1982,第161页。

路赴任,经灵璧,游张氏园,应张硕的请求写《灵璧张氏园亭记》:"古之君子,不必仕,不必不仕。必仕则忘其身,必不仕则忘其君。"[1]苏轼很羡慕灵璧张氏的园亭,"为其子孙之计虑者远且周","使其子孙开门而出仕,则跬步市朝之上;闭门而归隐,则俯仰山林之下"[2]。在题为《中隐堂》的诗及序中,他亦遗憾"退居吾久念,长恐此心违"[3],只能"未成小隐聊中隐,可得长闲胜暂闲"[4]。"中隐"实际上都是"仕隐"或称"吏隐"。

苏轼虽屡遭贬谪,但他以儒家固穷的坚毅精神、老庄轻视有限时空和物质环境的超越态度以及禅宗以平常心对待一切变故的观念有机地结合起来,始终坚定、沉着、乐观、旷达,因而在逆境中照样能保持着顽强乐观的信念和超然自适的人生态度:"莫听穿林打叶声。何妨吟啸且徐行。竹杖芒鞋轻胜马。谁怕。一蓑烟雨任平生。料峭春风吹酒醒。微冷。山头斜照却相迎。回首向来萧瑟处。归去。也无风雨也无晴。"(《定风波》)

苏轼"风骨巉严",始终保持内在人格的"群居不倚,独立不惧",和他弟弟苏辙"颀然峻整,独立不倚"一样,黄庭坚目之为"成都两石笋"!

苏轼代表的宋代士大夫始终保持着高贵的气质,即使受到贬斥与流放时也不愿低下高昂的头颅与挺直的腰板,印证着孔夫子所说:"求仁而得仁,又何怨?"

"仕隐"是北宋士大夫普遍认同的思潮。《宋史·张去华传》载张去华"在洛葺园庐,作'中隐亭'以见志"[5]。北宋龙州金判赵众筑"吏隐堂",《龙安府志》载:堂在龙州倅庭,北宋元祐元年(1086年)金判赵众建,取民安民少、官吏如隐者之意。作诗《吏隐堂》:"满耳江声满目山,此身疑不在人寰。民含古意村村静,吏束刑书日日闲。"引来两位名臣名儒的和诗:司马光《和赵子舆龙州吏隐堂》:"四望逶迤万叠山,微通云栈落尘寰。谁知吏道自可隐,未必仙家有此闲。酒熟何人能共醉,诗成无事复相关。浮生适意即为乐,安用腰金鼎镬间。"宋真宗时的范镇,也有《读〈吏隐堂〉诗怀古》:"花阴柳榻常欹枕,月色侵门不下关。因诵君诗想佳景,炎凉依约梦魂间。"和诗皆盛赞龙州山水之奇瑰,政事之清闲,仙家也未必有此闲,浮生适意即为乐,安用腰金鼎镬间!唯宋人能达观,且能从中寻找诗意,自得其乐。

二、江山风月　闲者便是主人

苏轼进退自如,宠辱不惊,既坚持操守又全生养性,以宽广的审美眼光去拥抱大千世界,所以凡物皆有可观,到处都能发现美的存在。尤其钟情于和谐宁静的自然山水,如《西江月》:"照野涨涨浅浪,横空暧暧微霄。障泥未解玉骢骄。我欲醉眠芳草。可惜一溪明月,莫教踏破琼瑶。解鞍欹枕绿杨桥。杜宇一声春晓。"

---

① 《苏东坡全集·前集》卷三十二。
② 苏轼:《灵璧张氏园亭记》,载《苏东坡全集·前集》卷三十二。
③ 陈迩冬:《苏轼诗选》,北京人民文学出版社,1957,第24页。
④ 苏轼:《六月二十七日望湖楼醉书》,载陈迩冬《苏轼诗选》,人民文学出版社,1957,第59页。
⑤ 脱脱等:《宋史》卷三〇七。

元丰三年（1080 年），苏轼贬谪黄州任团练副使，先落脚于定惠院，五月迁居临皋亭，苏轼在《临皋闲题》中说："临皋亭下八十数步，便是大江，其半是峨嵋雪水，吾饮食沐浴皆取焉，何必归乡哉！江山风月，本无常主，闲者便是主人。闻范子丰新第园池，与此孰胜？所以不如君子，上无两税及助役钱尔。"①

北宋元丰四年（1081 年），苏轼通过故人马正卿向黄州府要了东门外五十亩荒地，遂自号"东坡居士"。《苏东坡全集·续集》卷五《与子安兄》："近于城中得荒地十数亩，躬耕其中，作草屋数间，谓之东坡雪堂。"雪堂作于元丰五年（1082 年）二月，苏轼《雪堂记》曰："苏子得废圃于东坡之胁，筑而垣之，作堂焉，号其正曰'雪堂'。堂以大雪中为之，因绘雪于四壁之间，无容隙也。起居偃仰，环顾睥睨，无非雪者。"房子落成之时，适逢大雪纷飞，有感于雪的品格，将所作之室起名为"雪堂"，并在四壁画满了雪花。苏轼于昼眠其间，快然自得，"未觉，为物触而寤，其适未厌也，若有失焉。以掌抵目，以足就履，曳于堂下"，好似一幅"雪地昼眠图"！其放浪于形骸之外，澈明于心境之内，有若散仙矣！

研究者认为，此时的苏轼，儒道思想的矛盾与融合，较多的是借禅宗思想抚慰内心，并极赞雪堂之美："雪堂之前后兮，春草齐。雪堂之左右兮，斜径微。雪堂之上兮，有硕人之颀颀。考盘于此兮，芒鞋而葛衣。挹清泉兮，抱瓮而忘其机。负顷筐兮，行歌而采薇……是堂之作也，吾非取雪之势，而取雪之意。吾非逃世之事，而逃世之机。"雪者，晶莹洁白，犹王昌龄"一片冰心在玉壶"也！

苏轼每每将陶渊明诗文作为消忧特效药，"每体中不佳，辄取读，不过一篇，惟恐读尽，后无以自遣耳"②！在黄州，苏轼写了《江城子·梦中了了醉中醒》，他说：

陶渊明以正月五日游斜川，临流班坐，顾瞻南阜，爱曾城之独秀，乃作斜川诗，至今使人想见其处。元丰壬戌之春，余躬耕于东坡，筑雪堂居之，南挹四望亭之后丘，西控北山之微泉，慨然而叹，此亦斜川之游也。乃作长短句，以《江城子》歌之。

梦中了了醉中醒。只渊明，是前生。走遍人间，依旧却躬耕。昨夜东坡春雨足，乌鹊喜，报新晴。

雪堂西畔暗泉鸣。北山倾，小溪横。南望亭丘，孤秀耸曾城。都是斜川当日景，吾老矣，寄余龄。

鸣泉、小溪、山亭、远峰，日与耳目相接，表现出田园生活恬静清幽的境界，遂觉所见皆"都是斜川当日景"，自比晋代诗人陶渊明斜川之游，抒发了随遇而安、乐而忘忧的旷达襟怀，在逆境中淡泊自守、怡然自足的心境。东坡又将陶渊明《归去来兮辞》缩写成词，即《哨遍·为米折腰》，他在《哨遍》序云：

陶渊明赋归去来，有其词而无其声。余既治东坡，筑雪堂于上。人俱笑其陋，

① 苏轼：《东坡全集》卷一百四"卜居"。
② 苏轼：《书渊明〈羲农去我久〉诗》，见《苏轼集》书后五百六首。

独鄱阳董毅夫(钺)过而悦之,有卜邻之意。乃取归去来词,稍加檃括,使就声律,以遗毅夫。使家童歌之,时相从于东坡,释耒而和之,扣牛角而为之节,不亦乐乎?

苏轼在黄州的官职是"团练副使","本州安置","不得签书公事",和软禁差不多。却在元丰五年(1082年)与客泛舟两游赤壁,七月十六日和十月十五日写下了一生中最优秀的写景赋《前赤壁赋》①和《后赤壁赋》②。在《前赤壁赋》中,苏轼写初秋的江上明月"清风徐来,水波不兴","白露横江,水光接天",于是兴之所至,"诵明月之诗,歌窈窕之章",《诗经·月出》首章"月出皎兮,佼人僚兮。舒窈纠兮,劳心悄兮。"明月犹如那体态娇好的美人,"少焉,月出于东山之上,徘徊于斗牛之间",柔和的月光似对游人极为依恋和脉脉含情,在月光朗照下,"白露横江,水光接天",令人心胸开阔,"纵一苇之所如,凌万顷之茫然",乘着一叶扁舟,在"水波不兴"浩瀚无涯的江面上,随波飘荡,"浩浩乎如冯虚御风,而不知其所止;飘飘乎如遗世独立,羽化而登仙"。仿佛在太空遨游,超然独立;又像长了翅膀飞升入仙境一样。

图4-1 苏轼夜游赤壁(苏州忠王府)

"于是饮酒乐甚,扣舷而歌之",天地间万物各有其主、个人不能强求,"惟江上之清风,与山间之明月,耳得之而为声,目遇之而成色;取之无禁,用之不竭。是造物者之无尽藏也,而吾与子之所共适",清风明月本无价,我们都可以徘徊其间而自得其乐,"客喜而笑,洗盏更酌。肴核既尽,杯盘狼藉。相与枕藉乎舟中,不知东方之既白"(图4-1)。

《后赤壁赋》写"霜露既降,木叶尽脱"的初冬山水草木,"江流有声,断岸千尺,山高月小,水落石出",苏子独自登山"履巉岩,披蒙茸,踞虎豹,登虬龙,攀西鹊之危巢,俯冯夷之幽宫","划然长啸,草木震动,山鸣谷应,风起水涌",峭拔、惊险,"予亦悄然而悲,肃然而恐",于是"反而登舟,放乎中流,听其所止而休焉"!最后苏子在梦乡中进入了神秘幻觉中。

姚鼐《古文辞类纂评注》引清代古文家方苞评语曰:"所见无绝殊者,而文境邈

① 苏轼:《苏东坡全集》卷十九。
② 同上。

不可攀,良由身闲地旷,胸无杂物,触处流露,斟酌饱满,不知其所以然而然。"惟苏轼忘怀得失的胸襟坦荡,方能享受此乐。

欧阳修《浮槎山水记》曰:"夫穷天下之物无不得其欲者,富贵者之乐也。至于荫长松,藉丰草,听山流之潺湲,饮石泉之滴沥,此山林者之乐也。"

"庆历中,欧阳文忠公谪守滁州,有琅琊幽谷,山川奇丽,鸣泉飞瀑,声若环佩,公临听忘归。僧智仙作亭其上,公刻石为记,以遗州人。"①《却扫编》卷下也载:"欧阳文忠公始自河北都转运谪守滁州,于琅琊山间作亭,名曰'醉翁',自为之记。其后王诏守滁,请东坡大书此记而刻之,流布世间,殆家有之。亭名遂闻于天下。"

欧阳修的《醉翁亭记》②,一如构园法、园林美学论文。整体构图围绕着醉翁亭:"环滁皆山也。其西南诸峰,林壑尤美。望之蔚然而深秀者,琅琊也",仿佛拉开了一幅大的美丽诱人的林壑画面;"山行六七里,渐闻水声潺潺,而泻出于两峰之间者,酿泉也"! 先闻水声潺潺,再见到瀑布泻出于两峰之间,乃"酿泉也";"峰回路转,有亭翼然临于泉上者,醉翁亭也"! 真是曲径通幽,渐入佳境!

"醉翁之意不在酒,在乎山水之间也。山水之乐,得之心而寓之酒也"! 山水太令人陶醉了!

亭周朝暮变化之美:"日出而林霏开,云归而岩穴暝,晦明变化者,山间之朝暮也";季相变幻更美:"野芳发而幽香,佳木秀而繁阴,风霜高洁,水落而石出者,山间之四时也!"春花,芳草萋萋,幽香扑鼻;夏荫,林木挺拔,枝繁叶茂;秋色,风声萧瑟,霜重铺路;冬景,水瘦石枯,草木凋零。俨然为园林四季设景描绘了一幅蓝图(图4-2)。

图4-2　醉翁亭(明唐寅)

滁人游者,有"负者歌于途,行者休于树,前者呼,后者应,伛偻提携,往来而不绝",饱游归来,"已而夕阳在山,人影散乱,太守归而宾客从也。树林阴翳,鸣声上下,游人去而禽鸟乐也。然而禽鸟如山林之乐,而不知人之乐;人知从太守游而乐,而不知太守之乐其乐也。"又似一幅"与民同乐"的游园图。

---

①　王辟之:《渑水燕谈录》卷七。
②　欧阳修:《欧阳文忠公集》卷三十九。

这一幅幅画面,以"乐"为主题,以山水之美、鸟语花香之美为基础,连缀起宴酣之乐、禽鸟之乐和滁人游者之乐。

王禹偁《黄州新建小竹楼记》[①],也是写他被贬后恬淡自适的生活态度和居陋自持的情操志趣的:"黄冈之地多竹,大者如椽。竹工破之,刳去其节,用代陶瓦,比屋皆然,以其价廉而工省也。子城西北隅,雉堞圮毁,榛莽荒秽,因作小楼二间,与月波楼通。"就地取材,"价廉而工省",小竹楼与月波楼相通,居高临下,视野广阔,"远吞山光,平挹江濑,幽阒辽夐,不可具状"!

四季景色美不胜收:"夏宜急雨,有瀑布声;冬宜密雪,有碎玉声。宜鼓琴,琴调虚畅;宜咏诗,诗韵清绝;宜围棋,子声丁丁然;宜投壶,矢声铮铮然:皆竹楼之所助也。"在小竹楼里夏天听雨,冬天聆雪,于寻常处感受竹楼的美妙,仿佛完全与自然融为一体。悠闲自在,弹琴、下棋、吟诗、宴欢的各种乐趣。还能远观风帆沙鸟、烟云竹树,送夕阳,迎素月,不亦乐乎!豪华楼观徒能"贮妓女、藏歌舞","非骚人之事,吾所不取"!凸显出王禹偁的人格美和宽广博大、光明磊落襟抱。

宋士人之山水庭园之好,不以升迁黜降为变,张扬耿直、仕途上几起几伏的欧阳修,犹留下《蝶恋花》词"庭院深深深几许,杨柳堆烟,帘幕无重数"的名句。即使在朝为官,也并不全是整日追逐财富与名利,心中依然向往自然。据宋魏泰《临汉隐居诗话》载王安石刚刚拜相,"贺客盈门",却挥笔书窗曰:"霜筠雪竹钟山寺,投老归欤寄此生",有大功毕成之后归隐山林之心。熙宁五年(1072年)[②],相业正隆时又想"故绕盆池种水红",追忆"江湖秋梦橹声中"(王安石《壬子偶题》)[③]。

1076年,年已五十六岁的王安石第二次罢相时,在南京钟山西南构半山园,因距南京城东门七里,距蒋山也是七里,正好处在半道,所以就命名为半山园。王安石《示元度》诗描述了园林构建及营构思想:

> 凿池构吾庐,碧水寒可漱。沟西雇丁壮,担土为培塿。
> 扶疏三百株,莳栋最高茂。不求鹤雏实,但取易成就。
> 中空一丈地,斩木令结构。五楸东都来,黝以绕檐溜。
> 老来厌世语,深卧塞门窦。赎鱼与之游.喂鸟见如归。
> ……

有山有水、有植物、也有建筑,但如"培塿"的土山、一丈地的木结构建筑,却有扶疏三百株的植物,原则是"但取易成就"。王安石在《寄蔡氏女子两首》中写道:"青遥遥兮骊属,绿宛宛兮横逗,积李兮绮夜,崇桃兮炫画,兰馥兮众植,竹娟兮常茂,柳蔫绵兮含姿,松堰赛兮献秀,鸟跂兮上下,鱼跳兮左右……"在《寄吴氏女子》诗中也颇为自豪地称:"吾庐所封殖,岁久愈华青,岂特茂松竹,梧揪亦冥冥。菫荷美花实,

---

① 王禹偁:《小畜集》卷十七。

② 魏泰《临汉隐居诗话》。

③ 参袁行霈《中国文学史》第三卷,高等教育出版社,1999,第10页。

弥漫争沟源。"以花木植物为主,花香鸟语。

正如台湾美学家蒋勋所说,因为宋文人心里有山水,有一片属于自己的山水,他们很自信,他们知道自己的生命中有比权力和财富更高的价值所在。

三、收藏鼎彝 书斋雅玩

北宋文人士大夫们博雅好古,收藏鼎彝,热衷于园林雅赏、书斋雅玩,他们赏雨茅屋、观摩名画、把玩古器、赏花斗茶,琴棋书画诗酒茶,艺术中生活。

收藏、把玩金石鼎彝体现了一种文化品位,也是宋文化的标志之一。金石文词的信史价值固然远胜于后人的文字记载,但考订鉴裁、辨测款识,玩味其中,不亦乐乎!从皇室人员到普通士子,蔚然成风。王国维《宋代之金石学》曰:"近世学术多发端于宋人,如金石学,亦宋人所创学术之一。宋人治此学,其于搜集、著录、考订、应用各面,无不用力。不百年间,遂成一种之学问。"宋徽宗敕撰,王黼编纂《宣和殿博古图》三十卷,著录了宋代皇室在宣和殿收藏的自商代至唐代的青铜器八百三十九件。然宋人搜集古器之风,实自私家开之。宋人搜集古器,于铜器外,兼收石刻,虽残石亦收之。而搜集拓本之风,则自欧阳修后,若曾巩……成为一代风气。而金石之外,若瓦当。若木简,无不在当时好古家网罗之内。此宋人搜集之大功也。[1]朱熹说:"集录金石,千古初无,盖自欧阳文忠公始。"[2]欧阳修以十年之劳,成就了集录千卷金石文的《集古录》。他在《〈集古录〉自序》中说:

> 予性颇而嗜古,凡世人之所贪者,皆无欲于其间,故得一其所好于斯。好之已笃,则力虽未足,犹能致之。故上自周穆王以来,下更秦、汉、隋、唐五代,外至四海九州,名山大泽,穷崖绝谷,荒林破冢,神仙鬼物,诡怪所传,莫不皆有。

《宋史》本传,画家李公麟"好古博学,长于诗,多识奇字,自夏商以来,钟、鼎、尊、彝皆能考定世次,辩测款识。闻一妙品,虽捐千金不惜。绍圣末,朝廷得玉玺,下礼官诸儒议,言人人殊。公麟曰:'秦玺用蓝田玉,今玉色正青,以龙蚓鸟鱼为文,著帝王受命之符,玉质坚甚,非昆吾刀、蟾肪不可治,珊法中绝,此真秦李斯所为不疑。'议由是定"。[3]

书画家米芾也是一位金石家,"精于鉴裁,遇古器物书画则极力求取必得乃已"。[4] 李清照的丈夫赵明诚,在徽宗大观元年(1107 年)三月,由于党系之争,因父亲赵挺之遭蔡京诬陷而罢相。随之,家属受株连,赵明诚兄弟三人统统被免职,赵明诚与李清照回到青州故里,极力收藏,考证文物,全身心编写《金石录》。赵明诚仿欧阳修《集古录》体例编撰成《金石录》一书,共三十卷五百零二篇。

---

① 王国维:《宋代之金石学》,《王国维遗书》第五册《静安文集续编》。
② 朱熹:《题欧公金石序真迹》,载《晦庵先生朱文公文集》卷八二,四部丛刊本。
③ 脱脱,等《宋史》卷四四五。
④ 同上。

李清照作《金石录后序》：

取上自三代，下迄五季，钟、鼎、甗、鬲、盘、彝、尊、敦之款识，丰碑、大碣，显人、晦士之事迹，凡见于金石刻者二千卷，皆是正伪谬，去取褒贬，上足以合圣人之道，下足以订史氏之失者，皆载之……赵、李族寒，素贫俭。每朔望谒告出，质衣，取半千钱，步入相国寺，市碑文果实归，相对展玩咀嚼，自谓葛天氏之民也。

后二年，出仕宦，便有饭蔬衣练，穷遐方绝域，尽天下古文奇字之志。日就月将，渐益堆积……后或见古今名人书画，一代奇器，亦复脱衣市易。尝记崇宁间，有人持徐熙牡丹图，求钱二十万。当时虽贵家子弟，求二十万钱，岂易得耶。留信宿，计无所出而还之。夫妇相向惋怅者数日。

……收书既成，归来堂起书库，大橱簿甲乙，置书册。……余性不耐，始谋食去重肉，衣去重采，首无明珠、翠羽之饰，室无涂金、刺绣之具。遇书史百家，字不刓缺，本不讹谬者，辄市之，储作副本。自来家传周易、左氏传，故两家者流，文字最备。于是几案罗列，枕席枕藉，意会心谋，目往神授，乐在声色狗马之上。

赵明诚夫妇进一步发展为"玩"，"玩"古玩："得书、画、彝、鼎，亦摩玩舒卷，指摘疵病，夜尽一烛为率。"①饭后，他们还时常坐在归来堂中烹茶。"翻书赌茶"，互相考问对方，言某事在某书某卷某页某行，猜中的人为胜者，先品茶，输的后饮。李清照饱览经、史、子、集，记性又好，赢的次数多，当她端起茶，望着丈夫的尴尬相时，情不自禁笑起来，竟使茶水倾覆衣裳上。李清照说："甘心老是乡矣！故虽处忧患困穷，而志不屈"，以此为乐，嗜雅风尚可见一斑。

所以王国维说："赏鉴之趣味与研究之趣味，思古之情与求新之念，互相错综。此种精神于当时之代表人物苏轼、沈括、黄庭坚、黄伯思诸人著述中，在在可以遇之。其对古金石之兴味，亦如其对书画之兴味，一面赏鉴的，一面研究的也。汉、唐、元、明时人之于古器物，绝不能有宋人之兴味，故宋人于金石书画之学，乃陵跨百代。"②

赵希鹄为赵宋王朝宗室弟子，喜书画，善鉴赏，著《洞天清禄集》，言："明窗净几，罗列布置；篆香居中，佳客玉立相映。时取古人妙迹以观，鸟篆蜗书，奇峰远水，摩挲钟鼎，亲见周商。端研涌岩泉，焦桐鸣玉佩，不知身居人世，所谓受用清福，孰有逾此者乎？是境也，阆苑瑶池未必是过。"

如此，遂构合为宋人的文化生活、审美生活的内容之一，形成了清赏的行为方式和清雅的审美情调。

宋人收藏、鉴赏的范围很广，法书、名画、古砚、奇石等。

书画家米芾收藏了晋王羲之《王略帖》、谢安《八月五日帖》、王献之《十二日帖》

---

① 《李清照集校注》卷三《金石录后序》，人民文学出版社，1979，第176-178页。
② 王国维：《宋代之金石学》，《王国维遗书》第五册《静安文集续编》。

墨迹,自题书斋为"宝晋斋",时值北宋崇宁三年(1104 年),他将三种法帖摹刻上石,并于宝晋斋前掘池建亭,即墨池、投砚亭,"宝晋斋"周围,"高梧丛竹,林樾禽弄",斋内,"异书古图,左右栖列",集百氏妙迹于此而展玩,拊琴、赋诗,或挥毫,悠闲雅逸之气,可以想见。陈鹄《耆旧续闻》卷九载:

> 然余观近代酷收古帖者,无如米元章;识画者,无如唐彦猷。元章广收六朝笔帖,可谓精于书矣,然亦多赝本。东坡跋米所收书云:"画地为饼未必似,要令痴儿出馋水。"山谷和云:"百家传本略相似,如月行天见诸水。"又云"拙者窃钩辄折趾",盖讥之也。杨次翁守丹阳,元章过都留数日。元章好易化人书画,次翁作羹以饮之曰:"今日为君作河豚。"其实他鱼。元章疑而不食,次翁笑曰:"公可无疑,此赝本尔。"因以讥之。唐彦猷博学好古,忽一客携黄筌《梨花卧鹊》,于花中敛羽合目,其态逼真。彦猷蓄书画最多,取蜀之赵昌、唐之崔彝数名画较之,俱不及。题曰"锦江钓叟笔",绢色晦淡,酷类古缣。其弟彦范揭图角视之,大笑曰:"黄筌唐末人,此乃本朝和买绢印,后人矫为之。"遂还其人。以此观之,真赝岂易辩耶?
>
> 世之溺于书画者,虽不失为雅好,然亦一癖尔。欧阳公有《牡丹图》,一猫卧其下,人皆莫知。一日,有客见之,曰:"此必午时牡丹也。猫眼至午,睛细而长,至晚则大而圆。"此亦善于鉴画者。

宋人有"武夫宝剑,文人宝砚"之说,认为"文人之有砚,犹美人之有镜也,一生之中最相亲傍"。王羲之曾将笔墨比为矛戈铠甲,而将砚比为城池,它调和笔墨的功效与沉稳厚重的品性,不能不让人对它另眼相看。

宋人重石砚,发墨效果好,符合书画艺术家对研墨的各种要求。同时对石砚的造型、色彩、纹理产生了极浓厚的兴趣,甚至成了一种追求。

宋砚造型多样化,据宋唐积《歙州砚谱》记载,歙砚就有各种砚形四十多种,主要有月形砚、凤字砚、古钱砚、琴式砚、兰亭砚、蓬莱砚、砚板、仙桃砚、鼎形砚、壶形砚、圭形砚、钟形砚、秋形砚、秋叶形砚等。端砚的式样更是名目繁多,除了歙砚的各种形制外,还有太史砚、凤字砚、石渠砚、长方砚、正方砚、随形砚等。雕刻更讲究图案布局和谐,技法有深雕、浅雕、浅浮雕、线刻等,线条细腻工整,刀法简洁流畅。

欣赏色泽、纹理,如端石的鱼脑冻、冰纹、石眼、火捺等;歙石的眉纹、罗纹、金星等;洮河石的鸭头绿、湔墨点;红丝石的紫红地灰黄丝品等、黄丝纹品等,这些名贵石品是天然而独特、固有的,色彩丰富,变化莫测。宋砚开始从单一的文房用品逐渐发展为欣赏与使用相结合的艺术品了。

宋人苏易简《文房四谱》记载:"黄帝得一玉钮,始制为墨海,曰:'帝鸿氏之砚'。"这就是传说中最早的一方砚。

一日,宋徽宗命人准备上好的笔墨纸砚,邀请米芾展现书法。只见米芾笔走龙蛇一气呵成,宋徽宗连连拍手称绝。米芾看徽宗高兴,便急忙将皇上心爱的砚台揣入怀中,也顾不上残留的墨汁洒满衣袖。徽宗对他的举动颇感惊奇,谁料米芾却不客气地说:"此砚微臣已用过,哪还配让您用啊,请赐予我吧!"米芾爱砚,即便是面对皇帝也毫不忌讳,公然"敲诈"。据说他对砚痴迷之深,还曾抱着所爱之砚共眠数日。

米芾不仅赏砚藏砚,还对砚颇有研究,著有《砚史》一书。书中记述了二十六种砚台,对端砚、歙砚详加品评,在阐述历代砚台形制的同时,还对石质进行探讨,认为发墨性能优劣是石品的关键所在。

北宋文学家、书法家苏轼平生爱玩砚,自称平生以"字画为业,砚为田"。苏东坡十二岁时发现一块淡绿石头,试墨极好,其父苏洵也认为此石"是天砚也",于是凿磨了砚池,交代儿子好好爱护。及至稍长,苏东坡对此砚更是关爱有加,并且在砚背铭文。

苏东坡好砚成癖,还喜欢在砚上刻铭文,留下了三十多首砚铭。

熙宁年间,太原王颐赠送苏东坡一方"凤砚"。对这方"涵清泉,閟重谷。声如铜,色如铁。性滑坚,善凝墨"的佳砚,东坡喜不自禁,作砚铭说:"残璋断璧泽而黝,治为书砚美无有。至珍惊世初莫售,黑眉黄眼争妍陋。苏子一见名凤味,坐令龙尾羞牛后。"

他用过的"璧水砚"是以端溪下岩砚石刻制的,坚实而细润,透水性极弱,质地优良,为砚中珍品,便在砚背题了砚铭:"千夫挽绠,百夫运斤。篝火下缒,以出斯珍。一嘘而液,岁久愈新。谁其似之,我怀斯人。"另一方砚铭为:"其色温润,其制古朴,何以致之,石渠秘阁,永宜宝之,书香是托。"对此端砚备加赞扬。

他用家传宝剑换张近龙尾子石砚后曰:"仆少时好书画笔砚之类,如好声色,壮大渐知自笑,至老无复此病。昨日见张君卵石砚,辄复萌此意,卒以剑易之。既得之,亦复何益? 乃知习气难除尽也。"

曾在徽州获歙砚,誉之为涩不留笔,滑不拒墨。对龙尾砚也情有所钟,写有《眉子砚歌》《张几仲有龙尾子砚以铜剑易之》《龙尾石砚寄犹子远》等诗歌。

忠王府和陈御史花园的裙板上都刻有"苏轼玩砚"图:松石下,小童持砚,苏轼俯身细看;另一幅竹下、篱边,小童和苏轼各持一砚,苏轼神情专注地欣赏着砚台(图4-3)。

还有一种作为砚台别支的"砚山",依石之天然形状,中凿为砚,刻石为山,砚附于山,故称"砚山",既可陈设观赏,又可用作文房。据宋代蔡京幼子蔡绦《铁围山丛谈》记载:"江南后主宝一研山,径长逾尺咫,前耸三十六峰,皆大如手指,左右引两阜坡,而中凿为研。及江南国破,研山因流转数十人家,为米元章

图4-3 "苏轼玩砚"图(陈御史花园)

所得。"《志林》记载他"抱眠三日",狂喜之极,即兴挥毫,留下了传世珍品《研山铭》:"五色水,浮昆仑。潭在顶,出黑云。挂龙怪,烁电痕。极变化,阖道门。"后此石流散,米芾念念不忘,作诗记之:"研山不复见,哦诗独叹息。惟有玉蟾蜍,向余频滴泪。"①灵璧石"研山"大都下墨而并不发墨,所以砚山纯粹是作为一种案头清供,砚山的出现,标志着赏玩奇石的对象从中唐园林石峰到赏玩几案清供的过渡,奇石从此厕身于文玩之列(图4-4)。

图4-4　宝晋斋砚山图

砚屏亦为文房清玩之一,是放在砚端以挡风尘的用具,形状如立于案头的小插屏,为玉石、陶瓷、象牙、澄泥、漆木等原料制成。其首创于宋代,流传至今的砚屏,则以观赏用的居多。

宋赵希鹄《洞天清禄集》载:"古无砚屏,或铭研,多镌于研之底与侧。自东坡、山谷始作砚屏,既勒铭于研,又刻于屏,以表而出之。"其后制作工艺更加严格,而且雕刻精湛,书画铭文,无不古意盎然,极富诗情画意。

宋文人还经常雅集,共赏所藏。如堪与晋王羲之等"兰亭雅集"并称的"西园雅集":文人墨客在宋驸马都尉王诜之西园集会,著名画家李公麟(1049—1106年),字伯时,作画,名之谓《西园雅集图》(图4-5)。李公麟以他首创的白描手法,描绘了苏轼、苏辙、黄鲁直、秦观、李公麟、米芾、蔡肇、李之仪、郑靖老、张耒、王钦臣、刘泾、晁补之以及僧圆通、道士陈碧虚等十六位当时的社会名流的容止以及松桧梧竹,小桥流水,极园林之胜。宾主风雅,或写诗、或作画、或题石、或拨阮、或看书、或说经,极宴游之乐。米芾作《西园雅集图记》称:"水石潺湲,风竹相吞,炉烟方袅,草木自馨,人间清旷之乐,不过于此。嗟呼!汹涌于名利之域而不知退者,岂易得此耶!自东坡而下,凡十有六人,以文章议论、博学辨识、英辞妙墨、好古多闻、雄豪绝俗之资,高僧羽流之杰,卓然高致,名动四夷。后之览者,不独图画之可观,亦足仿佛其人耳!"

---

① 此石失踪千年之后于2012年复又现身,现藏于故宫博物院。

图 4-5　《西园雅集图》(李公麟)

前文谈到赵明诚、李清照夫妇"翻书赌茶",实际上,自中唐以后逐渐兴起的品茶习尚到宋代而普遍盛行于知识阶层。品茶已成为细致、精要的艺术,即所谓'茶艺',审美追求"体势洒落,神观冲淡",宋代仅关于福建茶的专著完整流传下来的就有六部,如其中黄儒《品茶要录》,把技艺层面的采制、感官层面的鉴别和精神层面的品赏结合起来。嗜茶的宋徽宗还亲自写有《大观茶论》,他在序文中言:

> 至若茶之为物,擅瓯闽之秀气,钟山川之灵禀,祛襟涤滞,致清导和,则非庸人孺子可得而知矣;冲澹间洁,韵高致静,则非遑遽之时可得而好尚矣……荐绅之士,韦布之流,沐浴膏泽,熏陶德化,咸以雅尚相推,从事茗饮。故近岁以来,采择之精,制作之工,品第之胜,烹点之妙,莫不咸造其极……天下之士,励志清白,竞为闲暇修索之玩,莫不碎玉锵金,啜英咀华。较箧笥之精,争鉴裁之妙,虽下士于此时,不以蓄茶为羞,可谓盛世之情尚也。

他还提倡以"清、和、淡、洁,韵高致静"为品茶的精神境界。

四、和光同尘　与俗俯仰

宋代禅宗美学的影响日深,禅宗以内心的顿悟和超越为宗旨,轻视甚至否定行善、诵经等外部功德,与宋儒的更加重视内心道德的修养一致。所以,宋代的士大夫多采取和光同尘、与俗俯仰的生活态度。

他们注重大节而不拘小节,宋人的审美态度也生活化、世俗化了。他们认为,审美活动中的雅俗之辨,关键在于主体是否具有高雅的品质和情趣,而不在于审美客体是高雅还是凡俗之物。

苏轼《超然台记》说:"凡物皆有可观,苟有可观,皆有可乐,非必怪奇玮丽者也。"黄庭坚《题意可诗后》也说:"若以法眼观,无俗不真。"梅尧臣、苏轼、黄庭坚都曾提出"以俗为雅"的美学命题。

宋人以更广阔的审美视野,实现由"俗"向"雅"的升华,或者说完成"雅"对"俗"的超越。"以俗为雅"贴近日常生活。宋朝的国民生产总值是明朝的十倍,官员享受高薪,他们的工资是明、清时候的五、六倍,①所以,官员生活都很奢华。享乐方式通常是轻歌曼舞,浅斟低唱。

名臣、忠臣寇准生活豪侈,他喜欢跳"柘枝舞",寇准经常邀请文朋诗侣在家里开舞会,夜以继日,如痴如醉,时人送他一外号,称为"柘枝颠","女伶歌唱,一曲赐绫一束"②。《宋史 寇准传》:"(寇)准少年富贵,性豪侈,喜剧饮,每宴宾客,多阖扉脱骖。家未尝爇油灯,虽庖匽所在,必然炬烛。"寇准爱酒,近乎疯狂。据说他酒量极大,朋辈中少有敌手。他在永兴军(今陕西省西安市)任通判的时候,不论官职大小,也不论地位高低,只要你能沾酒,必定拉来碰杯,不醉不罢休。但据宋代王君玉的《国老谈苑》说,寇准出入宰相三十年,自己从没置过房产,处士魏野曾经赠诗曰:"有官居鼎鼐,无地起楼台",寇准因此得了一个"无地起楼台相公"的雅号。魏野此诗还流传到了漠北,契丹人十分佩服寇准的精神。宋真宗末年,契丹使者访问京城,点名要拜见"无地起楼台相公",当时寇准正被贬职偏远之地,害得宋真宗立即把他召回,重新重任。

用于宴乐场合歌女唱的词,就是宋词的滥觞。有人说,宋词是一朵情花,大俗大雅,尽藏青楼。"青楼是词体得以孕育、繁衍、兴旺的温床,是文人词客的绮思丽情得以引发的艺术渊薮。"③欧阳修、柳永、周邦彦、秦观等词人的很多作品,就是得益于妓女的传播。

阮葵生《茶余客话》说苏东坡:"凡待过客,非其人,则盛女妓,丝竹之声,终日不辍。有数日不接一谈,而过客私谓待己之厚。有佳客至,则屏妓衔杯,坐谈累夕。"宋人施德操《北窗炙輠》中也谈到苏东坡的待客之道,说他招待客人之时,如果不喜欢此人,就请歌妓唱歌劝酒,用丝竹之声聒噪耳朵,终席不和此人交谈。如果遇到喜欢的朋友,苏轼就会摒去声乐侍女,杯酒之间,终日谈笑。以上两则记载说明苏轼家里也是有声乐侍女的。

"在官府可以借官妓歌舞侑酒,在家则蓄养歌妓,每逢宴乐,命家妓奏乐唱词,以助酒兴,即如北宋名臣寇准、晏殊、欧阳修、苏轼辈亦乐此不疲。"④

"苏门四学士"黄庭坚、秦观、晁补之、张耒亦曾浪迹于秦楼楚馆之间。宋欧阳修、张先、苏轼等词人为官妓作词,屡见于诸多词话记载中。欧阳修曾把他的艳词编辑为《醉翁琴趣外编》六卷交歌妓们传唱,欧阳修的《玉楼春·尊前拟把归期说》是告别他相知相爱的歌妓而作的。他的《临江仙轻雷池上雨》以歌女娼妓为写作对象。历朝历代的文人学士,多有以妓女作为文学的创作对象;柳永的词《定风波·自春来》、《柳腰轻·英英妙舞腰》;"秀香家住桃花径,算神仙才堪并";"英英妙舞腰

① 宰相和枢密使一级的执政大的年俸是3600贯钱、1200石粟米、40匹绫、60匹绢、100两冬绵、14 400束薪、1600秤炭、7石盐再加上70个仆人的衣粮。

② 丁傅靖:《宋人轶事汇编》,中华书局,2003。

③ 霍运梅:《宋词中的青楼之恋》,《语文教学与研究》(综合天地),2008年11期。

④ 段永强:《略论柳永大量创作歌妓词的原因》,《现代语文》2007年第3期。

肢软,章台柳,昭阳燕";"心娘自小能歌舞,举意动容皆济楚";"佳娘捧板花钿簇,唱出新声群艳伏"。

苏轼常为歌女应歌而创作柔媚小词,他的《减字木兰花·郑庄好客》是为郑容和高莹两位官妓脱籍而作。苏轼《贺新郎·乳燕飞华屋》也以歌女娼妓为写作对象。宋陈岩肖《庚溪诗话》卷下引宋周昭礼《清波杂志》:

> 东坡在黄冈,每用官妓侑觞,群姬持纸乞歌诗,不违其意而予之。有李琦者,独未蒙赐。一日有请,坡乘醉书:"东坡五载黄州住,何事无言赠李琦?"后句未续,移时乃以"却似城南杜工部,海棠虽好不吟诗"足之,奖饰乃出诸人右。其人自此声价增重,殆类子美诗中黄四娘。

秦观《南歌子玉漏迢迢尽》、贺铸《石州引薄雨收寒》等,都以歌女娼妓为写作对象。风流词人柳永更是常应妓女之邀作词。

晏殊喜招宾客宴饮,以歌乐相佐,然后亲自赋诗"呈艺"。地位高的士大夫大多蓄家伎,地位低的官员也有官伎提供歌舞娱乐,歌台舞榭和歌儿舞女成为士大夫生活中的重要内容。

第二节 士 林 清 赏

林泉到处资清赏,宋代士人特别善于在生活中发现美,石称石丈、石兄、荷为君子、梅妻鹤子,自然物、动植物都人格化了,喜欢到极致,如癫如痴,这些人格化了的物件,都沉淀着宋文化特有的文人审美理想、情感。

一、一石清供 千秋如对

石崇拜是地景崇拜的产物,但将崇拜之石作为审美对象点缀的园林中盛行在唐,至宋达到巅峰。文人给天然奇石涂抹了浓浓的人文色彩,开创了中国赏石文化的全新时代。

宋《云林石谱》的跋文说:"石与文人最有缘"。石存放于他们的林园中、书斋里、几案间。发现石的是文人,而赋予石与自身这种关系的也是文人。

《云林石谱》皆以石产地或材质命名、分类,如其列有青州石、太湖石、临安石、武康石等,又有依其形貌而生名之云灵璧石、红丝石、石绿、钟乳、墨玉石等。

宋代除了园林景石,大量纳入书斋这房神圣的精神领地,如前文所说的"砚山",一石清供,千秋如对,文人从石身上看到了亘古,沧海桑田的岁月迁徙。

苏轼将一块怪石置于古铜盆,以为石供,并前后两次赋《怪石供》:"供者,幻也;

受者,亦幻也;刻其言者,亦幻也。失幻何适而不可?"①他题《雪浪石》也云:"老翁儿戏作飞雨,把酒坐看珠跳盆。此身自幻孰非梦,故园山水聊心存。"②

苏轼于定州得一白脉黑石,"如蜀孙位、孙知微所画石见奔流,尽水之变",后来他又得白石曲阳,做成大盆以盛前石,名之"雪浪石",又名其室"雪浪斋",后有诗句云:"承平百年烽燧冷,此物僵卧枯榆根。画师争摹雪浪势,天工不见雷斧痕。"③

苏轼收藏到一块玉色葱茏的仇池石:"家有铜盆,贮仇池石,正绿色,有洞穴达背。"哲宗绍圣元年,苏轼再次遭贬,远徙惠州。途经湖口村,"湖口人李正臣畜异石九峰,玲珑宛转,若窗棂然",他《壶中九华诗》引曰:欲以百金买之,与仇池石为偶,方南迁未暇也。名之曰壶中九华,且以诗论之:

> 清溪电转失云峰,梦里犹惊翠扫空。
> 五岭莫愁千丈外,九华今在一壶中。
> 天池水低层层见,玉女窗虚处处通。
> 念我仇池太孤绝,百金归买碧玲珑。

说他无比心爱的仇池石孤寂无伴,准备以百金买下酷似九华山的异石为它作伴。其后八年复过湖口,则石已为好事者取去,乃和前韵以自解云。

> 江边阵马走千峰,问讯方知冀北空。
> 尤物已随清梦断,真形犹在画图中。
> 归来晚岁同元亮,却扫何人伴敬通。
> 赖有铜盆修石供,仇池玉色自葱珑。

聊以自慰的是铜盆中供养的仇池石还在,可见苏轼爱石的拳拳之心。

《素园石谱》记载了东坡"水有洞天"石的流传,此石下有座,座中藏香炉,焚香时,烟云满岩岫。此石后入黄庭坚豫章家中,而其家常常将此石与山谷骨灰置于一箧。后林有麟在杭州僧寮获此石,携归置于梅花馆内,"恍然与苏眉山相对矣"。④这一块小物,几经辗转,倍加珍视。

爱石成癖的是宋徽宗的书画学博士米芾,人称"米癫"。据《梁溪漫志》等笔记小说记载,米芾在担任无为军守的时候,见到一奇石,大喜过望,命取袍笏拜之,摆上香案,自己则恭恭敬敬地对石头一拜至地,口称"石兄",并呼"石丈"。后有人问米芾此事是否为真,米芾慢慢说:"吾何尝拜?乃揖之耳。"⑤揖之与拜之的区别就在于,前者是将此石作为挚友来看,而非某种掌权者。因此,米芾或应称此石为"石

① 苏轼:《苏轼文集》卷六四,中华书局,1986,第 1986 页。
② 苏轼:《次韵滕大夫三首》之《雪浪石》,《苏轼诗集》卷三七,中华书局,1982,第 1997 页。
③ 苏轼:《次韵滕大夫三首》之《雪浪石》,《苏轼诗集》卷三七,中华书局,1982,第 1997 页。
④ 林有麟:《素园石谱》卷三,第 271 页。
⑤ 毛凤苞辑:《海岳志林》,第 3 页。

兄",而非"石丈"(图4-6)。即便是"石丈",他对这位老丈人也以朋友相待,而具心灵之契。

图4-6 颐和园"米芾拜石"彩画

宋代《渔阳石谱》记载米芾品石有四语焉,曰秀、曰瘦、曰雅、曰透。[1] 形成了系统的品赏理论。童寯《江南园林志》说:"江南名峰,除瑞云之外,尚有绉云峰(图4-7)及玉玲珑(图4-8)。李笠翁云:'言山石之美者,俱在透、漏、瘦三字。'此三峰者,可各占一字:瑞云峰(图4-9),此通于彼,彼通于此,若有道路可行,'透'也;玉玲珑,四面有眼,'漏'也;绉云峰,孤峙无倚,'瘦'也。"绉云峰是块英石,其色如铁,嵌空飞动,迂回峭折,细蕴绵联。乃像细腰美人,瘦削个儿。童寯所言三大景石都是北宋花石纲遗存物。

图4-7 绉云峰(杭州 曲院风荷)　　　　　图4-8 玉玲珑(豫园)

---

① 陶宗仪:《说郛》卷九六,清顺治三年(1646年)宛委山堂刻本。

图4-9 瑞云峰(原江南织造府)

"透瘦漏绉"并不能包括石之全部品格,只是就石峰的外部特征而言,而且主要是对太湖石形态的审美评价标准。就石峰的内质特征即其气势意境而言,还有"清丑顽拙"之特征:清者,阴柔之美;丑,奇突多姿之态,它打破了形式美的规律,是对和谐整体的破坏,是一种完美的不和谐;顽,阳刚之美;拙,浑朴稳重之姿,还有"怪",也表示了对形式标准的超越。苏轼在解释《禹贡》中"怪石"的说法就言:"虽巧者以意绘画有不能及,岂古所谓'怪石'者耶?"[1]怪石之意,恰在于其看似工巧却又"不可图"的特质。故苏轼又言道:"凡物之丑好,生于相形,吾未知其果安在也。使世间石皆若此,则今之凡石复为'怪'矣。"[2]美丑以感性形式论,这是西方古典美学中的传统。

欧阳修在题写友人吴学士家的虢石屏时题道:"晨光入林众鸟惊,腷膊群飞鸦乱鸣。穿林四散投空去,黄口巢中饥待哺。雌者下啄雄高盘,雄雌相呼飞复。还空林无人鸟声乐,古木参天枝屈蟠。下有怪石横树间,烟埋草没苔藓斑。借问此景谁图写,乃是吴家石屏者。"[3]

二、濂洛风雅

思理见性的理学又称新儒学、道学或宋学,也称洛学。理学思潮起于宋初,后以理学家周敦颐、邵雍、程颐、程颢、张载为代表,称北宋五子。理学在北宋时期,并非官方主流思想,反而多遭学禁,备受打击,但影响已经很大,有"在野内阁"之说。

① 苏轼:《苏轼文集》卷六四,中华书局,1986,第1986页。
② 同上。
③ 欧阳修:《欧阳修诗文集校笺》,上海古籍出版社,2009,第166页。

宋代是个理学大兴的时代,这大概从赵普对太祖的"天下何物为大"的问题答以"道理最大"(沈括《梦溪笔谈·续笔谈》)的个案中,就已初露端倪。理学又称道学,这个词,在今天来说,已经有些贬义,道学先生往往意味着虚假、装模作样,它的本意是指宋代哲学家对于一些哲学问题的思考,道和理,是宋代哲学家最为集中关注和探讨的问题,是宋学最为深刻和最为本质的体现。其影响一直贯穿宋以后的整个中国后期封建社会。

　　理学的盛行,是宋人筋骨思理见胜的基础。"洛下五子"之一的周敦颐是其中的代表人物之一,死后甚至被奉为理学开山。周敦颐,因其原居道州营道濂溪,世称濂溪先生,为宋代理学之祖,程颐、程颢的老师。

　　周敦颐从小喜爱读书,在家乡颇有名气,人们都说他"志趣高远,博学力行,有古人之风"。周敦颐性情朴实,自述道:"芋蔬可卒岁,绢布是衣食,饱暖大富贵,康宁无价金,吾乐盖易足,廉名朝暮箴。"他从小信古好义,"以名节自砥砺"。平生不慕钱财,爱谈名理,他认为"君子以道充为贵,身安为富"。他历任地方官,所到之处,"政事精绝",宦业"过人"。"在合州郡四年,人心悦服,事不经先生之手,吏不敢决。"但他虽在各地做官,俸禄甚微,即使这样,来到九江时,他还把自己的积蓄给了故里宗族。

　　周敦颐在南昌担任地方官吏时,曾游览庐山,爱上了庐山莲花洞的山水,遂萌生了要到这里来安度晚年的念头,他在诗中写道:"庐山我爱久,买田山中阴。"不久,他到广东任地方官,由于身体不适,便要求知南康军;宋熙宁四年(1071年),他赴江西星子县上任,第二年便退隐来到莲花洞,筑室庐山莲花峰下,前有溪,合于溢江,遂定居于此,并将原在故里的母亲郑木君墓迁葬于庐山清泉社三起山。周敦颐来到莲花洞以后,创办了濂溪书院,设堂讲学,收徒育人。

　　他将书院门前的溪水取营道故居濂溪以名之,自号濂溪先生。因他一生酷爱雅丽端庄、清幽玉洁的莲花,便在书院内筑爱莲堂,堂前凿有一池,名"莲池",以莲之高洁,寄托自己毕生的心志。

　　炎夏之时,莲花盛开,清香四溢,先生讲学研读之余,常漫步赏莲于堂前。一天夜晚,月明星朗,凉风可人,先生披银纱伫立在池边良久,见莲出污泥而高洁自爱,花濯清涟而无妖冶之姿,感慨丛生,文思泉涌,写了情理交融、风韵俊朗的《爱莲说》,对莲作了细致传神的描绘:

　　水陆草木之花,可爱者甚蕃,予独爱莲之出淤泥而不染,濯清涟而不妖,中通外直,不蔓不枝,香远益清,亭亭净植,可远观而不可亵玩……莲,花之君子也。

　　由理而入,复转入形,有理有形,特别透彻而传神。赞美了莲花的清香、洁净、亭立、修整的特性与飘逸、脱俗的神采,比喻了人性的至善、清净和不染。周敦颐以"濂溪自号",把莲花的特质和君子的品格浑然熔铸,实际上也兼融了佛学的因缘。周敦颐爱莲是园林风雅的组成元素之一(图4-10)。

莲也是宋文人的共同爱好,他们从莲花身上看到了比唐人更细腻传神之处。如王安石"柳叶鸣蜩绿暗,荷花落日红酣"(《题西太一宫壁》),浓郁的情感熔化了花柳鸣蝉,"荷花落日"既有"夕阳无限好"的情致,又色彩烂漫;周邦彦"叶上初阳干宿雨、水面清圆,一一风荷举"(《苏幕遮》),字句圆润,足以流传千古,且如国学大师王国维所说的"此真能得荷之神理者"!活画出了夏日晴朝荷花的风神;理学家杨诚斋"接天莲叶无穷碧,映日荷花别样红"(《晓出净慈寺送林子方》),则真是大红大绿,淋漓酣畅,直接将红花绿叶扩充开来,占满整个西湖,整个天地宇宙,诗人眼中只有荷花了,那种惊异、

图4-10　周敦颐爱莲图(苏州忠王府)

热爱和陶醉,只有赤子才有了!但对园林的影响,还是周敦颐莫属,清张潮直呼"莲以濂溪为知己"[①]!《爱莲说》构成后世园林中远香堂、藕香榭、曲水荷香、香远益清濂溪乐处等园林景点意境。

濂溪乐处是圆明园四十景之一,中心有岛,偏于西北,环形水面周植荷花,多为粉荷,少部分白荷,植于敞轩前和云霞书卷楼前。岛上建"慎修思永"、"知过堂"等一组建筑,东南伸出水面的是"芰荷深处"、"香雪廊"、"荷香亭",与岸上一垂花门围成一方形回廊,是观荷佳处。岛南水上置一敞轩,与"汇万总春之庙"的"香远益清"楼相对映。

乾隆九年(1744年)《濂溪乐处》诗序:"苑中菡萏甚多,此处特盛。小殿数楹,流水周环于其下。每月凉暑夕,风爽秋初,净绿粉红,动香不已。想西湖十里。野水苍茫,无此端严丽也。左右前后皆君子,洵可永日。"诗曰:"水轩俯澄泓,天光涵数顷。烂漫六月春,摇曳玻璃影。香风湖面来,炎夏方秋冷。时披濂溪书,乐处惟自省。君子斯我师,何须求玉井。"

邵雍是宋代理学中象数学体系的开创者,北宋哲学家。字尧夫,谥号康节,自号安乐先生、伊川翁,后人称百源先生。其先范阳(今河北涿县)人,幼随父迁共城(今河南辉县)。少有志,读书苏门山百源上。仁宗嘉祐及神宗熙宁中,先后被召授官,皆不赴。

邵雍创"先天学",以为万物皆由"太极"演化而成。著有《观物篇》、《先天图》、

---

① 张潮:《幽梦影》。

《伊川击壤集》、《皇极经世》等。

《宋史·道学传》称:"自雄其才,慷慨欲树功名。于书无所不读,始为学,即坚苦刻厉,寒不炉,暑不扇,夜不就席者数年。"[1]自称有雄才大志的人,慷慨激扬的欲求取功名。凡是书籍他都要去认真地读。开始为学就是艰苦而勤奋的。冬天不生炉子,夏天不打扇子,夜里不睡觉地刻苦学习好几年。

"初至洛,蓬荜环堵,不芘风雨,躬樵爨以事父母,虽平居屡空,而怡然有所甚乐,人莫能窥也。"邵雍初到洛阳的时候,非常的贫寒,所居住的房屋四面用蓬草做成的,不能挡风避雨。在这样的环境下邵雍亲自打柴、烧火做饭来侍奉自己的父母。虽然总是很穷苦,什么也没有,但他很安然自得其乐的样子,周围的人不能理解。

其人品极高,"德气粹然,望之知其贤,然不事表襮,不设防畛,群居燕笑终日,不为甚异。与人言,乐道其善而隐其恶。有就问学则答之,未尝强以语人"[2],具有儒者大家之风范,在当时影响很大:"故贤者悦其德,不贤者服其化,一时洛中人才特盛,而忠厚之风闻天下",成为时人的楷模,受人尊敬。

邵雍一生不求功名,过着隐逸的生活。嘉祐之时,朝廷诏求天下遗逸名士,留守王拱辰和尹洛以邵雍应诏,授将作监主薄。吕海、吴克荐他补颍州团练推官,他皆以种种理由推托。《不愿吟》中明确地表达志向,诗曰:"不愿朝廷命官职,不愿朝廷赐粟帛。唯愿朝廷省徭役,庶几天下少安息。"富弼、司马光、吕公著等达官贵人十分敬仰他,常与之饮酒作诗。

邵雍一生有两隐居之处,都以"安乐窝"名之:一在河南辉县苏门小百源上,那是一山村,邵雍有《山村》一诗:"一去二三里,烟村四五家,亭台六七座,八九十枝花。"组合成一幅静美如画的山村风景图,据人考证,这首诗记叙的就是当时辉县城到苏门山路上的美景。在那里,邵雍拜在著名的易学大师遂李之才门下,遍习物理、性命之学,钻研《易经》。

另一处在河南洛阳县天津桥南,是富弼、司马光、吕公等退居洛中的故相高官大文学家等二十多位好友集资为邵雍置办的城郊宅院。《宋史·道学一·邵雍传》:"富弼、司马光、吕公著诸贤退居洛中,雅敬雍,恒相从游,为市园宅。雍岁时耕稼,仅给衣食。名其居曰'安乐窝',因自号安乐先生。"

邵雍在诗作中表达了自己的由衷感谢之情:"重谢诸公为买园,洛阳城里占林泉。七千来步平流水,二十余家争出钱……也知此片好田地,消得尧夫笔似椽。"

在此之前的 1062 年,王拱辰在天津桥南五代节度使安审珂旧宅的地基上建了三十间新屋,让邵雍一家搬进去住,富弼也送给邵雍一座花园。但不久该地被划为官田。故富弼、司马光等又集资重买,送给邵雍一家居住。

---

① 《宋史·道学一·邵雍传》列传第一百八十六。

② 同上。

宋代士大夫,以文交友,著作才是身份的象征,而非权力;品德才是人生的瑰宝,而非金钱。他们与邵雍之间,是通过才学品德缔结起来的关系,是真正的云天高谊,君子之交。

从此,邵雍依据时节耕种收获,过着自给自足的生活。他为自己的宅院起名叫"安乐窝",于是自己起个道号叫"安乐先生"。

邵雍有《安乐窝铭》:"安莫安于王政平,乐莫乐于年谷登。王政不平年不登,窝中何由得康宁。"《安乐窝中好打乖吟》、《安乐窝中看雪》、《安乐窝中四长吟》、《安乐窝中自贻》、《安乐窝中酒一樽》,自称"安乐窝中快活人"、"不作风波於世上,自无冰炭到胸中"、"安乐窝中酒一樽,非唯养气又颐真。频频到口微成醉,拍拍满怀都是春"、"雨后静观山意思,风前闲看月精神。这般事业权衡别,振古英雄恐未闻"!

邵雍晚年疾病缠身,他《病亟吟》道:"生于太平世,长于太平世,老于太平世,死于太平世。客问年几何,六十有七岁。俯仰天地间,浩然无所愧。"

司马光、张载、程颢、程颐等旷世大儒们侍汤弄药,早晚陪伴,如同对待自己的师长。其他文朋诗侣和近邻交好,时时问候,不是亲人胜似亲人。邵雍很感动,他在《病中吟》诗中说:"尧夫三月病,忧损洛阳人。非止交朋意,都如骨肉亲。荐医心恳切,求药意殷勤。安得如前日,登门谢此恩。"邵雍去世后,司马光等人还出钱出力,为他操办后事。

朝廷赐邵雍谥号"康节",后封"新安伯",配享孔庙,尊称"邵子",给予了很高的荣誉。

颐和园的"邵窝殿",即以邵雍隐居之所命名,乾隆诗称"两字题楣慕古修,仁者安仁智者智,百源仿佛昔曾游",邵雍是他仰慕的"古修"。

三、梅鹤精神

梅花虽与文人结缘很早,据传,晋武帝院中的梅花树,独爱好文之士,每当武帝好学务文之时,也是梅花盛开之时,反之则都不开花,因而,梅花有"好文木"之雅号。但到了宋代,以梅为国花,冬寒独赏梅之格,梅格与人格同构。

梅花神、韵、姿、香、色俱佳,开花独早,花期较长,享有"花之魁"之誉,"格"高"韵"雅。

梅花色淡气清,神清骨爽,娴静优雅,宋末元初理学家熊禾《涌翠亭梅花》言:"此花不必相香色,凛凛大节何峥嵘!"梅花之神,在峥嵘之"大节",而不在表面之"香色",而"牡丹,花之富贵者也",浓艳富丽,崇尚平淡之美的宋人眼里,浓艳为俗,清淡超俗具有的质素和气度方为高雅,与遗世独立的隐士姿态颇为相契。

梅姿的疏影瘦身。戴颙,字仲若,是南朝著名音乐家、雕塑家。戴颙说:"精神全向疏中足,标格端于瘦处真。"梅花之影疏,显露出人的一种雅趣;而梅花之瘦姿,则凸现了人的一种倔强。因而是人格坚贞不屈的象征,傲骨嶙峋、贞姿劲质。在苏轼眼里，"江头千树春欲暗，竹外一枝斜更好"①，(图 4-11)象征着坚韧和气节，梅花凌寒独自开。

清恽寿平《梅图》说："古梅如高士，坚贞骨不媚。"顽劲的树干，横斜不羁的枝条，历经沧桑而铸就的苍皮，是士人那种坚韧不拔、艰苦奋斗，决不向压迫他、摧残他的恶劣环境作丝毫妥协的人格力量和斗争精神的象征。苏东坡以神来之笔写出了红梅的"风流标格"："偶作小红桃杏色，闲雅，尚余孤瘦雪霜枝。"(《定风波·红梅》)是说即使红梅偶露红妆，光采照人，但仍保留着斗雪凌霜的孤傲瘦劲的本性。

图 4-11　竹外一枝斜更好(网师园)

"梅花百株高士宅"，梅花品格高尚节操凝重，与人格同构。清俞樾《茶香室丛钞·梅竹石三友》："梅寒而秀，竹瘦而寿，石丑而文，是为三益之友。今人但知松竹梅为三友，莫知梅竹石之为三友也。"梅品之"雅淡"，梅格之"孤高"，惟有虚心、有节、耐寒、清淡的竹是它的友朋，宋文人爱梅赏梅，蔚为风尚，《全宋诗》中有咏梅诗四千七百多首。

宋代大文学家苏轼，特别爱梅花，苏轼有梅诗五十余首，梅花也是"尚余孤瘦雪霜枝""寒心未肯随春态"，梅格和苏轼的人格太相似，苏轼赏梅，独赏其清韵高格，他写有四十多首咏梅诗词，均能写其韵，赞其格。

如赞白梅"洗尽铅华见雪肌，要将真色斗生枝"，冰清玉洁；赞红梅"酒晕无端上玉肌"，撩人之心。

赏梅人也植梅，苏轼曾手植宋梅。留园裙板雕刻着"苏轼植梅图"，苏轼一手持折扇，一手在指挥小童往梅花上浇水。

文人把植梅看作陶情励操之举或归田守志之行。宋刘翰有《种梅》诗云："惆怅

---

① 《和秦太虚梅花》。

后庭风味薄,自锄明月种梅花。"

宋人的恋梅之风,蔚成时代大潮,并为后世留下了不少植梅、赏梅、画梅、写梅的趣闻佳话。梅妻鹤子的林和靖是其中之最。

《宋史》卷四五七:

> 林逋,字君复,杭州钱塘人。少孤,力学,不为章句。性恬淡好古,弗趋荣利,家贫衣食不足,晏如也。初放游江、淮间,久之归杭州,结庐西湖之孤山,二十年足不及城市。

> 真宗闻其名,赐粟帛,诏长吏岁时劳问。薛映、李及在杭州,每造其庐,清谈终日而去。尝自为墓于其庐侧。临终为诗,有"茂陵他日求遗稿,犹喜曾无《封禅书》"之句。

> 既卒,州为上闻,仁宗嗟悼,赐谥和靖先生,赙粟帛……逋不娶,无子①,教兄子宥,登进士甲科。

林逋(967—1028年)幼时刻苦好学,通晓经史百家。善绘事,惜画从不传。工行草,书法瘦挺劲健,笔意类欧阳询、李建中而清劲处尤妙。长为诗,其语孤峭澹澹,自写胸臆,多奇句。既就稿,随辄弃之。或谓:"何不录以示后世?"逋曰:"吾方晦迹林壑,且不欲以诗名一时,况后世乎!"然好事者往往窃记之,今所传尚三百余篇,风格澄澈淡远,多写西湖的优美景色,反映隐逸生活和闲适情趣。

苏轼高度赞扬林逋之诗、书及人品,并诗跋其书:"诗如东野(孟郊)不言寒,书似留台(李建中)差少肉。"黄庭坚云:"君复书法高胜绝人,予每见之,方病不药而愈,方饥不食而饱。"

大中祥符五年(1012年),真宗闻其名,赐粟帛,并诏告府县存恤之。逋虽感激,但不以此骄人。人多劝其出仕,均被婉言谢绝,自谓:"然吾志之所适,非室家也,非功名富贵也,只觉青山绿水与我情相宜。"表明他是无一丝一毫媚骨和谀色的。

林逋性孤高自好,喜恬淡,勿趋荣利。长大后,曾漫游江淮间,后隐居杭州西湖,以湖山为伴,以布衣终身。他说:"荣显,虚名也;供职,危事也;怎及两峰尊严而

---

① 一说:清施鸿保《闽杂记》载:清嘉庆二十五年林则徐任浙江杭嘉湖道,亲自主持重修杭州孤山林和靖墓及放鹤亭、巢居阁等古迹,发现一块碑记,记载林和靖确有后裔。据施鸿保分析,林和靖并非不娶,而是丧偶后不再续娶,自别家人,过着"梅妻鹤子"的隐居生活。

其二:古人最重香火,逋或过继兄子为其后也。

其三:《山家清供》作者林洪自证:林洪,字龙发,号可山。福建泉州人。宋绍兴间进士。林逋七世孙。林洪青年时代游读于杭州,想在江浙一带跻身士林,却受到排挤打击。有一次,他谈及自己是林逋七世孙,却被那些自命学识渊博的诗翁们讥讽,甚至有人还作诗云:"和靖当年不娶妻,只留一鹤一童儿;可山认作孤山种,正是瓜皮搭李皮。"另有《闽杂记》中记载与林洪同时代的诗人施枢之《读林可山西湖衣钵诗》佐证。诗云:"梅花花下月黄昏,独自行歌掩竹门;只道梅花全属我,不知和靖有乃孙。"施枢认为,林洪自称是林和靖七世孙没有错,可是当时林洪势孤,又受到江浙士林的白眼,一直抬不起头来,流寓江淮一带二十年。

耸列，一湖澄碧而画中。"一生惟爱梅鹤，[1]有"梅妻鹤子"之说。

林和靖的《山园小梅》诗：

"群芳摇落独暄妍，占尽风情向小园。疏影横斜水清浅，暗香浮动月黄昏。霜禽欲下先偷眼，粉蝶如知合断魂。幸有微吟可相狎，不须檀板共金樽。"

尤其是"疏影横斜水清浅，暗香浮动月黄昏"两句，写尽了梅花的风韵。形神兼备，曲尽梅之风姿；又以水、月陪衬，更能凸现梅花耐孤寂寒冷，不趋时附势的高贵品格。以梅喻己，是宋人梅花诗词在思想内容上的一个重要特点。成功地描绘出梅花清幽香逸的风姿，被誉为千古咏梅绝唱，以至于"疏影"、"暗香"二词还成了后人填写梅词的调名。南宋诗人王十朋甚至断言："暗香和月入佳句，压尽千古无侍才。"东坡先生即称其"先生可是绝伦人，神清古冷无尘俗。"(《书林逋诗后》)

清人张潮在《幽梦影》中说："梅以和靖为知己，可以不恨矣。"

天平山垂脊上"林和靖爱梅"堆塑，林和靖手持拐杖，旁有枝干虬曲的梅花，怀里拥一个笑吟吟的天真可爱的孩子(图4-12)。

图4-12　林和靖爱梅(天平山垂脊堆塑)

和靖除爱梅外，还特别爱鹤，爱逾珍宝。宋·沈括《梦溪笔谈·人事二》："林逋隐居杭州孤山，常畜两鹤，纵之则飞入云霄，盘旋久之，复入笼中。逋常泛小艇，游西湖诸寺。有客至逋所居，则一童子出应门，延客坐，为开笼纵鹤。良久，逋必棹小船而归。盖尝以鹤飞为验也。"

_____

① 有学者考证，认为林逋生前其孤山居处只植梅一株，而且一直如此，并非如人们常说的三五百株。请参考程杰《杭州西湖孤山梅花名胜考》，《浙江社会科学》2008年第12期；《林逋孤山植梅事迹辨》，《南京师范大学文学院学报》2010年第3期。

每当外出游湖时，客人来了，家僮开笼放鹤，他望见鹤飞来，知道有客，就返棹回家。他与客人饮酒吟诗时，鹤起舞助兴。由于林和靖爱梅若妻，视鹤如子，"梅妻鹤子"遂广泛流传，成为佳话。传说林和靖死后，他养的鹤也在墓前悲鸣而死。

清陆隽《竹枝词》："林家处士住孤山，双鹤飞飞去复还。懊恨儿家不如鹤，梅花香里一身闲。"

《林和靖先生诗集》有很多吟鹤诗。他的《园池》诗曰："一径衡门数亩池，平湖分张草含滋。微风几入扁舟意，新霁难忘独茧期。岛上鹤毛遗野迹，岸旁花影动春枝。东嘉层构名今在，独愧凭阑负碧漪。"园中岛上有鹤。

林和靖在孤山放鹤，"竹树绕吾庐，清深趣有余。鹤闲临水久，蜂懒采花疏。酒病妨开卷，春阴入荷锄。尝怜古图画，多半写樵渔"。林逋诗云："瘦鹤独随行药后，高僧相对试茶间。疏篁百本松千尺，莫怪频频此往还。"[1]另有如"鹤迹秋偏静，松阴午欲亭"、"鹤应输静立，蝉合伴清吟"、"迢迢海寺浮杯兴，杳杳秋空放鹤心"等。

鹤的孤高独行、静立、闲放的神姿，与疏篁千尺松高僧相伴随行的身影，都与林和靖的品格一样脱俗。

图4-13　苏州香雪海的梅花亭

苏州香雪海的梅花亭，建于梅花丛中，亭的宝顶上兀立一只鹤，形象地诠释着林和靖梅妻鹤子的风采(图4-13)。

鹤在中华文化中有着多重意义。《诗经·小雅·鹤鸣》中有"鹤鸣于九皋，声闻于野"，鹤鸣于沼泽的深处，很远都能听见它的声音。比喻贤士身虽隐而名犹著。宋文人都以之为君子。

宋代文人张天骥博学多才，弃官隐居在徐州云龙山下，喂养两鹤，并在山上盖一放鹤亭，清晨登亭放鹤，晚上在亭招鹤。其友苏东坡元丰元年特为他作《放鹤亭记》，曰：

彭城之山，冈岭四合，隐然如大环，独缺其西一面，而山人之亭，适当其缺。春夏之交，草木际天；秋冬雪月，千里一色；风雨晦明之间，俯仰百变。

山人有二鹤，甚驯而善飞，旦则望西山之缺而放焉，纵其所如，或立于陂田，或

---

① 林逋：《林间石》，载《林和靖集》，浙江古籍出版社，2012，第80页。

翔于云表；暮则傃东山而归。故名之曰"放鹤亭"。

……

子知隐居之乐乎？虽南面之君，未可与易也。《易》曰："鸣鹤在阴，其子和之。"《诗》曰："鹤鸣于九皋，声闻于天。"盖其为物，清远闲放，超然于尘埃之外，故《易》《诗》人以比贤人君子。

隐德之士，狎而玩之，宜若有益而无损者……

《易》上说："鹤在幽深的地方鸣叫，它的小鹤也会应和它。"《诗经》上说："鹤在深泽中鸣叫，声音传到天空。"鹤这种动物，清净深远，幽闲旷达，超脱世俗之外，因此《易》、《诗经》中把它比作圣人君子。不显露自己有德行的人，亲近把玩它，应该有益无害。君主之乐和隐士之乐是不可以同日而语的。隐士却可以因之怡情全真。作者想以此说明：南面为君不如隐居之乐。

宋·沈括《梦溪笔谈》卷九："赵阅道为成都转运史，出行部内，唯携一琴一鹤，坐则看鹤鼓琴。"

赵阅道即赵抃，宋景祐元年进士乙科，官至资政殿大学士，以太子少保致仕。清廉爱民，由于面颜黑，人称"铁面御史"，与当时的包拯齐名。

"平生不治货业，不畜声伎，嫁兄弟之女十数、他孤女二十余人，施德茕贫，盖不可胜数。日所为事，入夜必衣冠露香以告於天，不可告，则不敢为也。"他当成都知府的时候，一清如水。他看到人民安居乐业，就高兴地弹琴取乐。他养了一只鹤，时常用鹤毛的洁白勉励自己不贪污；用鹤头上的红色勉励自己赤心为国。《宋史·赵抃传》："帝曰：'闻卿匹马入蜀，以一琴一鹤自随；为政简易，亦称是乎！'"

赵抃工诗善书，和他同时代的苏辙就曾称颂他："诗清新律切，笔迹劲丽，萧然如其为人。"

第三节 "诗眼"与文人主题园

孕育在中国农耕社会土壤中的优雅文化到北宋已经发展到极致，士人既信守气节，承担社会责任，又精神超脱，在学术文化上全面开拓，园林美学与诗画美学渗融，已经难分难解，诗中有画、画中有诗，诗画艺术手段运用到园林营构之中，园貌虽朴亦俭，但大多承载着构园者丰富的情感。

宋代园林文化已经呈现出成熟型智慧特色。有老成之美，平淡之美，清空及清旷之美，超然隐逸审美文化心态的导引下，清澄淡雅但又不失大味、大美的平淡美就成了宋代隐逸审美文化的基本风格，同时不拘法度、恣情适意的超逸境界成为宋代隐逸审美文化普遍追求的最高理想。

艺术的全部价值，在于其思想性。中国园林所以与诗、画一样成为艺术品，最重要的是"筑圃见文心","文心",就是"意在笔先"的"意",即主题意境或景点意境。而园的主题和景题,要求融辞赋诗文意境于一词,令人咀嚼、玩味。如果园林似一首诗,那就是宋初的僧保暹提出的"诗眼"。保暹《处囊诀》云:

> 诗有眼。贾生《逢僧诗》:"天上中秋月,人间半世灯。""灯"字乃是眼也。又诗:"鸟宿池边树,僧敲月下门。""敲"字乃是眼也。又诗:"过桥分野色,移石动云根。""分"字乃是眼也。杜甫诗:"江动月移石,溪虚云傍花。""移"字乃是眼也。

保暹的"诗眼"虽然如钱锺书先生所说,是以眼目喻要旨妙道,但自此"诗眼"渐成中国诗学的一个重要概念,眼乃心灵之窗,袁枚所谓"一身灵动,在于两眸,一句精彩,生于一字"[1]。自然是诗中最精警、最能开拓意旨、最能传达要旨妙道、最富情韵的字词,有之,则如灵丹一粒,点铁成金,熠熠生辉。

"诗眼"自然是有余意的,有余意之谓韵,宋代范温在《潜溪诗眼论韵》,"自三代秦汉,非声不言韵;舍声言韵,自晋人始;唐人言韵者,亦不多见,惟论书画者颇及之。至近代先达,始推尊之以为极致"。

范温所说的"韵"在宋被美学界所广泛认同、接受,并作为"极致"性审美范畴,得到尊崇的态势:"凡事既尽其美,必有其韵;韵苟不胜,亦亡其美。"[2]"韵"与美相连,"韵"存则美在,"韵"失则美亡。"韵"又"尽美",是最高层次的美。

"韵"在审美内涵上正是"逸","韵味"与"逸气"相通相合。黄庭坚《题东坡字后》道:"东坡简札,字形温润,无一点俗气……笔圆而韵胜。"所谓"无一点俗气"正是"逸气",于是有"韵"便是有"逸气"。

园林造景必先有立意,立意差别必取之胸次,胸次所出在人之文采,文采所出在心解得诗文情怀,立意者要有一颗诗心,无诗心而造园,虽精工细作,有景却无文采美学内涵,便没有景的韵味,已落景中次品。

园林在宋代,文人主题园已经大量出现,他们往往采撷古代经史艺文中的字词或成句,作为诗性品题的语言符码,意在借助其原型意象来触发、感悟意境,为精神创造一生活境域。

北宋洛阳私家园林大多为具有文人气质的士人园,李格非《洛阳名园记》列叙名园十九处,有富郑公园、董氏西园、董氏东园、环溪、刘氏园、丛春园、归仁园等,虽然园名题咏不少依然沿用园主名姓,但园中景点不乏趣味隽永的文学品题。如富郑公园,为宋宰相富弼私园,富弼曾先后被封为郑国公、韩国公,宋人常称之为"富郑公"、"富韩公",故以之称园。据《洛阳名园记》:"洛阳园池,多因隋唐之旧,独富郑公园最为近辟,而景物最胜。"均出于富弼的目营心匠。园中景题如探春亭、四景堂、通津桥、方流亭、紫筠堂、荫樾亭、赏幽台、垂波轩、土筠洞、水筠洞、石筠洞、榭筠

① 袁枚:《诗学全书》,《袁枚全集·外编》,江苏古籍出版社,1993,第241页。
② 郭绍虞:《宋诗话辑佚》上册,中华书局,1980,第373页。

洞、丛玉亭、披风亭、漪岚亭、夹竹亭、兼山亭、梅台、天光台、卧云堂等,皆文采斐然,乃园林景境营造的点睛之笔。有的本来就是唐人名园,踵事增华。如唐裴度午桥绿野庄,北宋为张齐贤所有,见《宋史》卷二六五《张齐贤传》:"归洛,得裴度午桥庄,有池榭松竹之盛。"《玉壶清话》卷三:"张司空齐贤致仕归洛,康宁富寿,先得裴晋公午桥庄,凿渠周堂,花竹照映。"《邵氏闻见录》卷十:"洛城之东南午桥,距长夏门五里,蔡君谟为记,盖自唐以来为游观之地。裴晋公绿野庄今为文定张公别墅,白乐天白莲庄今为少师任公别墅,池台故基犹在。二庄虽隔城,高槐古柳,高下相连接。"

一、归去来兮　南窗寄傲

萧统是第一位既推崇陶渊明人格也推崇其文学的人。中唐的白居易"慕君遗荣利,老死在丘园"[①],但"其他不可及,且效醉昏昏"[②]。

宋代文人才真正"解读"陶渊明,欧阳修激赏《归去来》,苏轼《与苏辙书》体味出陶诗的"质而实绮,癯而实腴"。"东坡论柳子厚诗在渊明下、韦苏州上。退之豪放奇险则过之,而温丽精深则不及也。所贵于枯淡者,谓其外枯而中膏,似淡而实美,渊明、子厚之类是也"[③],"发纤秾于简古,行至味于淡泊",表现得充裕"有余",是最有韵的,所以范温说:"是以古今诗人,唯有渊明最高,所谓出于有余者如此。"[④]

陶渊明立足于内在的独立和自由,泯去后天的经过世俗熏染的"伪我",以求返归一个"真我",超越仕隐方式,保持"悠然自得之趣"的潇洒人生境界,正好与以退为进的朝隐思潮吻合,实在太合乎士大夫们的审美要求了,成为人生楷模。

晁补之(1053—1110年),字无咎,号归来子,济州巨野(今属山东巨野县)人,北宋时期著名文学家,为"苏门四学士"(另有北宋诗人黄庭坚、秦观、张耒)之一。"补之才气飘逸,嗜学不知倦,文章温润典缛,其凌丽奇卓出于天成"[⑤],曾任吏部员外郎、礼部郎中。工书画,能诗词,善属文。与张耒并称"晁张"。诗学陶渊明。其词格调豪爽,语言清秀晓畅,近苏轼。"党论起,为谏官管师仁所论,出知河中府,修河桥以便民,民画祠其像。徙湖州、密州、果州,遂主管鸿庆宫。还家,葺归来园,自号归来子,忘情仕进,慕陶潜为人。"[⑥]居住金乡(今属山东),取陶渊明《归去来兮辞》名"归来园"。"晁无咎闲居济州金乡,葺东皋归去来园,楼观堂亭,位置极潇洒,尽用陶语名之。自画为大图,书记其上,书尤妙。"[⑦]《归去来兮辞》中有"登东皋以舒啸",

① 白居易:《访陶公旧宅》,《白居易集笺校》,上海古籍出版社,1988,第362页。
② 白居易:《效陶潜体诗十六首》,《白居易集笺校》,上海古籍出版社,1988,第303页。
③ 陈鹄《耆旧续闻》卷十。
④ 范温:《潜溪诗眼》,郭绍虞辑《宋诗话辑佚》,中华书局,1980。
⑤ 《宋史列传》卷二百三　文苑六。
⑥ 同上。
⑦ 陈鹄:《耆旧续闻》卷三。

称自己"东皋寓居"。写词《摸鱼儿·东皋寓居》曰："买陂塘、旋栽杨柳,依稀淮岸湘浦。东皋嘉雨新痕涨,沙觜鹭来鸥聚……荒了邵平瓜圃。君试觑,满青镜、星星鬓影今如许!功名浪语。 便似得班超,封侯万里,归计恐迟暮。"园中池塘岸边栽上杨柳,看上去好似淮岸江边,风光极为秀美。这里,有突出于水中的沙洲,池岸边的垂柳如绿色的帐幕,"柔茵"如席,新雨过后,鹭、鸥在池塘中间的沙洲上聚集,煞是好看!坐在池塘边上,自斟自饮。"东皋嘉雨新痕涨"、"一川夜月光流渚"!

作者还叹恨"儒冠误身",使田园荒芜,细看镜中鬓发,已经是两鬓花白了。所谓"功名",不过是一句空话。连班超那样立功于万里之外,被封为定远侯,但回来不久便死去了,完全应和了陶渊明的《归去去来兮辞》。

李清照之父李格非尝言:"文不可以苟作,诚不著焉,则不能工。且晋人能文者多矣,至刘伯伦《酒德颂》、陶渊明《归去来辞》,字字如肺肝出,遂高步晋人之上,其诚著也。"①

赵明诚与李清照回归故里,远离尘嚣,远离政治,脱离蝇营狗苟,做自己爱做的事,正如鱼得水。故取陶渊明《归去来兮辞》之义,名其堂为"归来堂",李清照则自号为"易安居士",室名"易安室",都出自陶渊明的《归去来兮辞》,曰:"倚南窗以寄傲,审容膝之易安。"

苏轼设想如果自己有园,设一"容安居",也是取"审容膝之易安"。还把他梦中的仇池视为避世的桃源。

芜湖宋代有一名士韦许,据乾隆《太平府志》卷二六说:韦许"家世芜湖,志尚矫洁。赴善如饥渴,读书明大义,不事科举。筑堂匾曰'独乐',聚书数千卷,有来游者寝餐其间,久弗厌也",韦许家还有"寄傲轩"。

"寄傲轩"用陶渊明"倚南窗以寄傲",李弥逊有《寄题芜湖深道所居二首·寄傲轩》:

男儿鹜功名,浪起四方志。辙环百年间,正足消两骭。

达人坐进此,妙处不容喙。卷舒周古今,俯仰小天地。

南窗有余清,松菊爽朝气。岂独傲世怀,吾生真可寄。

"南窗有馀清,松菊爽朝气",让他感到羡慕感叹:"岂独傲世怀,吾生真可寄!"

北宋学者游酢(1053—1123年),学者称廌山先生,亦称广平先生。与杨时、吕大临、谢良佐并称程门(颢、颐)四大学子。也有《韦深道寄傲轩》诗:

早付闲身老故乡,青松成径菊成行。搘颐独坐心遗念,坦腹高吟兴欲狂。

瓮下却应嗤毕卓,篱根遥想对羲皇。乘风破浪门前客,试问浮家有底忙。

芜湖"韦深道"即是韦许,其屋在松山林间,描写了韦许的住处:"青松成径菊成

① 《宋史列传》卷二百三 文苑六。

行"。李之仪《又次韵陈莹中题韦深道寄傲轩莹中词》云:

> 结庐人境。万事醉来都不醒。鸟倦云飞。两得无心总是归。古人逝矣。旧日
> 南窗何处是。莫负青春。即是升平寄傲人。莫非魔境。强向中间谈独醒。一叶才
> 飞。便觉年华太半归。醉云可矣。认著依前还不是。虚过今春。有愧斜川得意人。

《中吴纪闻》卷二《五柳堂》:"五柳堂者,胡公通直所作也。其宅乃陆鲁望旧址,
所谓临顿里者是也。公讳稷言,字正思,兵部侍郎则之侄。少学古文于宋景文,又
尝献时议于范文正,晚从安定先生之学,皆蒙爱奖。后以特奏名拜官,调晋陵尉,又
主鄞县簿,又为山阴丞。自度不能究其所施,乃乞致仕。升朝之后,仍赐绯衣银鱼。
公既告老,即所居疏圃凿池,种五柳以名其堂,慕渊明之为人,赋诗者甚众。"胡稷
言慕陶渊明这位"五柳先生"风范,不戚戚于贫贱,不汲汲于富贵,安贫乐道,不慕荣
利,闲静少言,忘怀得失,常著文章自娱,衔觞赋诗以乐其志。《中吴纪闻》卷四《如
村》:"胡峄字仲达,五柳之子。文与行皆能继其父,与方子通为忘年交。后以年格
推恩调安远尉,非其志也,乃取老杜'诸孙贫无事,宅舍如荒村'之句,自号'如村老
人'。治圃筑室,遗外声利,自放于闲适,而终不出仕。有文集二十卷,号《如村冗
稿》,唯室先生及参政周公葵皆为作序。子伯能,登进士第。"胡稷言子胡峄所居在
临顿里,陆龟蒙之旧址,即今拙政园所在处。其子胡峄取杜甫"宅舍如荒村"之句,
名其居曰"如村",则突出环境野趣。

二、雅得菟裘地　清宜隐者心

宋代时有不少私家园林直接表明"隐"居之意,如绍兴北宋有小隐园、寄隐草
堂、平江有招隐堂、中隐等。

有致仕归家者,德遂心愿者。如宋初蒋堂,字希鲁,号遂翁,宋常州宜兴(今江
苏宜兴)人,进士出身,历任知县、通判、知州等职,好学工文辞,尤工诗。延誉后进,
至老不倦。累迁枢密直学士,为人清修纯饬,遇事不屈。以尚书吏部侍郎致仕,著
有吴门集二十卷。堂两守吴,在灵芝坊筑"隐圃",结庵池上,名水月宅。南小溪上
结宇十余柱,名溪馆,又筑南湖台于水中。

蒋堂尝自赋《隐圃十二咏》,盖为景境释义,如:《隐圃》诗曰:"雅得菟裘地,清宜
隐者心。绿葵才有甲,青桂渐成阴。独曳山屐往,无劳俗驾寻。湛然常寂处,水月
一庵深。""菟裘",典出《春秋左传正义》卷四《隐公·传十一年》:"使营菟裘。吾将老
焉。"后世因称士大夫告老退隐的处所为"菟裘",这无疑是解释"隐圃"的命意。《南
湖台》:"危台竹树间,湖水伴深闲。清浅采香径,方圆明月湾。放鱼随物性,载石作
家山。自喜归休早,全胜贺老还。""贺老",应指唐贺知章,为人旷达不羁,有"清谈风
流"之誉,晚年尤纵,自号"四明狂客"、"秘书外监"。八十六岁告老还乡,旋逝。蒋堂
是以尚书礼部侍郎致仕,"复得返自然"。

龚宗元在苏州大酒巷筑堂名中隐,取白居易《中隐》诗:"大隐住朝市,小隐入丘

樊。不如作中隐,隐在留司间。""隐在留司间"的龚宗元与屯田员外郎程适、太子中允陈之奇游从,极文酒之乐。皆耆德硕儒挂冠而归者。吴人谓之三老。

叶清臣的小隐堂,取白居易《中隐》诗"小隐入丘樊"。蒋堂尝有《过叶道卿侍读小园》诗云:"秀野亭连小隐堂,红蕖缘筱媚沧浪。卞山居士(道卿自号也)无归意,却借吴侬作醉乡。"

三、慕古尚贤 孔颜真乐

北宋士人尚友古人,园林大多借古人立意。

吴郡处士章宪的复轩,《吴郡志》:复轩在吴县之黄村,处士章宪自作记,谓"茸老人之庐,治东庑之轩,以贮经史百氏之书,名之曰复,以警其学"。其后圃又有清旷堂,咏归、清阅、遐观三亭,以慕古尚贤,各有诗云云。

章宪各以一诗以咏,阐发了景的意境。《清旷堂》:"吾慕仲公理(汉仲长统),卜居乐清旷。"《咏归亭》:"吾慕曾夫子(参),舍瑟言所志。"《清阅(亭)》:"吾慕韩昌黎,文章妙百世。"《遐观亭》:"吾慕陶靖节,处约而平宽。"[1]《复轩歌》(宋·章宪)洞视兮八荒,了无物兮往无旁。往古来今兮无际,起复代谢兮不失吾常。复乎,复乎。吾所寓兮广莫之野,而无何有之乡。

沈括居"梦溪园",他在《梦溪自记》中说在园中"渔于泉,舫于渊,俯仰于茂木美荫之间。所慕于古人者:陶潜、白居易,李约,谓之'三悦';与之酬酢于心目之所寓者:琴、棋、禅、墨、丹、茶、吟、谈、酒,谓之'九客'"[2]。"三悦"是园居生活崇拜的偶像和仰慕的境界;"九客"是士大夫园居生活的内容。

沈括的偶像是陶渊明、白居易和曾在镇江居住过的李约。李约唐宗室子弟,字存博,自号萧斋,元和间曾任兵部员外郎,后弃官隐居。《全唐诗》存其诗十首。《因话录》卷二记载李约"雅度玄机,萧萧冲远,德行既优,又有山林之致,琴道、酒德、诗调皆高绝","天性唯嗜茶,能自煎","又养一猿名山公,尝以之随逐。月夜泛江登金山,击铁鼓琴,猿必啸和。"

"朱长文,字伯原,苏州吴人。年未冠,举进士乙科,以病足不肯试吏,筑室乐圃坊,著书阅古,吴人化其贤。长吏至,莫不先造请,谋政所急,士大夫过者以不到乐圃为耻,名动京师,公卿荐以自代者众。"[3]

朱长文《乐圃记》较为详细地解释了园之立意,即"乐圃"之"乐":

大丈夫用于世,则尧吾君,舜吾民,其膏泽流乎天下及后裔,与稷、契并其名,与周、召偶其功;苟不用于世,则或渔、或筑、或农、或圃,劳乃形,逸乃心,友沮、溺,肩绮季,追严、郑,蹑陶、白,穷通虽殊,其乐一也。

---

① 范成大:《吴郡志》,江苏古籍出版社,1985,第197页。
② 俞希鲁:《至顺镇江志》卷十二。
③ 《宋史列传》卷二百三 文苑六。

故不以轩冕肆其欲,不以山林丧其节。孔子曰:"乐天知命故不忧。"又称颜子"在陋巷……不改其乐",可谓至德也已。予尝以"乐"名圃,其谓是乎?

虽然朱长文第一乐是逍遥于仕与不仕之间,超然洒脱,但从米芾所撰墓表看出他:"十九岁登乙科,病足不肯从吏,筑室乐圃,有山林趣,著书阅古,乐尧舜道。"园名立意是盖取孔子"乐天知命故不忧",颜回"在陋巷,人不堪其忧,回也不改其乐"之意。孔子"乐天知命故不忧",出于《周易·系辞上》,意思是:听从上天安排,听天由命,没什么可愁的。《论语·述而》也记载:"子曰'饭疏食,饮水,曲肱而枕之,乐亦在其中矣。'"这和《论语·雍也》记载的赞美颜回的话是一致的,就是后人盛称的"孔颜真乐"的内容,这也正是宋代士大夫向往的"内圣"境界。

朱长文的偶像是与孔子同时代的隐者长沮、桀溺和汉初隐士商山四皓之一的绮里季、东汉隐士严子陵、西汉末年隐士郑子真,努力效法的也是陶潜和白居易。

他的园居生活"朝则诵羲、文之《易》,孔氏之《春秋》,索《诗》《书》之精微,明礼乐之度数;夕则泛览群史,历观百氏,考古人之是非,正前史之得失",朝读伏羲、周文王的《易经》、孔子的《春秋》,探索《诗经》、《书经》的精微,明礼乐;晚博览经史子集,考订史实之得失。闲暇之时,则"曳杖逍遥,陟高临深,飞翰不惊,皓鹤前引,揭厉于浅流,踌躇于平皋,种木灌园,寒耕暑耘"。所以"虽三事之位,万钟之禄,不足以易吾乐也",就是三公高位和万钟俸禄也不足以代替我的快乐! 实际上文章诠释了他的隐居之"乐",也即园名。

四、观身一牛毛 阅世两蜗角

司马光是北宋新旧党争的核心人物,宋神宗即位后,极力支持王安石推行"新法",司马光力持异议,因此出知永兴军(治所在今陕西省西安市),不久又请求换了个闲缺:判西京御史台,退居洛阳,主编《资治通鉴》。元祐元年(1086 年)宋哲宗即位,尽废新法,司马光从洛阳被起用,年初为相,当年九月卒,赠太师,封温国公,谥文正。

《邵氏闻见录》卷十八:"熙宁三年,司马温公与王荆公议新法不合,不拜枢密副使,乞守郡,以端明殿学士知永兴军。后数月……移许州,令过阙上殿。公力辞,乞判西京留司御史台,遂居洛,买园于尊贤坊,以'独乐'名之,始与伯温先君子康节游。"熙宁四年,司马光举家定居洛阳,六年,在尊贤坊北关买了二十亩田作为家园,写了《独乐园记》诠释"独乐"之意:

孟子曰:"独乐乐,不如与人乐乐;与少乐乐,不如与众乐乐",此王公大人之乐,非贫贱者所及也。孔子曰:"饭蔬食饮水,曲肱而枕之,乐在其中矣";颜子"一箪食,一瓢饮,不改其乐";此圣贤之乐,非愚者所及也。

若夫鹪鹩巢林,不过一枝;鼹鼠饮河,不过满腹,各尽其分而安之,此乃迂叟之所乐也。

"独乐"既非王公大臣的与民同乐,也非儒家倡导的"孔颜之乐",而是像《庄子·逍遥游》:"鹪鹩巢于深林,不过一枝;偃鼠饮河,不过满腹。"鹪鹩一类的小鸟,在林中筑巢,不过占据一根树枝;偃鼠到河中饮水,不过喝饱肚子,取各尽自己的本分而相安无事。这才是我(迂叟)所追求的乐趣。司马光自称"迂叟",他是恪守传统礼仪的人,四皓不肯苟且,曾按古代《礼记》的规格制作"深衣",出行时朝服乘马,入独乐园时则穿上"深衣",连邵雍老夫子都觉得他过时。[1]

独乐园中有"读书堂"、"弄水轩"、"钓鱼庵"、"种竹斋"、"采药圃"、"浇花亭"、"见山台"等。司马光在《独乐园七题》诗里分别说明了亭台题名的取义。[2]

> 平日多处堂中读书,上师圣人,下友群贤,窥仁义之原,探礼乐之绪,自未始有形之前,暨四达无穷之外,事物之理,举集目前……志倦体疲,则投竿取鱼,执衽采药,决渠灌花,操斧剖竹,灌热盥手,临高纵目,逍遥相羊,唯意所适。

> 明月时至,清风自来,行无所牵,止无所柅,耳目肺肠,悉为己有,踽踽焉、洋洋焉,不知天壤之间复有何乐可以代此也。因合而命之曰"独乐园"。

平日大多在读书堂中读书,上以先哲圣人为老师,下以诸多贤人为朋友,究查仁义的源头,探索礼乐的开端,期望在未曾获得成就之前就达到进入无穷之外(的境界),把事物的原理,全部集中到眼前。

神志倦怠了,身体疲惫了,就手执鱼竿钓鱼,学习纺织采摘药草,挖开渠水浇灌花草,挥动斧头砍伐竹子,灌注热水洗涤双手,登临高处纵目远眺,逍遥自在徜徉漫游,只是凭着自己的意愿行事。明月按时到来,清风自然吹拂,行走无所牵挂,止息无所羁绊,耳目肺肠都为自己所支配。一个人孤独而舒缓,自由自在,不知道天地之间还有什么乐趣可以替代这种(生活)。于是(将这些美景与感受)合起来,把它命名为独乐园。

追随他十余年的助手、著名的史学家刘安世说,司马光反对不了王安石的"新法","自伤不得与众同也",只好独善其身。

独乐园简朴而有韵味。园中竹林掩映,亭台堂轩都小而朴,自然脱俗。透露出一份忧郁中的潇洒,这种格调为后世许多文人所模仿(图4-14)。

有感于司马光的"独乐园",芜湖韦深道也筑堂名"独乐",韦和友人也有唱和。宋吴人李弥逊寄韦许《寄题芜湖深道所居二首·独乐堂》:

> 韦郎江海士,心与凡子各。折腰卑小官,不事干禄学。
> 观身一牛毛,阅世两蜗角。纷华岂不好,名教自有乐。
> 虚堂卷书罢,觅酒供自酌。谁云苦幽独,秋风响猿鹤。

自己不过身如一牛毛,力量太微弱,看着党争,犹如《庄子·则阳》寓言"触蛮之

---

① 事见《邵氏闻见录》卷十九。
② 见《司马文正公集》卷四或《全宋诗》卷五百。

图4-14　独乐园钓鱼庵（仇英）

战蜗角之争"："有国于蜗之左角者曰触氏，有国于蜗之右角者曰蛮氏，时相与争地而战，伏尸数万，逐北旬有五日而后反。"蜗牛的角上有两个国家，左角上的叫触国，右角上的叫蛮国。这两个国家经常为争夺地盘而发生战争。每次战争后，总是尸横遍野，死亡好几万人；取胜的国家追赶败军，常常要十多天才能回来。

李之仪《次韵陈莹中题韦深道独乐堂莹中词》（减字木兰花）云：

世间拘碍。人不堪时渠不改。古有斯人。千载谁能继后尘。春风入手。乐事自应随处有。与众熙怡。何似幽居独乐时。触涂是碍。一任浮沈何必改。有个人人。自说居尘不染尘。谩夸千手。千物执持都是有。气候融怡。还取青天白日时。

程俱（1078—1144年）更超脱，他在城北建园居"蜗庐"。《吴郡志》谓："蜗庐，在城北，中书舍人程俱致道所居。俱政和间（1111—1118年）自监舒州茶场，上书论时政不合，来家於吴。茸小屋，号蜗庐。中有常寂光室、胜义斋，尝赋《迁居蜗庐》诗。及蜗庐后隙地，种植竹、菊、凤仙、鸡冠、红苋、芭蕉、冬青等。"程俱《迁居蜗庐》诗可为园名题咏作解释，"蜗庐"之意，一言其"小"和"陋"："有舍仅容膝，有门不容车。寰中孰非寄，是岂真吾庐？不作大耳兄，闭关种园蔬。茅檐接环堵，无地可灌锄。不作下扫翁，一室谢扫除。平生四海志，投老狐蹄枯。愿从素心人，不减南村居。萧然冰炭外，傲睨万物初。坐视蛮触战，兼忘糟粕书。聊呼赤松子，伴我龟肠虚。"超然于"蜗角之争"之外："坐视蛮触战，兼忘糟粕书"，自己不学当年刘备在下处种菜，以掩盖争夺天下的英雄本色；也没有陈蕃"扫天下"之志了，"蜗庐却喜通幽径，岸帻时来一啸长"，自由自在地啸咏在蜗庐之中。程俱著《北山小集》自谓"蜗庐有隙地两三席，稍种树竹，已有可观"云云。

北宋中期庆历党争出现的一代名园"沧浪亭"，现在是苏州现存最古老的园林，见证着这场斗争（图4-15）。

149

图 4-15　沧浪亭(苏州)

　　庆历四年(1044 年),苏舜钦与右班殿直刘巽在进奏院祠仓王神,并召当时知名人士十余人,以出售废纸的公钱及大伙凑的"份金"宴会,并召两名歌妓唱歌佐酒。当时任太子中允的李定也想参加,李扬州人,少受学于王安石,他有不孝之名,苏舜钦疾恶如仇,拒绝李预此会,"李衔之,遂暴其事于言语,为刘元瑜所弹,子美坐谪。故圣俞有《客至》诗云:'有客十人至,共食一鼎珍。一客不得食,覆鼎伤众宾。'盖指李也"。[①] 李先构陷苏舜钦,后又参与构陷苏轼以罪。"卖故纸钱"以助宴会,本为官场惯例,却因此按上"监守自盗"、"枉被盗贼之名"。

　　苏舜钦岳父杜衍,原为枢密使,后升任宰相,时与范仲淹、富弼等均为庆历革新的主要人物。范仲淹荐其才,在汴京任集贤校理、监进奏院;成为庆历新政之中坚。《宋史纪事本末》卷二九《庆历党议》载:

　　(杜)衍好荐引贤士而抑侥幸,群小咸怒,衍婿苏舜钦⋯⋯时监进奏院,循例祀神,以伎乐娱宾。集贤校理王益柔,曙之子也,于席上戏作《傲歌》。御史中丞式拱辰闻之,以二人皆仲淹所荐而舜钦又衍婿,欲因是倾衍及仲淹,乃讽御史鱼周询、刘元瑜举劾其事,拱辰乃张方平(时为权御史中丞)列状请诛益柔,盖欲因益柔以累仲淹也。

　　"结案后,苏舜钦、王益柔及与苏、王同席的'当世名士'均遭贬斥⋯⋯民以为过薄而拱辰等方自喜,曰:'吾一举网,尽矣!'"[②]

　　次年正月,杜衍罢相知兖州,范仲淹罢参知政事知汾州,富弼罢枢密副使知郓州;三月,韩琦也罢枢密副使知扬州;五月,欧阳修愤而上书,为他们作辩护,然遭谏

---

①　蔡居厚:《诗史二则》,见《苏舜钦集编年校注》,巴蜀书社,1990,第 776 页。

②　李焘:《续资治通鉴长编》卷一五三"庆历四年十一月甲子"条。

官钱明德弹劾，"下开封鞠治"，八月，"犹落龙图阁直学士，罢都转运按察使，降知制诰，知滁州"①。至此，新政官僚全部被贬出朝，庆历新政宣告失败。

《宋史列传》第四十五载："益柔字胜之。为人伉直尚气，喜论天下事……范仲淹未识面，以馆阁荐之，除集贤校理。"同书载"益柔少力学，通群书，为文日数千言"。尹洙见之曰："赡而不流，制而不窘，语淳而厉，气壮而长，未可量也。"王益柔今存"醉卧北极遣帝去，周公孔子驱为奴"②一联，纯系酒后"戏语"，而台谏却"希望沽激，深致其文"，指为"谤及时政"，"列章墙进，取必于君"③，终成大狱，借以将范仲淹为核心的新政集团一网打尽，根除了其在朝势力。益柔本人，史载：韩琦为帝言："益柔狂语何足深计！方平等皆陛下近臣，今西陲用兵，大事何限，一不为陛下论列，而同状攻一王益柔，此其意可见矣。"帝感悟，但黜监复州酒。④

苏舜钦为避谗畏祸，翌年（1045 年）不得已远离政治中心，携妻子且来吴中"岁暮被重谪，狼狈来中吴"⑤。遂以钱四万得之。构亭北碕，号"沧浪"焉。取意《楚辞·渔父》的《沧浪之歌》："沧浪之水清兮，可以濯我缨；沧浪之水浊兮，可以濯我足！""迹与豺狼远，心随鱼鸟闲。吾甘老此境，无暇事机关。"

隐归江湖的高人沧浪渔父见到屈原忠而被谤，流放泽畔，脸色憔悴，形容枯槁，劝其随世沉浮，濯缨濯足、进退自如，遂成为士人艳称的处世哲学。

沧浪亭尤与风月为相宜，有曲池高台："聊上危台四望中"⑥；有石桥："独绕虚亭步石矼"⑦；有斋馆："山蝉带响穿疏户，野蔓盘青入破窗"⑧；有观鱼处："瑟瑟清波见戏鳞"⑨。苏舜钦"时榜小舟，幅巾以往，至则洒然忘其归。觞而浩歌，踞而仰啸，野老不至，鱼鸟共乐"，并反思道："形骸既适则神不烦，观听无邪则道以明；返思向之汩汩荣辱之场，日与锱铢利害相磨戛，隔此真趣，不亦鄙哉！"

第四节　艮岳等皇家园林的美学思想

"宋代的皇家宫苑，太祖朝建设未尝求奢，而多豪壮，太宗时规模愈大，启北宋崇奉道教侈致宫殿之端，轮奂壮丽，金碧荧煌，迨及能诗书善画的宋徽宗，性好奢丽工巧，所建殿阁亭台园苑，叠石为山，凿池为海，作石梁以升山亭，筑土冈以植杏林，

① 《庐陵欧阳文忠公年谱》，见《欧阳修全集》卷首。
② 见《续资治通鉴长编》卷一五三"庆历四年十一月甲子"条注。
③ 《苏舜钦集编年校注》卷九《与欧阳公书》。
④ 《宋史列传第四十五》。
⑤ 苏舜钦：《迁居》，载《苏舜钦集编年校注》，巴蜀书社，1990，第 216 页。
⑥ 苏舜钦：《沧浪怀贯之》，载《苏舜钦集编年校注》，巴蜀书社，1990，第 292 页。
⑦ 苏舜钦：《沧浪静吟》，载《苏舜钦集编年校注》，巴蜀书社，1990，第 293 页。
⑧ 苏舜钦：《沧浪静吟》，载《苏舜钦集编年校注》，巴蜀书社，1990，第 293 页。
⑨ 苏舜钦：《沧浪观鱼》，载《苏舜钦集编年校注》，巴蜀书社，1990，第 298 页。

又为茅亭鹤庄之属，以仿天然，已为艮岳之制。北宋御苑规模建制远逊于唐，但艺术和技法则过之，作风渐趋，多去汉唐之硕大、朴素大方，而易之以纤靡，重在刻意进行细部装饰，而不重魁伟。"①

据宋人袁褧《枫窗小牍》卷下记载，北宋东京有园林约百十，孟元老的《东京梦华录》卷六《收灯都人出城探春》列举了大量园圃林苑，"大抵都城左近，皆是园圃，百里之内，并无闲地"。

东京皇家园林，包括了大内御苑和行宫御苑。大内御苑中有后苑、延福宫、艮岳三处；行宫有玉津园、宜春苑、琼林苑、金明园，瑞圣园。而琼林苑和金明园定期对庶民开放，带有公共游豫园林性质。

玉津园位于城南南熏门外，又名南御苑，始建于后周世宗显德年间，宋朝予以扩建，是皇帝举行南郊大祀的场所。夹御道分为东西两个部分，"千亭百榭"，以备游幸宴。树木成荫，异卉飘香，芳花满园，规模宏大。园内种植荞麦十五顷，"承平园圃杂耕桑，六圣勤民计虑长。碧水东流还旧派，紫檀南峙表连冈。不逢迟日莺花乱，空想疏林雪月光。千亩何时耕帝藉，斜阳寂历锁空庄。"(苏轼《游玉津园》)园内有大片农田，掌种植蔬莳以待供进。引闵河水入园，水面、林木、田园之景交织错落，野趣盎然。还喂养数十头大象和狮子、犀牛、孔雀、白驼等其他珍禽异兽，好似巨大的皇家动物园。玉津园平时是"长闭园门人不入，禁渠流出雨残花"，"金锁不开春寂寂，落花飞出粉墙头"②。

宜春苑俗称东御园，最初是赵匡胤之弟秦悼王赵廷美(宋太宗之弟)的园林。宜春苑池沼美丽，遍植奇树异卉，花香细细，硕果累累，《玉海》卷一七一记载："每岁内苑赏花，则诸苑进牡丹及缠枝杂花。七夕、中元，进奉巧楼花殿，杂果莲菊花木及四时进花入内。"杨侃的《皇畿赋》云："汴水之阳，宜春之苑，向日而亭台最丽，迎郊而气候先暖。"因其在京城之东，宋初为宴进士之所，遂成文人雅士饮宴交游之地。宋祁有诗云："宜春苑里报春回，宝胜缯花百种催。瑞羽关关迁木早，神鱼泼泼上冰来。"风轻日暖，莺飞草长，杂花生树，瑞鸟翔集，锦鲤跃波，是一幅春来早的景象。

后因赵廷美被贬废为庶人，"无复增修事，君王惜费金"，也就"树疏啼鸟远，水静落花深"，逐渐破败。

瑞圣园俗称北青城，初名北园，太平兴国二年(977年)改名含芳园。园内"方塘潾潾春光渌，密竹娟娟午更寒"，疏林朗朗，景致静幽怡雅，大片的空地种植果蔬五谷，"岁时节物，进供入内，孟秋驾幸，省敛谷实，锡从臣宴饮，赏赍园官、啬夫有差。凡皇城(北)诸园入官者皆属焉"③。

玉津园、宜春苑和瑞圣园都以自然风光为主，种植具有经济实用价值的粮食花

① 曹林娣：《中国园林文化》，中国建筑工业出版社，2005，第96页。

② 穆修：《城南五题其五·玉津园》，见《全宋诗》第十五部。

③ 徐松：《宋会要辑稿·方域三》。

果,风貌雅朴。直到宋徽宗亲自设计的"艮岳",方达到北宋皇家山水宫苑的极致,体现了皇家宫苑典型的美学思想。

宋徽宗赵佶"诸事皆能,独不能为君",他把朝政交蔡京、童贯之流,蔡京屡罢屡起,《宋史·奸臣传·蔡京传》载:"时承平既久,帑庾盈溢,京倡为丰、亨、豫、大之说,视官爵财物如粪土,累朝所储扫地矣……京每为帝言,今泉币所积赢五千万,和足以广乐,富足以备礼,于是铸九鼎,建明堂,修方泽,立道观,作《大晟乐》,制定命宝……又欲广宫室求上宠媚,召童贯辈五人,风以禁中逼侧之状。贯俱听命,各视力所致,争以侈丽高广相夸尚,而延福宫、景龙江之役起,浸淫及于艮岳矣。"在蔡京竭力鼓吹所谓丰亨豫大的富足兴盛的太平安乐景象后,赵佶先后修建了诸宫,都有苑囿。

实际上,宋徽宗时期的政和、宣和年间,金人灭辽,北宋已危在旦夕,正是焦心劳思之时,非丰亨豫大之日。《续治资通鉴》记载:"甲寅,侍御史孙觌言:'蔡京四任宰相,前后二十年,挟继志述事之名,建蠹国害民之政,祖宗法变,废移几尽,托丰亨豫大之说,倡穷奢极侈之风,而公私蓄积,扫荡无余。'"南宋朱熹的《朱子语类》:"宣政间有以夸侈为言者,小人却云当丰亨豫大之时,须是恁地侈泰方得,所以一面放肆,如何得不乱。"①

赵佶是"不爱江山爱丹青",潜心迷恋于书法和绘画,宋邓椿《画继》卷一称赵佶"艺极于神",他自己也说:"朕万机余暇,别无他好,惟好画耳。"②吹弹、书画、声歌、词赋无不精工极研,堪称一代大家。尤以书法绘画天赋非凡,瘦金体书法独步天下。他亲自掌管翰林图画院,给画家以优厚的待遇,邓椿《画继》卷十:"本朝旧制,凡以艺进者,虽服绯紫,不得佩鱼;政、宣间,独许书画院出职人佩鱼,此异数也。"鼓励画家创作优秀的作品,像米芾、张择端等一代大师遂应运而生。宋徽宗还广泛收集民间文物,特别是金石书画,扩充翰林图画院,将御府所藏历代书画辑编成《宣和书谱》《宣和画谱》《宣和博古图》等书。存世画迹有《芙蓉锦鸡》《池塘秋晚》《四禽》《雪江归棹》等图。

宋徽宗赵佶骨子里是个文人雅士,他画的《文会图》(图4-16)描绘的就是文人雅士在一所庭园品茗雅集的一个场景:旁临曲池,石脚显露。四周栏楯围护,垂柳修竹,树影婆娑。树下设一大案,案上摆设有果盘、酒樽、杯盏等。八九位文士围坐案旁,或端坐,或谈论,或持盏,或私语,儒衣纶巾,意态闲雅。竹边树下有两位文士正在寒暄,拱手行礼,神情和蔼。垂柳后设一石几,几上横仲尼式瑶琴一张,香炉一尊,琴谱数页,琴囊已解,似乎刚刚按弹过。大案前设小桌、茶床,小桌上放置酒樽、

---

① 一曰《宋史》出于元代御用文人之手,他们将宋亡之责推到宋臣王安石及继承其改革的蔡京等人身上,《宋史·徽宗传》中,《宋史》作者总结北宋灭亡的原因时说:"宋中叶之祸,章蔡首恶……徽宗失国之由……疏斥正士,狎近奸谀……自古人君玩物而丧志,纵欲而败变,鲜不之者,徽宗甚焉,故特著以为戒!"竭力忌讳异族人侵亡宋的史实。

② 邓椿:《画继》卷一。

菜肴等物,一童子正在桌边忙碌,装点食盘。茶床上陈列茶盏、盏托、茶瓯等物,一童子手提汤瓶,意在点茶;另一童子手持长柄茶杓,正在将点好的茶汤从茶瓯中盛入茶盏。

床旁设有茶炉、茶箱等物,炉上放置茶瓶,炉火正炽,显然正在煎水。有意思的是画幅左下方坐着一个青衣短发的小茶童,也许是渴极了,他左手端茶碗,右手扶膝,正在品饮。

图中右上有赵佶亲笔题诗:"题文会图:儒林华国古今同,吟咏飞毫醒醉中。多士作新知入彀,画图犹喜见文雄。"

图 4-16　文会图(赵佶)

图左中为"天下一人"签押。左上方另有蔡京题诗:"臣京谨依韵和进:明时不与有唐同,八表人归大道中。可笑当年十八士,经纶谁是出群雄。"

一、成言乎艮　繁衍皇嗣

赵佶笃信道教,自号教主道君皇帝。据宋张淏《艮岳记》记载,修筑以山为主的宫苑,且选择在皇城东北的"艮"位,是信从了道士在京城内筑山能多子嗣之说,曰:"徽宗登极之初,皇嗣未广,有方士言:'京城东北隅,地协堪舆,但形势稍下,傥少增高之,则皇嗣繁衍矣。'上遂命土培其冈阜,使稍加于旧矣,而果有多男之应。"

《挥麈后录》说得更具体:"元符末,掖庭讹言崇出。有茅山道士刘混康者,以法箓符水为人祈禳,且善捕逐鬼物。上闻,得出入禁中,颇有验。崇恩尤敬事之,宠遇无比。至于即其乡里建置道宫,甲于宇内。陵登极之初,皇嗣未广,混康言京城东北隅地叶堪舆,倘形势加以少高,当有多男之祥。始命为数仞岗阜,已而后宫占熊不绝。上甚以为喜,繇是崇信道教,土木之工兴矣。①"

方士所依据的是"后天八卦"即周文王八卦的方位"艮"和名山"岳"名之,字面意思是宫城东北之山岳。

后天八卦图据传出自周文王所画。由于中国位居东半球北部,所以观察乾(天)的正中位置在西北,而坤(地)则位于西南。艮为山,接近天,在东北;巽为齐平,近地,在东南。另外四卦分别是:震在东,兑在西,离在南,坎在北。后世构园使用的八卦、四象都运用"后天八卦"图(图4-17),其图如下:

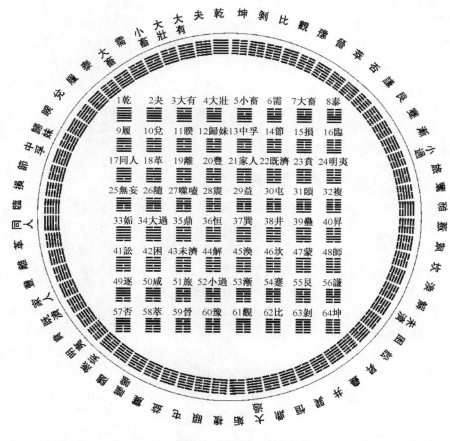

六十四卦方位图

图4-17 六十四卦方位图

① 王明清:《挥麈后录》卷二。

后天八卦图在《说卦传》曰:"帝出乎震,齐乎巽,相见乎离,致役乎坤,说言乎兑,战乎乾,劳乎坎,成言乎艮。"

意思是:天帝(可指北极星)从震位出发,到了巽位使万物整齐生长,到了离位使万物彼此相见,到了坤位使万物得到帮助,到了兑位使万物愉悦欢喜,到了乾位使万物相互交战,到了坎位使万物劳苦疲倦,到了艮位使万物成功收场。

《说卦传》解释曰:"万物出乎震,震东方也……艮,东北之卦也,万物之所成终而所成始(万物在此成功结束又重新开始)也,故曰成言乎艮。"

"自后海内乂安,朝廷无事,上颇留意苑囿,政和间,遂即其地,大兴工役筑山,号寿山艮岳,命宦者梁师成专董其事。"(宋张淏《艮岳记》)

在上清宝箓宫之东筑山象余杭之凤凰山,号曰万岁山,既成,更命曰"艮岳"。

艮岳位于汴京城东北隅,以浙江的凤凰山为蓝本,初名凤凰山,后改寿山,"山在国之艮,故名之曰艮岳。则是山与泰、华、嵩、衡等同,固作配无极"[1]。因山在国都之艮位,故名艮岳,岳之正门名曰阳华,故亦号阳华宫。另外,东方为春、为木、为青龙,山岳博大仁厚,坚实稳定,孔子有"仁者乐山"、"仁者静"和"仁者寿"之比德含义,故艮岳又名艮岳寿山、万寿山、万岁山等名。

于是,在平洼的开封城东北角,出现了全由人工堆叠起来的山水宫苑,周围面积达十里之大,最高峰达九十尺,总面积约 750 亩。

二、括天下之美 藏古今之胜

赵佶对"帝王威仪"十分在意,他在书画上的花押是一个类似拉长了的"天"字,据说象征"天下一人"。潜意识里还是《诗经·小雅·谷风之什·北山》所说的"溥天之下,莫非王土"的皇极意识。既然苍天之下都是天子的辖地,赵佶自己既富才情,主持修建工程的宦官梁师成,又"博雅忠荩,思精志巧,多才可属",自然可以"竭府库之积聚,萃天下之伎艺",集天下众美于一园了。

赵佶自谓:"设洞庭、湖口、丝溪、仇池之深渊,与泗滨、林虑、灵璧、芙蓉之诸山,最瑰奇特异瑶琨之石,即姑苏、武林、明越之壤,荆楚、江湘、南粤之野,移枇杷、橙、柚、橘、柑、椰、栝、荔枝之木、金峨、玉羞、虎耳、凤尾、素馨、渠那、茉莉、含笑之草,不以土地之殊,风气之异,悉生成长养于雕阑曲槛。"[2]

洞庭、湖口、丝溪、仇池之深渊;有泗滨、林虑、灵璧芙蓉之假山石;有苏杭楚湘南粤之景;有来自全国各地的珍奇花草树木、飞禽走兽。

集天下诸山之胜于假山,"东南万里,天台、雁荡、凤凰、庐阜之奇伟,二川、三峡、云梦之旷荡,四方之远且异,徒各擅其一美,未若此山并包罗列。又兼其绝胜,飒爽溟滓,参诸造化,若开辟之素有,虽人为之山,顾岂山哉!"余杭凤凰山山巅之

---

① 王明清:《挥麈后录》卷二〇徽宗御制艮岳记。

② 张淏:《艮岳记》引御制《艮岳记》。

"介亭"、山下之"雁池"等名都直接被艮岳沿用。真是"搜尽奇峰打草稿"！

艮岳有洞天福地，"万岁山大洞数十，其洞中皆筑以雄黄及卢甘石。雄黄则辟蛇虺，卢甘石则天阴能致云雾，翁郁如深山穷谷"。①

在山洞处理上，模拟生态，以石灰岩石置于其中，自生云烟，翁郁如俨然真山，更如道家仙境；曲江池中建蓬壶堂，象征海中仙山；屋圆如规的八仙馆等。

堂曰三秀，以奉九华玉真安妃圣像。山之西北有老君洞，为供奉道像之所。

又集地上胜景：会稽多佳山水，"会稽天下本无俦"，艮岳仿鉴湖入园中，宋王明清《挥麈后录》卷二："诏二臣共作《艮岳百咏诗》以进……《艮岳百咏诗》鉴湖云：'水天澄碧莹寒光，一片平波六月凉。移得会稽三百里，不教全属贺知章。'"

曲江池亭、形如蜀山栈道之险的蹬道、闲适田园风光的农舍，周围辟粳稼桑麻之地，山坞之中又有药寮，附近植祀菊黄精之属、外方内圆如半月的书馆，还有高阳酒肆，也有琼津殿、绿萼华堂、绛霄楼、凝观图山亭、金波门等。

这里最多的是取天下瑰奇特异之灵石，早在崇宁元年(1102年)三月，赵佶就派宦官童贯在苏州、杭州设置造作局，役使数千工匠制造象牙、犀角、金银、玉器、藤竹等奇巧之物，访求书画，以供御前玩赏。蔡京任相后，便授意朱冲秘密地将三棵黄杨运到宫中，徽宗自然高兴非常，朱勔乘机进言："东南一带富有此物，可访求以献。"

崇宁四年(1105年)十一月，徽宗遂命朱勔在苏、杭设置应奉局，专门搜求奇花异石，宋蜀僧祖秀在《华阳宫记事》"善致万钧之石，徙百年之水者，朱勔父子也。"

凡见湖中奇石，"虽江湖不测之渊，力不可致者，百计以出之至"，士民家的则"搜岩剔薮，幽隐不置，一花一木，曾经黄封，护视稍不谨，则加之以罪"，这样，"大率灵璧太湖诸石，二浙奇竹异花，登莱文石，湖湘文竹，四川佳果异木之属，皆越海度江，凿城郭而至"，这就是"花石纲"之役。朱家"一门尽为显官，驺仆亦至金紫，天下为之扼腕"②。

"艮岳之取石也，其大而穿透者，致远必有损折之虑。近闻汴京父老云：'其法乃先以胶泥实填众窍，其外复以麻筋、杂泥固济之，令圆混。日晒，极坚实，始用大木为车，致放舟中。直俟抵京，然后浸之水中，旋去泥土，则省人力而无他虑。'"③

高大多窍透空的太湖石经长途运输极易折断，因此便先用胶泥填实孔窍，加上麻筋包裹，然后放在日光下晒硬。起运时先用大木为车，置于舟中。运抵汴京后，浸泡水中，旋去泥土，省工省力。

北宋末年太学生邓肃《花石诗》："蔽江载石巧玲珑，雨过嶙峋万玉峰。舻尾相衔贡天子，坐移蓬岛到深宫。浮花浪蕊自米白，月窟鬼方更奇绝。缤纷万里来如雨，上林玉砌酣春色。"

① 周密：《癸辛杂识前集》，中华书局，1988，第15页。
② 《宋史·佞幸传》卷二二九。
③ 周密：《癸辛杂识前集》，中华书局，1988，第15页。

宋张淏《艮岳记》"大率灵璧太湖诸石,二浙奇竹异花,登莱文石,湖湘文竹,四川佳果异木之属,皆越海度江,凿城郭而至"。

移南方艳美珍奇之花木,珍禽异兽,设雕阑曲槛,葺亭台楼阁、飞楼杰观,雄伟瑰丽,极于此矣。天上人间诸景备。这一切,又犹如生来就如此,"开辟之素有"!"真天造地设、神谋化力,非人力所能为者。"

三、按图度地　群石若众臣

作为卓越的书画艺术家的宋徽宗,把艮岳山水宫苑当作三度空间的立体山水画,他先是"按图度地",意在笔先。

这个"图"就是宋徽宗精心构想的全景式山水画,全景式地表现山水、植物和建筑之胜,气势恢弘,犹如今之效果图,成为施工的蓝本,体现了"天下一人"的气派,也是北宋山水画的风格。如宋张择端《清明上河图》、王希孟的《千里江山图》等都是全景式的雄伟的山水画。

王希孟为北宋画院学生,后召入禁中文书库,被一代艺术帝王宋徽宗慧眼识珠,徽宗亲自传授,经悉心教诲,王终成大器。十八岁的王希孟用半年时间完成长达十二米的大青绿大手卷《千里江山图》(图4-18),全卷岗峦起伏烟波浩渺,其间还细致地描绘了数十处水村野市、山居瓦屋、水榭长桥,住宅形态极其丰富。周维权先生在这章山水画中卡看到的个体建筑的各种平面:一字形、曲尺3形、折带形、丁字形、十字形、工字形;各种造型:单层、二层、架空、游廊、复道、两坡顶、歇山顶、庑殿顶、攒尖顶、平顶、平桥、廊桥、亭桥、十字桥、拱桥、九曲桥等;还表现了以院落为基本模式的各种建筑群体组合的形象及其倚山、临水、架岩、跨涧结合于局部地形地物的情况。[①]

宋人周密在《癸辛杂识》中记载:"前世叠石为山,未见显著,宣和艮岳,始兴大役。"艮岳的山水安排,不仅悉符画里,而且山石主从关系,犹如君臣关系。

宋郭熙《林泉高致·画诀》:"山水先理会大山,名为主峰。主峰已定,方作以次,近者、远者、小者、大者,以其一境主之于此,故曰主峰,如君臣上下也。"

艮岳以南北两山为主体,北山稍稍偏东,名万岁山,即艮岳,分东西二岭。南山称寿山,山后冈阜连属,峰峦崛起,望之若屏;两山折而相向环拱,构成了众山环列、仅中部为平地的形势。

全园以艮岳为构图中心,以万松岭和寿山为宾辅,形成主从关系。介亭立于艮岳之巅,成为群峰之主。园东的万岁山,与东南的寿山,二峰并峙;南山之外的小山,也横亘二里,与中部的万松岭同构成层峦叠嶂之势,相互开合崎角,或为深谷或为险峪。三山相交处有雁池,以汇众岭之水。正与《芥子园画谱》中的"宾主朝揖法"及"主山自为环抱法"合。据李质《艮岳赋》记载:"万形千状,不可得而备举

---

① 　周维权:《中国古典园林史》,清华大学出版社,1999,第191页。

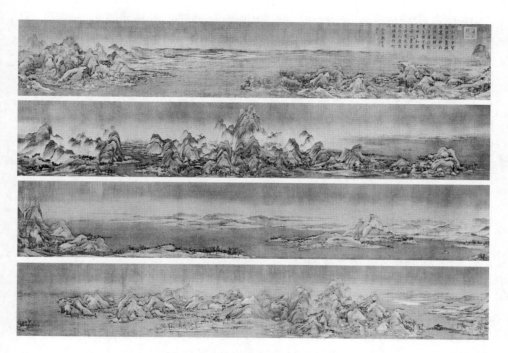

图4-18 千里江山图(宋王希孟)

也……皆物理之自然,岂人力之所能?"

《御制艮岳记》赞叹:"峰峦崛起,千叠万复,不知其千里,而方广无数十里。""四向周匝,徘徊而仰顾,若在重山大壑幽谷深崖之底,而不知京邑空旷坦荡而平夷也!"

宋郭熙《林泉高致·山水训》:"水者,天地之血也,血贵周流而不凝滞。"水围山绕、溪谷、瀑布,亦艮岳理水之法:山右为水,池水出为溪,自南向北行岗脊两石间,往北流入景龙江,往西与方沼、凤池相通,其间,濯龙峡、白龙沂、瀑布屏、曲江、雁池、砚池、凤池、大方沼等川峡溪泉、洲诸瀑布,形成了完好水系。

寿山山南起大池,名雁池,池中莲荷婷婷,雁兔栖止。苑的西侧有漱琼轩,山石间错落着炼丹观、凝直观、圜山亭,从这里可以望见景龙江旁的高阳酒肆及清澌阁,江之北岸,小亭楚楚,江水支流流向山庄,称为回溪。寿山"南坡叠石作瀑,山阴置木柜,绝顶凿深池,车驾临幸之际令人开闸放水,飞瀑如练,泻注到雁池之中,这里被称作紫石屏,又名瀑布屏"。这是绝妙的人工瀑布。

宋徽宗视群石若众臣,花石纲载来的太湖石、灵璧石都被宋徽宗所人格化了:"上既悦之,悉与赐号,守吏以奎章书列于石之阳。其他轩榭庭径,各有巨石,棋列星布,并与赐名……"。宋袁褧《枫窗小牍》卷上:"宣和五年,朱勔于故湖取石,高广数丈,载以大舟,挽以千夫,凿河断桥,毁堰折闸,数月乃至。会初得燕山之地,因赐号敷庆神运石。"

"以神运昭功,敷庆万寿峰,而名之独神运峰,广百围,高六仞,锡爵盘固侯居道

159

之中，束石为亭，以庇之，高五十尺，御制记文亲书，建三丈碑，附于石之东南陬。"

其余众石，也都有赐名，如朝日开龙、万寿老松、栖霞扪参、衔日吐月、风门雷穴、蹲螭、坐狮、蓬莱、须弥、藏烟谷、滴翠崖、留云宿雾、金鳌、玉龟、翔鳞、伏犀、怒猊、仪凤、抱犊等，有五十多种。

"惟神运峰前巨石，以金饰其字，余皆青黛而已，此所以第其甲乙者。石傍植两桧，一夭矫者名朝日升龙之桧，一偃蹇者名卧云伏龙之桧，皆五牌金字书之。徽宗御题云：'拔翠琪树林，双桧植灵囿。上稍蟠木枝，下拂龙髯茂。撑拿天半分，连卷虹南负，为栋复为梁，夹辅我皇构。'"

群峰也都有赐名，如朝曰升龙、望云坐龙、矫首玉龙、栖霞扪参、衔日吐月、排云冲斗、雷门月窟等，还有喻为坐狮、金鳌玉龟、老人寿星、玉麒麟、伏犀怒猊、仪凤乌龙等神兽。图4-19为艮岳平面设想图。

四、功夺天造　文气氤氲

艮岳精心设计了每一景点的主题，无论是材料运用、远近高低的安排、还是景点的细节构筑，都功夺天造，可以说，已经做到"虽由人作，宛自天开"。

祖秀《华阳宫记》："凿池为溪涧，叠石为堤捍，任其石之怪，不加斧凿"、"又得赭石，任其自然，增而成山"，用的石材是任其自然、不加斧凿，当然，"花石纲"采集来的石头本来也是出自天然的。

艮岳中亭台楼阁皆因势布列，诸如介亭、麓云、半山、极目、萧森、蟠秀、练光、跨云、承岚、昆云、浮阳亭、云浪亭、巢云诸亭；梅岭、杏岫、黄杨嗽、丁嶂、椒崖、龙柏坡、芙蓉城、斑竹麓、罗汉岩、万松岭、倚翠楼、绛霄楼、芦渚、梅渚、流碧馆、环山馆、巢凤馆、三秀堂等，都镶嵌在犹如天然的峰峦溪谷之中，掩映在花木之中，高低错落，隐露相间，远观近瞰，自然成景，"麓云半山居右，极目萧森居左，北俯景龙江，长波远岸，弥十余"；如果身临其间，又是另一风景："又支流为山庄，为回溪，自山蹊石罅牵条下平陆，中立而四顾，则岩峡洞穴，亭阁楼观，乔木茂草，或高或下，或远或近，一出一入，一荣一凋，四面周匝，徘徊而仰顾，若在重山大壑，深谷幽岩之底。"

模仿某一天然风景，环境营造与意境一致，如营构山野药寮和农家风景，"其西则参术杞菊黄精芎蒡，被山弥坞，中号药寮，又禾麻菽麦黍豆粳秫，筑室若农家，故名西庄。"被山弥坞的草药，禾麻菽麦黍豆粳秫的农家，植物营造出相应主题的浓郁氛围；"蜀道之难难于上青天"的蜀道："东池后结栋山下曰挥云厅，复由嶝道盘行萦曲，扪石而上，既而山绝路隔，继之以木栈，倚石排空，周环曲折，有蜀道之难。"

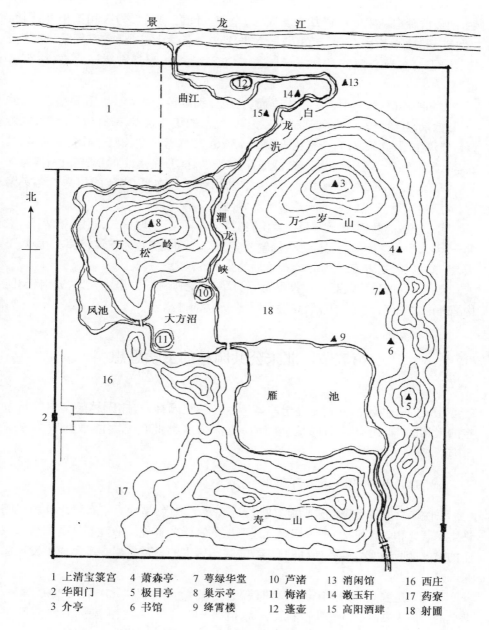

景　龙　江

曲江

1

⑫

14▲

▲13

15▲

白

龙

沜

北

万　岁　山

▲3

濯

龙

峡

万

松

岭

▲8

4▲

7▲

凤池

⑩

大方沼

18

6

⑪

▲9

16

雁　　池

▲5

2

17

寿　山

1 上清宝箓宫　　4 萧森亭　　7 萼绿华堂　　10 芦渚　　13 消闲馆　　16 西庄
2 华阳门　　　　5 极目亭　　8 巢云亭　　　11 梅渚　　14 漱玉轩　　17 药寮
3 介亭　　　　　6 书馆　　　9 绛霄楼　　　12 蓬壶　　15 高阳酒肆　18 射圃

图 4-19　艮岳平面设想图①

①　引自周维权《中国古典园林史》第 280 页。

山之上下,动以亿计的四方珍禽奇兽,据《艮岳百咏》诗,由于"圣主从来不射生,池边群雁态飞鸣。成行却人云霄去,全似人间好弟兄",与人和谐相处;因而"徽宗万机之余徐步一到,不知崇高富贵之荣。而腾山赴壑,穷深探险,绿叶朱苞、华阁飞陛、玩心惬志、与神合契,遂忘尘俗之缤纷,飘然有凌云之志,终可乐也"!

宣和四年(1122年)艮岳初成,李质、曹组分别奉旨作赋,又写了《艮岳百咏》诗一组;徽宗自己也作了一篇《御制艮岳记》。艮岳的每个景点,都有诗词品题,成为该景景境主题,文采风流,诗意隽永,耐人涵咏。如绿萼华堂、卿云瑞霭、览秀亭、巢云亭、蟠秀、练光、跨云亭、漱玉轩、藏烟谷、滴翠岩、搏云屏、积雪岭等,皆文气氤氲。

艮岳邱壑林塘,杰若画本,凡天下之美,古今之胜在焉,当年的祖秀曾咨嗟警愕,叹曰:"信天下之杰观,而天造有所未尽也!"

明人李濂的《汴京遗迹志艮岳寿山》:"及金人再至,围城日久,钦宗命取山禽水鸟十余万,尽投之汴河,听其所之,拆屋为薪,凿石为炮,伐竹为篦篱,又取大鹿数千头,悉杀之以啖卫士云。"惜哉,空前绝后的艺术杰作毁于一旦!

昙花一现的艮岳,启后世"搜尽奇峰打草稿"之画理、开"虽由人作,宛自天开"构园理论之先河,为元、明、清宫苑提供了全方位的借鉴。

第五节　北宋公共园林的美学思想

北宋的公共园林首先要提出的是新生的书院园林,寺庙园林最突出的是东京的大相国寺,还有特别的是金明池、琼林苑这类带有公共游豫性质的皇家宫苑。

一、泉清堪洗砚　山秀可藏书

书院园林萌芽于唐代末期,形成于五代,盛于宋代,是独立于官学之外的民间性学术研究和教育机构,是对相对低迷不振的官学的补充。书院园林是由科举取士的推动,朝廷劝学、佛教禅林的影响,雕版印刷术的普及应用等多种原因发展起来的。

至北宋达到高潮,有"宋朝四大书院"、"北宋六大书院"、"北宋八大书院"等称。著名的有应天书院、岳麓书院、石鼓书院、徂徕书院、嵩阳书院、白鹿洞书院、茅山书院、龙门书院等。中国古代文人园林与公共园林的结合体,堪称中国古代园林的一朵奇葩。

以陶冶心灵,清静潜修为宗旨,大多选址建于山林名胜之中,环境优美宁静、人文荟萃之地。

如应天书院位于今河南商丘睢阳区南湖畔;岳麓书院,位于今湖南长沙岳麓山抱黄洞下,那里寺庵林立,幽静环境。白鹿洞书院则在今江西九江庐山五老峰南麓后屏山下,四周青山环合,俯视似洞故名白鹿洞。西有左翼山,南有卓尔山,三山环合,一水(贯道溪)中流,山环水合,古木苍穹,溪水潺潺,幽静清邃,风光毓秀,无市井之喧,富泉石之胜。

石鼓书院位于国家历史文化名城衡阳市的石鼓区,北魏郦道元《水经注》载:"山势青圆,正类其鼓,山体纯石无土,故以状得名。"又一说,它三面环水,水浪花击石,其声如鼓。总之山围水绕。号为石鼓书院八景的有:东岩晓日,西谿夜蟾,绿净蒸风,洼樽残雪,江阁书声,钓合晚唱,栈道枯藤,合江凝碧。

古人认为,主体艺术心灵的形成是文化形态陶冶感化的结果。从孔子开始,中国古人认为自然山水、昆虫草木的某些特征,与人的精神品质有相通之处,主体在观照它们时,以己度物,将山水情性与主体心灵贯通起来,使自然山水具有丰富的意蕴,于是从中获得美的享受,并藉以感发和提升自己。这便是比德。《礼记·王制》有:"广谷大川异制,民生其间者异俗。"魏晋人寄情山水、陶冶性灵的自觉意识,《墨子·所染篇》认为,人性如素丝,"染于苍则苍,染于黄则黄,所入者变,其色亦变"。《世说新语·言语》:"王武子、孙子荆各言土地人物之美。王云:'其地坦而平,其水淡而清,其人廉且贞',孙云:'其山崔巍以嵯峨,其水㳠渫而扬波,其人磊砢而英多。'"宗炳《画山水序》曾认为大自然意态万千,历代圣贤沉醉于其中,物趣与主体内在精神浑然交融为一,以此辉映于后代:"圣贤映于绝代,万趣融其神思",这便是畅神。在这种畅神的体悟中,主体超越了山水本身,慧远《庐山诸道人游石门诗序》曰:"悟幽人之玄览,达恒物之大情,其为神趣,岂山水而已哉!"同时也使主体自然的感性生命得以超越,从而进入物我两忘、全无滞碍的化境。

宋代程颐把习与性成看成是修德成性的途径:"习与性成,圣贤同归。"《二程文集》七《动箴》)日本学者东山魁夷:"风景之美不仅意味着自然本身的优越,也体现了当地民族文化、历史和精神。"①

自然主体与心灵的双向交流,即神州大地独特的自然景观不断感发影响着主观情感,使得人们在日常生活、精神生活乃至文明的创造中打上了自然对主体陶冶的烙印。

况周颐《蕙风词话》有"南人得江山之秀,北人以冰霜为清"之说。不同地域的人在艺术中所表现的性格、情趣差异与千百年来自然环境的熏陶有着密切关系。

民国的刘师培在《南北文学不同论》中说:"大抵北方之地,土厚水深,民生其间,多尚实际,故所著之文,不外记事析理二端。民尚虚无,故所著之文,或为言志抒情之体。"自然景致对主体心灵,特别是艺术心灵的造就和影响。

大自然的优美环境,令人心情愉快,精神焕发,松弛紧张的神经,消除疲劳,调

① 东山魁夷:《中国风景之美》,《世界美术》1979 年第 1 期。

节情绪,振奋精神,使人始终保持旺盛的精力,令人思维敏捷,捕捉灵感,陶冶人的情操,重在陶冶人的品格,宋王安石《寄赠胡先生》赞美胡瑗:"先生天下豪杰魁,胸臆广博天所开。"①

静以养性,静以修身,驱除了尘世的喧嚣,涤荡了人们的心灵污垢,没有鼓荡和聒噪,没有激烈的冲突,静反映了一种高旷怀抱独特的心境。

"空山无人,水流花开",拒斥俗世的欲望,保持"自然的纯粹性",山水林泉都加入到自然的生命合唱中去。美的环境熏陶,"一帘风雨王维画,四壁云山杜甫诗"。诗写梅花月,茶烹谷雨香;泉清堪洗砚,山秀可藏书。傍百年树,读万卷书。

书院历代多名师主持,学术氛围浓郁。

如岳麓书院由著名理学家张栻主持,他以反对科举利禄之学、培养传道济民的人才为办学的指导思想。提出"循序渐进""博约相须""学思并进""知行互发""慎思审择"等教学原则;在学术研究方面,强调"传道""求仁""率性立命"。从而培养出一批经世之才的优秀学生。

白鹿洞书院江右学术圣坛、千古人文胜境;嵩阳书院飘溢着洛学风流,"洛学"创始人程颢、程颐兄弟在嵩阳书院讲学十余年,对学生一团和气,平易近人,讲学鲜感,通俗易懂,宣道劝仪,循循善诱。学生虚来实归,皆都获益,有"如沐春风"之感。嵩阳书院成为宋代理学的发源地之一。先后在嵩阳书院讲学的有范仲淹、司马光、杨时、朱熹、李刚、范纯仁等二十四人,司马光的巨著《资治通鉴》第九卷至二十一卷就是在嵩阳书院和崇福宫完成的。

宋仁宗初年,应天府书院聘请著名学者王洙为书院"说书",王洙博学多才,在他主持下"其名声著天下"。

南宋理学大师朱熹曾说:"自景祐、明道以来,学者有师,惟先生(胡瑗)、泰山孙明复(孙复)、石守道(石介)三人。"时号"宋初三先生",他们和泰山徂徕书院有紧密联系,泰山学派,毓毓文风,培养出大批国家栋梁之才。如从大中祥符以后的二十余年间,应天府书院的学生"相继登科,而魁甲英雄,仪羽台阁,盖翩翩焉,未见其止",历来人才辈出,千年来,培养俊杰数不胜数。

书院建筑都浸润在大自然之中,如嵩阳书院,位于今河南郑州登封嵩山,共分五进院落,由南向北,依次为大门,先圣殿,讲堂,道统祠和藏书楼,还有位于嵩阳书院东北逍遥谷叠石溪中的天光云影亭、观澜亭、川上亭和位于太室山虎头峰西麓的君子亭,书院西北玉柱峰下七星岭三公石南的仁智亭等建筑。这些富含诗的意境的文学品题,儒雅雍容,书香飘溢,隽永的文化品味、不朽的人文精神,净化、升华灵魂。

① 王安石:《寄赠胡先生》,见《临川文集》卷十三。

二、金舆时幸龙舟宴　花外风飘万岁声

北宋的皇家园林，如金明池琼林苑，每年的三月一日"开金明池"，到四月八日闭池，整整一个月零八天内不禁士庶百姓观赏游玩，开放其间，君民皆乐，俨然公共游豫园林。琼林苑，为宋太宗之后，每年宋庭赐大宴数百名新中进士的场所，"琼林宴"和唐的曲江杏园相类似。《东京梦华录·驾幸琼林苑》记载：

> 大门牙道，皆古松怪柏。两傍有石榴园、樱桃园之类，各有亭榭，多是酒家所占。苑之东南隅，政和间创筑华觜冈，高数丈，上有横观层楼，金碧相射，下有锦石缠道，宝砌池塘，柳锁虹桥，花萦凤舸，其花素馨茉莉、山丹、瑞香、含笑、射香等闽、广、二浙所进南花。有月池、梅亭牡丹之类，诸亭不可悉数。

琼林苑入门牙道旁尽是奇松异柏，两侧分布有石榴园、樱桃园，更有允许酒家经营的楼榭，甚至在射殿之南开辟了供都人踢球的运动场所。

苑内东南侧建有高达数丈的华觜冈，上有金碧辉煌的横观层楼。拾级而上，沿路可闻见园内素馨、茉莉、山丹、瑞香、含笑等南方进贡来的沁人花香，更有月池、梅亭、牡丹等不计其数的小亭子，十分养眼。

金明池周围九里三十步，池西直径七里左右，全是人工开凿而成，规模宏大。自南门而入，西行百余步，有西北临水殿，再西去数百步，是一座宛如彩虹飞架的"仙桥，南北约数百步，桥面三虹，朱漆栏盾，下排雁柱，中央隆起，谓之'骆驼桥'，若飞虹之状。桥尽处"，与池中五殿逶迤相连。

金明池开凿于太平兴国元年，宋太祖建神卫水军，开凿金明池练习水战。宋太宗也曾设立水军，到此检阅水战演习。《宋史》还记载："（雍熙四年）丁未，幸金明池，观水嬉，遂习射。琼林苑登楼，掷金钱缯财于楼下，纵民取之。"到了真宗朝，澶渊之盟落定，天子游幸金明池才和上元节宣德楼观灯等一道，成为了雷打不动的皇帝年度大型与民同乐活动（哲宗年间暂停数年）。宋哲宗时期，金明池建造了一艘规模更为宏大的龙舟，比原来的龙舟大一倍，楼阁高耸，周身雕镂金饰。金明池由原来的水军演练之所，逐渐变成了"水戏"，成为最热闹的去处。

每到二月末，御史台在宜秋门贴出告示："三月一日，三省同奉圣旨，开金明池，许士庶游行。"三月初一到四月初八，琼林苑与金明池便会开放，供市民游乐。允许百姓进入游览。沿岸"垂杨蘸水，烟草铺堤"，东岸临时搭盖彩棚，百姓在此看水戏。西岸环境幽静，游人多临岸垂钓。

开池当天，锣鼓喧嚣，笙歌四起，士庶之家争相前往。整个开放期间，连刮风下雨也阻挡不了热辣辣的人流。每逢举办水戏和争标时，整个东京城的人几乎都云集于此。

《东京梦华录》卷七中描写百姓游览金明池和琼林苑的过程：

三月一日,州西顺天门外,开金明池琼林苑,每日教习车驾上池仪范。虽禁从士庶许纵赏,御史台有榜不得弹劾。池在顺天门外街北,周围约九里三十步,池西直径七里许。入池门内南岸,西去百步许,有面北临水殿,车驾临幸观争标赐宴于此……五殿正在池之中心……不禁游人。殿上下回廊皆关扑钱物、饮食,伎艺人作场、勾肆罗列左右……门相对街南有砖石砌高台,上有楼观,广百丈许,日"宝津楼"……车驾临幸,观骑射百戏于此池之东岸。

五殿正在池之中心,四岸石甃,向背大殿,中坐各设御幄,朱漆明金龙床,河间云水,戏龙屏风,不禁游人。殿上下回廊皆关扑钱物饮食伎艺人作场……游人还往,荷盖相望。桥之南立棂星门,门里对立彩楼。每争标作乐,列妓女于其上。

皇帝驾幸临水殿,观争标,赐宴群臣。殿前出水棚,排立仪卫。近殿水中,横列四彩舟,上有诸军百戏,如大旗、狮豹、掉刀、蛮牌、神鬼、杂剧之类。又列两船,皆乐部……水戏呈毕,百戏乐船,并各鸣锣鼓,动乐舞旗,与水傀儡船分两壁退去……上有层楼台观,槛曲安设御座。龙头上人舞旗,左右水棚,排列六桨,宛若飞腾……

驾登宝津楼,诸军呈百戏,呈于楼下。驾幸射殿射弓,池苑内纵人关扑游戏。

琼林苑金明池还有人经营各种酒食小吃、金玉珍玩、日常用品等,愈加显得热闹。再加上各种杂技、乐伎、曲艺、魔术、骑射表演,以及关扑、博彩等娱乐活动,甚至每当争标比赛时,在虹桥之南,"广百丈许"的宝津楼两侧,搭起彩楼,"列妓女于其上",喧呼指点。

《东京梦华录》卷七:

四野如市,往往就芳树之下,或园围之间,罗列杯盘,互相劝酬。都城之歌儿舞女,遍满园亭,抵暮而归。

金明池琼林苑中最著名的建筑当数宝津楼,"广百丈许"是皇帝及众嫔妃饮宴憩息和观看"诸军呈百戏"和各种水上表演的地方。

士庶百姓不但能够见到平日不可能见到的皇帝嫔妃及其极尽瑰丽、浩繁的威仪、排场,看到平日难得一见的龙舟竞渡、飞浪争标、水傀儡、水秋千、抛水球等表演和比赛,而且还能够参与多种活动,如关扑钱物,买牌垂钓等。一些有钓鱼嗜好的,在金明池西岸比较僻静的地方,没有屋宇,游人稀少,于黄杨蘸水,烟草铺堤的秀美景色中,捕得鱼之后,须掏出比平时多双倍的价钱,然后临水烹调,别有一番闲情野趣。元代王振鹏《龙池竞渡图》描绘宋徽宗崇宁年间的三月三日,皇帝开放金明池,举行龙舟竞渡,与民同乐操演水军的情形。上有乾隆皇帝《题王振鹏龙池竞渡图》(图4-20)诗:"兰亭修禊暮春时,开放金明竞水嬉。妙笔孤云传胜事,不教午日独称奇。"

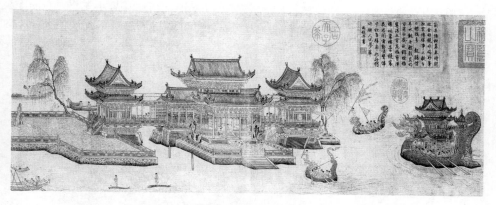

图 4-20　元代王振鹏《龙池竞渡图》①

《东京梦华录》卷七：

莫非锦绣满都，花光满目，御香拂路，广乐喧空，宝骑交驰，彩棚夹路，绮罗珠翠，户户神仙，画阁红楼，家家洞府。游人士庶，车马万数。妓女旧日多乘驴，宣、政间惟乘马，披凉衫，将盖头背系冠子上。少年狎客，往往随后，亦跨马轻衫小帽。有三五文身恶少年控马，谓之"花褪马"。用短缰促马头，刺地而行，谓之"鞅缰"。呵喝驰骤，竞逞骏逸。游人往往以竹竿挑挂终日关扑所得之物而归。仍有贵家士女，小轿插花，不垂帘幕。自三月一日至四月八日闭池，虽风雨亦有游人，路无虚日矣。

郑獬《游金明池游》诗中咏道：

> 万座笙歌醉复醒，绕池罗幕翠烟生。
> 云藏宫殿九重碧，春入乾坤五色明。
> 波底画桥天上动，岸边游客鉴中行。
> 金舆时幸龙舟宴，花外风飘万岁声。

到了夜晚，又能看到"金明夜雨"的旖旎风光："金明池上雨声闻，几阵随风入夜分。萧瑟只疑三岛雾，模糊只似一江云。荷花暗想披红锦，草色遥知染绿裙。晓起银塘鸥鹭喜，水波新涨碧沄沄。"雨声淅沥之夜，微风吹拂，池中灯火时明时灭，若隐若现，细雨丝丝，望之如雾似烟。夜深人静之时，宿酒半醒，好梦初觉，听得雨打荷叶之声，恍惚如莅幻境，让人飘然出尘。

北宋名臣韩琦曾跟随皇帝雨中到金明池游赏，写下了"雨涨池波色染苔"的动人诗句。

北宋遗臣朱翌曾亲眼目睹声势浩大的金明池龙舟争标赛事："却忆金明三月天，春风引出大龙船。三十余年成一梦，梦中犹忆水秋千。"

---

① 《乾隆御制鉴赏名画题诗录》初集二，故宫提供。

诸多小船从"奥屋"(船坞码头)中将巨大的大龙舟牵引而出,小龙舟争先团转翔舞,迎导于前;虎头船、飞鱼船等船布在其后,势如两阵。军校挥动令旗,顿时锣鼓大作,各船竞相出阵,旋转若飞,不断变换阵形。最后,有军校驾小舟将装饰华丽的"标杆"插在水中,两行舟鸣鼓并进,先到达者得标,欢呼声震天动地,久久不息。图4-21为北宋张择端《金明池争标图》。

图4-21　北宋张择端《金明池争标图》(收藏于天津博物馆)

柳永用《破阵乐·露花倒影》一词描绘北宋仁宗时每年三月一日以后君臣士庶游赏汴京金明池的盛况:

露花倒影,烟芜蘸碧,灵沼波暖。金柳摇风树树,系彩舫龙舟遥岸。千步虹桥,参差雁齿,直趋水殿。绕金堤、曼衍鱼龙戏,簇娇春罗绮,喧天丝管。霁色荣光,望中似睹,蓬莱清浅。

时见。凤辇宸游,鸾觞禊饮,临翠水、开镐宴。两两轻舸飞画楫,竞夺锦标霞烂。罄欢娱,歌鱼藻,徘徊宛转。别有盈盈游女,各委明珠,争收翠羽,相将归远。渐觉云海沉沉,洞天日晚。

"露花倒影,烟芜蘸碧,灵沼波暖",含露的鲜花在池中显出清晰的倒影,烟霭笼罩的草地一直延伸到碧绿的池边,池水暖洋洋的。写的是金名池畔春日温煦的美丽景色;池岸边垂柳飘拂,柳条上系着许多争奇斗丽的彩舟龙船。金明池上的仙桥:"千步虹桥,参差雁齿,直趋水殿。"金明池上花光满路,乐声喧空,热闹非凡,"雾色荣光,望中似睹,蓬莱清浅",景色晴明,云气泛彩,好似海中的蓬莱仙山。

皇帝临幸金明池并赐宴群臣,君臣观看"两两轻舸飞画楫,竞夺锦标霞烂",极尽欢娱;士庶游女各自争着以明珠为信物遗赠所欢,以翠鸟的羽毛作为自己的修饰,直到白云弥漫空际的傍晚,池上巍峨精巧的殿台楼阁渐渐笼罩在一片昏暗的暮色之中,如同神仙所居的洞府。好似一幅气象开阔的社会风俗画卷!

袁褧曾忆道少年时在金明池的见闻,只见得:"船舫回旋,戈船飞虎,迎弄江涛,出没骤散,倏忽如神,令人汗下",足见其精彩。惊心动魄的争标结束后,皇上赐宴群臣,此时百戏上演,水傀儡、水秋千戏于水波之上,岸边乐声同样大作,一派欢天喜地之景。

庆历六年(1046年)某日,二十七岁的司马光和几名馆阁同事一道,从金明池后门进到园内玩耍。他和小伙伴一起"载酒撷花畏花晚"、"箕踞狂歌扣舷板",采花、泛舟,兴起之时甚至敲打船板唱歌,渐渐眼花耳热了,于是"眼花耳热气愈豪,掷杯击案声嗷嗷"[1],一派少年桀骜心气。连王安石都要"却忆金明池上路,红裙争看绿衣郎"[2]。

三、梁苑歌舞足风流 烟霞岩洞却山林

都市繁华,市民文艺便得到孕育,出现了许多通俗性审美意识和审美形式。欧阳修《洛阳牡丹记》记述洛阳居民爱花,家家种花的情况:

洛阳之俗,大抵好花。春时,城中无贵贱皆插花,虽负担者亦然。花开时,士庶竞为游遨,往往于古寺废宅有池台处为市井,张幄帟,笙歌之声相闻。最盛于月坡堤、张家园、棠棣坊、长寿寺东街与郭令宅,至花落乃罢。

宋时出现了许多名家的花卉专著。

北宋时期开封有水陆都会之称。水运有黄河、汴河、蔡河、五丈河之便,航运发达,商贾辐辏,市场非常活跃,城市商业空前兴盛。十一世纪时的开封人口超过一百万人,而伦敦当时只有人口一点五万人。有史以来实行的"坊市制",在空间和时间上,都严格加以管制的制度,到宋仁宗时终于彻底崩溃,封闭"坊市"的围墙没有了,不仅住宅可以沿街开门,交易不再囿于"市"内,大街两边店铺栉比,茶馆酒楼沿街林立,随着坊市的空间突破,时间段管制也随之消失。《东京梦华录》载北宋汴京马行街"夜市直至三更尽,才五更又复开张",即使地处远静之所,"冬月虽大风雪阴雨,亦有夜市",许多酒楼、餐馆通宵营业。此外,随着经济的发展和文化的繁荣,出

---

① 司马光:《同舍会饮金明沼上书事》,《全宋诗》卷四八八。
② 王安石:《顺安临津驿》,罔城《宋东京考》,中华书局,1988,第186页。

现了集中的娱乐场所——瓦子,由各种杂技、游艺表演的勾栏、茶楼、酒馆组成,全城有五六处。

北宋著名画家张择端的《清明上河图》所描绘的就是虹桥两侧的繁忙景象(图4-22)。

图4-22 清明上河图(局部)

亲身体验过当时生活的孟元老在所著《东京梦华录》中说,当时开封太平日久,人物繁阜,垂髫之童但习歌舞,斑白之老不识干戈。

《梦粱录》卷十六:"汴京熟食店,张挂名画,所以勾引观者,留连食客。今杭城茶肆亦如之,插四时花,挂名人画,装点店面。"

孟元老在《东京梦华录》卷三写道:"宋家生药铺,铺中两壁皆李成所画山水。"李成画名始于五代,入宋更盛,史称"古今第一",李成所绘山水,多写寒林平远景色,其皴法如卷云浮动,浑厚圆润,墨法极为精微,奉之为北派高手。

皇城东面的樊楼是歌舞最盛的地方,樊楼就是白矾楼,因商贾在这里贩矾而得名,《东京梦华录·酒楼》卷三载:"白矾楼,后改为丰乐楼,宣和间,更修三层相高。五楼相向,各有飞桥栏槛,明暗相通,珠帘绣额,灯烛晃耀。初开数日,每先到者赏金旗,过一两夜,则已元夜,则每一瓦陇中皆置莲灯一盏。内西楼后来禁人登眺,以第一层下视禁中。"宋皇宫是以高大闻名于世的,白矾楼却高过它!而且,"大抵诸酒肆瓦市,不以风雨寒暑,白昼通夜,骈阗如此"。

诗人刘屏山《汴京绝句》说:"梁苑歌舞足风流,美酒如刀能断愁。忆得承平多乐事,夜深灯火上樊楼。"

白矾楼这种三层大建筑,往往是建二层砖石台基,再在上层台基上立永定柱做平坐,平坐以上再建楼,所以虽是三层却非常之高。王安中曾有首《登丰乐楼》诗曰:

日边高拥瑞云深,万井喧阗正下临。

金碧楼台虽禁御,烟霞岩洞却山林。

巍然适构千龄运,仰止常倾四海心。

此地去天真尺五,九霄歧路不容寻。

这些酒楼不仅仅是内部装饰雍容华贵,而且渐渐园林庭院化。《东京梦华录》说:"必有厅院,廊庑掩映,排列小阁子,吊窗花竹,各垂帘幕。"

许多酒楼直接冠以园名,如中山园子正店、蛮王园子正店、邵宅园子正店、张宅园子正店、方宅园子正店、姜宅园子正店、梁宅园子正店、郭小齐园子正店、杨皇后园子正店……

市民无不向往在这样的酒楼中饮酒作乐,宋话本《金明池吴清逢爱爱》中几个少年到酒楼饮酒就要寻个"花竹扶疏"的去处,可见市民对酒楼的标准无不以"花竹"为首要——修竹夹牖,芳林匝阶,春鸟秋蝉,鸣声相续;五步一室,十步一阁,野卉喷香,佳木秀阴……

《东京梦华录酒楼》卷三载:"凡京师酒店,门首皆缚彩楼欢门,唯任店入其门,一直主廊约百余步,南北天井两廊皆小子,向晚灯烛荧煌,上下相照,浓妆妓女数百,聚于主廊槏面上,以待酒客呼唤,望之宛若神仙。"

居止第宅匹于帝宫的高级官员,也喜欢到市井中的酒楼去饮酒。大臣鲁肃简公就经常换上便服,不带侍从,偷偷到南仁和酒楼饮酒。皇帝知道后,大加责怪:为什么要私自入酒楼? 他却振振有词道:酒肆百物具备,宾至如归。

酒楼魅力一个方面,那就是无可挑剔的服务。而且在顾客的身旁,还会有吹拉弹唱之音伴奏助兴,以弛其心,以舒其神。这些吹箫、弹阮、歌唱、散耍的人叫作"赶趁",经常有市民在生活无着的情况下,就选择了去酒楼"赶趁"这条路。

酒店用器具很讲究,酒楼所有器皿均为银质。若俩人对饮,一般用一副注碗,两副盘盏,果菜碟各五片,水菜碗三五只,俱是光芒闪闪的器皿。明人编定宋话本《俞仲举题诗遇上皇》中,俞良到丰乐楼假说在此等人,"酒保见说,便将酒缸、酒提、匙、筋、碟,放在面前,尽是银器"。《东京梦华录》卷五:"以至贫下人家,就店呼酒,亦用银器供送。有连夜饮者,次日取之。诸妓馆只 就店呼酒而已,银器供送,亦复如是。其阔略大量,天下无之也。以其人烟浩穰,添十数万众不加多,减之不觉少。所谓花阵酒池,香山药海。别有幽坊小巷,燕馆歌楼,举之万数,不欲繁碎。"

集中的市与商业街并存,身处闹市的大相国寺,自宋太宗起,几代皇帝大兴土木,增修寺院,终于成为中外闻名的最大的佛教活动中心,占地五百十多亩,分为六十四个禅院,殿宇高大无比,其"中庭、两庑可容万人",壮丽绝伦,古人称赞其"大相国寺天下雄",是宋代都城最大的佛寺。

但宋代寺园世俗化色彩更加浓郁,当时大相国寺,大体上已经成了自由市场,兼营批发和零售,被称为"瓦市",《燕翼贻谋录》中有一段记载:僧房散处,而中庭两庑可容纳万人,凡商旅交易皆荟萃其中。四方趋京师,以货求售,转货他物时,必由于此,"每一交易,动计千万"。

相国寺号称"皇家寺院",北宋各个帝王都多次巡幸,帝王生日时,文武百官要到寺内设道场祝寿,重大节日,祈祷活动也多在寺内举行,新科进士题名刻石于相国寺为北宋惯例。[①]

"随着禅宗与文人士大夫在思想上的沟通、儒、佛的合流,一方面在文人士大夫之间盛行禅悦之风,另一方面禅宗僧侣也日益文人化。许多禅僧都擅长书画诗酒风流,以文会友,经常与文人交往。文人园林的趣味也就会更广泛地渗透到佛寺的

① 参伊水水文:《宋代市民生活》,中国社会出版社,1999,第163-184页。

造园活动中,从而使得佛寺园林由世俗化而更进一步地文人化。"[1]

扬州的平山堂建于庆历八年(1048年),是欧阳修由滁州太守转知扬州太守后,位于蜀冈中峰大明寺内,宋王象之《舆地纪胜》记载:"负堂而望,江南诸山,拱列檐下","远山来与此堂平",故取名"平山堂"。欧阳修《朝中措·平山堂》词曰:"平山阑槛倚晴空,山色有无中。手中堂前杨柳,别来几度春风。文章太守,挥毫万字,一饮千钟,行乐直须年少,樽前看取衰翁。"据同时代的沈括《平山堂记》,欧公"时引客过之,皆天下高隽有名之士。后之乐慕而来者,不在于堂榭之间,而以其为欧阳公之所为也。由是'平山'之名,盛闻天下"[2]。

叶梦得《避暑录话》载:"(欧阳修)公每于暑时,辄凌晨携客往游,遣人走邵伯湖,取荷花千余朵,以画盆分插百许盆,与客相间。酒行,即遣妓取一花传客,以次摘其叶,尽处则饮酒,往往侵夜载月而归。"堂上至今还悬有"坐花载月"和"风流宛在"的牌匾(图4-23)。

图4-23 "风流宛在"匾额

苏东坡于北宋元祐七年(1092年)由颖州徙知扬州,此时,欧阳修逝世十年,苏轼赋《西江月·平山堂》:"三过平山堂下,半生弹指声中。十年不见老仙翁,壁上龙蛇飞动。欲吊文章太守,仍歌杨柳春风。休言万事转头空,未转头时皆梦。"为纪念恩师,苏轼在"平山堂"后建"谷林堂"。并赋诗《谷林堂》:"深谷下窈窕,高林合扶疏。

---

① 周维权:《中国古典园林史》,清华大学出版社,1988,第238页。
② 沈括:《平山堂记》,《长兴集》卷二十一,四部丛刊本。

美哉新堂成,及此秋风初。我来适过雨,物至如娱予。稚竹真可人,霜节已专车。老槐苦无赖,风花欲填渠。山鸦争呼号,溪蝉独清虚。寄怀劳生外,得句幽梦余。古今正自同,岁月何必书。"

第六节 《林泉高致》等园林美学思想

北宋出现了许多美学理论,适用于园林,也广泛地运用于园林审美,成为园林创作的重要理论依据。如:

苏轼既是文学家,亦是园林美学家,他在《东坡题跋·书摩诘〈蓝关烟雨图〉》写道,"味摩诘之诗,诗中有画;观摩诘之画,画中有诗",是美学中诗画艺术结合论之滥觞。在《文与可画筼筜谷偃竹记》中又提出了书画美学中最具普遍意义的创作方法论"成竹在胸"说:"故画竹,必先得成竹于胸中,执笔熟视,乃见其所欲画者,急起从之,振笔直遂,以追其所见,如兔起鹘落,少纵则逝矣。"这就是与园林创作中要求胸有丘壑是一样的。

沧桑易变,陵谷难常,李格非的《洛阳名园记》,则主旨并非模山范水,歌舞升平,而是指出:"园圃之废兴,洛阳盛衰之候也。且天下治乱,候于洛阳之盛衰而知;洛阳之盛衰,候于园圃之废兴而得,则《名园记》之作,予岂徒然哉!"[①]作者要当政者尽心国事,否则,便保不住园林之乐。但他的《洛阳名园记》集中记载了洛阳一地的名园十九处,突破了以往仅为单篇园记的体例,为后代此类园记的先导;且因为所记皆作者亲历,有的园林的结构布局、景点题名及园景赖此以存。

北宋文人画家们深入生活,烟云供养,或隐居山林,或旷游自然,把自己对自然的感悟融入山水画创作之中,搜奇异峰峦,创穷极造化,山水画风向世俗生活靠拢,院体山水画的表现形式、表现技巧及人文色彩都达到了一个高峰。

李成的齐鲁风光、范宽的关陕风光、董源的江南风光,成为中国画史上的北宋三大画家,开创了唐人所未开拓新画风,完善了中国山水画面貌。

继李成、范宽之后,山水画以郭熙为高品。郭熙是宋神宗的宫廷御用画家,神宗赵顼曾把秘阁所藏名画令其详定品目,郭熙由此得以遍览历朝名画,"兼收并览"终于自成一家,成为北宋后期山水画巨匠,与李成并称"李郭",与荆浩、关仝、董源、巨然并称五代北宋间山水画大师。"画山水寒林,施为巧赡,位置渊深。虽复学慕营丘,亦能自放胸臆,巨障高壁,多多益壮。于高堂素壁,放手作长松巨木,回溪断崖,岩岫巉绝,峰峦秀起,云烟变灭,晻霭之间,千态万状,时称独步。"[②]郭熙还精画理,是杰出的画论家,他总结了一生创作经验、艺术见解和美学思想,经其子郭思整

---

① 李格非:《洛阳名园记》,《园综》第 50 页,录自津逮秘书本《邵氏闻见录》。
② 郑午昌:《中国画学全史》,东方出版社,2008,第 200 页。

理编纂为《林泉高致》,集中地论述了有关自然美与山水画的许多美学命题,强调山水画要表现诗意,可望可即可游可居,使山水画进入一个新的境界,与构园理论完全重合,许多观点,成为园林美学的经典性思想。

一、林泉之志 烟霞之侣

"然则林泉之志,烟霞之侣……以林泉之心临之则价高,以骄侈之目临之则价低。"[①]郭熙十分强调创作山水者的修养,要有"林泉之志",神闲意定,养山水之情怀。也就是钟情山水、知己泉石,寄情于山水的志趣。由于禅宗思想的影响,中唐以后人们越发注重内心的巨大影响力,所以,郭熙对创作者精神层面提出更高要求。

郭熙说:"庄子说画史'解衣盘礴',此真得画家之法……晋人顾恺之必构层楼以为画所,此真古之达士……'诗是无形画,画是有形诗',哲人多谈此言,吾人所师……及乎境界已熟,心手已应,方始纵横中度,左右逢源。"[②]

只有既注重全面加强自身的文化艺术修养,又注重澄怀静虑的心境陶养,方能逐步做到境界已熟,心手已应,进而掇景于烟霞之表,发兴于溪山之巅,进入心与物化、神与俱成的创作境界,完成一个画家心物化一的最终抵达。诠释并发扬了唐人张璪的"外师造化,中得心源"之说。

这和同时代的画家苏轼、文仝等人观点一致。北宋画家文仝喜欢咏竹、画竹,以言志表其气节。他所画墨竹意趣天成,独树一帜,是他长期对竹子的仔细观察和写生的结果。洋州筼筜谷"竹合两岸烟蒙蒙",生长着大片竹林,文仝在此谷建一"披锦亭",闲暇常去谷中赏竹、植竹,长年累月,心胸中已烙下各种竹子的形态,所画墨竹栩栩如生,潇洒清秀。他表弟苏轼在《文与可画筼筜谷偃竹记》中写道:"与可画竹,必先得成竹于胸,执笔熟视,乃见其所欲画者,振笔直遂,以追其所思。"

郭熙主张要饱游饫看,俯仰万象,郭熙眼中的"真山水"是具有内在生命精神的性灵山水,而且要"注精以一之",全身心的投入,以掌握真山水的神理,获得真山水之美。达到"神与俱成之"的创作最佳境界,"掇景于烟霞之表,发光于溪山之巅"。

郭熙《林泉高致·山水训》强调深入细致地观察山水:盖身即山川而取之,则山水之意度见矣。真山水之川谷,远望之以取其势,近看之以取其质。真山水之云气四时不同:春融,夏蓊郁,秋疏薄,冬黯淡。真山水之烟岚四时不同,春山淡冶而如笑,夏山苍翠而如滴,秋山明净如妆,冬山惨淡而如睡。山近看如此,远数里看又如此,远十数里看又如此,每远每异,所谓"山形步步移"也……所谓"山形面面看"也。四时之景不同也。朝暮之变态不同。

春山烟云连绵人欣欣,夏山嘉木繁阴人坦坦,秋山明净摇落人肃肃,冬山昏霾

① 宋郭熙:《林泉高致·山水训》。
② 宋郭熙:《林泉高致·画意》。

翳塞人寂寂。看此画令人生此意,如真在此山中,此画之景外意也。见青烟白道而思行,见平川落照而思望,见幽人山而思居,见岩扃泉石而思游。看此画令人起此心,如将真即其处,此画之意外妙也。

郭熙对四季之山的观察,也是后人在园林设四季之景、掇四季假山的理论依据。

郭熙还谈到各地的地形山水的不同:"东南之山多奇秀,天地非为东南私也。东南之地极下,水潦之所归,以漱濯开露之所出,故其地薄,其水浅,其山多奇峰峭壁,而斗出霄汉之外,瀑布千丈飞落于霞云之表。如华山垂溜,非不千丈也,如华山者鲜尔,纵有浑厚者,亦多出地上,而非出地中也。"

"西北之山多浑厚,天地非为西北偏也。西北之地极高,水源之所出,以冈陇拥肿之所埋,故其地厚,其水深,其山多堆阜盘礴而连延不断于千里之外。介丘有顶而迤逦拔萃于四遶之野。如嵩山少室,非不拔也,如嵩少类者鲜尔,纵有峭拔者,亦多出地中而非地上也。"

名山风貌特点各异,宋郭熙《林泉高致·山水训》曰:"嵩山多好溪,华山多好峰,衡山多好别岫,常山多好列岫,泰山特好主峰,天台、武夷、庐、霍、雁荡、岷峨、巫峡、天坛、王屋、林庐、武当,皆天下名山巨镇,天地宝藏所出,仙圣窟宅所隐,奇崛神秀莫可穷,其要妙欲夺其造化,则莫神于好,莫精于勤,莫大于饱游饫看,历历罗列于胸中……盖仁者乐山宜如白乐天《草堂图》,山居之意裕足也。智者乐水宜如王摩诘《辋川图》,水中之乐饶给也。"

这与文学创作一样,王士禛《燃灯记闻》说为诗要多读书,以养其气,多历名山大川,以扩其眼界。刘勰说:"凡操千曲而后晓声,观千剑而后识器。故园照之象,务先博观。阅乔岳以形培嵝,酌沧海以喻畎浍。无私于轻重,不偏于爱憎。然后能平理若衡,照辞如镜矣。"①

画山水,后代画家总结出"搜尽奇峰打草稿"!

二、不下堂筵　坐穷泉壑

郭熙《林泉高致·山水训》:"君子之所以爱夫山水者,其旨安在?丘园,养素所常处也;泉石,啸傲所常乐也;渔樵,隐逸所常适也;猿鹤,飞鸣所常亲也。尘嚣缰锁,此人情所常厌也。烟霞仙圣,此人情所常愿而不得见也。"

"君子"都有山水、丘园之好,厌烦世俗事务,此为人之常情,但当今太平盛日,"君亲之心两隆,苟洁一身出处,节义斯系,岂仁人高蹈远引,为离世绝俗之行,而必与箕颖埒素黄绮同芳哉!白驹之诗,紫芝之咏,皆不得已而长往者也"。如果因渴慕自然风光而远离君、亲,是君子不愿意的。他们已经不想"身隐",从改变环境中去寻求提升的途径,而是重在"心隐",将人们的山水隐逸情结从山林引入城市、宫

---

① 刘勰:《文心雕龙译注》(下),齐鲁书社,1982,第389页。

廷,以一种积极入世的态度,取得人生境界的提升。最好的解决办法是用观画代替欣赏自然真景的所谓"卧游":"今得妙手,郁然出之,不下堂筵,坐穷泉壑,猿声鸟啼,依约在耳,山光水色,荡漾夺目,此岂不快人意,实获我心哉,此世之所以贵夫画山水之本意也。"

"画山水之本意",其主旨在于:以"可行可望可游可居"的山水画胜境,为忙碌的人们营建心灵休憩的家园:

"世之笃论,谓山水有可行者,有可望者,有可游者,有可居者。画凡至此,皆入妙品。但可行可望不如可居可游之为得,何者? 观今山川,地占数百里,可游可居之处十无三四,而必取可居可游之品。君子所以渴慕林泉者,正谓此佳处故也。"[1]

郭熙所说的从"卧游"、"山水画"的意境中去领略山水之美,需要充分的想象力,去作心灵遨游,这样感受依约于耳、滉漾于目的猿声鸟啼、山光水色,去放松精神,栖息心灵,澄明神观,助养清风。

立体山水画的园林,使"不下堂筵,坐穷泉壑"成为现实,真正是可行、可望、可游和可居者。

三、"三远"说

郭熙在探求山水画的艺术美的过程中创立了"三远"说,即高远、深远、平远,在理论上阐明了中国山水画所特有的三种不同的空间处理和由此产生的意境美、章法美,《林泉高致·山水训》:

山有三远:自山下而仰山颠,谓之高远;自山前而窥山后,谓之深远;自近山而望远山,谓之平远。高远之色清明,深远之色重晦;平远之色有明有晦;高远之势突兀,深远之意重叠,平远之意冲融而缥缥缈缈。其人物之在三远也,高远者明了,深远者细碎,平远者冲淡。明了者不短,细碎者不长,冲淡者不大,此三远也。

"三远"既是中国山水画追求的一种艺术境界,而且成为一种精神境界。"远"是郭熙山水画创作的心灵指归。

园林掇山,向来要求有深远如画的意境,余情不尽的丘壑,故以画为蓝本,"三远"的画理,正是园林掇山理论的重要依据。如拙政园中部,从远香堂北面临荷池大月台上隔水北望一字排开的三岛,仿佛一卷平远山水画;从雪香云蔚亭山上往东侧溪间俯瞰,又似深远山水。园林中高视点的建筑,都意在突破有限的园林空间,将人们的视线引向远方,使人的思绪跟随着山水之"远"而无限飞越,江流天地外,山色有无中,从有限到无限,进入一尘不染的清幽境界,直抵心灵的宁静与安详。

---

① 宋郭熙:《林泉高致·山水训》。

四、山水之布置

郭熙《林泉高致山水训》云："山以水为血脉,以草木为毛发,以烟云为神采。故山得水而活,得草木而华,得烟云而秀美。水以山为面,亭榭为眉目,以渔钓为精神,故水得山而媚,得亭榭而明快,得渔钓而旷落。此山水之布置也。"

说的是山水画,却涉及到园林四大物质构成元素:山、水、建筑、植物,它们相互依存,不可或缺。

首先以山水为园林的血脉,强调山水在园林中的重要性,山,园林无山,可以用拳石当山,但在宋代,园林重野趣,多真山,但已经出现大量人工叠山,以致纯以假山为主景的艮岳;水,虽也可旱园水作,或如日本用白沙当水,但缺少了水渊之美,宋代园林自然用真水,后世园林几乎无水不成园。

水的各种形态,宋郭熙《林泉高致·画诀》载有:"水有回溪溅瀑,松石溅瀑,云岭飞泉,雨中瀑布,雪中瀑布,烟溪瀑布,远水鸣榔,云溪钓艇。"

园林理水的意境和手法,源于自然界的湖、池、潭、湾、瀑、溪、渠、涧等,有池塘、湖泊、江河、山溪、谷涧、渊潭、源泉、瀑布等。在园林人工瀑布最早是利用屋顶雨水,流入池中,略有瀑布之意,又有在山顶设水槽承雨水,由石隙宛转下泻,成雨时瞬景。现在已经分为人字瀑、双叠瀑、三叠瀑、滚水瀑等、出水又分为直泻式、散落式、水帘式、滚落式、涌淌式多种自然落水形式。

山水之间的关系:"石者,天地之骨也,骨贵坚深而不浅露。水者,天地之血也,血贵周流而不凝滞。"

山水布局的先后主次,郭熙《林泉高致·画诀》:"山水先理会大山,名为主峰。主峰已定,方作以次,近者、远者、小者、大者,以其一境主之于此,故曰主峰,如君臣上下也。"

以上种种,郭熙《林泉高致》虽讲的是画法,实际亦均为园林置石理水之法。反观中国园林的山水布局都悉符此理。如苏州园林,大多以水为中心,山或在水际,或在门口,或置水中,亭榭面水而筑,或掩隐于花木之中,皆一任自然式布局:山不同形、树不成列,水聚散不拘,随形高下。注重横直的线条对比、仰俯的形势对比、轻灵厚重的提梁对比,并注意了光线的明暗、位置的高低、物体的大小、境域的宽窄、环境的动静、色彩的浓淡等。

小　结

北宋时建筑技术和绘画都有发展,出版了宋将作监奉敕编修的《营造法式》(图4-24),史曰《元祐法式》,北宋绍圣四年(1097 年)又诏李诫重新编修,于崇宁二年(1103 年)刊行全国,规范了各种建筑做法,详细规定了各种建筑施工设计、用料、结构、比例等方面的要求。

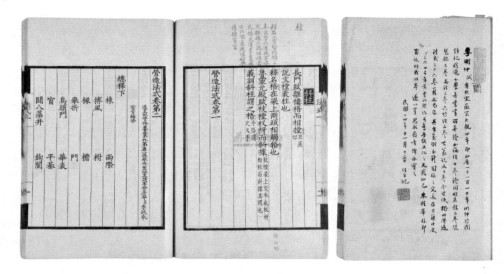

图 4-24 《营造法式》书影

艮岳突破秦汉以来宫苑"一池三山"的规范,把诗情画意移入园林,以典型、概括的山水创作为主题,在山水兼胜的境域中,树木花草群植成景,亭台楼阁因势布列,这种全景式地表现山水、植物和建筑之胜的山水宫苑,成中国园林史上的一大转折。

在"郁郁乎文哉"的北宋时代氛围与人文思想的启导下,园林崇尚清雅、平淡之美,野趣盈盈,"满洛城中将相家,广栽桃李作生涯。年年二月凭高处,不见人家只见花"①;苏轼《司马君实独乐园》称"独乐园"是"青山在屋上,流水在屋下。中有五亩园,花竹秀而野。花香袭杖屦,竹色侵盏斝。樽酒乐余春,棋局消长夏"。生活艺术化,艺术生活化,琴棋书画诗酒茶,成为全社会普遍追求,虽然象征园林艺术全面成熟的园林理论著作尚未出现,但精雅的园林美学艺术体系已经完备,属于同一载体的书画艺术理论进一步成熟。

早在中唐时期,壶中天地的写意式美学空间意识已经出现,"巡回数尺间,如见小蓬瀛",北宋时期,在"即物穷理"、构建"天人之际"无限广大的理学宇宙体系思想的影响下,以小观大的壶中观念基本确立。

梅尧臣云:"瓦盆贮斗斛,何必问尺寻……户庭虽云窄,江海趣已深。袭香而玩芳,嘉宾会如林。宁思千里游,鸣橹上清泠?"②从一小盆中透视出若大境界;苏舜钦

---

① 邵雍:《春日登石阁》,《伊川击壤集》卷之十。
② 梅尧臣:《依韵和原甫新置盆池种莲花,菖蒲,养小鱼数十头之什》,见《梅尧臣集编年校注》卷二三,上海古籍出版社,2006。

中国园林美学思想史

隋唐五代两宋辽金元卷

178

云:"予心充塞天壤间,岂以一物相拘关? 然于一物无不有,遂得此身相与闲。"① 这种观念已经体现在园林创作中,如宋徽宗《艮岳记》:"虽人为小山,顾其小哉! 是山与泰、华、嵩、衡等同,固作配无极。"北宋还出现独特新颖的木假山形式,苏洵家藏两座,他将三峰木假山人格化:"见中峰魁岸踞肆,意气端重,若有以服其旁之二峰。二峰者庄栗刻峭,凛乎不可犯,虽其势服于中峰,而岌然无阿附意。吁! 其可敬也夫!"②

① 苏舜钦:《若神栖心堂》,《苏舜钦集编年校注》,巴蜀书社,1990,第 345 页。
② 苏洵:《嘉集》卷十五《杂文》。

第五章　南宋时期园林美学思想

靖康二年(1127年)四月金军攻破东京(今河南开封),俘虏了宋徽宗、宋钦宗父子以及赵氏皇族、后宫妃嫔与贵卿、朝臣等共三千余人北上金国,东京城中公私积蓄为之一空,史称"靖康之难"。

赵构在江南重建宋朝(1127—1279年),史称南宋。宋高宗赵构于建炎三年(1129年)二月到杭州,绍兴二年(1132年)正式定都临安(杭州),至公元1279年蒙古军入侵,最终宋朝覆没。南宋亦传九世,历时一百五十三年。

"靖康之难",是北方草原游牧民族对中原灿烂的文化的巨大冲击,给予社会各阶层特别是南宋士大夫知识分子以极大震撼。民族主义、爱国主义热情空前高涨,他们或强谏争辩于朝堂;或泼墨于沦陷山河,或哀伤于悲凄难民,或长啸于铁骑沙疆,或洒泪于黍离故园。

靖康之变也给南宋美学精神带来了前所未有的色彩和格调。裂变的社会势态给宋人的审美活动提供了丰富的对象,从北宋恢弘的全景式构图到南宋特写式的"夏半边"、"马一角"残山剩水构图,这一山水画构图的嬗变背后,隐含的是痛失江山的悲情伤绪。也奠定了梅花国花的地位,确立了园林中"岁寒三友"景境范式。

宋鼎南移,中国的学术文化中心随着吕祖谦、朱熹、张栻、陆九渊等中国学术史上坐标式的人物的南迁也随之南迁。吕祖谦居于浙东金华,是"浙学"的创建者;张栻初居于严州而后居于长沙,是"湖湘学"的创建者;朱熹居于闽西武夷,是"闽学"创建者;史称张、朱、吕为"东南三贤"。陆九渊、陆九龄兄弟后起于抚州金溪,是"心学"的创建者。朱熹是宋代理学的集大成者,南宋理宗时期(1205—1264年),确立了朱熹的道学地位。盛行于南宋的书院,几乎取代官学,源于朱熹的大力提倡,朱熹关于书院园林的美学思想奠定了南宋及后世书院园林美学风格。

宋代尤其到了南宋,禅风大炽,禅宗已经深深俘获了文人士大夫们的心,谈禅成了一种风尚,以禅喻诗更成为士人、禅僧之间风雅而时髦之举。禅境即心境,"禅宗开拓了一个空旷虚无、无边无涯的宇宙,又把这个宇宙缩小到人的内心之中,一切都变成了人心的幻觉与外化,于是'心'成了最神圣的权威"①。禅培养了士大夫即物成趣、直下顿悟的感悟方式,去体会大千世界以及园林形态之时,就会感悟到触景生情、因景成趣的意境美。因此,许多名为"公案"的宗门历史故事、禅师们的上堂法语,成为园林景境内涵之一。南宋的严羽,承袭司空图的《二十四诗品》,借用禅家的方法与理论编写了《沧浪诗话》,是"以禅喻诗"的集大成之作。严羽主张"大抵禅道惟在妙悟,诗道亦在妙悟"(《诗辨》),这一审美思想深刻地影响了园林美学。

宋室选择了自古繁华的江南为根据地,南宋灌圃耐得翁在《都城纪胜》序中说都城杭州,"山水明秀,民物康阜,视京师其过十倍矣"。

明名臣王鏊在《震泽长语摘抄》写道:"观宋人《梦华录》、《武林旧事》民间如此

---

① 葛兆光:《禅宗与中国文化》,上海人民出版社,1986,第107页。

之奢,虽南渡犹然。"

"高薪养廉为宋代首创,也是宋朝的一项国策。"①有宋一朝,中高级官员俸禄极为丰厚,《宋史·职官志》对"奉禄制"有详细记载。当时官员除正俸、禄粟以外,还有禄米、职钱、食料等钱、傔人衣粮、傔人餐钱,此外还有茶酒厨料之给、薪蒿炭盐诸物之给、饲马刍粟之给、米麦羊口之给,在外做官的额外还有公用钱,以及数量不等、相当可观的职田。②

随着城市经济的发达、文化的普及的同时,文武恬嬉,苟且宴安之日,故竞趋靡丽,奢华的消费享乐之风也遍披江南城乡。南宋洪迈(1123—1202年)《容斋五笔》卷九"欧公送慧勤诗"道:

国朝承平之时,四方之人,以趋京邑为喜。盖士大夫则用功名进取系心,商贾则贪舟车南北之利,后生嬉戏则以纷华盛丽而悦。夷考其实,非南方比也。读欧阳公《送僧慧勤归余杭》之诗可知矣。曰:

"越俗僭宫室,倾赀事雕墙。佛屋尤其侈,耽耽拟侯王。文彩莹丹漆,四壁金煜煌。上悬百宝盖,宴坐以方床。胡为弃不居,栖身客京坊?辛勤营一室,有类燕巢梁。南方精饮食,菌笋比羔羊。饭以玉粒粳,调之甘露浆。一馔费千金,百品罗成行。晨兴未饭僧,日昃不敢尝。乃兹随北客,枯粟充饥肠。东南地秀绝,山水澄清光。余杭几万家,日夕焚清香。烟霏四面起,云雾杂芬芳。岂如车马尘,鬓发染成霜?三者孰苦乐?子奚勤四方!"③

虽然偏安一方,但凭借着南方的灵山秀水,奢侈享乐之风及建筑技艺和文人山水画和界画的长足发展,文人审美情趣偏于细腻、婉约、写实,掀起了南宋园林的兴造高潮。

王国维《人间词话》说:"北宋风流,渡江遂绝。"实际上,南宋士人风流不亚于北宋,只是士人之间从"党争"变为"主战"、"和议"之间的斗争,思想内涵更为复杂,且增添了对"旧时月色"的频频回首,"分明一觉华胥梦,回首东风泪满衣",在追思那已成粉红色的审美记忆时,忍不住会对花溅泪。

无论是皇家园林、私家园林还是寺观园林,园林美学思想逐渐泯灭了彼此的差别而进一步趋向一致,大体都以清丽精致与典雅的士人审美理想为主调。

太湖石的产地洞庭西山,叠石之风很盛,几乎是"无园不石",出现专门叠石的工匠,"工人特出吴兴,为之山匠"。朱勔后裔,"因其误国,子孙屏斥,不与四民之列,只得世居虎丘之麓,以重艺垒山为业,游于王侯之门,俗称花园子"。

宋室的南渡,也标志着中国园林主流从北方转向了南方。

---

① 周启志:《宋代的"益俸"政策及反思》,载《南京林业大学学报》(人文社科版)2002年第1期。

② 元脱脱:《宋史》,中华书局,1977年,第4101-4150页。

③ 洪迈:《容斋随笔》,上海古籍出版社,1996,第910页。

第一节　西湖天下景　游者无贤愚

"西湖在郡西,旧名钱塘湖。源出自武林源,周回三十里。澄波浮山,阁相映发,清华盛丽,不可模写,朝暮四时,疑若天下景物,于此独聚,而飞栏桥柳,画船出没,层楼杰观,林梢隐露,都人邀娱,歌鼓不绝,则其习尚,自古然也!"[①]

西湖成为南宋最大的公共游豫园林,同时也是临安御苑、离宫及贵族私家园林和寺观园林的外围环境,如果说,西湖是以天然形胜为主要特点的大园林,无数小园林错落其间,组合成庞大的园中园格局。

一、代有浚治　渐成佳境

《西湖游览志卷一西湖总叙》:"西湖故明圣湖也。周绕三十里,三面环山,溪谷缕注。下有渊泉百道,潴而为湖。汉时金牛见,湖中人言明圣之瑞,遂称明圣湖;以其介于钱唐也,又称钱唐湖;以其输委于下湖也,又称上湖;以其负郭而西也,故称西湖云。"西湖周围的群山,属于天目山余脉。

"临安西湖的基本格局是经过后来历朝历代的踵事增华,又逐渐开拓、充实而发展成为一处风景名胜区"[②]。

西湖在"六朝已前,史籍莫考。虽《水经》有明圣之号,天竺有灵运之亭,飞来有慧理之塔,孤山有天嘉之桧,然华艳之迹,题咏之篇,寥落莫睹"。东晋就有西印度僧人慧理和尚在西湖以西灵隐山麓,背靠北高峰,面朝飞来峰,建灵隐寺,梁武帝赐田扩建,规模初具,香火渐盛。东晋著名道士葛洪在北山筑庐炼丹、建台。后晋天福四年(939年)道翊建上天竺寺、东晋咸和(326—334年)初年,西天竺僧慧理在灵隐山(飞来峰)山麓建灵鹫寺。还有天真寺、净空寺、东林寺、建国寺、发心寺、孤山寺等。逮于中唐,而经理渐著。《西湖游览志卷一西湖总叙》云:"代宗时,李泌刺史杭州,悯市民苦江水之卤恶也,开六井,凿阴窦,引湖水以灌之,民赖其利。"杭州为江海故地,地下水咸苦不能饮,李泌利用一种有别于一般挖井手段的特殊方法开六井,供居民饮用。

长庆二年(822年)白居易任杭州刺史,"大抵此州,春多雨,夏秋多旱。"于是,"复浚李泌六井,民赖其汲"[③]《西湖游览志》载:"白居易缵(继续)邺侯之绩而浚治之,民以为利。"重新疏浚六井,瓷函笕以蓄泄湖水,溉沿河之田。把西湖水引入运河,使大运河与杭州城市相沟通,"每减湖水一寸,可溉田十五余顷。每一复时,可

---

① 陈仁玉等撰:《淳祐临安志》卷十。
② 周维权:《中国古典园林史》,清华大学出版社,2002,第243页。
③ 《新唐书·白居易传》,卷一百三十二。

溉五十余顷。此州春多雨,夏秋多旱,若堤防如法,蓄泄及时,即濒湖千余顷无凶年矣"。白居易还设立浚湖基金,将自己俸禄的大部分留存官库,使西湖清水又能长流杭城。他主持修建了一条拦湖大堤,把西湖一分为二,堤内是上湖,堤外为下湖;上湖蓄水,并建水闸,需要时放水,"渐次以达下湖"。

明张岱《西湖梦寻》曰:白乐天守杭州,政平讼简。贫民有犯法者,于西湖种树几株;富民有赎罪者,令于西湖开葑田数亩。历任多年,湖葑尽拓,树木成荫。乐天每于此地,载妓看山,寻花问柳。居民设像祀之。亭临湖岸,多种青莲,以象公之洁白……。

白居易《余杭形胜》诗曰:"余杭形胜四方无,州傍青山县枕湖。绕郭荷花三十里,拂城松树一千株。"错落于西湖三面群山之中的寺院,"翠岩幽谷高低寺,十里松风碧嶂连"[1],点缀若干湖亭、竹阁,西湖已经渐成规模,"林外猿声连院磬"[2]、"涛声夜入伍员庙"[3]、"钟磬遥连树"[4],猿声、涛声、钟磬声,天籁之音,但士大夫文人游宴或践行时的笙歌管弦之声尚少,白居易"清虚当服药,幽独抵归山"[5]、"尽日湖亭卧,心闲事亦稀"[6],显得幽深宁谧。邃岩乔木,"不雨山长润,无云水自阴"[7]、"空濛连北岸,萧飒入东轩"[8]。寺院均坐落在西湖周的群山之间,显得荒寂幽静,士大夫主要活动是参访寺院与僧师。

五代时吴越王钱镠定都于此,成为全浙江及周边部分地区的政治、经济、文化的中心。钱镠三代五王始终奉行"信佛顺天"之旨,西湖南北两山遍布寺院,寺与寺之间,梵音相闻,僧众云集。

隋开皇年间杭州开建城垣,后成为大运河的终点,逐步成为水陆交通的要冲。

北宋为两浙路治所。曾两度担任杭州地方官的苏轼等人大兴水利和市政建设,《西湖游览志卷一西湖总叙》载:

元佑五年,苏轼守郡,上言:

"杭州之有西湖,如人之有眉目也,自唐以来,代有浚治。国初废置,遂成膏腴。熙宁中,臣通判杭州,葑合缠十二三,到今十六七年,又塞其半,更二十年,则无西湖矣……臣自去年开浚茅山、盐桥两河各十余里以通江湖,犹虑缺乏,宜引湖水以助之,曲折阛阓之间,便民汲取,及以余力修完六井、南井,为陛下数福,州民甚溥。"

朝议从之。乃取葑泥积湖中,南北径十余里为长堤,以通行者,募人种菱取息,

---

① 李绅:《杭州天竺灵隐二寺顷岁亦布衣一遊及赴会》,《全唐诗》卷四八一。
② 姚合:《送僧贞实归杭州天竺》,《全唐诗》卷四九六。
③ 白居易:《杭州春望》,《白居易集笺校》,上海古籍出版社,1988,第1364页。
④ 郑巢:《宿天竺寺》,《全唐诗》卷五〇四。
⑤ 白居易:《宿竹阁》,《白居易集笺校》,上海古籍出版社,1988,第1346页。
⑥ 白居易:《湖亭晚归》,《白居易集笺校》,上海古籍出版社,1988,第1367页。
⑦ 张祜:《题杭州孤山寺》,《全唐诗》卷五百十。
⑧ 白居易:《孤山寺遇雨》,《白居易集笺校》,上海古籍出版社,1988,第1369页。

以备修湖之费。

在苏轼主持下,将疏浚西湖时挖出的淤泥、葑草堆修筑起一条南北走向的堤岸,大约南起南屏山麓、北至栖霞岭下,于是有了著名的映波、锁澜、望山、压堤、东浦、跨虹六条桥,据说其名都出自苏东坡的锦心绣口。后人为纪念苏东坡,名之为"苏堤"。

西湖景色十分优美,李奎《西湖》:"锦帐开桃岸,兰桡系柳津。鸟歌如劝酒,花笑欲留人。钟磬千山夕,楼台十里春。回看香雾里,罗绮六桥新。"

苏轼《饮湖上初晴后雨》"水光潋滟晴方好,山色空濛雨亦奇。欲把西湖比西子,淡妆浓抹总相宜[①]",已经成为公共游览胜地。苏轼在《怀西湖寄晁美叔》诗中称"西湖天下景,游者无愚贤",他自己独专山水乐,"三百六十寺,幽寻遂穷年。所至得其妙,心知口难传",留连忘返。

北宋婉约派创始人柳永《望海潮》词:

东南形胜,三吴都会,钱塘自古繁华。烟柳画桥,风帘翠幕,参差十万人家。云树绕堤沙。怒涛卷霜雪,天堑无涯。

市列珠玑,户盈罗绮,竞豪奢。重湖叠𪩘清嘉,有三秋桂子,十里荷花。羌管弄晴,菱歌泛夜,嬉嬉钓叟莲娃。千骑拥高牙。乘醉听箫鼓,吟赏烟霞。异日图将好景,归去凤池夸。

宋人吴自牧《梦粱录》卷十九云:

柳永咏钱塘词曰:"参差十万人家",此元丰(宋神宗年号)前语也。自高庙(宋高宗)车驾自建康幸杭驻跸,几近二百余年,户口蕃息,近百万余家。杭城之外城,南西东北,各数十里,人烟生聚,民物阜蕃,市井坊陌,铺席骈盛,数日经行不尽,各可比外路一州郡,足见杭城繁盛耳。

大大小小的楼阁、张帘挂幕的人家,错落在"烟柳画桥"之中。杭州官员的游乐,"千骑拥高牙",他们宴饮歌舞,"乘醉听箫鼓","吟赏烟霞",日后把杭州美好的景色描画下来,等到去朝廷任职的时候,就可以向同僚们夸耀一番了。写出仁宗年间的"承平气象",宋仁宗称美:"地有湖山美,东南第一州!"唐圭璋《唐宋词简释》:此首记湖上之盛况。起言游湖之豪兴,次言车马之纷繁。"红杏"两句,写湖上之美景及歌舞行乐之实情。换头,仍承上,写游人之钗光鬓影,绵延十里之长。"画船"两句,写日暮人归之情景。"明日"两句结束,饶有余韵。

二、舞榭歌楼　彤碧辉列

南宋迁都临安后,特别是绍兴十一年(1141 年),南宋与金人达成和议后,形成

---

① 苏轼:《饮湖上初晴后雨》。

相对稳定的偏安局面。临安内外，"人烟生聚，民物阜蕃，市井坊陌，铺席骄盛"。《增补武林旧事·西湖游幸·都人游赏》卷三：

至绍兴建都，生齿日富，湖山表里，点饰浸繁，离宫别苑，梵宇仙居，舞榭歌楼，彤碧辉列，丰媚极矣。

环西湖山水间，镶嵌着大内御苑和行宫御苑、近百处贵族私家园林，还有大量错落点缀在湖山胜处的寺观园林，正如《西湖游览志余》卷二十三《委巷丛谈》所说："自六蜚驻跸，日益繁艳，湖上屋宇连接，不减城中。有为诗云'一色楼台三十里，不知何处觅孤山'，其盛可想矣。"美丽的湖山胜境俨然是一座极大的天然花园（图5-1）。

春秋佳日，君民在西湖同乐，有的皇家园林、皇家寺庙园林，私家园林也向士庶开放，周密《武林旧事》卷三《放春》载：

蒋苑使有小圃，不满二亩，而花木匝市，亭榭奇巧。春时悉以所有书画、玩器、冠花、器弄之物，罗列满前，戏效关扑。有珠翠冠，仅大如钱者；闹竿花篮之类，悉皆镂丝金玉为之，极其精妙。且立标射垛，及秋千、梭门、斗鸡、蹴鞠诸戏事，以娱游客。衣冠士女，至者招邀杯酒。往往过禁烟乃已。盖效禁苑具体而微者也。

南宋周密《武林旧事》卷三西湖游幸（都人游赏），记述南宋时军民在西湖共同赏玩的事情，以效仿东京的金明池故事：

淳熙间，寿皇以天下养，每奉德寿三殿，游幸湖山，御大龙舟。宰执从官，以至大珰应奉诸司，及京府弹压等，各乘大舫，无虑数百。时承平日久，乐与民同，凡游观买卖，皆无所禁。画楫轻舫，旁舞如织。至于果蔬、羹酒、关扑、宜男、戏具、闹竿、花篮、画扇、彩旗、糖鱼、粉饵，时花、泥婴等，谓之"湖中土宜"。又有珠翠冠梳、销金彩段、犀钿、髹漆、织藤、窑器、玩具等物，无不罗列。

如先贤堂、三贤堂、四圣观等处最盛。或有以轻桡趁逐求售者。歌妓舞鬟，严妆自衒，以待招呼者，谓之"水仙子"。至于吹弹、舞拍、杂剧、杂扮、撮弄、胜花、泥丸、鼓板、投壶、花弹、蹴鞠、分茶、弄水、踏混木、拨盆、杂艺、散耍、讴唱、息器、教水族水禽、水傀儡、鬻水道术、（宋刻无"水"字）烟火、起轮、走线、流星、水爆、风筝，不可指数，总谓之"赶趁人"，盖耳目不暇给焉。

御舟四垂珠帘锦幕，悬挂七宝珠翠，龙船、梭子、闹竿、花篮等物。宫姬韶部，俨如神仙，天香浓郁，花柳避妍。小舟时有宣唤赐予，如宋五嫂鱼羹，尝经御赏，人所共趋，遂成富媪。朱静佳六言诗云："柳下白头钓叟，不知生长何年。前度君王游幸，卖鱼收得金钱。"往往修旧京金明池故事，以安太上之心，岂特事游观之美哉。

湖上御园，南有聚景、真珠、南屏，北有集芳、延祥、玉壶，然亦多幸聚景焉。一日，御舟经断桥，桥旁有小酒肆，颇雅洁，中饰素屏，书《风入松》一词于上，光尧驻目称赏久之，宣问何人所作，及太学生俞国宝醉笔也。

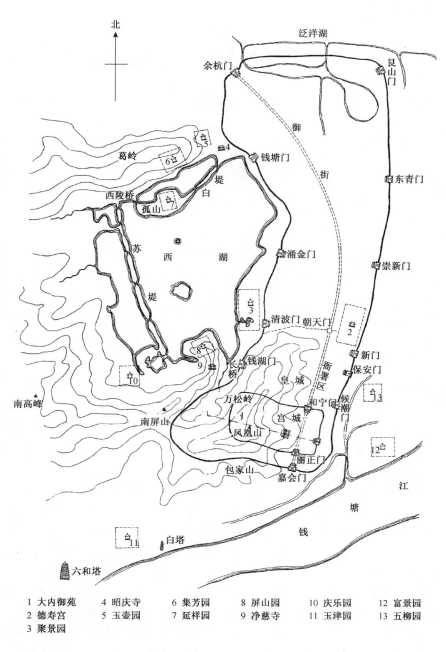

北

泛洋湖

余杭门
艮山门

御

5
葛岭
4
6
钱塘门
东青门

西陵桥
白
堤
孤山
7

苏
西
湖
涌金门

堤
崇新门

3

清波门
朝天门
2

新门
保安门

长
钱湖门
桥
皇
衙署区
候潮门
3

10
9
城
和宁门
南高峰
万松岭
宫城
12
南屏山
1
凤凰山
江
包家山
丽正门
塘
嘉会门

11
白塔
钱

六和塔

1 大内御苑	4 昭庆寺	6 集芳园	8 屏山园	10 庆乐园	12 富景园
2 德寿宫	5 玉壶园	7 延祥园	9 净慈寺	11 玉津园	13 五柳园
3 聚景园					

图 5-1　南宋临安平面示意及主要宫苑分布图①

---

① 周维权:《中国古典园林史》,清华大学出版社,2008,第 275 页。

其词云："一春长费买花钱,日日醉湖边。玉骢惯识西泠路,(宋刻"湖边路")骄嘶过,沽酒楼前。红杏香中歌舞,绿杨影里秋千,东风十里丽人天,("东风"宋刻"暖风")花压鬓云偏。画船载取春归去,余情在,湖水湖烟。("在"宋刻"付")明日再携残酒,("再"宋刻"重")来寻陌上花钿。"上笑曰："此词甚好,但末句未免儒酸。"因为改定云："明日重扶残醉",则迥不同矣。

太学生俞国宝也因而得到即日解褐授官的优待。

唐圭璋《唐宋词简释》：此首记湖上之盛况。起言游湖之豪兴,次言车马之纷繁。"红杏"两句,写湖上之美景及歌舞行乐之实情。换头,仍承上,写游人之钗光鬓影,绵延十里之长。"画船"两句,写日暮人归之情景。"明日"两句结束,饶有余韵。

《湖山便览》："聚景园,旧名西园。宋孝宗奉上皇游幸,斥浮屠之庐九,以附益之。"园在清波门外之湖滨,也是南宋最大的御花园。

园内沿湖岸遍植垂柳,汇集名柳500多株,品种有醉柳、浣纱柳、狮柳等,柳丝垂地,轻风摇曳,如翠浪翻空。春日,黄莺在柳荫中啼鸣,建有闻莺园,"柳浪闻莺"缘此得名。

"每盛夏秋首,芙蕖绕堤如锦,游人船舫赏之";每当阳春三月,柳浪迎风摇曳,浓荫深处莺啼阵阵。

主要殿堂为含芳殿,另有鉴远堂、芳华亭、花光亭以及瑶津、翠光、桂景、滟碧、凉观、琼若、彩霞、寒碧、花醉等二十余座亭榭,学士、柳浪二桥,小瀛洲也归聚景园。

《宋史》的孝宗本纪中,孝宗十四次幸聚景园,故殿堂亭榭的匾额亦多为孝宗所题。后来聚景园变成了一个商业交易场所,旁边盖了一些寺院,规模不是很大,《武林旧事》中有记载,很多东西可以买到,太后游幸时,旁边还有游人。院中有山有湖,有亭有堂,有深奥、曲奥的地方,也有非常平坦的地方,虽然蜿蜒曲折,但不雄大,不乏精雕细刻,委婉迂纡的感觉,它已经为后来的江南园林那种曲径通幽、迂纡曲折,奠定了艺术上的基础。

南宋偏安一百多年,孝宗的"隆兴和议"、宁宗的"嘉定和议",苟且偏安,故诗人林升《题临安邸》,激愤道："山外青山楼外楼,西湖歌舞几时休? 暖风熏得游人醉,直把杭州作汴州。""西湖歌舞"不正是消磨抗金斗志的淫靡歌舞吗!

三、西湖十景

南宋已经形成"西湖十景"。祝穆《方舆胜览卷一临安府》册载："好事者尝命十题,有曰平湖秋月,苏堤春晓,断桥残雪,雷峰落照,南屏晚钟,曲院风荷,花港观鱼,柳浪闻莺,三潭印月,两峰插云。"据吴自牧的《梦粱录·西湖》卷十二,西湖十景之名出自"画家"之手。

"南宋画院设于杭州东城新开门外之富景园,画家们或在临安北山或在西湖风景佳丽之地从事画作,创造了西湖十景等大批优秀作品。"①

扶摇子有《西湖十景图》(图5-2)②,序中说:"宇内不乏佳山水,能走天下如鹜,思天下若渴者,独杭州西湖,何也?碧嶂高而不亢,无险崿之容,清潭波而不涛,无怒奔之势,且会处于省会之间,出郭不数武而澄泓一鉴,瞭人须眉,苍翠数峰,围我几席,举目便可收两峰三竺,南屏环屿之胜。"

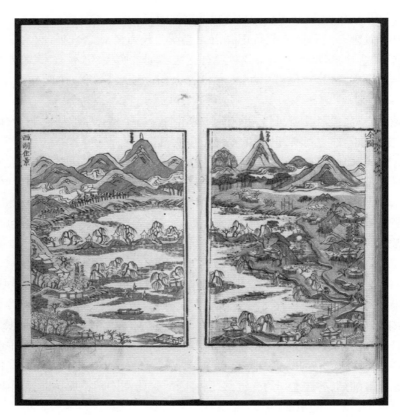

图5-2　西湖佳景图(《扶摇子辑》　彩色图绘套印
乾隆十五年刻本　哈佛大学图书馆藏)

宝佑年间(1253—1258年)钱塘叶肖岩,"山林樵获者,只是旧衣巾",为清贫的民间画师,他专工传写,作人物小景类马远。其友顾逢赠诗称赞他"笔底妙如神,传来面目真",他画了西湖十景图,分别为苏堤春晓、曲苑风荷、平湖秋月、断桥残雪、柳浪闻莺、花港观鱼、雷峰夕照、双峰插云、南屏晚钟、三潭印月。

《咸淳临安志·卷九七·纪遗》录宋王洧《湖山十景诗》如下:

①　姚瀛艇:《宋代文化史》,河南大学出版社,1992,第2443页。

②　乾隆十五年刻本,美国哈佛大学图书馆藏本。

《苏堤春晓》

孤山落月趁疎钟，画舫参差柳岸风。

鸾梦初醒人未起，金鸦飞上五云东。①

苏堤在西湖西侧，苏东坡守杭时疏浚西湖，挖湖泥筑成此堤，上建六桥。长堤如虹，烟柳似云，清漪碧波相映。尤似春晨，薄雾、翠帘中，漫步长堤，如在画中游。

《三潭印月》

塔边分占宿湖船，宝鉴开匲水接天。

横玉叫云何处起，波心惊觉老龙眠。②

西湖三岛中最大之"小瀛洲"，湖中有岛，岛中有湖，亭阁参差，宛如蓬莱仙岛。岛及南面三座小石塔，均是古代浚湖时所成。中秋夜在塔内点灯，与月影印成奇景。

《曲院风荷》

避暑人归自冷泉，埠头云锦晚凉天。

爱渠香阵随人远，行过高桥方买船。③

苏堤西北金沙港，宋代为酿酒曲院，里面种植许多荷花，红翘翠盖，风姿动人，芰荷深处，清香四溢。

《平湖秋月》

万顷寒光一席铺，冰轮行处片云无。

鹫峰遥度西风冷，桂子纷纷点玉壶。④

在白堤西端，三面临水，背倚孤山。唐代建有望湖亭，清改建御书楼，楼前平台挑出水面，眺望西湖景色，晴雨皆有奇趣；秋夜皓月当空，银光下湖山宛如仙境。

《南屏晚钟》

涑水崖碑半绿苔，春游谁向此山来。

晚烟深处蒲牢响，僧自城中应供回。⑤

南屏山下净慈寺原有一口大钟，傍晚钟声响起，回荡于苍烟暮霭、玉屏青嶂之间，与对面的雷峰塔遥相呼应，组成西湖迷人的晚景。

《柳浪闻莺》

如簧巧啭最高枝，苑树青归万缕丝。

玉辇不来春又老，声声诉与落花知。⑥

---

① 又《苏堤春晓》："烟柳幕桃花，红玉沉秋水。文弱不胜夜，西施刚睡起。"
② 又《三潭印月》："湖气冷如冰，月光淡于雪。肯弃与三潭，杭人不看月。"
③ 又《曲院风荷》："颊上带微酡，解颐开笑口。何物醉荷花，暖风原似酒。"
④ 又《平湖秋月》："秋空见皓月，冷气入林皋。静听孤飞雁，声轻天正高。"
⑤ 又《南屏晚钟》："夜气溢南屏，轻岚薄如纸。钟声出上方，夜渡空江水。"
⑥ 又《柳浪闻莺》："深柳叫黄鹂，清音入空翠。若果有诗肠，不应比鼓吹。"

西湖东南岸,原是南宋皇家御苑。沿湖遍植垂柳,柳丝如帘,春风吹拂,碧浪翻腾,浓荫深处莺声呖呖。

《两峰插云》

浮图对立晓崔嵬,积翠浮空霁霭迷。

试向凤凰山上望,南高天近北烟低。[1]

在灵隐路上洪春桥边。"双峰"指环湖山脉中最著名的南高峰、北高峰。山雨欲来时,于此处遥望双峰:浓云如远山,远山又淡似浮云,峰尖朦胧插云端,似泼墨山水画。

《雷峰夕照》

塔影初收日色昏,隔墙人语近甘园。

南山游遍分归路,半入钱唐半暗门。[2]

在西湖南岸夕照山雷峰上,吴越国时建塔,与北面保俶塔对峙,一湖映双塔,夕阳西照时,塔影横空,金碧辉煌。

《花港观鱼》

断汊惟余旧姓存,倚阑投饵说当年。

沙鸥曾见园兴废,近日游人又玉泉。[3]

花港观鱼在苏堤南端。古代有小溪自花家山流经此处入湖,南宋时园内栽花养鱼,风光旖旎。

《断桥残雪》

望湖亭外半青山,跨水修梁影亦寒。

待伴痕旁分草绿,鹤惊碎玉啄阑干。[4]

断桥是白堤的东起点,因孤山路到此而断,故名。旧时桥有台阶,中央有亭,冬日雪霁,玉砌银铺,桥似寸断,又似桥与堤断,蔚成奇特景观。[5]

西湖十景以各类建筑和风景画面组成相对独立的主题空间,十景之名,一一对偶,整齐华美,十景之名的点化,恰似"点睛",构成了精神上的诗意空间,成就了西湖百游不厌的境界。"苏堤春晓、曲院风荷、平湖秋月、断桥残雪",包含了春夏秋冬四季季相之美,春晓、夏荷、秋月、冬雪,还是阴晴风雨,西湖淡妆浓抹总有它独特的意境之美,触发了骚人墨客的创作灵感,自此以后,西湖十景成为中国乃至日本园林构景的无上粉本。

---

[1] 又《两峰插云》:"一峰一高人,两人相与语。此地有西湖,勾留不肯去。"

[2] 又《雷峰夕照》:"残塔临湖岸,颓然一醉翁。奇情在瓦砾,何必借人工。"

[3] 又《花港观鱼》:"深恨放生池,无端造鱼狱。今来花港中,肯受人拘束?"

[4] 又《断桥残雪》:"高柳荫长堤,疏疏漏残月。蹩躠步松沙,恍疑是踏雪。"

[5] 侯迺慧:《唐宋时期的公园文化》,东大图书公司,民国86年,第112-115页。

第二节　皇家园林美学思想

宋室南渡后,宋皇室在凤凰山建大内造御园,御园即宫城的苑林区——后苑;又环西湖建了许多行宫御苑:湖南有聚景、真珠、南屏;湖北有集芳园、玉壶诸园;湖东岸聚景园;湖南岸的屏山园、南园;湖中小孤山上的延祥园、琼华园;北山的梅冈园、桐木园等处。天竺山中有下天竺御园。城南郊钱塘江畔和东郊的风景地带,也建有玉津园、富景园、五柳园……这些御苑大多能"俯瞰西湖,高艳两峰,亭馆台榭,藏歌贮舞,四时之景不同,而乐亦无穷矣"①,只有德寿宫和樱桃园在外城。

南宋皇帝经常把行宫御苑赏赐臣下作为别墅园,私人园第有时也收回为御园,或捐奉为寺院。如庆乐园,在南山长桥,工艺最精,传说它是鲁班建造的,后来赐给宰相韩侂胄,称南园;集芳园,后理宗赐贾似道;水月园据《咸淳临安志》:"(园)在大佛头西,绍兴中,高宗皇帝拨赐杨和王(存中),御书'水月'二字,后复献于御前。孝宗皇帝拨赐嗣秀王(伯圭)为园,水月堂俯瞰平湖,前列万柳,为登览最";或就赐第旧址建离宫,如德寿宫就在原秦太师(秦桧)赐第旧址所建,钱塘门外的玉壶园,南宋初为陇右都护刘铸之别业,后改为宋理宗之御苑。

所以,无论是规模、文人气息、建筑工艺、色彩诸方面,皇家御苑的文人化色彩特别明显,"比起中国历史上任何一个朝代都最少皇家气派",因而,与贵族私园乃至士人园林的比较接近,"但在规划设计上则更精密细致"②。

一、移跸临安　昭示简朴

靖康二年(1127年),金兵攻陷汴京,赵构在南京应天府(今河南省商丘县南)即位,改年号为"建炎"。他否定张浚"权都建康,渐图恢复"的建议、东京留守宗泽欲渡河北伐的劝告,到处奔窜于江浙一带,躲避金军。1131年正月初一,赵构在行在越州,大赦改元,敕曰:"绍奕世之宏休,兴百年之丕绪。爰因正岁,肇易嘉名,发涣号于治朝,霈鸿恩于寰宇,其建炎五年,可改为绍兴元年。"这一年的十月十一日,宋高宗升行在越州为绍兴府,是为绍兴名称之始。"绍"即继承;"奕世",即累世,一代接一代;"宏休"即宏大的事业;"兴"即中兴、振兴;"丕绪"即皇统。也就是要使赵宋统治继往开来的意思。越州古称会稽,始建于公元前490年。春秋时代为越国都城,勾践曾在此卧薪尝胆,后灭吴复国,赵构很受鼓舞,于是升行在越州为绍兴府,赵构题"绍祚中兴",意为继承帝业收复失地,中兴社稷,国家的命运会繁荣昌盛起来,兴旺起来。

绍兴二年(1132年),迁都杭州。南宋知临安知府周淙《乾道临安志》卷一《行在

---

① 吴自牧:《梦粱录》卷十九。

② 周维权:《中国古典园林史》,清华大学出版社,2008,第217页。

所·宫阙》：

大内，在凤凰山之东，以临安府旧治子城增筑……绍兴八年三月，移跸临安府，下诏曰：

"朕荷祖宗之休，克绍大统，夙夜危惧，不常厥居。比者巡幸建康，抚绥淮甸，既已申固边围，奖率六军，是故复还临安，内修政事，缮治甲兵，以定基业，非厌霜露之苦，而图宫室之安也。"

把皇宫称"行宫"，意在不忘恢复中原，称"移跸"而不称"迁都"，意旨相同。赵构说自己不图宫室之安，不怕霜露之苦，时刻想着恢复中原大业。据宋谢维新记载："绍兴五年上曰祖宗德泽在天下二百年民心不忘当乘时措置，朕安能郁郁久居此乎！"①因此，名杭州为"临安"，大内就临时选在杭州凤凰山原府治旧址，《咸淳临安志》卷五《城府·官宇》："府治。旧在凤凰山之右，自唐为治所。"孝宗赵昚开始也有中兴之志，同时代的陈岩肖在淳熙中在所写的《庚溪诗话》说：

今上（指宋孝宗赵昚）皇帝躬受内禅，践祚以来，未尝一日暂忘中兴之图，每形於诗辞。如《新秋雨过述怀》有曰："平生雄武心，览镜朱颜在。岂惜常忧勤，规模须广大。"如《春晴有感》曰："春风归草木，晓日丽山河。物滞欣逢泰，时丰自此多。神州应未远，当继沛中歌。"观此则规恢之志大矣。

《咸淳临安志》卷八《城内诸山》引《祥符图经》云凤凰山："在城中钱塘旧治正南一十里，下瞰大江，直望海门，山下有凤凰门，有雁池。赵清献公诗云：'老来重守凤凰城'是也。其右山巅有介亭，石笋林立，最为奇怪。旧传钱武肃王凿山，见怪石排列两行，如从卫拱立趋向，因名排衙石，及刻诗石上。第二峰有白塔，塔西有小径，青石崔嵬，夹道皆峭壁，中穿一，通人往来，名曰石，好事者多题名其间。熙宁中郡守祖无择对排衙石作介亭，天风泠然，有缥缈凭虚之意。"

大内有用茅草作顶的茅亭，名"昭俭"，即昭示简朴；以日本国松木为翠寒堂，不施丹雘，白如象齿，环以古松。保持原木本色，又含"岁寒然后知松柏之后凋"的哲理等。

御苑有的园名和功能全因袭北宋同名御苑，如位于皇宫嘉会门南四里的御苑玉津园。北宋御苑玉津园是皇帝举行燕射礼之处：《武林旧事》卷二"淳熙元年九月，孝宗幸玉津园讲燕射礼"。偶尔也接待外国使臣射猎游宴：《宋史·何灌传》"陪辽使射玉津园，一发破的，再发则否。客曰：'太尉不能耶？'曰：'非也，以礼让客耳。'整弓复中之，观者诵叹，帝亲赐酒劳之。迁步军都虞候。"

南宋玉津园也是燕射之所，也经常在此接待外国使者。田汝成《西湖游览志》记载："绍兴四年，金使来贺高宗天申圣节，遂射宴其中。孝宗尝临幸游玩，曾命皇太子、宰执、亲王、侍从五品以上官及管军官讲宴射礼。"

① 谢维新：《古今合璧事类备要》后集卷五，四库全书本。

园名与功能完全一样,含有不忘旧苑之意。南宋的宫室最初确实较为简易,认为汴京之制侈而不可为训。但偏安日久,南宋南王日渐耽于歌舞升平的生活,遂不断修葺、增建宫室。

实际上大内御苑还是富丽和森严的,据《梦粱录》卷八《大内》载:

> 大内正门曰丽正,其门有三,皆金钉朱户,画栋雕甍,覆以铜瓦,镌镂龙凤飞骧之状,巍峨壮丽,光耀溢目。左右列阙亭,百官待班阁子。登闻鼓院、检院相对,悉皆红杈子,排列森严,门禁严甚,守把钤束,人无敢辄入仰视。至晡时,各门下青布幕护之。丽正门内正衙,即大庆殿,遇明堂大礼、正朔大朝会,俱御之。如六参起居,百官听麻,改殿牌为文德殿;圣节上寿,改名紫宸;进士唱名,易牌集英;明禋为明堂殿。次曰垂拱殿,常朝四参起居之地。内后门名和宁,在孝仁登平坊巷之中,亦列三门,金碧辉映,与丽正同,把守卫士严谨,如人出入,守阍人高唱头帽号。门外列百僚待班子,左右排红杈子,左设阁门,右立待漏院、客省四方馆,入登平坊。沿内城有内门,曰东华,守禁尤严。

凤凰山西北部的苑林区,是座视野开阔的山地园,那里"山据江湖之胜,立而环眺,则凌虚鹜远、瑰异绝特之观,举在眉睫"[1]。且"长松修竹,浓翠蔽日,层峦奇岫,静窈萦深。寒瀑飞空,下注大池可十亩。池中红白菡萏万柄,盖园丁以瓦盎别种,分列水底,时易新者,庶几美观。置茉莉、素馨、建兰、麝香藤、朱槿、玉桂、红蕉、阇婆、蕃葡等南花数百盆于广庭,鼓以风轮,清芬满殿……初不知人间有尘暑也"。故"禁中避暑多御复古、选德等殿,及翠寒堂纳凉"[2]。

二、绝似灵隐 恍疑天竺

临安大内苑林区,虽然立而环眺西湖,但还不过瘾,在御苑人工开凿了面积约十亩的水池小西湖,湖边有一百八十间有屋顶的长廊与其他宫殿相连,长廊宽六步,可以直达大西湖,沿小西湖点缀着小体量的梅亭、茅亭、松亭、松堂、小阁及各类花木。

周密的《武林旧事》卷四,故都宫殿载:

> "禁中及德寿宫皆有大龙池、万岁山,拟西湖冷泉、飞来峰。若亭榭之盛,御舟之华,则非外间可拟。春时竞渡及买卖诸色小舟,并如西湖,驾幸宣唤,锡赉巨万。大意不欲数跸劳民,故以此为奉亲之娱耳。"

这样,御苑内有小西湖,外眺大西湖,皇帝"有时乘坐绸缎覆盖的画舫游湖玩乐,并且游览湖边各种寺庙……这块围场的其余两部分,建有小丛林、小湖,长满果树的美丽花园和饲养着各种动物的动物园……"[3]

德寿宫位于杭州市区东南部,独立于宫城外,面积有十七万平方米左右,是宋

---

[1] 田汝成:《西湖游览志》,上海古籍出版社,1980。

[2] 周密:《武林旧事》卷三。

[3] 转引自周维权:《中国古典园林史》第290页引《马可波罗游记》。

高宗赵构禅位孝宗后做太上皇帝时居住的宫殿,建于南宋绍兴三十二年(1162年),与凤凰山麓的南宋皇宫并称为"南北二宫",宋人称之为"北内"。

周密的《武林旧事》卷四:"德寿宫(孝宗奉亲之所)聚远楼(高宗雅爱湖山之胜,恐数跸烦民,乃于宫内凿大池,引水注之,以像西湖冷泉,垒石为山,作飞来峰……"

《梦粱录》卷八载:"高庙(高宗)雅爱湖山之胜,于宫中凿一池沼,引水注入,叠石为山,以像飞来峰之景。"

德寿宫离西湖较远,模仿西湖及冷泉亭、灵隐飞来峰,并有芙蓉冈、浣溪等。

据传,印度僧人慧理见到灵隐一带怪石嵯峨的山峰称:"此乃中天竺国灵鹫山之小岭,不知何以飞来?"因此称为"飞来峰",又名灵鹫峰,峰高一百六十八米,山体由石灰岩构成,峰上还有七十二个奇幻多变的洞壑,是江南少见的古代石窟艺术瑰宝,号西湖第一峰。苏东坡"最爱灵隐飞来峰",崇拜苏轼的南宋皇帝同样酷爱飞来峰,在德寿宫内仿造了"飞来峰"。

宋吴自牧《梦粱录》卷八载:

孝庙(宋孝宗赵眘)观其景,曾赋长篇咏曰:"山中秀色何佳哉,一峰独立名'飞来'。参差翠麓俨如画,石骨苍润神所开。忽闻彷像来宫圃,指顾已惊成列岫。规模绝似灵隐前,面势恍疑天竺后。孰云人力非自然,千岩万壑藏云烟。上有峥嵘倚空之翠壁,下有潺湲漱玉之飞泉。一堂虚敞临清沼,密荫交加森羽葆。山头草木四时春,阅尽岁寒人不老。圣心仁智情幽闲,壶中天地非人间。蓬莱方丈渺空阔,岂若坐对三神山,日长雅趣超尘俗,散步逍遥快心目。山光水色无尽时,长将把向杯中绿。"

高庙览之,欣然曰:"老眼为之增明。"

宋陈岩肖淳熙中所写《庚溪诗话》,孝宗所写诗名《咏德寿宫冷泉亭古风》,并云:"观此,则笃于奉亲,尽天下之养者,无不至矣。"

德寿宫的小西湖,绝非西湖及飞来峰的简单"缩景":"规模绝似灵隐前,面势恍疑天竺后",而是处于"似与不似"之间,达到"孰云人力非自然,千岩万壑藏云烟。上有峥嵘倚空之翠壁,下有潺湲漱玉之飞泉"艺术效果。小而精致,是写意式的艺术创作。

三、含华吐艳　龙章凤采

始于汉的宫殿建筑用匾,到宋代达到高峰,由于宋代皇帝大多酷爱艺术,他们本人的修养喜尚与士大夫们无异,所以皇家园林文人与士大夫园林区别越来越小,园林景点匾额的文学性趣味性越来越浓厚,这些匾额集文字、诗词、书法、雕刻、篆印、工艺美术等艺术于一身,文采飞扬,含英咀华。匾额题咏是对该建筑空间的主题的创造,使园林建筑空间同时成为"精神空间",匾额中大量的文学品题,营造了该"景"之"境界",也就是"景境"。

据吴自牧《梦粱录》卷八记载,"德寿宫在望仙桥东……高庙(宋高宗赵构)倦勤，不治国事，别创宫庭御之，遂命工建宫，殿扁"德寿"为名，后生金芝于左栋，改殿扁曰"康寿"。其宫中有森然楼阁，匾曰聚远，屏风大书苏东坡诗：'赖有高楼能聚远，一时收拾付闲人'之句，其宫御四面游玩庭馆，皆有名匾"，"宫中内有陈朝桧，一侧有小亭，孝庙衷翰，其诗石刻于亭下"。又云御圃西湖中有香月亭，"亭侧山椒，环植梅花，亭中大书'疏影横斜水清浅，暗香浮动月黄昏'之句，于照屏之上"。

其宫中有森然楼阁，扁曰"聚远"，屏风大书苏东坡诗"赖有高楼能聚远，一时收拾付闲人"之句。

周密的《武林旧事》卷四：

德寿宫……因取坡诗"赖有高楼能聚远，一时收拾与间人"名之，周益公进端午帖子云："聚远楼高面面风，冷泉亭下水溶溶。人间炎热何由到，真是瑶台第一重。"孝宗御制冷泉堂诗以进，高宗和韵，真盛事也。

"德寿"取义孔子仁者乐山、仁者寿之意，德寿宫的至高点名"聚远楼"，用的是始建于1069年的北宋聚远楼原名，因为北宋文学家苏轼曾登临游览，留下了《题咏聚远楼诗》："云山烟水苦难亲，野草幽花各自春。赖有高楼能聚远，一时收拾与闲人。无限青山散不收，云奔浪卷入帘钩。直将眼力为疆界，何啻人间万户侯。"不仅以苏轼诗命名大楼，且书之屏风作为装饰。

北宋著名文学家苏轼，被当朝历代皇帝器重，这在历史上罕见。宋陈岩肖《庚溪诗话》卷上详细记载了这一现象：

东坡先生学术文章，忠言直节，不特士大夫所钦仰，而累朝圣主，宠遇皆厚。仁宗朝登进士科，复应制科，擢居异等。英宗朝，自凤翔签判满任，欲以唐故事召入翰林。宰相限以近例，且召试秘阁，上曰："未知其能否，故试之。如轼岂不能耶？"宰相犹难之，及试，又入优等，遂直史馆。礼宗朝，以义变更科举法，上得其议，喜之，遂欲进用，以与王安石论新法不合，补外。王党李定之徒，媒蘖浸润不止，遂坐诗文有讥讽，赴诏狱，欲置之死，赖上独庇之，得出，止置齐安。方其坐狱时，宰相有谮於上曰："轼有不臣意。"上改容曰："轼虽有罪，不应至此。"时相举轼《桧》诗云："'根到九泉无曲处，世间唯有蛰龙知。'陛下飞龙在天，轼以为不知己，而求地下蛰龙，非不臣而何？"上曰："诗人之词，安可如此论？彼自咏桧，何预朕事。"时相语塞。

又上一日与近臣论人材，因曰："诗人之词，安可如此论？彼自咏桧，何预朕事。"时相语塞。

又上一日与近臣论人材，因曰："轼方古人孰比？"近臣曰："唐李白文才颇同。"上曰："不然，白有轼之才，无轼之学。"上累有意复用，而言者力阻之。

上一日特出手札曰："苏轼默居思咎，阅岁滋深，人才实难，不忍终弃。"因量移临汝。

哲宗朝起知登州，召为南宫舍人，不数月，迁西披，遂登翰苑。绍圣以后，熙丰诸臣当国，元祐诸臣例迁谪。崇观间，蔡京蔡下等用事，拘以党籍，禁其文辞墨迹而毁之。政和间，忽弛其禁，求轼墨迹甚锐，人莫知其由。或传：徽宗皇帝宝篆宫醮筵，常亲临之。一日启醮，其主醮道流拜章伏地，久之方起，上诘其故，答曰："适至上帝所，值奎宿奏事，良久方毕，始能达其章故也。"上叹讶之，问曰："奎宿何神为之，所奏何事？"对曰："所奏不可得知，然为此宿者，乃本朝之臣苏轼也。"上大惊，不惟弛其禁，且欲玩其文辞墨迹。一时士大夫从风而靡。光尧太上皇帝朝，尽复轼官职，擢其孙符，自小官至尚书。

今上皇帝尤爱其文。梁丞相叔子，乾道初任掖垣兼讲席，一日，内中宿直召对，上因论文，问曰："近有赵夔等注轼诗甚详，卿见之否？"梁奏曰："臣未之见。"上曰："朕有之。"命内侍取以示之。至乾道末，上遂为轼御制文集叙赞，命有司与集同刊之，因赠太师，谥文忠，又赐其曾孙峤出身，擢为台谏侍从。呜呼！昔扬雄之文，当时人忽之，且欲覆酱瓿，雄亦自谓："后世复有扬子云，当好之。"

今东坡诗文，乃蒙当代累朝神圣之主知遇如此。使忌能之臣，谮言不入，且道流之语未必可信，解注之士出于一时之意，而当宁以轼之忠贤而确信之，身后恩宠异常。此诚尧、舜之君，乐取诸人以为善，而轼遂被此光荣，不其伟哉！

详细记载了当朝历任皇帝如何崇拜苏轼，甚至视之为天上奎宿星，优待苏轼之孙和曾孙。德寿宫四面游玩庭馆，皆有名扁，据宋吴自牧《梦粱录》卷八载：

> 东有梅堂扁曰"香远"。栽菊间芙蕖、修竹处有榭，扁曰"梅坡"、"松菊三径"。酴亭扁曰"新妍"。木樨堂扁曰"清新"。芙蕖冈南御宴大堂扁曰"载忻"。荷花亭扁曰"射厅临赋"。金林檎亭扁曰"灿锦"。池上扁曰"至乐"。郁李花亭扁曰"半绽红"。木樨堂扁曰"清旷"。金鱼池扁曰"泻碧"。西有古梅扁曰"冷香"。牡丹馆扁曰"文杏"，又名"静乐"。海棠大楼子扁曰"浣溪"。北有楞木亭，扁曰"绛华"。清香亭前栽春桃，扁曰"倚翠"。又有一亭，扁曰"盘松"。

四面游玩庭馆花卉植物众多，所题"名匾"大多描写花木色姿，有的还一馆两匾，如菊、芙蕖、修竹之榭，一曰"梅坡"，二"松菊三径"，似乎与陶渊明《归去来兮辞》中"三径就荒，松菊犹存"有点关系，三径：王莽专权时，兖州刺史蒋诩辞官回乡，于院中辟三径，唯与求仲、羊仲来往。后多"三径"指退隐家园。芙蕖冈南御宴大堂"载忻"，出陶渊明《归去来兮辞》"乃瞻衡宇，载欣载奔"。说明陶渊明诗文影响深远，赵构退位后居此，也接受了与统治者具有离心力的陶渊明隐逸退隐思想，有鲜明的文人化审美思想，这一点并为明清统治继承。

大内后苑也有很多文采飞扬的题匾，据元·陶宗仪《南村辍耕录》卷十八引南宋陈随隐应《南渡行宫记》[①]曰：

> 由绛已堂过锦胭廊，百八十楹，直通御前廊外，即后苑。梅花千树曰"梅岗"，亭

---

① 据《南宋皇城历史文化地理综合研究》的考证，《南渡行宫记》记载的是理宗景定、咸淳年间（1261—1266）情况，作者陈随应，应为陈随隐，名世崇，字伯仁，号随隐，曾任东宫讲堂掌书。

曰"冰花亭";枕小西湖,曰"水月境界",曰"澄碧";牡丹曰"伊洛传芳";芍药曰"冠芳";山茶曰"鹤丹";桂曰"天阙清香";棠曰"本支百世"。佑圣祠曰"庆和"、泗州曰"慈济"、钟吕曰"得真"、橘曰"洞庭佳味"……山背芙蓉阁,风帆沙鸟履舄下,山下一溪萦带,通小西湖。亭曰"清涟",怪石夹列,献瑰逞秀,三山五湖,洞穴深杳,豁然平朗,翚飞翼拱。

文学色彩很浓的题咏,如"聚远楼",构成诗意境界。但对后世著名的人文植物似乎尚未有统一的提法,如对古梅,扁曰"冷香",北宋人咏梅花清香为"冷香",如宋曾巩《忆越中梅》诗:"冷香幽绝向谁开?"又咏荷花,如词人姜夔《念奴娇》词:"嫣然摇动,冷香飞向诗句。";又梅堂则扁曰"香远",一般用周敦颐《爱莲说》的"香远益清"意,颂莲华的香气远播,越发显得清新芳香,鲜见用以颂梅花者,可见北宋周敦颐在南宋初影响尚小。

位于葛岭南坡的集芳园,也有许多匾额,如"蟠翠、雪香、翠岩、倚绣、抱露、玉蕊、清胜诸匾,皆高宗御题"[1],"又有初阳精舍、警室、熙然台、无边风月、见天地心、琳琅步、归舟、甘露井诸胜"。

"蟠翠"喻附近之古松,"雪香"喻古梅,"翠岩"喻奇石,"倚绣"喻杂花,"抱露"喻海棠,"玉蕊"喻荼蘼,"清胜"喻假山。山上之台名"无边风月"、"见天地心",水滨之台名"琳琅步"、"归舟"等。[2] 有的意境深远,如从山上远眺西湖的景色,那真是"江流天地外,山色有无中",用"无边风月"形容实在太恰当了,清乾隆深谙其意,也许是因为"眼前有景道不得,崔颢有诗在上头",他只好用"虫二"拆字,表示风月无边。据《武林旧事》卷四记载,这些匾额多为精于书法的宋理宗等人所书。由此可见,其时的园林命题追求景、文、书三者相称,互映生辉。同时多撷历代诗文名句之意。这种撷取诗文句意的手法对后世影响颇深,一直为明清造园家所仿藉。

四、风流儒雅　禁中赏花

南宋风雅皇帝都风流儒雅,醉心翰墨,喜赏花石,御苑中许多亭台以赏花为主题。如大内后苑有观赏牡丹的钟美堂,观赏海棠的灿美堂,四周环水的澄碧堂,玛瑙石砌成的会景堂,古松的翠寒堂。观有云涛观。台有钦天、舒啸等台。亭有八十座,其中赏梅的有春信亭、香玉亭;桃花丛中有锦浪亭;竹林中有凌寒、此君亭;海棠花旁有照妆亭;梨花掩映下有缀琼亭;有梅花千树组成的梅冈,有杏坞,有小桃园等。《武林旧事》卷二记载禁中赏花:

禁中赏花非一。先期后苑及修内司分任排办,凡诸苑亭榭花木,妆点一新,锦帘绡幕,飞梭绣球,以至裀褥设放,器玩盆窠,珍禽异物,各务奇丽。又命小珰内司

---

①　《西湖游览志》卷八。

②　周维权:《中国古典园林史》,清华大学出版社,1999,第 225 页。

列肆关扑,珠翠冠朵,篦环绣缎,画领花扇,官窑定器,孩儿戏具,闹竿龙船等物,及有买卖果木酒食饼饵蔬茹之类,莫不备具,悉效西湖景物。起自梅堂赏梅,芳春堂赏杏花,桃源观桃,粲锦堂金林檎,照妆亭海棠,兰亭修禊,至于钟美堂赏大花为极盛。堂前三面,皆以花石为台三层,各植名品,标以象牌,覆以碧幕。后台分植玉绣球数百株,俨如镂玉屏。堂内左右各列三层,雕花彩槛,护以彩色牡丹画衣,间列碾玉水晶金壶及大食玻璃官窑等瓶,各簪奇品,如姚魏、御衣黄、照殿红之类几千朵,别以银箔间贴大斛,分种数千百窠,分列四面。至于梁栋窗户间,亦以湘筒贮花,鳞次簇插,何翅万朵。堂中设牡丹红锦地裀,自殿中妃嫔,以至内官,各赐翠叶牡丹、分枝铺翠牡丹、御书画扇、龙涎、金盒之类有差。下至伶官乐部应奉等人,亦沾恩赐,谓之"随花赏"。或天颜悦怿,谢恩赐予,多至数次。至春暮,则稽古堂、会瀛堂赏琼花,静侣堂紫笑、净香亭采兰挑笋,则春事已在绿阴芳草间矣。大抵内宴赏,初坐、再坐,插食盘架者,谓之"排当"。否则但谓之"进酒"。

宋代士大夫爱梅、荷,皇帝亦喜梅荷。德寿宫苑中多植名花异草,其中"苔梅有二种,一种宜兴张公洞者,苔藓甚厚,花极香;一种出越上,苔如绿丝,长尺余";荷花有"此种五花同干,近伯圭自湖州进来,前此未见也"[①]。

一介布衣、梅妻鹤子的北宋林逋很受宋帝敬重,死后宋仁宗追赐谥号"和靖";宋室南渡之后,杭州成了帝都,下令在孤山上修建皇家寺庙,山上原有的宅田墓地等完全迁出,可唯独留下了林逋的坟墓;西湖的苏堤之上的"三贤堂",纪念与西湖有关的白居易、苏东坡,另一个就是终生白衣的林和靖。所以朱熹称誉林和靖为:宋亡,而此人不亡,为国朝三百年间第一人!

宋代皇帝对文玩、书画及特置的奇石都有很高的审美欣赏情趣,如奇石,原德寿宫有一太湖石,高一点七米,周围三米,石上沟壑遍布,质地细密,据说赵构对儿子孝宗称这块奇石是太湖石之王,透、漏、丑都占,样子极像一朵含苞欲放的莲花,应为"芙蓉石"。乾隆十六年(1751年)奉皇太后第一次南巡时,在杭州吴山的宗阳宫游览,发现此奇石,十分喜爱,被清乾隆帝移置圆明园的朗润斋,改名"青莲朵"(图5-3),今移置中山公园内。

图5-3　青莲朵

---

① 周密:《武林旧事》,西湖书社出版社,1981,第119-125页。

第三节　岸岸园亭傍水滨

早在北宋时期,苏轼《游灵隐寺得来诗复用前韵》就有"溪山处处皆可庐,最爱灵隐飞来孤"的吟唱。

杭州城内、城东新开门外,城西清波钱湖门外、南山长桥、净慈寺前、钱塘门外、孤山路口、沿苏堤、涌金门外、城南嘉会门外、城北北关门外,蔚为园林中心。私家园亭,为世所称者,据《湖山胜概》所载,不下四十家。《都城纪胜·园苑》提及的著名园林就有近六十个,《梦粱录》卷十九记述了比较著名的十六处,《武林旧事》卷五记述了四十五处,其余贵府富室大小园馆,犹有不知其名者。苏堤以西的里湖地区,《梦粱录》卷十二《西湖》称:"西泠桥郎里湖内,俱是贵官园圃,凉堂画阁,高台危榭,花木奇秀,灿然可观。"

外湖地区,即孤山以南的主要水域地带,"湖边园圃,如钱塘玉壶、丰豫渔庄、清波聚景、长桥庆乐、大佛、雷峰塔下小湖斋宫、甘园、南山、南屏,皆台榭亭阁,花木奇石,影映湖山,兼之贵宅宦舍,列亭馆于木堤;梵刹琳宫,布殿阁于湖山,周围胜景,言之难尽"。[①]

湖区东南角凤凰山上的"万松岭上多中贵人宅,陈内侍之居最高"。[②]

总之,自绍兴十一年(1141年)南宋与金人达成和议,形成了相对稳定的偏安局面后,整个西湖风景区王公将相之园林相望,参差十万人家,可在风帘翠幕中享受烟柳画桥美景。临安的私家园林总计达百处之多,且多半为宅园。

一、势焰赫奕　岚影湖光

南园和后乐园都是皇家御苑的赐园。

南园原为御苑庆乐园,赐给宰相韩侂胄的别墅园。韩侂胄是北宋名相韩琦的曾孙,母亲是高宗吴皇后的妹妹,他又是宁宗韩皇后的族祖父,掌国期间,贬朱熹,斥理学,兴"庆元党禁",专权跋扈,这是他人生的败笔;但他力排众议,恢复失地,兴兵抗金,却是值得肯定的壮举。因所用非人,北伐失败,他也成了千古罪人,受到后世道学家的唾骂,不但丢了性命,首级被送往金国,而且元人修《宋史》时,还把他和臭名昭著的奸相秦桧、贾似道一同列入《奸臣传》,实属不公。宋人周密《齐东野语》就为之鸣冤曰:"事有一时传讹,而人竟信之者,阅古(韩侂胄)之败,众恶皆归焉。"

韩侂胄修南园时,正是他炙手可热之时。陆游《南园记》记载:"其地实武林之东麓,而西湖之水汇于其下,天造地设,极湖山之美"、"因高就下,通窒去蔽,而物象

① 《梦粱录》卷十二西湖。
② 潜说友:《咸淳临安志　卷九二记遗》。

列。奇葩美木，争列于前；清流秀石，若顾若揖于是。飞观杰阁，虚堂广厅，上足以陈俎豆，下足以奏金石者，莫不毕备。升而高明显敞，如蜕尘垢；人而窈窕邃深，疑于无穷”，“因其自然，辅之雅趣”。据《梦梁录》卷十九记载：

园内“有十样亭榭，工巧无二，俗云‘鲁班造者’。射圃、走马廊、流杯池、山洞，堂宇宏丽，野店村庄，装点时景，观者不倦”。故“自绍兴以来，王公将相之园林相望，及南园之仿佛者”。

南园最大的特点是园中的厅、堂、阁、榭、亭、台、门等“悉取先侍中魏忠献王(韩琦)之诗句而名之。堂最大者曰‘许闲’，上为亲御翰墨以榜其颜。其射厅曰‘和容’，其台曰‘寒碧’，其门曰‘藏春’，其阁曰‘凌风’，其积石为山曰‘西湖洞天’。其储水艺稻，为困为场，为牧牛羊畜雁鹜之地，曰‘归耕之庄’。其他因其实而命之名，堂之名则曰‘夹芳’、曰‘豁望’、曰‘鲜霞’、曰‘矜春’、曰‘岁寒’、曰‘忘机’、曰‘照香’、曰‘堆锦’、曰‘清芬’、曰‘红香’；亭之名则曰‘幽翠’、曰‘多稼’”，另据《武林旧事》卷五，还有远尘、晚节香等亭和射圃、流杯等处。

韩琦(1008—1075年)，字稚圭，自号赣叟，天圣进士。他与范仲淹率军防御西夏，在军中享有很高的威望，人称“韩范”。一生历经北宋仁宗、英宗和神宗三朝，“相三朝，立二帝”，当政十年，与富弼齐名，号称贤相。但无论在朝中贵为宰相，还是任职在外，韩琦始终替朝廷着想，忠心报国，为人臣表率。去世后，宋神宗为他“素服哭苑中”，御撰墓碑：“两朝顾命定策元勋”，谥忠献，赠尚书令，配享宋英宗庙庭，备极哀荣。

韩侂胄作为北宋政治家、词人韩琦的曾孙，以曾祖韩琦为骄傲，为榜样，他的力主抗金，肯定是受韩琦的影响，他将厅、堂、阁、榭、亭、台、门等“悉取先侍中魏忠献王(韩琦)之诗句而名之”，表现了对曾祖的崇敬，也表现出处处以曾祖为楷模的意愿。坚持抗金的陆游把重整山河的希望都寄托到了韩侂胄身上，称赞他“神皇外孙风骨殊，凛凛英姿不容画……身际风云手扶日，异姓真王功第一”。

贾似道(1213—1275年)字师宪，台州人，嘉熙二年(1238年)登进士第，官至太师，晋封为魏国公。此人奸恶无道，窃弄威权。曾背着宋理宗，于鄂州对蒙古称臣议和，丧权辱国，割让长江以北大片土地，每年还得进贡白银二十万两、绢二十万匹。1275年，贾似道率十三万宋兵在丁家州被元军打得大败，被朝廷免职、贬逐，八月，为监送官郑虎臣擅杀于漳州。

但正如张岱所说：“贾秋壑为误国奸人，其于山水书画古董，凡经其鉴赏，无不精妙。所制锦缆，亦自可人。”[1]贾似道亦能诗文，好收藏，聚敛奇珍异宝，法书名画。如相传王羲之《兰亭集序》墨迹已为唐太宗殉葬，但他收藏了与真迹无二的摹本，由工匠王用和花了一年半时间精心镌刻在玉枕上，从而保存了王羲之真迹，“此书虽向昭陵朽，刻石犹能值千金”！

---

① 张岱:《西湖梦寻·大佛头》卷一，中华书局，2011。

他占有三座别墅园：水乐洞园、水竹院和后乐园。

水乐洞园在满觉山，据《武林旧事》卷五：园内"山石奇秀，中一洞嵌空有声，以此得名"。《西湖游览志》云：又即山之左麓，辟荦确为径而上，亭其三山之颠。杭越诸峰，江湖海门，尽在眉睫。"建有声在堂、界堂，及爱此、留照、独喜、玉渊、漱石、宜晚、上下四方之宇诸亭。水池名'金莲池'"。

水竹院正在葛岭路之西泠桥南，"左挟孤山，右带苏堤，波光万顷，与阑槛相值，骋快绝伦"，风景优胜，主要建筑物有奎文阁、秋水观、第一春、思剡亭、道院等。

后乐园在葛岭南坡，原为御苑集芳园，后理宗赐贾似道，改名"后乐"，显然取北宋名臣范仲淹"先忧后乐"之意，与他为人相左，显得十分矫情。由于建筑物皆御苑旧物，故极其营度之巧。"理宗为书西湖一曲，奇勋扁，度宗为书秋壑、遂初、容堂扁。"①

清初邵长蘅(1637—1704年)在《夜游孤山记》中慨叹道："嗟乎！岚影湖光，今不异昔，而当时势焰之赫奕，妖冶歌舞亭榭之侈丽，今皆亡有，既已荡为寒烟矣！"

二、水石奇胜　花卉繁鲜

廖药洲园在葛岭路，"内有花香、竹色、心太平、相在、世彩、苏爱、君子、习说等亭。"②

云洞园在北山路，为杨和王府园，"有万景天全、方壶、云洞、潇碧、天机云锦、紫翠间、濯缨、五色云、玉玲珑、金粟洞、天砌台等处。花木皆蟠结香片，极其华洁。盛时凡用园丁四十余人，监园使臣二名"③。另据《咸淳临安志》：园的面积甚广，筑土为山，中有山洞以通往来。山上建楼，又有堂曰"万景天全"。主山周围群山环列，宛若崇山峻岭，其上有亭曰"紫翠间"，桂亭可远眺，"芳所荷亭"、"天机云锦"诸亭皆园内最胜处。

湖曲园，据《咸淳临安志》："(园)在慧照寺西，旧为中常侍甘氏园，岁久渐废，大资政赵公买得之。南山自南高峰而下，皆趋而东，独此山由净慈右转，特起为雷峰，少西而止，西南诸峰，若在几案。北临平湖，与孤山相拱揖，柳堤梅岗，左右映发。"

裴园即裴禧园，在西湖三堤路。此园突出于湖岸，故杨万里《大司成颜几圣率同舍招游裴园，泛舟绕孤山赏荷花，晚泊玉壶，得十绝句》之三诗曰："岸岸园亭傍水滨，裴园飞入水心横。旁人草问游何许，只拣荷花闹处行。"④

临安东南郊之山地以及钱塘江畔一带，气候凉爽，风景亦佳，多有私家别墅园林之建置，《梦粱录》记载了六处。

---

① 田汝成：《西湖游览志》卷八。

② 周密：《武林旧事》卷五，西湖书社，1981。

③ 同上。

④ 《大司成颜几圣率同舍招游裴园，泛舟绕孤山赏荷花，晚泊玉壶，得十绝句》之三，《杨万里诗词集》卷五。

其中如内侍张侯壮观园、王保生园均在嘉会门外之包家山,"山上有关,名桃花关,旧匾'蒸霞',两带皆植桃花,都人春时游者无数,为城南之胜境也"。

钱塘门外溜水桥东西马塍诸圃,"皆植怪松异桧,四时奇花,精巧窠儿,多为龙蟠凤舞飞禽走兽之状,每日市于都城,好事者多买之,以备观赏也"。

方家峪的赵冀王园,园内层叠巧石为山洞,引入流泉曲折。水石之奇胜,花卉繁鲜,洞旁有仙人棋台。①

小蓬莱在雷峰塔右,宋内侍甘升园也。奇峰如云,古木蓊蔚,理宗常临幸。有御爱松,盖数百年物也。自古称为小蓬莱。石上有宋刻"青云岩"、"鳌峰"等字。②

第四节　南宋士人风节与私家园林的美学思想

南宋时期,宋金对峙。许多士大夫认为,"南北之势已成,未易相兼。我之不可绝淮而北,犹敌之不可越江而南"③。在这种论调之下,统治者"忍耻事仇,饰太平于一隅以为欺"④,苟安之风盛行。

但"靖康之变,志士投袂,起而勤王,临难不屈,所在有之。及宋之亡,忠节相望,班班可书"⑤。

由于主战、主和派的争斗,士大夫宦海时有沉浮,士人直对世事、直面逆境,高扬精神品格力量,不断提升自身意志。

即使具有高扬的民族情绪、深重的忧患意识的士人,由于性本爱丘山、爱泉石、爱花木,故闲居时在园林中依然保持着禅悦情趣、闲适情味,名士精神盎然。南宋著名的爱国诗人陆游、杨万里无不如此:陆游"快日明窗闲试墨,寒泉古鼎自煎茶"、"展画发古香,弄笔娱昼寂";杨万里"梅子留酸软齿牙,芭蕉分绿与窗纱。日长睡起无情思,闲看儿童捉柳花"。脱屣红尘,移家碧山,娑罗树边,依梅傍竹,以诗画入园。

临安以外的士人园,比较集中在湖州、平江等太湖地区。湖州旧称吴兴,风光旖旎,毗邻太湖,"山水清远,升平日,士大夫多居之。其后秀安僖王府第在焉,尤为盛观。城中二溪横贯,此天下之所无,故好事者多园池之胜"。⑥ 南宋人周密《癸辛杂识·吴兴园圃》⑦记述他经游者三十六处。平江扼南北交通之要道,经济繁荣、文化发达,"三江雪浪,烟波如画,一篷风月,随处留连",又为太湖石、黄石产地。今人

---

① 周密:《武林旧事》卷五,杭州:西湖书社,1981。

② 张岱:《西湖梦寻·小蓬莱》卷四,中华书局,2011年版。

③ 毕沅:《续资治通鉴》,中华书局,1957,第3676页。

④ 陈亮:《陈亮集》(增订本),中华书局,1987,第6页。

⑤ 脱脱,等.宋史:卷四四六.上海:上海古籍出版社,上海书店,1986,第1490-1491页。

⑥ 周密:《癸辛杂识·吴兴园圃》,中华书局,1988,第7-8页。

⑦ 同上书,第7-13页。

丁应执统计宋代苏州园林共计一百十八所①,其中不少筑于南宋。南宋绍兴虽贵为陪都,甚至成为临时首都一年零八个月,但是高宗以后绍兴名园甚少。位于绍兴市区东南洋河弄的沈园,南宋时池台亭阁极盛,据传世《沈园图》,有葫芦池、水井、土丘、形制古朴的孤鹤轩(图5-4)、半壁亭、六朝古井、宋井亭、冷翠亭、闲云亭、冠芳楼等建筑。还定时向士庶开放。其他还有镇江、鄱阳、上饶等地。

图 5-4 孤鹤轩(沈园)

一、待学渊明 门前五柳

有着"他年要补天西北"的高昂理想的辛弃疾,文武皆能,既能写出风格沉雄豪迈又不乏细腻柔媚之处的英雄之词,又能在战场上气吞万里如虎,然最终怀抱着"男儿到死心如铁"的复国理想,被软弱无能的南宋统治者投闲散居江西上饶带湖之滨。"却将万字平戎策","换得东家种树书"!

辛弃疾"入登九卿,出节使二道,四立连率幕府"②;"三畀大藩,宠以论譔之华"③,属于中高级士大夫官吏,享受丰厚的待遇,所以,他先后盖了带湖及瓢泉两处庄园式园林。

宋孝宗淳熙八年(1181年),辛弃疾时年四十二岁。在江西路安抚使任上,辛弃疾已经深深地察觉到统治集团的苟安腐败,产生了退隐上饶的想法,于是,在上饶的带湖修建新居,新居是座"高处建舍,低处辟田"的庄园,辛弃疾对家人说:"人生在勤,当以力田为先。"因此,他把带湖庄园取名为"稼轩",并自号"稼轩居士",以示去官务农之志。是年新居上梁,他写了一篇个性鲜明的《新居上梁文》:

百万买宅,千万买邻,人生孰若安居之乐;一年种谷,十年种木,君子常有静退之心。久矣倦游,兹焉卜筑。

稼轩居士,生长西北,仕宦东南。顷列郎星,继联卿月。两分帅阃,三驾使轺。不特风霜之手欲龟,亦恐名利之发将鹤。欲得置锥之地,遂营环堵之宫。虽在城邑

---

① 丁应执:《苏州城市演变研究》硕士论文,第42页。
② 洪迈:《稼轩记》,(宋)祝穆:《古今事文类聚》卷三六,影印文渊阁四库全书本。
③ 楼钥:《攻媿集》卷三十六,丛书集成本。

阛阓之中，独出车马尘嚣之外。青山屋上，古木千章；白水田头，新荷十顷。亦将东阡西陌，混渔樵以交欢，稚子佳人，共团栾而一笑。梦寐少年之鞍马，沉酣古人之诗书。虽云富贵逼人，自觉林泉邀我。望物外逍遥之趣，"吾亦爱吾庐"；语人间奔竞之流，"卿自用卿法"。始扶修栋，庸庆抛梁：

抛梁东，坐看朝暾万丈红。直使便为江海客，也应忧国愿年丰。

抛梁西，万里江湖路欲迷。家本秦人真将种，不妨卖剑买锄犁。

抛梁南，小山排闼送晴岚。绕林乌鹊栖枝稳，一枕熏风睡正酣。

抛梁北，京路尘昏断消息。人生直合住长沙，欲击单于老无力。

抛梁上，虎豹九关名莫向。且须天女散天花，时至维摩小方丈。

抛梁下，鸡酒何时入邻舍。只今居士有新巢，要辑轩窗看多稼。

伏愿上梁之后，早收尘迹，自乐余年。鬼神呵禁不祥，伏腊倍乘自给。座多佳客，日悦芳樽。①

大盛于宋代并定型于宋代的上梁文，在辛弃疾手里，变北宋范式化的应制式样为个性化与抒情化的散文，俨然一篇辛稼轩版的《归去来兮辞》！

新居基本建成，辛弃疾写了《沁园春·带湖新居将成》：

三径初成，鹤怨猿惊，稼轩未来。甚云山自许，平生意气；衣冠人笑，抵死尘埃。意倦须还，身闲贵早，岂为莼羹鲈脍哉！秋江上，看惊弦雁避，骇浪船回。

东冈更葺茅斋，好都把，轩窗临水开。要小舟行钓，先应种柳；疏篱护竹，莫碍观梅。秋菊堪餐，春兰可佩，留待先生手自栽。沉吟久，怕君恩未许，此意徘徊。

三径，用的是《三辅决录》中所载汉蒋诩"舍中三径，惟求仲、羊仲从之游"的典故，表示自己隐退的居处。辛弃疾说自己本来就以"云山自许"，这也遂了平生意气。在东岗盖上茅斋，轩窗临水，可以乘小舟垂钓。种上柳、梅花、竹子、菊花、春兰，疏篱。既有屈原《离骚》的香草，又多五柳先生陶渊明的东篱秋菊和宋人酷爱的梅花。

当年农历十一月，由于受弹劾，官职被罢，带湖新居正好落成，辛弃疾结束了"徘徊"回到上饶，开始了他中年以后的闲居生活。

带湖新居修好之后，曾请洪迈写《稼轩记》：

郡治之北可里所，故有旷土存。三面傅城，前枕澄湖如宝带。其纵千有二百三十尺，其横八百有三十尺。截然砥平，可庐以居。而前乎相攸者，皆莫识其处。天地作藏，择然后予。济南辛侯幼安最后至，一旦独得之。既筑室百楹，度财占地什四，乃荒左偏以立圃，稻田泱泱，居然衍十弓。意他日释位而归，必躬耕于是。故凭高作屋，下临之，是为稼轩。而命田边立亭曰植杖，若将真秉耒耨之为者。东冈西

---

① 本文录自徐汉明编《新校编辛弃疾全集》，原文辑自《五百家播芳大全文萃》卷九十三。

阜,北墅南麓,以青径欹竹扉,以锦路行海棠。集山有楼,婆娑有堂,信步有亭,涤研有渚。①

辛弃疾所建的"稼轩",有房屋百间,另外还有楼台、庭院、湖泊,足够称得上豪华。他自己颇为自得:"文字觑天巧,亭榭定风流。平生丘壑,岁晚也作稻粱谋。五亩园中秀野,一水田将绿绕"(《水调歌头》)。

辛弃疾好友陈亮在《与辛幼安殿撰》道:"如闻作室甚宏丽,传到《上梁文》,可想而知也。见元晦(朱熹)说曾入去看,以为耳目所未曾睹,此老言必不妄。去年亮亦起数间,大有鹪鹩肖鲲鹏之意。"②朱熹感叹"耳目所未曾睹",可见非同一般。

辛弃疾在鹅湖山距鹅湖寺二十里的奇师村,发现村后瓜山山麓有一口周氏泉,泉形如瓢,泉水澄淳。泉旁,有茅屋两间。辛弃疾改周氏泉为"瓢泉"、改"奇师"为"期思",寄托他殷切期望结束南北分裂局面和期待再次被起用为之奋斗的耿耿心怀。1194年,辛弃疾"便此地、结吾庐,待学渊明,更手种、门前五柳"。1195年,瓢泉"新葺茆檐次第成,青山恰对小窗横"(《浣溪沙·瓢泉偶作》),辛弃疾的瓢泉园林式庄园建成。

1196年,带湖庄园失火,辛弃疾举家移居瓢泉,"青山意气峥嵘,似为我归来妩媚生"(《沁园春·再到期思卜筑》);"我见青山多妩媚,料青山、见我应如是。情与貌,略相似"(《贺新郎·邑中园亭》)。

陈亮(1143—1194年),原名汝能,后改名亮,字同甫,号龙川,学者称龙川先生,是南宋思想家、文学家。才气超迈,喜谈兵。宋光宗绍熙四年(1193年)状元及第。授签书建康府判官公事,未行而卒,追谥"文毅"。

"陈氏以财豪于乡,旧矣,首五世而子孙散落,往往失其所庇依。"③据陈亮写给朱熹的信《又乙巳春书》可知,他家也有园林:宅园中有名"小憩"的亭子,一大一小两个池子,小池上有叫"舫斋"的舟舫式房屋数间,大池上有房屋数间名:"赤水堂",另有"临野"、"隐见"两个亭子、书房十二间,以及"观稼"的园子二十亩,"种蔬植桃李"的果园二十亩等,也为规模可观的庄园式山水园。④

陶渊明后裔陶茂安"佐大农从幕府于淮西,犹慷慨有功名之志。逮为尚书郎,则已华发萧然,不复问功名富贵事"⑤,遂挂冠以归,在兴国抗湖而东,得地数十亩,筑园东皋。"渊明令彭泽,高风峻节,足以蹈厉一世,其诗语文章所及,后之君子喜道之",作为陶公后裔,园名及各景点以陶公诗文为名,以继陶公之志:

"东皋"中为一堂,曰"舒啸"。南望而行,花木蔽荟,以极于湖之涯,作亭曰"驻

---

① 祝穆:《古今事文类聚》卷三六,影印文渊阁四库全书本。
② 陈亮:《陈亮集》(增订本),中华书局,1987,第382页。
③ 陈亮:《陈亮集》卷十五《送岩起叔之官序》。
④ 陈亮:《又乙巳春书》,见《陈亮集》(增订本),中华书局,1987,第343页。
⑤ 韩元吉:《东皋记》,见《南涧甲乙稿》卷十五(四库全书本)。

展"。西则又为"莲荡"。小阁把湖光而面之。余可以为亭、为榭者尚众,而力有未及也。力之及者,名葩异卉,间以奇石,而松竹之植,稍稍茂益矣。至于山光之秀列,湖波之演迤,风日发挥,四时之景万态,则亦不待吾力者也。吾虽老矣,得以朝夕自逸,而时与宾客游于其间,往往爱之不忍去。

韩元吉《东皋记》道:

予曰:夫世之慕于渊明者,非特其去就可尚也,惟其志意超然旷达,适于物而不累于物,有所得者焉。庄子曰:"山林欤? 皋壤欤? 使我欣欣然而乐欤?"且山林皋壤,非世俗悦于耳目者也。

……今茂安世之贤士大夫也,脱迹于名利之场,休心于寂寞之境,是宜得其乐,而自附于乃祖,以荣其归。

……异日倘遂其归,而耕于灵山之下,千里命驾,以访茂安于"东皋",相与植杖而耘,咏歌"归来"之辞,举酒道旧,以谢湖山之美,庶不为渊明之羞矣夫。[①]

韩元吉很有羡慕之意。

洪适宋饶州鄱阳人,字景伯,号盘洲。其父洪皓,宋徽宗政和五年(1115 年)进士。高宗朝假礼部尚书出使金国,因不屈节,遭到金人羁押,并被流徙冷山(今黑龙江省境内)十五年,受尽磨难,坚贞不屈,直到宋金达成和议之后的绍兴十三年(1143 年)才回归,时人称之为"宋之苏武"。

洪适中博学宏词科,历官秘书省正字,提举江东路常平茶盐、司农少卿、中书舍人、同中书门下平章事兼枢密使等。《嘉定钱大昕全集·洪文惠公年谱》:"(乾道)四年戊子,五十二岁……三月,以观文殿学士提举临安府洞霄宫,自是家居者十有六年。始,得别墅于城阴,筑台观,艺花竹。六月,文敏公亦由直学士院除宫观。"宋代提举宫观是闲职,用于优待仕退的高官,只领俸禄不做实事。

洪适筑园名盘洲,自作《盘洲记》。宋鄱阳城在鄱阳湖的东南,盘洲则在鄱阳城北偏西处。地形为四面丘陵拥持的一块平地,形如盘,又在两条溪流包围之中,故名。

《盘洲记》曰:

我出吾"山居",见是中穹木,披榛开道,境与心契,旬岁而后得之。乃相嘉处,创"洗心"之阁。三川列岫,争流层出,启窗卷帘,景物坌至,使人领略不暇。两旁巨竹俨立,斑者、紫者、方者、人面者、猫头者,慈、桂、筋、笛,群分派别,厥轩以"有竹"名。东偏,堂曰"双溪"。波间一壑,于藏舟为宜,作"叙斋"于栏后。泗滨怪石,前后特起,曰"云叶",曰"啸风"。岩北"践柳桥",以蟠石为钓矶。侧顿数椽,下榻设胡床,为息偃寄傲之地……

---

① 韩元吉:《东皋记》,见《南涧甲乙稿》卷十五(四库全书本)。

他选中之地与他心中理想之境界吻合，"心与境契"，名阁为"洗心"，取《易·系辞上》"圣人以此洗心"。舣舟，就是"藏舟为宜"，用《庄子内篇·大宗师》："夫藏舟于壑，藏山于泽，谓之固矣，然而夜半有力者负之而走，昧者不知也。比喻事物不断变化，不可固守。又用孔子泗上讲学处命名怪石等，文气氤氲，思想深邃。

另有"鹅池"、"墨沼"、"一咏亭"、"种秫"仓、"索笑"亭、"花信"亭、"睡足"亭、"林珍"亭、"琼报"亭、"灌园"亭、"茧瓮"亭、重门曰"日涉"、小门"六枳关"、径名"桃李蹊"、丛竹名"碧鲜里"；以"野绿"表其堂，"隐雾"名轩，"楚望"之楼、"巢云"之轩、"凌风"之台、"驻屐"竹亭、"濠上"桥，倚松"流憩庵"、"欣对"亭、"拔葵"亭等，短蓬居中，曰"野航"，水心一亭曰"龟巢"，九仞巍然、岚光排闼的峰石"豹岩"。并有蕞尔丈室，规摹易安，谓之"容膝斋"，履阈小窗，举武不再，曰"芥纳寮"，复有尺地，曰"梦窟"。入"玉虹洞"，山房数楹，为孙息读书处，厥斋"聚萤"。野亭萧然，可以坐而看之，曰"云起"。

品题琳琅满目，有典出儒家经典、《庄子》、晋人风采、陶渊明诗文及唐诗、佛经者，飘溢着书香墨气。

洪适十分自得："吾杜关休老，无膏腴以蠹其心，无管弦以蛊其耳，天其或者遗我为终焉计！"①盘洲真是养老的天赐之地。

二、山家风味　柳溪钓翁

朱敦儒(1081—1159年)，字希真，号岩壑，又称伊水老人、洛川先生、少室山人。《宋史》卷四四五传：朱敦儒志行高洁，虽为布衣，而有朝野之望。靖康中，召至京师，将处以学官，敦儒辞曰："麋鹿之性，自乐闲旷，爵禄非所愿也。"固辞还山。高宗时，在故人劝说下出仕，历兵部郎中、临安府通判、秘书郎、都官员外郎、两浙东路提点刑狱，后因倾向主战，被"谏议大夫汪勃劾敦儒专立异论，与李光交通"，请归，居嘉禾。晚年"时秦桧当国，喜奖用骚人，墨客以文太平，桧子熺亦好诗"，于是先用敦儒子为删定官，复除敦儒鸿胪少卿。桧死，敦儒亦废。谈者谓敦儒老怀舐犊之爱，而畏避窜逐，故其节不终云。

早年他常以梅花自喻，不与群芳争艳。"花间相过酒家眠"，自称"我是清都山水郎，天教懒慢与疏狂。玉楼金阙慵归去，且插梅花醉洛阳"(鹧鸪天·西都作)，不受征召，轻狂而有傲骨；"直自凤凰城破后，擘钗破镜分飞"(临江仙)，家国沦落，"扁舟去作江南客，旅雁孤云。万里烟尘。回首中原泪满巾"(《采桑子·彭浪矶》)，眼看着"东风吹尽江梅。橘花开。旧日吴王宫殿、长青苔。今古事。英雄泪，老相催。长恨夕阳西去、晚潮回"(《相见欢》)，朱敦儒激愤："中原乱，簪缨散，几时收？"待因主战受弹劾免职后，便闲居嘉禾，诗酒自放，摇首出红尘，"洗尽凡心，相忘尘世，梦想都销歇"。他的《感皇恩·一个小园儿》直抒胸臆：

---

① 洪适：《盘洲记》，《盘洲文集》卷三十二。

一个小园儿，两三亩地。花竹随宜旋装缀。槿篱茅舍，便有山家风味。等闲池上饮，林间醉。

都为自家，胸中无事。风景争来趁游戏。称心如意，剩活人间几岁。洞天谁道在、尘寰外。

只要"一个小园儿，两三亩地"，知足寡欲，不图奢华；"花竹随宜旋装缀"植物配置重在"随宜"，随方位地势之所宜、随品种配搭之所宜，随宜就显得自然。泯灭人工痕迹，效果"便有山家风味"，足可自怡悦："等闲池上饮，林间醉。"

栽花艺竹之余，词人小具杯盘，徐图一醉。这种徜徉山水，从容度日的方式，正是自来遁迹山林者所乐的境界，充分展示了他的山水襟怀。而这种闲适和超脱，"都为自家，胸中无事，风景争来趁游戏"，胸中没有半点挂虑，鸟兽自来亲人，自然美景都争先恐后来取悦于人。人也就似过着神仙洞天般的生活，惬意！"称心如意，剩活人间几岁。""养移体"和"居移气"结合，养生和养心结合的园居生活不正是最好的养生吗？南宋周密的《澄怀录》，专喜摘录唐宋诸人所纪登涉之胜与旷达之语，书中载：

陆放翁云："朱希真居嘉禾，与朋侪诣之。闻笛声自烟波间起，顷之，棹小舟而至，则与俱归。室中悬琴、筑、阮咸之类，檐间有珍禽，皆目所未睹。室中篮盎贮果实脯醢，客至，挑仍奉客。"

南宋侍郎史正志，绍兴二十一年(1151年)进士。曾官建康知府并兼江东安抚使、沿江水军致置使、行宫留守等数职，时任建康通判的辛弃疾写《建康史帅致道席上赋》和《金陵寿史帅致道，时有版筑役》两词曾劝勉、称扬其"袖里珍奇光五色，他年要补天西北"，"从容帷幄去，整顿乾坤了"，词中"致道"即史正志。但令人失望的是，主和的史正志不仅没有"补天西北"，也没有"护长江"，还反对张浚北伐，因而遭到弹劾后罢官，流寓吴中。淳熙初(1174年)在平江城里建堂筑圃(今网师园前身)，将花园称"渔隐"，厅堂名"清能早达"，藏书楼名"万卷堂"，自号乐闲居士、柳溪钓翁，借混漾夺目的山光水色，寄寓林泉烟霞之志。

南宋时半村半郭"渔隐"花园内水面很大，直到清初，还能"引棹入门池比境"[1]，引河水从桥下入门可以移棹。据曹汛先生考证，当时有水门应开在西北乾位，位置在今殿春簃，池水延至东部，光绪年间被李鸿裔父子填平。[2]

史正志自称"吴门老圃，读书养花，赏爱山水"，称得上是个菊花专家，写有《史氏菊谱》，共录菊花二十七种。

三、三江雪浪　碧澜山隐

"凡城邑据江海陂泽之胜，皆即以为赏，盖物常聚于大矣。吴兴三面切太湖，涉

---

[1]　沈德潜：《宋悫亭园居》，《归愚诗钞》二十一首。
[2]　曹汛：《网师园的历史变迁》，载《问学堂论学杂著》2004年12期。

足稍峻伟,浸可几席尽也。"①

"南沈尚书园,沈德和尚书园,依南城,近百余亩,果树甚多,林檎尤盛。内有聚芝堂藏书室,堂前凿大池几十亩,中有小山,谓之蓬莱。池南竖太湖三大石,各高数丈,秀润奇峭,有名于时。"②

"北沈尚书园,沈宾王尚书园,正依城北奉胜门外,号北村,叶水心作记。园中凿五池,三面皆水,极有野意。后又名之曰'自足'。有灵寿书院、怡老堂、溪山亭、对湖台,尽见太湖诸山。水心尝评天下山水之美,而吴兴特为第一,诚非过许也。"③

叶适《北村记》④记载沈宾王尚书之言:

> 使告予曰:"北村亩余三十,中涵五池,太半皆水也,其为丛花茂木之荫狭矣;'灵寿书院'劣容卧起,而'移老堂'巨室也,不过三楹而止,其为崇闳邃宇之居褊矣;洲藏渚伏,濠港限隔,非身不能通道,相为市者,皆鱼虾之友,菱芡之朋,而冠带车马之来绝矣;并日却坐,分夜独宿,舻回棹转,穿南北而透东西,遗音乃,常在庭际,而丝竹鼓钟之奏息矣;盖其陋若此也。
>
> 惟'对湖台'高不逾丈,具区前临,湖心远峰,明晦灭没,近而后溪、凤凰、毗弇诸山,往往凑泊于'溪山亭'之下,殆或天与者。虽然,是亦樵夫野人之所同有也。若夫城中甲观大囿,照耀映夺,曾不敢仰视而侧立也。吾闻古之善游者,粗于天而不精于人。
>
> 今吾卤莽而营之,苟且而成之,姑以寄吾身于一壑之内而游于天地之外,非所谓粗耶? 故名其园曰:'自足',而甲观大囿照耀而映夺者,非惟不敢望,亦不敢羡焉。"

叶适赞沈宾王尚书"冲约有清识,既以天趣得真乐,而又能挹损其言,不自夸擅,可谓贤矣"!⑤

范成大(1126—1193年),字致能,号此山居士,江苏吴县人,我国南宋时期杰出的政治家,范成大曾不顾生命危险,奉命使金,以谋废除有损国格的跪拜受书礼。此行虽未达到目的,但他节义凛然,受到朝野的一致赞扬。

范成大《御书石碑记》称,"石湖者,具区东汇,自为一壑,号称佳山水。臣少长约游其间,结芳积木,久已成趣",从乾道三年起,范成大便在石湖之滨,因越来溪故城之基,开始营造石湖别墅。范成大《上梁文》中说:"吴波万顷,偶维风雨之舟;越成千年,因筑湖山之观。"《齐东野语》卷十载:

> 文穆范公成大,晚年卜筑于吴江盘门外十里。盖因阖闾所筑越来溪故城之基,

---

① 叶适:《湖州胜赏楼记》,见《水心先生文集》卷十一(四部丛刊本)。
② 周密:《癸辛杂识 吴兴园圃》,第8页。
③ 同上。
④ 叶适:《北村记》,《水心先生文集》卷十(四部丛刊本)。
⑤ 叶适:《北村记》,《水心先生文集》卷十(四部丛刊本)。

211

随地势高下而为亭榭。所植多名花,而梅尤多。别筑农圃堂对楞伽山,临石湖,盖太湖之一派,范蠡所从入五湖者也。所谓姑苏前后台,相距亦止半里耳。寿皇尝御书"石湖"二字以赐之。公作《上梁文》,所谓"吴波万顷,偶维风雨之舟;越成千年,因筑湖山之观"者是也。又有北山堂、千岩观、天镜阁、寿乐堂,他亭宇尤多。一时名人胜士,篇章赋咏,莫不极铺张之美。

乾道壬辰三月上巳,周益公以春官去国,过吴,范公招饮园中。

园中遍植梅花,常邀杨万里、姜夔、周必大等文人来游园,赋诗吟咏。范成大作有《初约邻人至石湖》诗:

> 窈窕崎岖学种园,此生丘壑是前缘。
> 隔篱日上浮天水,当户山横匝地烟。
> 春入莳田芦绽笋,雨倾沙岸竹垂鞭。
> 荒寒未办招君醉,且吸湖光当酒泉。

因宋孝宗亲笔题赐"石湖"二字以示荣宠,范成大改号为"石湖居士"。淳熙十三年(1186年),南宋太子赵惇题赐"寿栎堂"(图5-5)。今为范成大祠堂。

松江之滨王份的腥庵,围江湖以入圃,"一岛风烟水四围,轩亭窈窕更幽奇",园内多柳塘花屿,景物秀野,名闻四方。有与闲、乎远、种德及山堂四堂。烟雨观、横秋阁、凌风台、郁峨城、钓雪滩、琉璃沼、曜翁涧、竹厅、龟巢、云阙、缬林、枫林等处,而"回栏飞阁临沧湾"的浮天阁为第一,"晴波渺渺雁行落,坐见万顷穿云还",

图5-5 寿栎堂

总谓之曜庵。园主超迈脱俗,"手把归田赋,腰悬种树书",藜苋幽入室,园内"桑麻连畛秀,纲罟人溪渔","亭榭著仍稳,不见斧凿痕",真是"隐者居"的丘园。时人题咏甚多。

四、胸有邱壑 万石环之

宋人嗜石,士大夫之园已经是"无石不园"了。他们欣赏独立石峰,又热衷叠石为山,还有的干脆结庐石山。

濒临太湖的吴兴韩氏园园内特置太湖三峰,"各高数十尺,当韩氏全盛时,役千百壮夫,移植于此"。丁氏园中亦有假山及砌台。钱氏园"在毗山,去城五里,因山为之,岩洞秀奇,亦可喜。下瞰太湖,手可揽也。钱氏所居在焉,有堂曰石居"①等。

"假山之奇甲于天下"的俞氏园,堪称其中之最。据周密《癸辛杂识》描述:

> 浙右假山最大者,莫如卫清叔吴中之园,一山连亘二十亩,位置四十余亭,其大可知矣。然余平生所见秀拔有趣者,皆莫如俞子清侍郎家为奇绝。盖子清胸中自有邱壑,又善画,故能出心匠之巧。峰之大小凡百余,高者至二三丈,皆不事恒钉,而犀株玉树,森列旁午,俨如群玉之圃,奇奇怪怪,不可名状……乃于众峰之间,萦以曲洞,甃以五色小石,旁引清流,激石高下,使之有声,淙淙然下注大石潭。上荫巨竹、寿藤,苍寒茂密,不见天日。旁植名药,奇草,薜荔、女萝、菟丝,花红叶碧。潭旁横石作杠,下为石渠,潭水溢,自此出焉。潭中多文龟、斑鱼,夜月下照,光景零乱,如穷山绝谷间也。②

周密称,俞氏园"假山之奇",源于俞子清"胸中自有邱壑,又善画",胸有丘壑、能诗善画是叠山"出心匠之巧"的前提。

嗜石的苏州词人叶梦得(1077—1148年),绍圣四年(1097年)登进士第,历任翰林学士、户部尚书、江东安抚大使等官职。为人处事有独立的判断,不受世俗影响,早年为蔡京门客时,敢于顶撞蔡京。"建炎、绍兴初,仕宦者供家状,有'不系蔡京、王黼等亲党'一项。'今日江湖从学者,人人讳道是门生。'"但叶梦得在《避暑录》中仍尊蔡京为"鲁公"。(《清波杂志》卷三)叶梦得又是著名的藏书家,《避暑录话》卷一:"余家旧藏书三万余卷,丧乱以来,所亡几半。"《挥麈后录》卷七:"南渡以来,惟叶少蕴少年贵盛,平生好收书,逾十万卷,置之霅川弁山山居,建书楼以贮之,极为华焕。丁卯冬,其宅与书俱荡一燎。"

晚年隐居湖州城西北九公里雄峙于太湖南岸的弁山(一名卞山)玲珑山石林,

> 左丞叶少蕴之故居,在弁山之阳,万石环之,故名。且以自号。正堂曰"兼山",傍曰"石林精舍",有"承诏"、"求志"、"从好"等堂,及"净乐庵"、"爱日轩"、"跻云轩"、"碧琳池",又有"岩居"、"真意"、"知止"等亭。其邻有朱氏"怡云庵"、"涵空桥"、"玉涧",故公复以"玉涧"名书。大抵北山一径,产杨梅,盛夏之际,十余里间,朱实离离,不减闽中荔枝也。③

"万石环之",且罗列着类似灵璧石的奇石,还有"罗汉岩,石状怪诡,皆嵌空装缀,巧过镂劂。自西岩回步至东岩,石之高壮磊砢,又过西岩……叶公好石,尽力剔山骨,森然发露若林,而开径于石间。亦有得自他所,移徙置道傍以补阙空者"④。

---

① 周密:《癸辛杂识 吴兴园圃》,第13页。
② 周密:《癸辛杂识·吴兴园圃》,中华书局,1988,第11页。
③ 周密:《癸辛杂识·吴兴园圃》,中华书局,1988,第12页。
④ 范成大:《骖鸾录》记乾道壬辰冬游北山叶氏石林。

石林内有东西两泉，"西泉发于山足……汇而为沼，才盈丈，溢其余流于外。吾家内外几百口，汲者继踵，终日不能耗一寸。东泉亦在山足，而伏流决为涧，经碧琳池，然后会大涧而出……两泉皆极甘，不减惠山，而东泉尤冽，盛夏可以冰齿，非烹茶酿酒不常取"①。

石林内松桂深幽，以松竹为多，"今山之松已多矣，地既皆辟，当岁益种松一千，桐杉各三百，竹凡见隙地皆植之……山林园圃，但多种竹，不问其他景物，望之自使人意潇然。竹之类多，尤可喜者筮竹，盖色深而叶密。吾始得此山，即散植竹，略有三四千竿，杂众色有之"②。

《避暑录话》卷四："居高山者常患无水……吾居东西两泉。西泉发于山足，翕然澹而不流。其来若不甚壮，汇而为沼，才盈丈，溢其余流于外。吾家内外几百口，汲者继踵，终日不能耗一寸。东泉亦在山足，而伏流决为涧，经碧琳池，然后会大涧而出。傍涧之人取以灌园者，皆此水也。其发于上以供吾饮，亦才五尺。两泉皆极甘，不减惠山。而东泉尤冽，盛夏可冰齿，非烹茶、酿酒，不常取。今岁夏不雨几四十日，热甚。草木枯槁，山石皆可熏灼人。凡山前诸涧悉断流，有井者不能供十夫一日之用，独吾两泉略不加损。"

叶石林将所著诗文多以石林为名，如《石林燕语》《石林词》《石林诗话》等。

《同治湖州府志》卷二十五载宋范成大《游石林记》：

石湖居士以乾道壬辰冬至湖州，将游北山石林。松桂深幽，绝无尘事。过大岭，乃至石林，则栋宇多倾颓，惟正堂无恙。堂正面，下山之高峰，层峦空翠，照衣袂，略似上天竺白云堂所见，而加雄伟。自堂西过二小亭，佳石错立道周。至西岩，石益奇且多，有小堂曰承诏，叶公自归守先垄，经始此堂，后以天官召还，受命于此，因为名焉……方公著书释经于堂，四方学士闻风仰之，如璇玑景星。语石林所在，又如仙都道山，欲至不可得。盖棺未几，其家已不能守。

后之好石者，常效叶梦得之石林，如留园之"石林精舍"（图5-6）。

无独有偶，临安天目山西麓，也有一位爱泉石"若嗜欲"的逸民洪载，字彦积，自号耐翁，以力农，起衣食廪廪自给，洪载"相攸紫薇岩之左，得佳山峭壁，棱层圭角，冒土欲出，荔鲜碧润，斑斑呈露"，于是，就在天目西麓的紫薇岩之左筑"可庵"，宝福寺在右，周围皆玲珑奇石：

名其石之翼然欲升者，曰"飞云"；峭然凝伫者，曰"玉笋"；窈然清深，命曰"药洞"；呀然深邃，命名"经龛"。山右，峭立石壁而有刑，侯蹲负其下者，曰"金鳌"，泉眼流珠溅沫，不为旱潦增损，命曰"灵泉"。辟微径，上"飞云"顶，筑亭其巅，名曰"盘云"，取乐天《牛氏石记》：盘坳秀出，如灵邱鲜云之意。

---

① 叶梦得：《避暑录话》卷下。

② 同上。

图 5-6　石林精舍(留园)

岩石之下,小筑数椽,扁曰"可庵",翁燕游藏息之地也。庵之东数步,曰"长春坞";西瞰清池,曰"含晖室"。径直前依山植桃数十百株,方春和时,霞锦灿烂,名曰"小桃源"……始翁得此地,神怡意适,谓是已足吾心,计当生死此中,坐而对石,则眼恍然明,困而支石,则意洒然醒。客或扣门,管领登山,击鲜醉酺,必极其酣适然后已。①

为之作《可庵记》者,乃临安人俞烈,号盘隐居士,光宗时以秘书郎出守嘉兴、嘉定初,知庆元府、又移知镇江,权礼部侍郎兼中书舍人。

北宋米芾,嗜石如癫,据传,他以砚山石换地筑海岳庵,南宋宁宗嘉定年间,润州知府岳珂购得海岳庵遗址,筑研山园,"蔡氏《丛谈》载米南宫以研山于苏学士家②易甘露寺地以为宅,好事者多传道之"③,既然是北宋著名书画家米芾用研山换来的,岳珂又"好古博雅,晋宋而下书法名迹宝珍所藏,而于南宫翰墨,尤为爱玩",所以此园的特点是:"悉摘南宫诗中语名其胜概之处。前直门街,堂曰'宜之',便坐曰'抱云',以为宾至税驾之地。右登重冈,亭曰'陟巘'。祠像南宫,匾曰'英光'。西曰'小万有',迥出尘表;东曰'彤霞谷',亭曰'春漪'。冠山为堂,逸思杳然,大书其匾曰'鹏云万里之楼',尽摹所藏真迹。凭高赋泳,楼曰'清吟',堂曰'二妙'。亭以植丛

---

① 俞烈:《可庵记》,见《浙江通志》卷四十。

② 《铁围山丛谈》卷五说米氏研山与"苏仲恭学士之弟"、"才翁孙"交换建宅地。才翁,苏舜元的字。苏舜元是苏舜钦的兄弟。《辍耕录》卷六载《宝晋斋研山图》所录米芾语:"右此石是南唐宝石,久为吾斋研山,今被道祖易去。"道祖,即薛绍彭之字,号翠微居士,书法与米芾齐名,时称"米薛",与米芾为书画友。和《铁围山丛谈》所说异。

③ 冯多福:《研山园记》,见《至顺镇江志》卷十二。

桂,曰'洒碧',又以会众芳,曰'静香',得南宫之故石一品。迁步山房,室曰'映岚'。洒墨临池,池曰'涤研'。尽得登览之胜,总名其园曰'研山'。"

酣酒适意,抚今怀古,即物寓景,山川草木,皆入题泳"①。冯多福认为:

> 兹园之成,足以观政,非徒侈宴游周览之胜也。夫举世所宝,不必私为己有。寓意于物,固以适意为悦,且南宫研山所藏,而归之苏氏,奇宝在天地间,固非我之所得私,以一卷石之多而易数亩之园,其细大若不侔,然已大而物小,泰山之重,可使轻于鸿毛,齐万物于一指,则晤言一室之内,仰观宇宙之大,其致一也。此地从晋、唐而宋,皆名流所居,南宫营之,以"海岳"名庵,复百余年,公始大复其旧。

第五节　朱熹与书院园林美学思想

朱熹(1130—1200 年),字元晦,又字仲晦,号晦庵,晚称晦翁,谥文,世称朱文公。朱熹是程颢、程颐的三传弟子李侗的学生,宋朝著名的理学家、思想家、哲学家、教育家、诗人、闽学派的代表人物,儒学集大成者,世尊称为朱子。曾任江西南康、福建漳州知府、浙东巡抚,做官清正有为,振举书院建设。官拜焕章阁侍制兼侍讲,为宋宁宗皇帝讲学。

朱熹反对宋金和议,自"隆兴协议"之后,朝廷屡诏不应,一头钻进理学,在故里修起"寒泉精舍",从事讲学活动,生徒盈门。此后,虽出仕,但始终未忘自己的学者身份。

南宋最著名的书院几乎都有朱熹的足迹。乾道年间,张栻掌岳麓书院,延请朱熹来湘,"朱张会讲"历时二月余;朱熹晚年任湖南安抚使,又扩建了岳麓书院;淳熙年间,朱熹知南康军,重建庐山白鹿洞书院,订学规,除自己主讲以外,还请陆九渊(象山)等人来讲学;宋若水在衡州扩建石鼓书院,朱熹为之写文记;晚年,回建阳在原考亭买旧屋宅旁藏书楼之东建竹林精舍,为居家讲学之所,学者甚众,淳祐四年(1244 年)理宗赐额竹林精舍改名"考亭书院"……

一、耕山钓水　养性读书

宋孝宗淳熙二年(1175 年),朱熹在位于建阳市莒口镇东山村云谷山庐峰之巅筑"晦庵草堂",用于授道讲学之所。嘉靖《建阳县志》卷六载:"云谷书院在建阳县西北七十里庐山之巅。"万历《建阳县志》卷二载:"云谷在崇泰里(今莒口镇东山村),宋乾道六年(1170 年),朱文公构草堂于中,榜曰'晦庵'。"

这里山势高耸,翠岚环绕,飞云飘荡其间。山下有谷水西南流。至七里许,涧

---

① 冯多福:《研山园记》,见《至顺镇江志》卷十二。

中巨石相倚,水行其间,奔迫澎湃,声震山谷。自外来者,至此则已观萧爽,觉与人境隔异。云谷西南为西山,两山对峙相望。

"晦庵"乃草堂三间,朱熹《云谷记》:"草堂前隙地数丈,右臂绕前,起为小山,植以椿桂兰蕙,悄岑蔚。南峰出其背,孤圆贞秀,莫与为拟。其左亦皆茂树修竹,翠密环拥,不见间隙,俯仰其间,不自知其身之高,地之迥,直可以旁日月而临风雨也。""堂后结草为庐","堂"为读书讲学之所;"庐"则为寝室、厨房之类。

朱熹《讲道》诗云:"高居远尘杂,崇论探杳冥。亹亹玄远驶,林林群动争。天道固如此,吾生得安宁。"由此可见,朱熹与朋友、学生讨论学术激烈争辩,追求理学真谛的情景。朱子题晦庵诗云:"忆昔屏山(刘子翚)翁,示我一言教。自信久未能,岩栖冀微效。"题草庐诗云:"青山绕蓬庐,白云障幽户。卒岁聊自娱,时人莫留顾。"

"然予常自念,自今以往,十年之外……是时山之林薄,当益深茂,水石当益幽胜,馆宇当益完美,耕山钓水,养性读书,弹琴鼓缶,以咏先生之风,亦足以乐而忘死矣。"①

淳熙二年(1175年)理学家蔡元定筑"西山精舍"于此。每有疑难,则揭灯相望,与朱子频相过从。云谷书院建成后,刘爚、刘炳、祝穆、叶味道等均从学于此。

二、胸次悠然　舞雩之下

淳熙六年(1179年),朱熹就任浙东常平茶盐公事。因与其他官员不和,数次请求奉祠。淳熙十年(1183年),"诏以熹累乞奉祠,可差主管台州崇道观,既而连奉云台、鸿庆之祠者五年"。② 祠官,即宫观官,宋代用于安置退职或反对派官员,以三十个月为一任,每月给俸,没有实际差事。朱熹在福建武夷山五曲隐屏峰下,亲自规划,并率领弟子建成武夷精舍,又名文公祠、紫阳书院,为朱熹讲学之所。

在这里,朱熹于儒家经典中精心节选出《大学》、《中庸》、《论语》、《孟子》"四书",并刻印发行。此后,"四书"成为帝制社会的教科书。

朱熹《精舍杂咏》诗中有:仁智堂、隐求室、止宿寮、石门坞、观善斋、寒馆楼、晚对亭、钓矶、茶灶、渔艇。

在隐屏峰下,两麓相抱之中,有三间房屋,名为仁智堂。堂的左右,有两间卧室,左边是自己居住的,叫隐求室,右边是接待朋友的,叫止宿寮。左麓之外,有一处幽深的山坞,坞口累石为门,称石门坞。坞内别有一排房屋,作为学者的群居之所,名为观善斋。石门西边,又有一间房屋,以供道流居住,名为寒栖馆。观善斋前,还有两座亭子——晚对亭和铁笛亭。而在寒栖馆外,则绕着一圈篱笆,截断两麓之间之空隙,当中安着一扇柴门,挂上"武夷精舍"的横匾。

精舍甫成,建宁知府韩元吉作《武夷精舍记》:

①　朱熹:《云谷记》,见《朱子文集》卷十。
②　《宋史》卷四百二十九《朱熹传》。

武夷在闽粤直北，其山势雄深磐礴……溪出其下，绝壁高峻，皆数十丈。崖侧巨石林立，磊落奇秀……鸟则白鹇、鹧鸪，闻人声或磔磔集崖上，散漫飞走，而无惊惧之态。水流有声，其深处可泳。草木四时敷华。

吾友朱元晦居于五夫山，在武夷一舍而近，若其后圃。暇则游焉，与其门生弟子挟书而诵，取古诗三百篇及楚人之词，哦而歌之，得酒啸咏，留必数日，盖山中之乐，悉为元晦之私也……淳熙十年，元晦既辞使节于江东，遂赋祠官之禄，则又曰："吾今营其地，果尽有山中之乐矣。"盖其游益数，而于其溪之五折，负大石屏，规之以为精舍，取道士之庐犹半也。诛锄草茅，仅得数亩，面势幽清，奇木佳石，拱揖映带，若阴相而遗我者。使弟子辈具畚锸，集瓦竹，相率成之。

元晦躬画其处，中以为堂，旁以为斋，高以为亭，密以为室，讲书肄业，琴歌酒赋，莫不在是。

……至于登泰山之巅，而诵言于舞雩之下，未尝不游，胸中盖自有地，而一时弟子鼓瑟铿然，春服既成之咏，乃独为圣人所予。①

武夷山的雄深磐礴，磊落奇秀的峰石，清澈的溪流及四时敷华，足可荡涤胸臆，而且，朱熹在此，真正享受着"曾点之乐"：《论语·先进篇》："(曾)曰：'莫春者，春服既成，冠者五六人，童子六七人，浴乎沂，风乎舞雩，咏而归。'夫子喟然叹曰：'吾与点也。'"张栻《癸巳论语解》："言莫春之时，与数子者浴乎沂水之上，风凉于舞雩之下，吟咏而归，盖其中心和乐，无所系累，油然欲与万物俱得其所。玩味辞气，温乎如春阳之无不被也。"朱熹曾赞曾点"其胸次悠然，直与天地万物上下同流"，快意适心！

历史学家袁枢贺诗曰："本是山中人，归来山中友。岂同荷蓧老，永结躬耕耦。浮云忽出岫，肤寸弥九有。此志未可量，见之千载后。"②

陆游也写了《寄题朱元晦武夷精舍四首》贺诗，其中有："先生结屋缘岩边，读易悬知屡绝编。不用采芝惊世俗，恐人谤道是神仙。"

朱熹怀着喜悦的心情，写了《精舍杂咏十二首》，并撰写诗序，以记其盛况。

之后，一批理学名家相继在武夷山中和九曲溪畔择地筑室，读书讲学，有的还以"继志传道"为己任。如刘火仑的"云庄山房"、蔡沈的"南山书堂"、蔡沆的"咏雪堂"、徐几的"静可书堂"、熊禾的"洪源书堂"等先后出现在武夷。所以，武夷山在南宋时期已成为祖国东南的一座名山，后人称之为"道南理窟"。

三、敬敷五教　修身明理

淳熙六年，朱熹任南康知军，兴复白鹿洞书院，"其规模闳壮，皆它郡学所不及，于康庐绝特之观甚称，于诸生讲肄之所甚宜。宣圣朝崇尚之风，成前人教育之美，

---

① 《方舆胜览》卷十一，引韩元吉文。
② 董天工:《武夷山志》卷十。

皆可无憾矣"。① 朱熹自任洞主，筹置学田，编制课程，制订学规，收聚图书，使白鹿洞书院达到了一个鼎盛时期，山川之胜，堂宇之盛，被誉为"海内书院第一"。朱熹集儒家经典语句，制定一整套容易记诵的学规，即《白鹿洞书院学规》，作为书院的教育方针和学生守则：

父子有亲，君臣有义，夫妇有别，长幼有序，朋友有信。右五教之目。尧、舜使契为司徒，敬敷五教，即此是也，学者学此而已。

而其所以学之之序，亦有五焉，其别如左：博学之、审问之、慎思之、明辨之、笃行之。右为学之序。

学、问、思、辨四者，所以穷理也。若夫笃行之事，则自修身以至处事、接物，亦各有要，其别如左：言忠信。行笃敬。惩忿窒欲。迁善改过。右修身之要。

正其谊不谋其利，明其道不计其功。右处事之要。

己所不欲，勿施于人。行有不得，反求诸己。右接物之要。

"父子有亲、君臣有义、夫妇有别、长幼有序、朋友有信"的"五教之目"，让学生明确"义理"，并把它见之于身心修养，以达到自觉遵守的最终目的。

"博学之，审问之，谨思之，明辨之，笃行之"的"为学之序"，要求学生按学、问、思、辨的"为学之序"去"穷理"、"笃行"。

指明了修身、处事、接物之要，作为实际生活与思想教育的准绳：

"言忠信，行笃敬，惩忿窒欲，迁善改过"的"修身之要"；"政权其义不谋其利，明其道不计其功"的"处事之要"；"己所不欲，勿施于人，行有不得，反求诸己"的"接物之要"。

最后，朱熹语重心长地强调：

熹窃观古昔圣贤所以教人为学之意，莫非使之讲明义理，以修其身，然后推以及人。非徒欲其务记览，为词章，以钓声名，取利禄而已也。

今人之为学者，则既反是矣。然圣贤所以教人之法，具存於经。有志之士，固当熟读、深思而问、辨之。苟知其理之当然，而责其身以必然，则夫规矩禁防之具，岂待他人设之，而後有所持循哉？

近世于学有规，其待学者为已浅矣。而其为法，又未必古人之意也。故今不复以施于此堂，而特取凡圣贤所以教人为学之大端，条列如右，而揭之楣间。诸君其相与讲明遵守，而责之于身焉。则夫思虑云为之际，其所以戒谨而恐惧者，必有严于彼者矣。其有不然，而或出于此言之所弃，则彼所谓规者，必将取之，固不得而略也。诸君其亦念之哉！

《白鹿洞书院学规》则成为各书院的楷模。

① 黄幹：《南康军新修白鹿书院记》见《勉斋集》卷二十。

第六节　国花与岁寒三友

梅花称国花,定松竹梅为"岁寒三友"都在南宋。还出现了梅花欣赏标准的专著;太湖中构筑赏梅的园林。

一、岁寒三友

梅花植根于南方,多分布在长江以南地区。因此,"北方不识梅花,士人罕有知梅事者"。[①] 与辽对峙的北宋,只是失去了北方的燕云十六州,而与金对峙的南宋,则更逼仄于南方一隅,凌寒的梅花在宋人特别是士大夫知识分子心目中才是真正的"国花"。北宋文人就重梅花的"梅格",到了南宋,更突出了梅花的精神标格。南宋人眼中的梅花有着别样的美学意义和情韵风致,"寻常一样窗前月,才有梅花便不同"!

临死犹念"王师北定中原日"的陆游,视自己就是梅花:"何方可化身千亿,一树梅前一放翁!"在他眼里的梅花,高洁、忘我,精神永驻,遗爱他人。《卜算子·咏梅》曰:

> 驿外断桥边,寂寞开无主。已是黄昏独自愁,更著风和雨。无意苦争春,一任群芳妒。零落成泥辗作尘,只有香如故。

本已"寂寞"的寒梅,"更著风和雨",雪上加霜,"群芳"出于狭隘的猥琐心理而嫉妒,它们哪里知道梅花的高尚,它"无意"争春,更不屑于去"苦争",因为即使粉身碎骨,它独特的"香"气也会永留世上!这分明已经是陆游人格的象征。

和文天祥同时的谢枋得,将"梅花"作为他精神追求的崇高目标。他在《武夷山中》文中写道:"十年无梦得还家,独立青峰野水涯。无地寂寥山雨歇,几生修得到梅花?"他为逃避元朝贵族"征召"而隐居山里十余年,最终以绝食相殉。

士人园林乃至皇家园林必有梅花,范成大是位赏梅、咏梅、艺梅、记梅的名家。他的石湖草堂有梅花品种十二个,1186年写成中国也是全世界第一部梅花专著:《梅谱》。范成大十分赏识著名词人姜夔,称他"翰墨人品皆似晋宋之雅士",姜夔正是在范成大石湖梅园中,自度《暗香》《疏影》二曲,成为词中咏梅绝唱。《暗香》曲曰:

> 辛亥之冬,予载雪诣石湖。止既月,授简索句,且征新声,作此两曲。石湖把玩不已,使工奴隶习之,音节谐婉,乃名之曰《暗香》《疏影》。

> 旧时月色,算几番照我,梅边吹笛?唤起玉人,不管清寒与攀摘。何逊而今渐老,都忘却、春风词笔。但怪得、竹外疏花,香冷入瑶席。

---

① 洪迈:《容斋随笔》卷三。

江国，正寂寂。叹寄与路遥，夜雪初积。翠尊易泣，红萼无言耿相忆。长记曾携手处，千树压、西湖寒碧。又片片、吹尽也，几时见得？

上篇写梅之盛衰，从盛开到一片片吹尽，因愁而忆梅相慰，因梅吹尽而难舍，到想再见，赏梅、惜梅、恋梅。下篇则写：江国寂寂、西湖水寒，国运奈何！似乎句句写梅，实际却织进家国和个人身世盛衰之情和忧国之思，如张炎《词源》所说："所咏了然在目，且不留滞于物。"

当时，宋孝宗以当金人"侄皇帝"为代价，委曲求全，苟且偷安，赐主战派范成大石湖别业，实际是教他寄情山水莫再过问国事，范石湖心知肚明，心情自是忧郁，姜夔咏梅，实与他心有戚戚焉，所以，范石湖击节赞赏，让家中歌女小红演唱之，并以青衣小红相赠。除夕，姜夔携小红归湖州，大雪过垂虹桥有诗："自琢新词韵最娇，小红低唱我吹箫。曲终过尽松陵路，回首烟波十四桥。"似乎颇为风流潇洒。

梅花与松竹定格为"岁寒三友"，也在南宋期间，并与园林直接相联系。南宋初年的陆游在《小园竹间得梅一枝》云："如今不怕桃李嗔，更因竹君得梅友。"梅与竹，不仅为"友"，而且同属于"君"，正好用来比况身处乱世，不变其节的忠贞之士。南宋末期著名爱国诗人林景熙《五云梅舍记》说："累土为山，种梅百本，与乔松、修篁为岁寒友。""岁寒三友"所象征的正是中国传统士人精神的至高境界。

林景熙宋亡后不仕，隐居于平阳县城白石巷，曾冒死捡拾帝骨葬于兰亭附近。林景熙归隐后，曾说不再与闻世事，但当他听到谢枋得不与元朝合作，绝食而死，十分钦佩，他写道："何人续迁史，表为节义雄！"

"岁寒三友"正是南宋士人气节和风骨的象征！从此，园林中有了"岁寒三友"景境，或以"三友"名之。

宋宗室赵孟坚(约1199—1264年)，集文人、士夫、画家身份于一身，经历丧国之痛的赵孟坚，常以水墨或白描画梅、兰、水仙等，来表达他清高坚贞的品格。他画了这幅《岁寒三友图》(图5-7)。

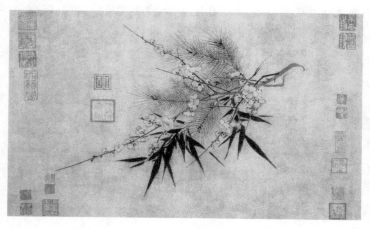

图5-7 《岁寒三友图》(台北故宫博物院藏)

莹净的纸面上,画家以淡墨衬染画上一株饱结花朵、苞蕾的梅枝,用细笔、浓墨所圈钩的花瓣,继而交错、绕夹着如星芒般的松针与墨影般的竹叶,将它们横斜置于画面中央。松、竹、梅画法各异,笔墨清新,充满韵致,代表当时文人认为应该具备的节操与美德。

二、玉照梅品

张镃,字功甫,号约斋,为宋南渡名将张俊曾孙,刘光世外孙,能诗擅词,又善画竹石古木。杨万里《约斋南湖集序》云:"初予因里中浮屠居德璘谈循王之曾孙约斋子有能诗声,余固心慕之,然犹以为贵公子,未敢即也。既而访陆务观于西湖之上,适约斋子在焉。则深目蟹螯,寒肩臞膝,坐于一草堂之下,而其意若在岩岳云月之外者,盖非贵公子也,始恨识之之晚。"虽为名门贵胄之后,却淡泊功名,酷爱园林营造,张镃宅园的总称"桂隐林泉",位于南宋杭州古城北隅,本是张俊赐第,依山面湖。湖水俗称白洋池,面积百亩,在宅南,故名南湖。张镃晚年闲居其中,苦心经营,"历十有四年之久。匠生于心,指随景变,移徙更葺,规模始全"[①]:"东寺为报上严先之地,西宅为安身携幼之所,南湖则管领风月,北园则娱燕宾亲,亦庵,晨居植福,以资净业也;约斋,昼处观书,以助老学也。至于畅怀林泉,登赏吟啸,则又有众妙峰山,包罗幽旷,介于前六者之间。"[②]构筑亭台楼阁轩堂庵庄桥池等达百余处之多,植物丰茂。《齐东野语》载"其园池声妓服玩之丽甲天下"!

《武林旧事》卷十详细记录了张镃叙述自己在园林中一年十二个月生活"赏心乐事":"余扫轨林扃,不知衰老,节物迁变,花鸟泉石,领会无余。每适意时,相羊小园,殆觉风景与人为一。闲引客携觞,或幅巾曳杖,啸歌往来,淡然忘归。"他历数自己在园林中的赏梅活动,园中玉照堂专为赏梅而构,因堂周围种梅三百,皎洁辉映,夜如对月,取名玉照堂:

> 正月孟春,在玉照堂西赏绌梅、玉照堂东赏红梅、湖山寻梅;四月孟夏玉照堂尝青梅;五月仲夏清夏堂赏杨梅;十一月仲冬,味空亭赏腊梅、孤山探梅;十二月季冬,绮互亭赏檀香腊梅、湖山探梅、玉照堂赏梅。

张镃写了全世界首部以记梅花欣赏标准为主的奇书《玉照堂梅品》。书中记南宋士大夫赏梅忌俗求雅的审美趣味。张镃倡导赏花者与花结友、与花比德,进而将自己真挚高洁的情感注入自己创造的花卉艺术形象之中,形成最浓郁的赏花雅趣,创造出最具文化底蕴的赏花审美活动方式,潜移默化地滋润、净化赏花人的心田。他说:

> 梅花为天下神奇,而诗人尤所酷好。

---

① 《武林旧事》卷十·约斋桂隐百课。

② 《武林旧事》卷十·约斋桂隐百课。

淳熙岁乙巳，予得曹氏荒圃于南湖之滨，有古梅数十，散漫弗治。爰辍地十亩，移种成列。增取西湖北山别圃江梅，合三百余本，筑堂数间以临之。又挟以两室，东植千叶缃梅，西植红梅各一二十章，前为轩楹如堂之数。花时居宿其中，环洁辉映，夜如对月，因名曰玉照。复开洞环绕，小舟往来，未始半月舍去，自是客有游桂隐者，必求观焉。顷亚太保周益公秉钧，予尝造东阁，坐定者首顾予曰："一棹径穿花十里，满城无此好风光。"人境可见矣！盖予旧诗尾句，众客相与歆艳，于是游玉照者，又必求观焉。值春凝寒，反能留花，过孟月始盛。名人才士，题咏层委，亦可谓不负此花矣。但花艳并秀，非天时清美不宜；又标韵孤特，若三闾大夫，首阳二子，宁槁山泽，终不肯颊首屏气，受世俗溷拂。间有身亲貌悦，而此心落落不相领会；甚至于污亵附近，略不自揆者。花虽眷客，然我辈胸中空洞，几为花呼叫称冤，不特三叹、屡叹、不一叹而足也。因审其性情，思所以为奖护之策，凡数月乃得之。今疏花宜称、憎嫉、荣宠、屈辱四事，总五十八条，揭之堂上，使来者有所警省。且世人徒知梅花之贵，而不能爱敬也。①

三、梅海驾浮

南宋吴县(今苏州)人李弥大，字似矩，号无碍居士。崇宁二年(1103年)进士。建炎初知淮宁府。寻迁户部尚书兼侍读。吕颐浩视师，以弥大为参谋官，忤旨夺职归。旋起知平江府，入为工部尚书，未几罢去。

绍兴年间，在号为天下第九洞天的太湖洞庭西山林屋洞山之西麓，建"道隐园"，李弥大自为作记，称此地"土沃以饶，奇石附之以错峙，东南面太湖，远山翼而环之，盖湖山之极观也，莽草丛卉，未有过而问者……西则苍壁数仞，洞穴呀然，南向者曰'丙洞'。洞东北跻攀而上，有石室窈以深者，曰'谷洞'。缘山而东，乱石如犀、象、牛、羊，起伏蹲卧乎左右前后者，曰'齐扬观'。又其东，有大石，中通小径，曲而又曲，曰'曲岩'……岩观之前，大梅十数本，中为亭，曰'驾浮'，可以旷望，将驾浮云而凌虚也。会一圃之中，诛茅夷蔓，发奇秀，殖嘉茂，结庵以居，曰'无碍'，室曰'易老'。且将栖息于兹，学《易》、《老》以忘吾年。吾少尝为儒，言迂行踬，仕不合而去，游于释而泳于老，盖隐于道者，非身隐，其道隐也"。②

今"驾浮"已复建，山坡上石隙中红梅、绿梅、果梅或三或五点缀在其间，铁秆虬枝上梅花含蕾初放，有血红的、碧绿的、淡黄的、洁白的……朵朵晶莹如玉，山上的梅花和山下十里梅海又如一片片祥云将驾浮阁轻轻托起(图5-8)。

---

① 张镃：《玉照堂梅品》，载《齐东野语》卷十五。
② 李弥大：《道隐园记》，载《吴县志》卷三十九上。

图 5-8　"驾浮"阁

小　结

　　南宋宫苑,初创时尚能简省,及和议成,禁城内外乃年年增建,多工巧靡丽,然无宏大者,"风雅有余,气魄不足,非复中原帝京之气象","建筑多水榭园亭之属","南宋内苑御园之经营,借江南湖山之美,继艮岳风格之后,着意林石幽韵,多独创之雅致,加以临安花卉妍丽,松竹自然。若梅花、白莲、芙蓉、芍药、翠竹、古松,皆御苑之主体点缀,建筑成分,反成衬托"。[1] 绍兴初平江重刊《营造法式》,故"兴作犹遵奉汴梁遗法"[2]。

　　士人在"隆兴"和"嘉定"和议以后的相对安逸的时间里,大致能继北宋风流,城市或城郊宅园增多,由于禅宗思想的进一步渗透,写意的自然美成为园林审美的主流,士人普遍追求那种自然洒脱的生命境界。

---

①　梁思成:《中国建筑史》第 165 页。

②　刘敦桢:《苏州古建筑调查记》,载《中国营造学社汇刊》第六卷第三期。

第六章　辽金元园林美学思想

北方契丹、女真(满族)、蒙古游牧或半游牧民族入主中原先后建立了辽、金、元政权。以游牧为主要生活方式的民族,与以农耕为主的民族自然会产生激烈的文化冲突,由冲突到吸引到融合。

契丹、女真(满族)、蒙古民族在入主中原时,尚处于原始社会后期或奴隶社会阶段,生活形态接近原始的采集狩猎文明:契丹以游牧射生,以给日用,故"草居野处靡有定所"①,"逐寒暑,随水草畜牧"②;女真(满族)虽为半游牧民族,入主中原前基本进入农业社会,但还是无城郭,星散而居,尚为部落帐幕时期;四季放牧的蒙古族,"自夏及冬,随地之宜,行逐水草"③。

成吉思汗"只识弯弓射大雕",长于攻城掠地,少文化,他的快乐莫过于战胜和杀尽敌人,虽然元朝统治者以剽悍的草原游牧气质入主中土,并迭西征,以展拓疆土,造成地跨亚欧之大帝国,华夏有史以来,幅员之广,无有能逾此者。《元史·地理志》言元帝国的疆域是:"北逾阴山,西极流沙,东尽辽东,南越海表","东、南所至不下汉、唐,而西北则过之"。元疆域北到北冰洋沿岸,包括西伯利亚大部,南到南海诸岛,西南包括今西藏、云南,西北至今中亚,东北到外兴安岭(包括库页岛)、鄂霍次克海。但元军所过之处,攻城略邑,大肆掳掠,金帛、子女、牛羊马畜皆席卷而去,屋庐焚毁。如元军强克常州后实行屠城,"城内外积骸万数,至不可计。井池沟堑,无不充满。仅余妇女婴儿四百而已","至元间,西僧嗣古妙高欲毁宋会稽诸陵。夏人杨辇真珈为江南总摄,悉掘徽宗以下诸陵,攫取金宝,哀帝后遗骨,瘗于杭之故宫,筑浮屠其上,名曰镇南,以示厌胜,又截理宗颅骨为饮器"④,令人发指。直到中元,仍"遗墟败棘,郡县降废几半"⑤,人口锐减。

大都(今北京)最多只有50万居民。前南宋首都杭州人口将近100万。元代中国北方没有一个城市人口超过10万。据葛剑雄《中国人口史》统计:1215年前后,(中国)约有14 000万。至元二十七年(1290年),中国人口仅存6 800万,尚不足1220年人口的半数。元朝统治实行领主分封制、工奴制这些都是典型的奴隶社会特征。在开设的"人市"可以任意买卖驱口(奴隶),一个中等官员就可能有上百个驱口,一个大使长(奴隶主)的驱口往往成千上万。忽必烈宠臣阿合马就有七千多个驱口。比起一千年前的秦朝的封建文明阶段来说都是大大的落后,与宋朝社会至少落后几百年的文明进程。

尚武且还没有摆脱原始的奴隶制形态的游牧民族,长期与尚文且经济文化已经处于"现代的拂晓时辰"的两宋,引起巨大的文化落差,相互时而对峙,时而交流,文化落后的游牧民族自然会产生文化饥渴,他们在以残暴手段占有、毁灭宋文化的

---

① 《辽史·营卫志》卷三十三。
② 《北史·契丹传》,卷九十四。
③ 《元史·兵志三》,卷一百。
④ 《明史》,卷二百八十五。
⑤ 王磐:《农桑辑要序》,《农桑辑要》卷首。

同时,吸收、师承宋代文化,但由于各民族不同的政治环境、经济形式、民族性格及宗教等因素的影响,还是形成了不同的特色文化。

元统治者公开推行民族歧视政策,将全国人民分为蒙古人、色目人、汉人和南人四等,聘任波斯人、回纥人、东欧人等,统称为"色目"人,如聘西藏的八思巴为国师,以喇嘛教为国教,挽留意大利旅行家马可·波罗,参与国家机密达十七年之久,使波斯人阿哈默德为宰相,迎罗马教皇之使者,起天主教会堂等,排斥汉人,特别是南方汉人。

长期处于至高至尊地位的汉族士人,失去了"学而优则仕"的晋身之路,"仕进有多歧,诠衡无定制",登第者也不得大用,往往只为州县佐贰下僚。甚至"十儒九丐",生存环境恶劣,更由于传统士大夫固守的"夷夏"之别,他们依然生活在传统儒道释特别是儒家文化的思想领地中,一般气节之士,不甘屈服为异族之奴隶,他们的人生态度是"据于儒,依于道,逃于禅"。

出身于南宋的太学生画家郑思肖,南宋亡后退出仕途,改名思肖(肖为繁体"赵"之组成),即思念赵宋,他隐居苏州,每坐必向南,面不向北,并自号"所南",以示心系南宋。元大德十年元宵佳节,年近古稀的郑思肖画了一幅《墨兰图》。画中兰花无土无根,飘在空中。人疑而问之,曰:"土为番人夺,忍着耶?"而此时距南宋灭亡已去三十年矣!画中题款,故意不落元朝大德年号,而用甲子丙午年,思宋恶元之念历数十载不减!画中题诗曰:"向来俯首问羲皇,汝是何人到此乡?未有画前开鼻孔,满天浮动古馨香。"他在《国香图》题诗曰:"一国之香,一国之殇,怀彼怀王,于楚有光。"图6-1是雕刻在台北关渡宫石栏上的郑思肖画兰图。

图6-1　郑思肖画兰(台北关渡宫)

大批汉文人将聪明才智转向艺术,特别是寄情绘画以自娱,以"元四家"即倪云林、黄公望、吴镇和王蒙为代表,发展了诗的表现性、抒情性和写意性这一美学原则,"更强调和重视的是主观的意兴心绪"[1],文人画成熟。黄公望反对"甜、熟、俗、赖"四病,追求高雅与独创。倪云林《清閟阁集》中载有他三段题画诗文,他画竹,随

①　李泽厚:《美的历程》,文物出版社,1982,第180页。

意涂抹,"以中每爱余画竹,余之竹聊写胸中逸气耳,岂复较其似与非,叶之繁与疏,枝之斜与直哉。或涂抹久之,他人视以为麻为芦,仆亦不能强辨为竹,真没奈何者何,但不知以中视为何物耳"。"仆之所画者,不过逸笔草草,不求形似,聊以自娱耳。"倪云林绘画美学之"逸气说",正是美学中最具表现特征的绘画理念,突出强调了主体的情感、心灵在艺术中的表现,是宋代和禅宗相联的文人画的美学思想在艺术实践中的进一步发挥,典型地反映了元代处在异族统治下的士大夫的思想情感,同时也贴切地概括了自晚唐以来儒、道、禅三家美学思想趋于合流和互相渗透的情况。

王若虚(1174—1243年)在《滹南诗话》中评论道:"哀乐之真,发乎情性,此诗正理也。"认为情性之真好的诗文是"从肺肝中流出"的,自然就会有很强烈的感染力,也是金元时期最具时代特征的真美观。

辽金元时期出现的皇家园林依然以汉文化为主调、带有某些游牧文化因子,而士人园林长期萧条,直到元末。元末,统治者弛商禁,允许泛海经商,海运开通,给庆元、澉浦、上海、太仓等地带来了大宗财富,商业经济的空前发达,城市经济发展。大都、真定、汴梁、平阳,南方的扬州、镇江、苏州、福州、温州、杭州等,成为锦绣富贵之地。马可·波罗称杭州"这座城市的庄严和秀丽,堪为世界其他城市之冠"。① 元曲描写杭州"普天下锦绣乡,寰海内风流地……满城中绣幕风帘,一哄地人烟辏集。百十里街衢整齐,万余家楼阁参差。并无半答儿闲田地……"②"大隐在关市,不在壑与林",士人宅园得以复苏。

第一节　游牧文化与汉文化的碰撞与融合

民族冲突促进着深刻的文化交融,而文化交融的过程,往往是先进文化征服落后文化的过程。恩格斯曾说:"在长期的征服中,比较野蛮的征服者,在绝大多数情况下,都不得不适应征服后存在的比较高'经济情况';他们为被征服者同化,而且大部分还甚至不得不采用被征服者的语言。"各民族文化沟通、融合的时期,并以契丹、女真、蒙古文化的汉化为基本特征。

一、辽礼文之事

契丹部落之崛起与五代同时,耶律氏实宗唐末边疆之文化,同化于汉族。创业之始,用幽州人韩延徽等,方开始"营都邑,建宫殿,法度井井"③,中原所为者悉备。

---

① 马可波罗:《马可波罗游记》,福建科技出版社,1981,第111、175页。
② 关汉卿:《南宫·一枝花·杭州景》,见《关汉卿全集》,广东高等教育出版社,1988,第603页。
③ 《辽史·韩延徽传》,卷七十四。

其后辽更与北宋、西夏、高丽、女真诸国沿边所在,共置榷场市易,商业甚形发达,都市因此繁盛①。其都市街隅,"有楼对峙,下连市肆"。其中"邑屋市肆有绫锦之作,宦者,伎术,教坊,角抵,儒僧尼道皆中国人,并汾幽蓟为多"②。凡宫殿佛寺主要建筑,实均与北宋相同。盖两者均上承唐制,继五代之余,下启金元之中国传统木构也。

太祖于神册三年(918年)治城临潢,名曰皇都;二十一年后,至太宗,改称上京③,迨晋遣使上尊号,太宗"诏番部,并依汉制御开皇殿,辟承天门受礼,改皇都为上京"④。太宗立为南京,又曰燕京,是为北京奠都之始。

"契丹好鬼贵日,朔旦东向而拜日,其大会聚视国事,皆以东向为尊,四楼门屋皆东向"⑤。"承天门内有昭德宣政二殿,与毡庐皆东向"⑥。然则辽上京制度,殆始终留有其部族特殊尊东向之风俗。⑦

并入辽朝的燕云十六州,由于在唐末五代时期与少数民族长期相处,其后又在辽朝统治下生活了近二百年,民族性格和生活习俗已经发生了很深的"胡化",即少数民族化现象,从而和中原汉族产生了巨大差别。

学习宋代以科举考试选拔人才,是辽朝汉化的最突出特点。

辽国奉行"以国治治契丹,以汉制治汉人"的治国政策,辽太宗时得到以汉人为主的燕云十六州地区之后,为笼络汉人,会同年间,在燕云地区设科举。据宋人田况《儒林公议》记载:"契丹有幽、蓟、雁门以北,亦开举选,以收士人。"《辽史·室昉传》中提到:"室昉于会同初登进士第,为卢龙巡捕官。"辽圣宗时稳定了国内政局,为选拔本国有才能的官吏,维护本国的统治,在国内普遍实行了科举制度。辽统治者也藉以巩固了自己的统治。《辽史·圣宗纪》记载,统和六年,"是岁,诏开贡举"。《契丹国志》云:"圣宗时,止以词赋、法律取士,词赋为正科,法律为杂科。"《辽史·圣宗纪》记载:统和十二年(994年),"诏郡邑明经、茂才异等",正式设置制科。辽代逐渐完善科举制度。

辽以武立国,崇尚尚武精神,不看重"礼文之事"。初,不准契丹人应试贡举,《辽史·耶律蒲鲁传》载,横帐季父房的耶律蒲鲁"幼聪悟好学,七岁,能诵契丹大字,并习汉文。未十年,博通经籍。重熙中,举进士"。但是,在耶律蒲鲁举进士第之后,"契丹无试进士之例,其父庶箴责鞭二百"。

但是随着封建化的深入,社会发展的需要,对参加科举的限制已放宽,整个社

① 王家琦:《辽赋税考》,载《东北集刊》第一期。
② 《历代帝王宅京记》引胡峤记,转引自梁思成《中国建筑史》,百花文艺出版社,1998,第151页。
③ 《历代帝王宅京记》引胡峤记,转引自梁思成《中国建筑史》,百花文艺出版社,1998,第152页。
④ 《辽史·地理志一》卷三十七。
⑤ 《新五代史·四夷附录第一》卷七十二。
⑥ 《辽史》卷三十七·志第七。
⑦ 梁思成:《中国建筑史》,百花文艺出版社,1998,第151～153页。

会,对儒家文化的学习在各个阶层广泛扩展。辽兴宗于重熙十九年(1050年)下诏限制医卜、屠贩、奴隶及悖父母或犯事逃亡者不得举进士。

辽后期,崇尚中原文明的风气日盛,科举促使更多人学习儒学,走上仕途,儒学所倡导的忠孝等道德伦理观念为辽代社会所普遍接受,社会得以安定,皇权较前大为稳固。辽代实行科举后所产生的辽代文明,硕果累累,至今仍是中华民族伟大古文明的一部分。

二、金仰慕仿中原

金以武力与中原文物接触,十余年后亦步辽之后尘,得汉人辅翼,反受影响,乃逐渐摹仿中原。

至熙宗继位,稍崇仪制,亲祭孔子庙,诏封衍圣公等。金熙宗完颜亶和海陵王完颜亮统治时期,女真上层贵族逐渐接受了汉族文化。金代继承了辽、宋的教育和选举制度,《金史·选举志一》载:

> 金设科皆因辽、宋制,有词赋、经义、策试、律科、经童之制。海陵天德三年,罢策试科。世宗大定十一年,创设女真进士科,初但试策,后增试论,所谓策论进士也。明昌初,又设制举宏词科,以待非常之士。故金取士之目有七焉。其试词赋、经义、策论中选者,谓之进士。律科、经童中选者,曰举人。凡养士之地曰国子监,始置于天德三年,后定制,词赋、经义生百人,小学生百人,以宗室及外戚皇后大功以上亲、诸功臣及三品以上官兄弟子孙,年十五以上者入学,不及十五者入小学。大定六年始置太学,初养士百六十人,后定五品以上官兄弟子孙百五十人,曾得府荐及终场人二百五十人,凡四百人。府学亦大定十六年置,凡十七处,共千人。……凡经,《易》则用王弼、韩康伯注,《书》用孔安国注,《诗》用毛苌注、郑玄笺……皆自国子监印之,授诸学校。凡学生会课,三日作策论一道,又三日作赋及诗各一篇。

金代自始至终科举不断,制度逐步完善,每科取士常至数百人,最多的一科竟达九百二十五人。有金一代共举行进士考试四十三次,共约取士一万五千人,共出状元七十四名。在金女真状元的示范和引领下,越来越多的女真人走向科场,弃武从文,极大地促进了女真文学的发展。

金朝帝王汉诗水平不低,海陵王完颜亮自少年时就仰慕汉文化,拜汉儒张用直为师,喜欢交结儒士,金人刘祁在《归潜志》卷一中记载:"金海陵庶人读书有文才,为藩王时,尝书人扇云:'大柄若在手,清风满天下。'人知其有大志。"据《鹤林玉露》载,柳永《望海潮》一词流播金国,金主完颜亮闻歌,欣然有慕于"三秋桂子,十里荷花",不由得起了渡江南侵的念头。完颜亮于正隆六年(1161年)发动侵宋战争。其诗词创作熔南北文化于一炉,笔力遒劲,他的《南征至维扬望江左》:"万里车书尽混同,江南岂有别疆封? 提兵百万西湖上,立马吴山第一峰。"这首诗又名《题临安湖山画壁》:"自古车书一混同,南人何事费车工? 提师百万临江上,立马吴山第一峰。"气象恢宏。酷爱诗词的金章宗,诗风典雅工丽,气韵高朗卓异,如《宫中绝句》:"五云金碧拱朝霞,楼阁峥嵘帝子家。三十六宫帘尽卷,东风无处不飞花。"诗中描绘宫廷楼阁,颇有帝王气象。

金朝朝野普遍仰慕宋朝精神文明和物质文明。

宣孝太子完颜允恭深受汉文化影响,有深厚的汉文艺修养。《金史·世纪补·显宗允恭纪》载:"(大定)十四年四月乙亥,世宗御垂拱殿,帝(指允恭)及诸王侍侧。世宗论及兄弟妻子之际,世宗曰:'妇言是听而兄弟相违,甚哉!'帝对曰:'《思齐》之诗曰:刑于寡妻,至于兄弟,以御于家邦。臣等愚昧,愿相盛而修之。'因引《棠棣》华萼相承、脊令急难之义,为文见意,以戒兄弟焉。"他能随机拈出《诗经》中的诗句来答对,可见他谙熟《诗经》。金章宗具有很高的文化造诣和文物鉴赏水平,从宋室所掠的许多唐和北宋的书画上都可见到章宗的印玺,如王羲之《快雪时晴帖》,顾恺之《女史箴图》《洛神赋图》等。书法力学宋徽宗的"瘦金体",为收藏的书画题词。

南宋四大名臣之一的胡铨,以"刚直忠义名昭史册",其反对"议和"、坚决抗金的"脖子",终生丝毫未"软",是一铁骨铮铮的硬汉。他去世后多年,仍有金国使者来到临安,满怀敬意地打听胡铨的情况。对北宋和南宋的名酒楼"丰乐楼",金朝也倾羡不已。据宋话本《杨思温燕山逢故人》叙述:燕山建起了一座秦楼,"便似东京白矾楼一般:楼上有六十阁儿,下面散铺七八十副桌凳"。酒保也是雇佣流落此地的"矾楼过卖"。

三、元行中国事

蒙古还没完全统一中国之前,贵族宠臣别迭竟然进言:"汉人无补于国,可悉空其人以为牧地。"[①]蒙古族南下攻占黄河流域时,曾把良田改为牧场,弄得中国境内到处都是养马场,山东沿海登、莱一带,都成了"广袤千里"的牧场。甚至两淮都有养马场。"今王公大人之家,或占民田近于千顷,不耕不稼,谓之草场,专放孳畜。"[②]将宋朝经过上百年兴建的水利良田变成草场。

元许衡(1209—1281年)受命元世祖议事中书省,辅佐右丞相安童,至元二年(1265年)许衡上书提出具体的治国方略:"自由立国,皆有规模,循而行之,则治功可用……考之前代,此方奄有中夏,必行汉法,可以长久,故后魏、辽、金历年最多,其他不能使用汉法,皆乱之相继,史册具载,昭昭可见也。"[③]积极倡导汉化。

元世祖改变了破坏农业的做法,采取了重视鼓励农业生产的措施,适应了先进生产力的发展;继承汉族的中央集权制并发扬光大,设立"行省"和管理少数民族的宜政院;将进入黄河流域的边疆各族(包括蒙古族、契丹、女真)大批迁入中原和江

① 《元史·耶律楚材传》卷一四六。
② 王圻撰《续文献通考田赋》卷一引赵天麟《太平金镜策》。
③ 许衡《许文正公遗书·时务五事》卷七。

南,同汉族等杂居相处,全面汉化。

忽必烈灭宋后,取儒家经典《易经》中"乾哉大元"之义,国号为"元",表明了他对汉文化的皈依。并任用一些儒生,表示对儒、道的尊重。制定"稽列圣之洪规,讲前代之定制"①的纲领,融合蒙汉文化。朝廷设立官学,征召儒生,以儒家四书五经为教科书,封孔子为"大成至圣文宣王"。提倡理学,确认了程朱理学的统治地位,改革了漠北旧俗,"行中国事",造成统治体系与文物制度的大幅度的"汉化"。为满足军事需要,"元平江南,政令疏阔,赋税宽简,其民止输地税,他无征发"②。

元灭南宋三十六年之后的 1315 年,文人借以晋身的科考制度终于恢复,这是中国科举史上最长的一次中断,中间又停止,从 1315 年到 1366 年,科举考试每三年一次,共举行了十六次,只取了一千一百三十九名进士(虽然每年一百个名额,可以取一千六百名),尚不满元官员总数的二十二分之一。③ 平均每年也只有二十三名新进士,仅为宋、金时期平均数的一小部分。就这些进士中,规定一半名额分配给了蒙古人与色目人,他们的考题容易,判分标准也低。且存在大量作弊和欺诈行为。南人即使中举也不受重用,蒙古人独揽了国家军政大权,直到 1352 年才废除"省院台不用南人"之旧律。

第二节　皇家宫苑的美学思想

辽金元皇家宫苑是和汉文化交融的结晶,既具各自的民族文化特色,又都无一例外受汉园林美学思想的影响。

一、四时捺钵　周而复始

辽朝在汉化的同时,努力保持契丹民族固有文化习俗。

辽朝设有皇都和五京,辽太宗名皇都为上京,设临潢府。《辽史·地理志》载:"上京,太祖创业之地,负山抱海,天险足以为固,地沃宜耕种,水草便畜牧。"五京,指辽上京临潢府、中京大定府、东京辽阳府、南京析津府、西京大同府的总称。约相当于今天省级行政机构的省会,但"弯弓射猎本天性"的辽人,保留着游牧民族"每岁四时,周而复始"的捺钵制。"捺钵",是指称皇帝游猎所设的行帐,辽帝遵循四时捺钵制度,国都并不固定。宋庞元英《文昌杂录》卷六云:"北人谓住坐处曰捺钵,四时皆然,如春捺钵之类是也。不晓其义。近者彼国中书舍人王师儒来修祭奠,余充

---

① 《元史·世祖本纪》卷四。
② 于慎行:《谷山笔麈》卷十二。
③ 许凡:《论元代的吏员出职制度》,载《历史研究》1984 年第 6 期。

接伴使,因以问师儒,答云:'是契丹家语,犹言行在也。'"①自辽代以来,"捺钵"一词由行宫、行营、行帐的本义被引申来指称帝王的四季渔猎活动,即所谓"春水秋山,冬夏捺钵",合称"四时捺钵"。大约到圣宗时,四季捺钵才有固定的地点和制度,称四时捺钵制,也即朝廷四季临时驻守办公之地,也是政治中心、最高统治者所在地,有别于中原皇帝离宫。春捺钵地在长春州的鱼儿泺(今洮儿河下游之月亮泡)、混同江(指今送花江名鸭子河一段),有时在鸳鸯泺(今内蒙古自治区集宁市东南黄旗海);夏捺钵地在永安山(在今内蒙古乌珠穆沁旗东境)或炭山(今河北省沽源县黑龙山之支脉西端);秋捺钵在庆州付虎林(在今内蒙古巴林左旗西北察哈木伦河源白塔子西北);冬捺钵在广平淀(今西拉木伦河与老哈河合流处)。②

　　而皇都和五京,成为宰相以下官僚处理政务特别是汉民政务的地方。故辽代皇帝没有在京城大规模修建皇家宫苑。

　　辽南京又称燕京、析津府,初无迁都之举,故不经意于营建,是在唐代幽州城基础上建设的城市,即以幽州子城为大内,位于今北京城之西南隅;宫殿门楼一仍其旧。子城之中主要是宫殿区和皇家园林区,宫殿区的位置偏于子城东部,东侧为南果园区,西侧为瑶屿行宫,瑶池中有小岛瑶屿(今北海团城,原在水中,图6-2),上有瑶池殿,传说岛屿之巅曾有辽太后的梳妆台。《辽史》记:"西城巅有凉殿(即广寒殿),东北隅有燕角楼、坊市、观,盖不胜书。"《洪武北平图经》记"琼华岛辽时为瑶屿"。辽代建筑类北宋初期形制,以雄朴为主,结构完固,不尚华饰。

图6-2　今北海团城

①　《建炎以来系年要录》卷一三三,绍兴九年末。
②　周峰:《辽代的园林》,载《中国·平泉首届契丹文化研讨会论文集》,吉林大学出版社,2010。

至"景宗保宁五年,春正月,御五凤楼观灯",以及"圣宗开泰驻跸,宴于内果园"①之时,当已有若干增置,"六街灯火如昼,士庶嬉游,上亦微行观之",其时市坊繁盛之概,约略可见。及兴宗重熙五年(1036年)始诏修南京宫阙府署,辽宫庭土木之功虽不侈,固亦慎重其事,佛寺浮图则多雄伟。②

南京(今北京)城内的皇家园林内果园,以种植果树为主,史载圣宗太平五年(1027年)"十一月庚子,幸内果园宴,京民聚观"③,园内举行宴会,"京民聚观",类似公共游豫园林;辽兴宗重熙十一年(1042年)闰九月,"幸南京,宴于皇太弟重元第,泛舟于临水殿宴饮。"④临水殿只是皇太弟重元的府邸中一临水的单体建筑,可观赏水景。内果园和临水殿能否称为园林,史载不详,不可遽定。

南京城的"城东北有华林、天柱二庄,辽建凉殿,春赏花,夏纳凉⑤",是景宗、圣宗的春夏捺钵地。但从《辽史》上的记载他们都是正月到此。规模如何,语焉不详。南京道滦州石城县(今河北省唐山市丰南区)的长春宫,种植的花卉尤以牡丹出名,辽圣宗曾多次到此赏牡丹花、钓鱼。统和五年(987年)"三月癸亥朔,幸长春宫,赏花钓鱼,以牡丹遍赐近臣,欢宴累日。"⑥统和十二年(994年)三月"壬申,如长春宫观牡丹"⑦。

今北京市通州区东南的延芳淀,是辽圣宗的主要捺钵地。《辽史·地理志》记载:"延芳淀方数百里,春时鹅鹜所聚,夏秋多菱芡。国主春猎,卫士皆衣墨绿,各持连锤、鹰食、刺鹅锥,列水次,相去五七步。上风击鼓,惊鹅稍离水面。国主亲放海东青鹘擒之。鹅坠,恐鹘力不胜,在列者以佩锥刺鹅,急取其脑饲鹘。得头鹅者,例赏银绢。"⑧辽圣宗多次到此捺钵。

与延芳淀毗邻的台湖(在今北京市通州区台湖镇)也曾是辽圣宗的春捺钵之地。

中京(今内蒙古宁城县)有名南园者,多次见于使辽宋使的笔下。宋真宗大中祥符二年(1009年,辽圣宗统和二十七年)路振出使辽朝,正月抵达中京。"七日,又宴射于南园,园在朱夏门外。虏遣大内惕隐、知政事令耶律英侑宴,赠射中者马五疋、彩二十段、弓一、矢十。英又赠马二疋。园中有台,树皆新植。射毕,就坐。"⑨

由于中京是在统和二十五年(1007年)正月才开始营建,到路振出使时,才刚刚

① 《钦定日下旧闻考》卷二十九。

② 梁思成:《中国建筑史》,百花文艺出版社,1998,第154页。

③ 《辽史》卷十七《圣宗纪八》。

④ 《辽史》卷六十八《游幸表》。

⑤ 《辽史》卷四十《地理志四》。

⑥ 《辽史》卷十二《圣宗纪三》。

⑦ 《辽史》卷十三《圣宗纪四》。

⑧ 《辽史》卷四十《地理志四》。

⑨ 路振:《乘轺录》,载贾敬颜《五代宋金元人边疆行记十三种疏证稿》,中华书局,2004,第66页。

两年。因此,南园也应刚建不久,所以树木都是新栽种的。从功能上看,南园主要用于接待宋使时举行宴会及射箭等活动。宋真宗大中祥符六年(1013年,辽圣宗开泰元年)出使辽朝的王曾也有类似记载:"城南有园囿,宴射之所。"①

二、燕京宫室　一依汴京

金代的捺钵只是女真人传统渔猎生活方式的象征性保留,没有明显的"四时"之分,一般只把它分为春水和秋山两个系列。②

"女真之初无城郭,国主屋舍车马……与其下无异……所独享者唯一殿名曰乾元。所居四处栽柳以作禁宫而已。殿宇绕壁尽置火炕,平居无事则锁之,或时开钥,则与臣下坐于炕,后妃躬侍饮食。"③

初无城郭,星散而居,呼曰皇帝寨,国相寨,太子寨,尚为部落帐幕时期。及升皇帝寨为会宁府,城邑宫室,无异于中原州县廨宇。制度极草创,居民往来,车马杂遝,略无禁制。春击土牛,父老士庶皆聚观于殿侧。④ 部落色彩浓厚,汉化成分甚微。

终金太宗之世,上京会宁草创,宫室简陋,未曾着意土木之事,首都若此,余可想见。

宣和六年(1124年),宋使贺金太宗登位时,许亢宗《宿和乙巳奉使全国行程录》所见之上京,则"去北庭十里,一望平原旷野间,有居民千余家,近阙北有阜园,绕三数顷,高丈余,云皇城也。山棚之左曰桃园洞,右曰紫微洞,中作大牌曰翠微宫,高五七丈,建殿七栋甚壮,榜额曰乾元殿,阶高四尺,土坛方阔数丈,名龙墀",类一道观所改,亦非中原州县制度。至熙宗皇统六年(1146年),始设五路工匠,撤而新之,规模虽仿汴京,然仅得十之二三而已"⑤。

金破辽之时,在燕京劫夺俘虏,徙辽豪族子女、部曲、人民,又括其金帛牧马,分赐将帅诸军。燕京经此洗劫,仅余空城。天德五年(1153年),金主完颜亮将国都从上京会宁府(今黑龙江省阿城县)迁来燕京,改称中都。

海陵王完颜亮一心仰慕中原地区先进的物质文明和汉族传统文化,早在迁都之前,"乃先遣画工写汴京宫室制度。至于阔狭修短,曲尽其数"⑥。

"营燕京宫室,一依汴京(北宋都城开封)制度。运一木之费至二十万,牵扯一车之力至五百人。宫殿遍传黄金,间以五采,金屑飞空如落雪。一殿之费以亿万

① 周峰:《辽代的园林》,载《中国·平泉首届契丹文化研讨会论文集》,吉林大学出版社,2010年。
② 刘浦江:《金代捺钵研究》,载《文史》第49、50辑,1999年12月、2000年7月。
③ 《大金国志》,宋宇文懋昭撰,崔文印校证,中华书局,1986。
④ 梁思成:《中国建筑史》引《历代帝王宅京记》,百花文艺出版社,1998,第155页。
⑤ 同上。
⑥ 《三朝北盟会编》二百四十四引张棣《金虏图经》。

计,成而复毁,务极华丽。"①范成大于乾道六年(1170年)出使金国,见到的"宫殿皆饰以黄金五采,其屏(户衣)窗牖,亦皆由破汴都辇至于此"②。迨金世宗二十八年(1188年),金主谓其宰臣曰:"宫殿制度苟务华饰,必不坚固。今仁政殿,辽时所建,全无华饰,但其它处岁岁修完,唯此殿如旧。以此见虚华无实者不能经久也。"③金世宗不主张华饰。

中都就辽代南京城旧址向东、南、西三面扩建,城周三十六里,城门十二座,在今北京广安门地区(图6-3)。

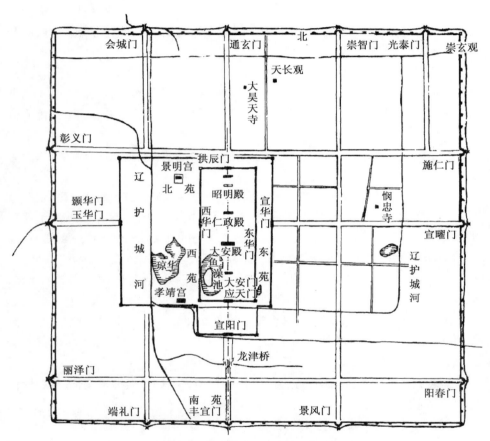

金中都城平面示意图(于杰,于光度:《金中都》)

图6-3 金中都城平面示意图④

① 《金史纪事本末》卷二三《海陵淫暴》,中华书局,1980,第415页。
② 范成大《揽辔录》网络版。
③ 《金史·世宗本纪》。
④ 于杰于光度《金中都》,转引自周维权《中国古典园林史》,清华大学出版社,1999,第342页。

中都城一经建立,金代就引西湖水(现在莲花池),营建了西苑、同乐园、太液池、南苑、广乐园、芳园、北苑等皇家园林。

最早的皇家园林是同乐园。《大金国志》记载:"西至玉华门曰同乐园,若瑶池、蓬瀛、柳庄、杏村尽在于是。"位于今北京广安门外的青年湖地区。

元初郝经描写同乐园:"晴日明华构,繁荫荡绿波,蓬邱沧海近,春色上林多。"金章宗时文人赵讽在同乐园蓬莱宫赏月诗有"蕊珠宫阙对蓬瀛""夜深凉露滴金茎"句,同乐园有楼台殿阁水岛等景,另有柳庄、杏村之类以植物为主景、带有乡野气息的院落,以水景为主,若天上瑶池,蕊珠、蓬瀛为宫殿名,象征仙岛的蓬莱、方丈、瀛洲之属。园中所建楼台殿阁名目繁多,元代人称其为"尽人神之壮丽"。

据史书记载,大定三年(1163 年)五月金世宗率领亲王、太子、百官于重五日到同乐园举行射柳活动。大定十年(1170 年)在同乐园大宴群臣于瑶池,讨论古代帝王成败之本。金章宗常乘坐名"翔龙"的龙舟,到同乐园的各景点去观赏玩乐……

金人还发现了中都城外的辽代离宫,有着丰富的水源,其位置和功能都与汴京金明池差相仿佛,便摹仿汴京规制,将其建成金代的金明池即万宁离宫(现北海公园前身)。据《大金国志》,正隆三年(1158 年)时,万宁离宫尚未正式兴工,"上(指完颜亮)坐薰风殿",辽离宫旧构薰风殿尚存。金人赵秉文《扈跸万宁宫》诗中,有"遥想薰风临水殿,五弦声里阜民财"之句,薰风殿为重建。

《金史·地理志》载:"京城北离宫有大宁宫,大定十九年(1179 年)建。后更为寿宁,又更为寿安。明昌二年更名为万宁宫。琼林苑有横翠殿、宁德宫,西园有瑶光台,又有琼华岛,又有瑶光楼。"元陶宗仪《南村辍耕录》:"金人乃大发卒……开挑海子,载植花木,营构宫殿,以为游幸之所。"金人在湖区内开挑海子,进一步扩大了湖泊面积,宫中有人工开凿的太液池,并以浚湖之土,筑为琼华岛(后为燕京八景之一的琼岛春荫)。岛上叠砌奇石,据《金鳌退食笔记》所言,"本宋艮岳之石"。金人为动员百姓将艮岳湖石自汴京载运至燕,每一湖石折合税粮若干,"俗呼为折粮石",叠砌在万宁宫琼华岛上(图 6-4)。

清代在岛上增建白塔,并拆下部分石头去筑瀛台。

今北海公园白塔山下,立有清乾隆题字的"琼岛春阴"碑,碑阴刻有乾隆的七律一首:"艮岳移来石㞑峨,千秋遗迹感怀多。倚岩松翠龙鳞蔚,入牖篁新凤尾娑。乐志讵因逢胜赏? 悦心端为得嘉禾。当春最是耕犁急,每较阴晴发浩歌。"白塔山南坡还有一块乾隆题名的"昆仑石",石背所刻诗中,有"摩挲艮岳峰头石,千古兴亡一览中"句。

金人在岛上遍植花木。秀木奇石之巅,重重玉阶之上,筑起了一座巍峨的宫殿。殿檐高高飞起,雕花窗牖,玉石围栏,题名为广寒之殿。

万宁离宫当时有殿宇九十多座,《金史·章宗纪》言:"明昌六年五月,命减万宁宫陈设九十四所。"万宁宫有端门之设,与中都宫城的南门相似,并设紫宸殿为万宁宫正殿。金章宗继位以后,每年都有几个月的时间住在这里,接受百官的朝贺及处

图 6-4　今北海太湖叠石

理政务,俨然又一个宫城,时称"北宫","宝带香鞲水府仙,黄旗彩扇九龙船。薰风十里琼华岛,一派歌声唱采莲。"这首宫词,形象地描绘了万宁宫全盛时期的景象。金代赵摅《早赴北宫》:"苍龙双阙郁层云,湖水鳞鳞柳色新,绝似江行看清晓,不知身是趁朝人。"春天的北宫风光绮丽迷人,流连忘返。

万宁宫周围广布着稻田,"护作太宁宫,引宫左流泉溉田,岁获稻万斛"①,有江南水乡风光。"自金盛时,即有西苑、太液池之称。"②金元间人士刘景融《西园怀古》诗云:"琼苑韶华自昔闻,杜鹃声里过天津。"又《史学宫词》:"薰风十里琼华岛,一派歌声唱采莲。"③

金中都南城外有广乐园,又称熙春园、南园。中都近郊的香山与玉泉山也是金代皇帝行宫。《金史·地理志》中都路宛平县条,玉泉山"在县西北三十里。顶有金行宫芙蓉殿故址。相传金章宗尝避暑于此。""燕京八景"之说就起源于金代。

三、瀛洲方壶　一池三岛

元朝实行"两都巡幸制",设大都和上都,历代皇帝每年往来于大都和上都之间,大都为首都,上都为夏都。

忽必烈至元四年(1267 年)在金中都的东北郊重建的都城,命名为大都。"京城右拥太行,左挹沧海,枕居庸,奠朔方,城方六十里,十一门。"④

上都位于今内蒙古锡林郭勒盟正蓝旗境内的金莲川草原,为草原交通枢纽,便

---

① 《金史》卷一三三《张仅言传》。
② 《日下旧闻考》卷二一《国朝宫室》,北京古籍出版社,1983,第 271 页。
③ 《金史纪事本末》卷三四《章宗嗣统》,中华书局,1980,第 580 页。
④ 王璧文《元大都城坊考》,见《中国营造学社汇刊》第六卷第三期。

于与漠北宗王贵族联络,加强他们的向心力。每年四月皇帝从大都到上都避暑狩猎。上都东西两侧建有两座行宫,分别名"东凉亭"和"西凉亭"。每年春秋时节,元朝皇帝都会率领官员在察罕脑儿停驻,举行狩猎活动、召见臣工、宴请宗王等,察罕脑儿行宫成为元朝政治生活的重要组成部分。

大都的规划与建设以金的琼华岛海子为中心,在其东西布置大内与许多宫殿建筑(图6-5),琼华岛便由辽金时代的郊外苑囿,变成了包围在城市中心宫殿内部的一座封建帝王的禁苑,称为"上苑"。"元建大内于太液池左,隆福、兴圣等宫于太液池右。明大内徙而之东,则元故宫尽为西苑地。旧占皇城西偏之八,今只十之三四。门榜曰西苑。"①

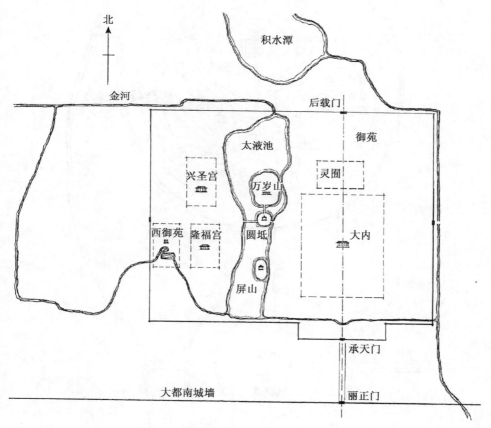

图6-5　大都皇城平面示意图②

至元四年(1267年),在琼华岛上建广寒殿,至元八年(1271年),又赐名万寿山。拓宽太液池水面,范围包括今之北海和中海,池有三岛,最大者即琼华岛,改名万岁

①　《宸垣识略》卷四《皇城》,北京古籍出版社,1982,第59页。
②　周维权:《中国古典园林史》,清华大学出版社,1999,第360页。

山,山南近旁小岛称圆坻,再南小岛称犀山,大体上已开成"一池三岛"格局(图 6-6)。海中三神山的神话传说仿之园林,源于秦始皇,汉武帝踵其后,下令在长安北面挖了一个大水池,名"太液池",池中堆起三座假山,分别以蓬莱、瀛洲、方丈三仙山命名。自此以后,"以池三岛"称为"秦汉典范",为历代皇帝仿效,建造皇家宫苑,元统治者也循此汉族之例。元明之际学者、诗人陶宗仪记元代太液池之胜:

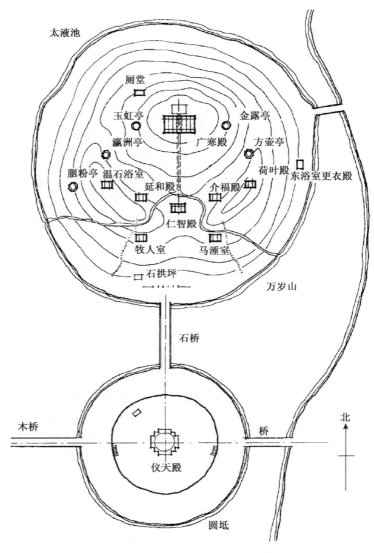

图 6-6　万岁山及圆坻平面图①

①　周维权:《中国古典园林史》,清华大学出版社,1998,第 361 页。

万岁山在大内（即今故宫位置）西北，太液池之阳，金人名琼花（花通华）岛，中统（元世祖年号）三年修缮之。其山皆以玲珑石叠垒，峰峦隐映，松桧隆郁，秀若天成。

引金水河至其后，转机运斛，汲水至顶，出石龙口，注方池，伏流至仁智殿后，有石刻蟠龙，昂首喷水仰出，然后东西流入于太液池。山上有广寒殿七间。仁智殿则在山半，为屋三间，前有白玉石桥，长二百尺，直仪天殿后。殿在太液池中圆坻上，十一楹，正对万岁山。山之东为灵囿，奇兽珍禽在焉。①

万岁山上的建筑很多，广寒殿在山顶，重阿（重檐）藻井，四面琐窗，室内板壁满以金红云装饰，蟠龙矫蹇于丹楹之上，殿中还有小玉殿，里面设金嵌玉龙御塌，左右从臣坐床，前面架设一个巨大的黑色玉酒瓮，玉瓮上有白色斑纹，随着斑纹刻作鱼兽出没于波涛之状，其大可贮酒三十余担。殿的西北有侧堂一间，东有金露亭，亭为圆形，高二十四尺，尖顶，顶上安置琉璃宝顶。西有玉虹亭，形状与金露亭相同。从金露亭的前面，有复道（即爬山走廊之类）可登上直达荷叶殿，方壶亭。又有线珠亭、瀛洲亭在温石峪室的后面，形制与方壶、玉虹亭相同。在荷叶殿的西面有胭粉亭、为后妃添妆之所。

第三节　辽金元私家园林美学思想

北方游牧民族对山林草原有着天然爱好，所以，辽金元王公贵族也在风景优美的地方建山水园林。园林以植物花卉为多，植物又以牡丹为奇，建筑除亭台厅堂外，还置道院、佛殿、僧舍，以实用为主，至于如何规划布局，则难究其详。总之，这类园林文化含量少，比较粗疏。也有北方士人致仕归来，志得意满者，筑园回归田园山林，有复得归自然的喜悦者。

南方园林美学思想比较多元，士人园中，有不愿生活在倍受歧视的环境之中，将山水作为平抚胸中愤懑的良方者，这类人的园林大多出现在宋元易代之初，多建于乡村林壑，既身隐也心隐，借"一湾流水，一枝修竹，菟裘将老"②；建于元初的也有仕元的文士，园林继宋人风雅，品位不俗；元末江淮、杭州畔烽烟四起，士人多迁居城镇，太尉张士诚"颇以仁厚有称于其下，开宾贤馆，以礼羁寓"，"一时士人被难，择地视东南若归"。于是，姑苏、昆山、华亭等林薮之美，池台之胜，远近闻名。江南小城镇吸引了大批士人，促使小城镇文化的兴盛和城镇士人园的发展。③ 有楚舞吴

①　陶宗仪：《南村辍耕录》卷一《万岁山》，中华书局，1959，第15-16页。
②　谢应芳：《水龙吟·题曹德祥水居》。
③　孙小力：《元末东吴一带文人的隐居》，载复旦大学出版社《中西文化新认识》，1988，第142-149页。

歌,壶浆以娱者;还有胸无点墨的暴发户、秉烛以游、醉生梦死之徒,总之,人生百态,在园林这一文化载体中尽显真相。

一、山池亭台　浮云世事

北方苦寒之地,人们对奇山秀水和草原有着与生俱来的偏爱,特别是雍容华贵的牡丹,妆点园囿,自然不同凡响。但关于贵族私园见诸记载大多片言只语,语焉不详。

辽代北方富裕的汉族地主也建园林。如宣化张世卿,家境十分富裕,辽道宗大安年间,因为遭遇饥荒,他向朝廷进献粟二千五百斛,而被授予右班殿直之虚职。他"特于郡北方百步,以金募膏腴,幅员三顷。尽植异花百余品,迨四万窠,引水灌溉,繁茂殊绝。中敞大小二亭,北置道院、佛殿、僧舍大备。东有别位,层楼巨堂,前后东西廊具焉,以待四方宾客栖息之所"。① 张世卿的私家园林建于归化州(今河北省张家口市宣化区)城外,规模宏大,设施齐全,尤以广种四万多棵花木为显著特点。每年四月二十九日天兴节期间,张世卿在园内建道场一昼夜,邀请僧尼以及男女信众为皇帝祈福。由于园内花木众多,张世卿还特制了五百个琉璃瓶,从春天到秋天,每日采花装于瓶内,贡献于各寺的佛像前。②

宋真宗天禧四年(1020年),辽圣宗开泰九年,宋绶出使辽朝,见到奚王避暑庄,是一处临山临水的山水园林,他在《契丹风俗》中记载道:"自中京过小河,唱叫山,道北奚王避暑庄,有亭台。"③遗址尚存,今人张秀夫、刘子龙、张翠荣《失落千年的文明——奚王避暑庄的调查》,称"在遗址东北不过一公里处,正好有一好似仰天长啸的大裂山……在遗址两侧的山腰上恰好各有一亭台,在遗址东侧又确有一条小河"④。

宋高宗时出使金国遭羁押而被流徙冷山(今黑龙江省境内)的洪皓,见到了当时渤海人被从辽东迁移到内地时的情况:"其人大多富室,安居逾二百年,往往为围池,植牡丹多至三二百本,有数十干丛生者,皆燕地所无,才以十数千或五千贱贸而去。"⑤可见,从辽代直至金初,东北的渤海人中的富裕大户往往都有私家园林,而私家园林中又大多种植大量的牡丹花。

金章宗明昌元年(1190年),时任提点辽东路刑狱的王寂巡察所部,三月抵达咸

---

① 《张世卿墓志》,载向南编:《辽代石刻文编》,河北教育出版社,1995,第655页。

② 周峰:《辽代的园林》,《中国·平泉首届契丹文化研讨会论文集》,吉林大学出版社,2010。

③ 宋绶:《契丹风俗》,载贾敬颜《五代宋金元人边疆行记十三种疏证稿》,中华书局,2004,第111页。

④ 张秀夫、刘子龙、张翠荣:《失落千年的文明——奚王避暑庄的调查》,载《承德民族历史与建设文化大市学术论坛文选》,辽宁民族出版社,2006,第109页。又载《平泉辽文化》,辽宁民族出版社,2008,第264页。

⑤ 洪皓:《松漠记闻》卷上,《辽海丛书》本,辽沈书社,1985,第204页。

平府(今辽宁省开原市)。他记述李氏园道：

己卯,予公余块坐,因念旧年逐食于此,尝游李氏园。时牡丹数百本,方烂漫盛开,内一种萼白蕊黄者,风韵胜绝,问其名曰:'双头白楼子'。予恶其名不佳,乃改曰:'并蒂玉东西'。后日复往,则群芳尽矣。所谓玉东西者,虽已过时,其典刑犹在。竚立久,少休于小亭,亭中有几案,置小砚屏,乃题绝句于砚屏上,今不知在否?因讯其家李氏子,取以示予,醉墨宛然,计其岁月,一十有七年矣。①

李氏园以种植有数百株牡丹而闻名。王寂上一次来访,是在十七年前,也就是金世宗大定十三年(1173 年)。由于渤海大姓中有李姓,而此地也是渤海人聚居之地,很可能李氏园在辽代就存在,而一直延续到金章宗时。

元汝南王张柔,仰慕南方园林的精雅,他利用征服者的武力,役使了大批从江南俘掠来的园林工匠在河北保定市中心开凿"古莲花池",引城西北鸡距泉与一亩泉之水,种植荷莲,构筑亭榭,广蓄走兽鱼鸟,名为雪香园。

金磁州滏阳(今河北磁县)人赵秉文(1159—1232 年),字周臣,号闲闲老人。大定二十五年(1185 年)进士。累迁礼部尚书,翰林侍读学士,同修国史。仕五朝,官六卿。好读书,自幼至老,未尝一日废书。工书画诗文,著述颇丰,有《闲闲老人滏水文集》、《中庸说》、《文中子类说》等。他在老家筑园名"遂初",意谓如东汉仲长统一样,"卜居清旷,以乐其志"②：

园之地,广修三十亩有奇,竹数千竿,花木称是。其北循墙由菜园而入,老屋数楹,名其庄曰"归愚"。阖户而入,名其堂曰"闲闲"。堂之两翼,为读《易》思玄之所。少南,竹柏森翳,有亭曰"翠真"。又南,花木丛茂,有亭曰"仵香"。由竹径行数十步,墙外水声沸然,流入池中,轩之名曰"琴筑",稍西临眺西山;台之名曰"悠然",其东丛书数千卷,蓄琴一张;庵曰"味真",闲闲老人得而乐之。老人仰看山,俯听泉,坐卧对竹松,此其所以乐也……饮酒不至醉,不落晕血,布衣一袭,粝饭一盂,玄易书数册,吟咏终日。有客来则接之,焚香宴坐,与之眇天地之终始,笑梦幻之去来,浮云世事,瞠目不顾。当春和体轻,驾柴车往来隆虑山中,至秋尽乃归……朝廷以半俸优我,乡里以亲旧待我,予何忧哉?因名其园曰"遂初"云。③

读书看花,琴书自乐,粗茶淡饭,浮云世事,享受生活,知足长乐。

二、数间茅舍　投老村家

"数间茅舍,藏书万卷,投老村家",是经历易代之痛、保持传统文人气节的元初大多数士人的选择。

---

① 王寂:《辽东行部志》,张博泉《辽东行部志注释》本,黑龙江人民出版社,1984,第87页。
② 《后汉书》仲长统列传,中华书局,1965,卷四十九。
③ 赵秉文:《遂初园记》,《闲闲老人滏水文集》卷十三。

高士袁易在松江之畔蛟龙浦赭墩筑"静春别墅",正堂称"静春",园外有田畴沃野,烟波四绕,园内壅水成池,累石为山。主人于堂中贮书万卷,日以校书为务,人称其为"静春先生"。

浙江上虞崧厦人顾细二文采卓然,精通天文、历史、地理、人文,交游十分广阔,与大画家赵孟頫交好。宋亡后,坚辞不就元主及好友赵孟頫出仕之请,弃家远行,访得常熟虞山之峰之秀、补溪之水之灵(补溪,现名古浈浜),便效仿陶渊明笔下的五柳先生、杜工部大人古事,于虞山之左、补溪侧畔过起了高士生活,筑室于溪边"风水绝佳"四面环水之野地,取名"补溪草堂"。于是在此,晨耕晚读,侍竹弄柳。

吴中老儒俞琰,宋亡隐居不仕,自号石硐道人,又称"林屋洞天真逸"。喜聚书,隐居南园,把收藏古籍作为第一要务,著书为乐。南园中有老屋数间,皆充古籍、金石。又构建"石硐书隐",专一购藏珍籍秘本,日夕披览。学者称"石硐先生"。家传四世皆读书修行。子俞仲温,又于洞庭西山建"读易楼",藏其遗书。

孙俞桢,字贞木,号立庵,继承藏书甚多。至正壬申(1344 年),俞仲温"始复其故地二亩余",题额"石硐书堂"。有书堂、咏春斋、端居室、盟鸥轩等。王彝《石硐书堂记》曰:

> 有客过其庐间,式之曰:"是南园之居也",乃下而入谒先生。埃于垣之扉,高柳婀娜,拂人衣裳;黄鸟相下上,或翔而萃,或跃而鸣,泠然有醒乎耳焉。晋于扉之阈,丰草披靡,嘉花苾芬,白者、朱者、绚且绮者,秀绿以藉之,甘寒以膏之,洒然有沃乎目焉。升于堂之阶,客主人拜稽首,琚珩璁如,跪起晔如,为席坐东西,条风时如水来,煦客而燠体,冲然有融乎心焉。[1]

胸次悠然,一派高士风范、曾点气象。

元初苟且以仕异族的宋皇室后裔如赵孟頫者,只是该时期的士人另类。赵孟頫,字子昂,自号"松雪道人",书斋和作品集都名"松雪"。他擅长书画,精通文学,通晓音律,熟谙道释,他是宋太祖赵匡胤十一世孙,秦王赵德芳之后。其妻管道升、其子赵雍皆为书画家,外孙王蒙是著名的"元四家"之一。元灭宋后,他受元廷征招,很快做了官,并受到元朝皇帝的信任,最后官至翰林学士承旨。人品为士林不耻。

赵孟頫在吴兴宋代莫氏园之地置别业,名莲花庄。莲花庄"四面皆水,荷花盛开时,锦云百顷"[2],荷池上建凉亭、跨拱桥、叠洲屿,曲径回廊,绿荫森森。庄内建有松雪斋大雅堂、集芳园、晚清阁、鸥波亭、苕上辋川和题山楼等。"松雪斋"前的莲花峰,高约三米左右,上宽下窄,顶部有一簇小石峰,像荷花初开,故名。赵孟頫将之媲美于唐王维的辋川别业,称之为"苕溪辋川"。

---

① 俞贞木:《咏春斋记》,载《吴都文粹续集》卷十八。
② 周密:《癸辛杂识·吴兴园圃》,中华书局,1988,第 9 页。

三、疏淡简拙　容膝自安

"元四家"之一的大画家倪云林，工书擅词翰，性狷介，淡泊名利，孤高自许，人称"倪高士"。倪云林一生不愿为官，"屏虑释累，黄冠野服，浮游湖山间"，元末散巨款广造园林，筑清閟阁、云林草堂、朱阳馆、萧闲馆等。以清閟阁最为著名：

"阁如方塔，三层疏窗，四眺远浦遥峦，云霞变幻，弹指万状。窗外巉岩怪石，皆太湖、灵璧之奇，高于楼堞。松篁兰菊，茏葱交翠，风枝摇曳，凉阴满苔"①，"湘帘半卷云当户，野鹤一声风满林"②。"阁中藏书数千卷，手自勘定，三代鼎彝、名琴、古玉，分列左右，时与二三好友啸咏其间"③。阁前广植碧梧。梧桐，又名青桐，青，清也、澄也，与心境澄澈、一无尘俗气的名士的人格精神同构。碧梧蔚然成林，故倪瓒自号云林。

据明人王锜《寓圃杂记·云林遗事》记载："倪云林洁病，自古所无。晚年避地光福徐氏……云林归，徐往谒，慕其清秘阁，恳之得入。偶出一唾，云林命仆绕阁觅其唾处，不得，因自觅，得于桐树之根，遽命扛水洗其树不已。徐大惭而出。"（图6-7）"洗梧"即"洗吾"，洗襟涤胸之谓也，自此，洗桐成为文人洁身自好的象征，成为园林及其他艺术造型的一大母题。

常熟曹善诚慕云林雅意，在宅旁建梧桐园，园中"种梧数百本，客至则呼童洗之"④，故又名"洗梧园"。

图6-7　倪云林洗桐图

医师仁仲燕居之所有斋名"容膝"，取陶渊明《归去来兮辞》中"审容膝之易安"意，倪云林为之画《容膝斋图》：土坡上杂树五棵，二棵点叶，二棵垂叶，一棵为枯槎无叶，树后是平坡茅亭；中间空白，茫茫湖水；上方远山数叠。充分反映了他简淡疏拙的园林美学思想。

光福徐达佐，是文学家、藏书家，字良夫，亦作良甫，号耕渔子、松云道人，"介乎醇儒与隐士之间的人格"⑤。元末避乱，回到家乡，遁迹邓尉山，"岁祭宴享，会族众

---

① 倪瓒：《倪瓒清閟阁稾》，载顾嗣立《元诗选》初集卷五十八。
② 陈方：《题清閟阁》，载顾嗣立《元诗选》三集卷三十一。
③ 倪瓒：《倪瓒清閟阁稾》，载顾嗣立《元诗选》初集卷五十八。
④ 《重修常昭合志》卷十二，转引自《苏州园林历代文钞》，第260页。
⑤ 《阴山学刊：社会科学版》2013年第2期，第44-48页。

于家,讲论诗书礼乐,升降揖让之礼"。

徐达佐构园自娱,取意"载耕载渔",名耕渔轩①,位于光福古镇西市梢头的西崦湖旁,三面临湖,背倚凤鸣岗,面对虎山桥,左有马驾山,右为龟峰山,邓尉之峰崎其上,具区之流汇于下,湖光山色,皆在襟袖之间。扶疏之林,环抱屋舍;倩葱花木,映带前后;河港村落,棋布田野;龟山宝塔耸立,古镇民居鳞次。松筠橘柚之植,青青郁郁,列圩珣斑。春秋景色更佳,初春之时,万树梅花,芬芳烂漫;初秋之际,桂花绽放,馨香四溢,娱目而使人心旷神怡。

轩内主要建筑有"遂幽轩"等,悠游其间,真有逸尘埃而凌云霄,出阴泏而熙青阳,别有一番天地之感慨。②

高巽志、杨基、唐肃、包大同分别为该园作有《耕渔轩记》、《耕渔轩说》、《耕渔轩铭》。著名画家也纷纷为该园作画、赋诗,朱德润《耕渔轩图》,并题诗云:"寂寂溪山面碧湖,轻舟烟雨钓菰蒲。晚耕岩下看云起,夕偃林间到日晡。汉书自可挂牛角,阮杖何妨挑酒壶。红稻西风鲙鲈美,依依蓐酒待樵苏。"③

倪云林绘《耕渔轩图》,题诗有"林庐田圃,君子攸居"句。作诗近十首,其《晚步良夫南园》:"晚步南园秋满林,苍茫斜日一登临。清池风度摇山影,阴砌蛩悲和客吟。窗下玉琴桐露湿,竹涧幽径野泉侵。云楼不作人间梦,白鹤眠松万里心。"《七日访徐良夫至七宝泉,暮舟还耕渔轩》诗云:"不访城西十月山,桂花风气碧岩间。扁舟夜过溪东宿,七宝泉头日暮还。桂树窗间卧看云,我吹花落紫纶巾。偶来山廨饵苍术,又向红波采白苹。"④

松陵王云浦的渔庄别业,倪瓒曾寄居于此,画有《渔庄秋霁图》:太湖一角的山光水色,近处一小小的土坡上有六株高低不一的树,隔水又有荒荒凉凉的几片浅丘。境界萧疏,空旷中含有孤傲之气被视为元画逸品的代表。

华亭(今上海松江)画家曹知白,善画山水,笔墨疏秀清润,画风简淡。他以画意布局宅园,园林林木平远,溪流曲折,闻名一时,因生性澹泊,不求功名,匾其居曰"常清净"。

四、园池亭榭　觞咏为乐

昆山诗人、画家顾瑛,"尝自题其像曰:儒衣僧帽道人鞋,天下青山骨可埋。遥想少年豪侠处,五陵鞍马洛阳街"⑤,是个三教兼修的人物。他隐居在嘉兴合溪,筑宅园取杜甫《崔氏东山草堂》诗中"爱汝玉山草堂静,高秋爽气相鲜新"句,名"玉山草堂"。园按画意布局,畦田细流,疏林茅亭,草草若经意中而具韵致,表现出文人

---

① 倪云林:《徐良夫耕渔轩》诗,载《清閟阁全集》卷二。
② 李嘉球:《徐达佐江南名园耕渔轩》,苏州日报十二卷021页。
③ 李嘉球:《徐达佐江南名园耕渔轩》,苏州日报十二卷021页。
④ 李嘉球:《徐达佐江南名园耕渔轩》,苏州日报十二卷021页。
⑤ 顾嗣立编《元诗选》(初集)卷六十四。

园幽淡萧疏的园亭风格。

郑元祐《玉山草堂记》记载:"其幽闲佳胜,撩檐四周尽植梅与竹,珍奇之山石、瑰异之花卉,亦旁罗而列。堂之上,壶浆以为娱,觞咏以为乐,盖无虚日焉。"[①]前有轩,名"桃源";中为堂,曰"芝云"。东建"可诗斋",西设"读书舍"。其后是"碧梧翠竹馆""种玉亭"。又有"浣花馆""钩月亭""春草池""雪巢""小蓬莱""绿波亭""绛雪亭""听雪斋""百花坊""拜石坛"等凡二十四处。

"良辰美景,士友群集,四方之士与朝士之能为文辞者,凡过苏必至焉。至则欢意浓洽,随兴所至,罗尊俎陈砚席,列坐而赋……仙翁释子,亦往往而在,歌行比兴,长短杂体,靡所不有。"[②]张大纯《姑苏采风类记》称其"园池亭榭,宾朋声伎之盛,甲于天下"。又说:"园亭诗酒称美于世者,仅山阴之兰亭、洛阳之西园。而兰亭清而隘;西园华而靡。清而不隘,华而不靡者,惟玉山草堂之雅集。"

五、好货好色　秉烛奢靡

元末盛奢靡之风,园林也不乏审美趣味低俗的无行文人和富商,苏州巨富沈万山为其中之最,衣服器具拟于王者。

后园筑三层"秀垣",以美石香木十步筑一亭,花开则饰以彩帛,悬以珍珠。沈万山尝携杯挟妓游于观上,周旋递饮,乐以终日,时人谓之磨饮垣。"墙之里四面累石为山,内为池山,莳花卉,池养金鱼,池内起四通八达之楼……楼之内又一楼居中,号曰宝海,诸珍异皆在焉。山间居则出此处以自娱。楼之下为温室,中置一床,制度不与凡等。前为秉烛轩,取'何不秉烛游'之义也。轩之外皆宝石,栏杆中设销金九朵云帐,四角悬琉璃灯,后置百谐桌,义取百年偕老也……后正寝曰春宵间,取'春宵一刻值千金'之义。以貂鼠为裘,蜀锦为衾,氍毹为帐,极一时之奢侈。"[③]

墙垣楼阁题名皆"磨饮垣""宝海楼""秉烛轩""春宵间"之属,俗不可耐,是有钱缺文化的经济暴发户!

元末运盐为业的张士诚(1321—1367年)兄弟攻占平江(今苏州),并在此建都称吴王。据吴期间也营造了奢华的园池,据《农田余话》记载:

> 张氏割据时……大起宅第,饰园池,蓄声伎,购图画,惟酒色耽乐是从,民间奇石名木,必见豪夺。如国弟张士信,后房百余人,习天魔舞队,珠玉金翠,极其丽饰。园中采莲舟楫,以沉檀为之。诸公宴集,辄费米千石。皆起于微寒,一时得志,纵欲至此。[④]

这是典型的政治暴发户。

---

①　郑元祐撰《侨吴集》卷十《玉山草堂记》。
②　李祁:《云阳集》卷六《草堂名胜集序》。
③　孔迩述:《云蕉馆纪谈》,载《中华野史》明朝卷一,第2页。
④　张紫琳:《红兰逸乘》,载《苏州文献丛抄初编》。

士人园林所以优秀,在于其格调高逸,文化含量大,事实证明,单凭金钱、权势而缺文化的园林只能昙花一现。

第四节　寺观园林的美学思想

契丹族原无佛教信仰,辽太祖天显二年(927年)攻陷了信奉佛教的女真族渤海部,迁徙当地的僧人崇文等五十人到当时都城西楼(后称上京临潢府,今内蒙自治区林东),方特建天雄寺安置他们,宣传佛教。此后,帝室常前往佛寺礼拜,并举行祈愿、追荐、饭僧等佛事,于是,佛教信仰逐渐流行于宫廷贵族之间。至太宗会同元年(937年),辽兼并了佛教盛行的燕云十六州,王朝利用佛教统治汉人,历圣宗、兴宗、道宗三朝(983—1100年),辽代佛教遂臻于极盛。

当时民间最流行的信仰为期愿往生弥陀或弥勒净土,其次为炽盛光如来信仰、药师如来信仰以及白衣观音信仰等。

女真人信仰萨满教,但早在女真函普时就已好佛事,灭辽及北宋后,由于中原佛教的影响,佛教的信仰越加发展,至金章宗更大建佛寺。

元朝统治者除了禁止白莲教和弥勒教,其他宗教都采取兼容并蓄的优礼政策,"明心见性,佛教为深,修身治国,儒、道之切",[①]北方全真教,南方正一教,禅宗、萨满教、喇嘛教、伊斯兰教、基督教等亦皆在国内流行。

总的来说:在精神文化领域,辽代契丹王朝上至皇帝、贵族、官僚,下至平民百姓几乎无不认同和支持佛教,且佛教政策具有明显的非功利化取向,信仰非常虔诚,具有平民化而不世俗化的特点,从佛学思想的角度来讲,辽朝继承了唐代的佛学传统,贵族化的义学宗派兴盛,教义繁琐的华严宗、法相宗占主流,精于思辨,高僧学识渊博,佛学著作理论色彩浓厚,具有国际性影响。在东亚佛教文化圈中居于中心地位,呈现出明显的中世特征。

金代渐渐与世俗化色彩浓厚的宋代佛教趋同,平民化的禅宗、净土宗盛行,佛教依附于世俗政权,带有明显的近世特征。

元代佛教各派当中,吐蕃佛教在朝廷的地位最高,但就全国而言,最为流行的仍是从宋、金流传下来的各派禅宗,临济宗的传播最广。北方的临济宗以海云印简(1202—1257年)一系最为有名,因而后来被元廷封为"临济正宗";南方的临济宗,以师徒相继、阐扬宗风的雪岩祖钦、高峰原妙和中峰明本三人为代表。

一、石窦云庵　锦绣环绕

辽代佛教由于帝室权贵的支持、施舍,寺院经济特别发达。如圣宗次女秦越大

---

① 《元史》卷二十六"仁宗三"。

长公主舍南京(今北京)私宅,建大昊天寺,并施田百顷、民户百家;其女懿德皇后后来又施钱十三万贯。兰陵郡夫人萧氏施中京(今内蒙大名城)静安寺土地三千顷、谷一万石、钱二千贯、民户五十家、牛五十头、马四十匹。其他权贵、功臣、富豪亦多以庄田、民户施给寺院,遂使寺院占有广大的土地和民户,寺院佛事愈盛。

寺院园林比较兴旺,分布在文化比较发达、风景秀丽的山水区,兼具寺院园林和山水园林的特色。

如辽南京(今北京)西山,风景秀丽,泉水清冽,辽时在那里修筑寺园,有的在金章宗时代又进行扩建,成为西山著名行宫。

如大觉寺,金名清水院,为金章宗西山八大水院之一,坐落在风景秀丽的西山,“阳台山者,蓟壤之名峰;清水院者,幽都之胜概。跨燕然而独颖,侔东林而秀出。那罗窟邃,韫性珠以无类;兜率泉清,濯惑尘而不染。山之名,传诸前古;院之兴,止于近代”①。寺院坐西朝东,山门朝向太阳升起的方向。体现了契丹人崇日朝日的建筑格局。在寺院东北的古香道上还有一堵朝向东方的砖砌影壁,上书“紫气东来”四字,也是契丹、女真族“朝日”信仰的反映。

西山还有香山寺,《日下旧闻考》:“香山寺址,辽中丞阿勒弥所舍。殿前二碑载舍宅始末,光润如玉,白质紫章,寺僧目为鹰爪石。”

西山双泉寺也建于辽代,据《日下旧闻考》卷一百四十二《京畿 · 平谷》载:“山在县东北四十里,峰峦峭峻,林谷深邃,有双泉寺,金明昌中建。”碑阳的残碑文记有“辽时蒙赐院额”,证明双泉院至少在辽代就存在。

南京近畿蓟州(今天津蓟县)云泉寺位于花木繁多神山(今天津蓟县翠屏山),“渔阳郡南十里外,东神西赭,对峙二山。下富民居,中广佛寺。前后花果,左右林皋。大小踰二百家,方圆约八九里。每春夏繁茂,如锦绣环绕。”②

蓟县盘山,“岭上时兴于瑞雾,谷中虚老于乔松。奇树珍禽,异花灵草。绝顶有龙池焉,向旱碎而能兴雷雨;岩下有潮井焉,依旦暮而不亏盈缩。于名山之内,最处其佳”③,盘山上下分布着众多的寺院。始建于唐开元年间的祐唐寺(今名千像寺),辽时“乃于僧室之阴,叠磷磷之石,瀹瑟瑟之泉,高广数寻,骈罗万树,薙除沙砾,俯就基垌”④,增建讲堂,同时还叠假山、引山泉,广植树木,营造了一处典型的寺院园林。

易州(今河北省易县)的太宁山,五代、辽初的冯道曾在此隐居,于著名的寺院园林净觉寺附近筑吟诗台,该寺“崇正殿为瞻仰之所,营西堂作演导之场。敞其门闑,备游礼也。高其亭宇,延宾侣也,次有重龛峻室,疎牖清轩,石窦云庵,松扃薜

① 《阳台山清水院藏经记》,载《辽代石刻文编》,河北教育出版社,1995,第332页。
② 《蓟州神山云泉寺记》,载《辽代石刻文编》,河北教育出版社,1995,第358页。
③ 《佑唐寺创建讲堂碑》,载《辽代石刻文编》,河北教育出版社,1995,第89页。
④ 《佑唐寺创建讲堂碑》,载《辽代石刻文编》,河北教育出版社,1995,第90页。

榻。虽寒暑昏晓,更变迭至。而禅颂安居,人无不适。又引北隅之溜泉,历曲砌虚亭。涤垢扬清,响透林壑。寺之背,回峤层峦,隐映殊状,峭拔直起而高者,曰积翠屏。其下特构小殿,即冯道吟诗之故地"。[①] 金代赵秉文《与庞才卿雨中同游太宁山》诗描写其形胜:

群山西来高崔嵬,太宁万叠屏风开。　半天截断参井分,夕阳不到吟诗台。
近都形胜甲天下,况此万斛藏琼瑰。　青蛟百道走玉骨,下赴僧界如奔雷。
泉声夜作雨飞来,冷云滴破烟岚堆。　拍梯可望不可到,石麟冷骨粘莓苔。
塔上一铃时独语,慎勿促装遽如许。　径须携被上方眠,明日颠崖看悬乳。
寺后一峰高更寒,归来驻马更重看。　萧萧易水寒流广,苍茫不见云中山。
西风栗叶高阳道,淡淡长空没孤鸟。　荆卿庙前湿暮萤,昭王台畔沾秋草。
拟豁千秋万古愁,更须一上郡城楼。　西山应在阑干外,注目晴空浩荡秋。[②]

太宁寺是"云萦屋角僧禅静,露下松梢鹤梦醒"[③]。

二、八大水院　流泉飞瀑

金世宗在位二十九年,励精图治,实现了"大定盛世"的繁荣鼎盛,被称为"小尧舜"。1189 年正月皇太孙完颜璟继位,为"金章宗"。金世宗一朝长时间的繁荣稳定为金章宗的奢华游乐奠定了物质基础。章宗在北京的西山一带,选择山势高耸,林木苍翠,有流泉飞瀑,又地僻人稀的山林间修建了"八大水院",有的是在前朝或更早时代建的古刹基址上扩建或重建,也是他在西山的八处行宫,融山水林园与佛寺殿宇于一体。

据史籍所载,八大水院分别为清水院(大觉寺)、香水院(法云寺)、灵水院(栖隐寺)、泉水院(玉泉山芙蓉殿)、潭水院(香山寺)、圣水院(黄普寺)、双水院(双泉寺)及金水院(金仙庵)[④]。

始建于辽代的大觉寺,金朝为金章宗"八大水院"之清水院,保留了东向格局,建得更美丽。山深境幽,泉石殊胜,有以道清泉绕阁而出。《天府广记》记载:"水源头两山相夹,小径如线,乱水淙淙,深入数里,有石洞三,旁凿龙头,水喷其口。右前数十武,土台突兀,石兽甚巨,蹲踞台下。"[⑤]

大觉寺的山泉源自寺外李子峪峡谷,伏流入寺,出龙潭分成两股,沿东高西低地势顺流而下,形成龙潭、石渠、碧韵清池、玉兰院水池、功德池等多处景观。其泉水清洁甘冽,流量稳定,水温常年保持在十二摄氏度左右,富含微量元素,为天然优

① 《易州太宁山净觉寺碑铭》,载《辽代石刻文编》,河北教育出版社,1995,第403-404页。
② 薛瑞兆、郭明志编纂《全金诗》第2册,南开大学出版社,1995,第410页。
③ 王璠:《游太宁寺》,见《中州集》卷八,中华书局,1959,第400页。
④ 苗天娥、景爱:《金章宗西山八大水院考》,文物春秋,2010,第4-5页。
⑤ 孙承泽《天府广记》卷三十五。

质矿泉水。泉水滋润着寺院的一草一木，故院内古树名木繁多，古银杏树最为知名，有享誉京城的"银杏王"，树龄已逾千年，依然枝繁叶茂，高达三十多米，六七个人才能合抱。寺内功德桥头的石狮以及龙潭的石栏板上雕刻的情态各异、活泼多姿的四只石狮子，据专家考证为金代清水院的遗存。此外，寺内无量寿佛殿栏板上有浅浮雕纹饰，从风格看，这些石栏板与望柱，除少量明代补配的外，均为金章宗清水院时期的旧物。

香水院(法云寺)，在海淀区北安河北、妙高峰下，群山环绕，景色幽深，清泉淙淙。明刘侗于奕正《帝京景物略》卷五："过金山口二十里，一石山……小峰屏簇，一尊峰刺入空际者妙高峰，峰下法云寺。寺有双泉，鸣于左右，寺门内浚为方塘。殿倚石，石根两泉源出：西泉出经茶灶，绕中溜；东泉出经饭灶，绕外垣；汇于方塘，所谓香水已……塘之红莲花，相传已久，而偃松阴数亩，久过之。二银杏，大数十围，久又过之。计寺为院时，松已森森，银杏已蟠蟠矣。"明袁中道曾赋诗盛赞双泉："直北西山曲，峰峦似剑芒。近皴飞雨点，高岭入星光。西水浸茶灶，东泉绕饭堂。双流鸣玉雪，滚滚赴黄粱。"①

灵水院(栖隐寺)，位于西山支垄仰山一带山泉绝佳处，山脉蜿蜒起伏，栖隐寺有五峰八亭，竞相争秀，据《帝京景物略》卷七记载："仰山去京八十里……崖壁无有断处，是名仰山岭……曲折上而北，一峰东南有瀑练下，涧水源也。又上又折，是名仰山。山上栖隐寺，金大定寺也。峰五，亭八……又莲花峰下有小释迦塔。"栖隐寺因建于金大定年间，又称大定寺。五峰八亭之名，明翰林院学士刘定之《重修仰山隐栖寺碑记》卷一零四记载：北曰级级峰，言高峻也，有佛舍利塔在其绝顶；西曰锦绣峰，言艳丽也；水外之正南为笔架峰，自寺望之，屹然三尖，与寺门对出乎层青叠碧之表；寺东曰独秀峰，西曰莲花峰。② 八亭分别为：接官亭、回香亭、洗面亭、具服亭、列宿亭、龙王亭、梨园亭、招凉亭。于敏中《日下旧闻考》罗列的"五峰"名与上同。

于奕正《宿仰山栖隐寺》："千峰历尽一峰尊，乱踏秋光到寺门。僧摘霜红供客饷，鸟收残粒怪人喧。断碑半逐荒苔剥，缺碾曾无古药存。欲觅灵苗何处是，依依松火送余温。"③

泉水院(玉泉山芙蓉殿)，"玉泉趵突"为著名的"燕京八景"之一，泉味甘冽，有"天下第一泉"的美称。山上的芙蓉殿(又称芙蓉阁或芙蓉宫)，据史籍记载是金章宗留下的避暑行宫，此处应是金章宗的"泉水院"。

明蒋一葵《长安客话》卷三载："玉泉山顶有金行宫芙蓉殿故址，相传章宗尝避暑于此。兰溪胡应麟游玉泉诗：'飞流望不极，缥缈挂长川。天际银河落，峰头玉井连。波声回太液，云气引甘泉。更上遗宫顶，千林起夕烟。'"又："殿隐芙蓉外，亭开

---

① 刘侗，于奕正：《帝京景物略》卷五《西城外》引，北京古籍出版社，2001，第 225 页。
② 《长安客话》记五峰分别为：独秀峰、翠微峰、紫盖峰、妙高峰、紫薇峰。
③ 刘侗，于奕正：《帝京景物略》卷七。

薜荔中。山光寒带雨,湖色净连宫。作赋携词客,行歌伴钓翁。夕阳沙浦晚,凫雁起秋风。"

清于敏中等《日下旧闻考》卷一〇一载:"静明园在玉泉山之阳,园西山势窈深,灵源浚发,奇征趵突,是为玉泉。山麓旧传有金章宗芙蓉殿,址无考,惟华严、吕公诸洞尚存……"《戴司成集》:"其在山之阳者,泉自下涌,鸣若杂佩,泓澄百顷,合流而入都城,逶迤曲折,宛若流虹。""玉泉山在京西二十余里,山顶悬崖旧刻玉泉二字,水自石罅中出,鸣如杂佩。金章宗行宫芙蓉殿之故址也。"①

"玉泉山以泉名。泉出石罅,潴为池,广三丈许。水清而碧,细石流沙,绿藻紫荇,一一可辨。池东跨小石梁,水经桥下东流入西湖。山顶有金行宫芙蓉殿故址,相传金章宗尝避暑于此。"②

潭水院(香山寺),香山林泉幽美,有"小清凉"的美誉。大定二十六年(1186年)在原辽香山寺基址重建,赐名大永安寺,曾建有金章宗会景楼、祭星台、梦感泉等,泉水潺潺,银杏蟠蟠。

清缪荃孙:《顺天府志》卷七:"旧有二寺,上曰香山,下曰安集。金世宗重道,思振宗风,乃诏有司合为一,于是赐名永安寺。"并详细记载了金代扩建香山寺始末:

昔有上下二院,皆狭隘,凿山拓地而增广之。上院则因山之高,前后建大阁,复道相属,阻以栏槛,俯而不危。其北曰翠华殿,以待临达,下瞰众山,田畴绮错。轩之西叠石为峰,交植松竹,有亭临泉上。钟楼、经藏、轩窗、亭户,各随地之宜。下院之前树三门,中起佛殿,后为丈室、云堂、禅寮、客舍,旁则廊庑、厨库之属,靡不毕兴。千楹林立,万瓦鳞次,向之土木化为金碧,丹砂旃檀,琉璃种种,庄严如入众香之国。

在原有香山寺和安集寺的基础上合而为一重建,不仅寺庙规模宏大,而且佛堂殿宇庄严壮丽,亭台楼阁交相辉映。

明人郭正域《香山寺》诗曰:"寺入香山古道斜,琳宫一半白云遮。回廊小院流春水,万壑千崖种杏花。墙外珠林疑鹿苑,路旁石磴转羊车。四天天上知何处,咫尺轮王帝子家。"③

圣水院(黄普寺),在京西海淀区凤凰岭南线一带,那里"灵山高耸,圣泉中流,真圣境也"④,"远接神山居庸一带,林峦叠翠,溪涧流清,而有金章宗创建之古刹黄普院……敕赐妙觉禅寺"⑤金章宗黄普院,明时称妙觉禅寺,应该是金章宗八大水院中的"圣水院"。这里泉水清澈甘甜,昔日供奉龙王,每逢大旱年,村民到此求雨。

---

① 孙承泽:《天府广记》卷三十五引。
② 吴长元:《宸垣识略》卷十四。
③ 孙承泽:《天府广记》卷四四引。
④ 《敕赐妙觉寺记》碑载。
⑤ 《敕赐妙觉禅寺》残碑记。

双水院(双泉寺),在石景山区天泰山景区,原唐之古道场,专家认为即金章宗的"双水院",山有二泉,故名。东北二里许有黑龙湾,相传为神龙之宅。据《日下旧闻考》卷一四记载,泉水幽胜,甲于他山。双泉寺是否属于金章宗西山八大水院之一,尚有异议。

金水院(金山寺),位于北安河阳台山。以"三绝"闻名于世:一公孙林即银杏,今尚遗存树龄为七百至八百年的古杏;二金山泉,泉水清凉绵甜;三为玉清殿的关帝爷,关公塑像体形敦实,目光严峻,双手抱笏,一台矜持,龛上回龙舞凤。

另外尚有龙泉寺、上方寺等。①

于上可见,金章宗的园林美学思想基本上承袭唐和辽,热爱天然风光,利用自然山水点缀人工建筑。

三、密竹鸟啼邃 清池云影闲

元佛教寺院遍布各地,"凡天下人迹所到,精兰胜观,栋宇相望",据至元二十八年(1291年)宣政院统计,当时境内有寺四万二千余所,僧尼二万一千三百余人,加上伪滥僧尼,至元代中叶,总数在百万左右。

由于帝室对佛教的多方庇护,一些寺院大量兼并土地。世祖忽必烈敕建的大护国仁王寺,在大都等处直接占有的水陆地和分布在河间、襄阳、江淮等处的田产,共达十万顷以上,此外,还有大量的山林、河泊、陂塘。大承天护圣寺,在文宗时一次赐田即达十六万顷。顺帝时又赐十六万顷。一般寺院也都占有数量不等的田地。大德《昌国州图志》记全州共有田土二千九百余顷,其中一千余顷为佛寺道观所占有。江浙行省寺院林立,占有田地数不可知,行省所管寺院佃户即有五十万余户。各地寺院还占据山林为寺产。许有壬《乾明寺记》说:"海内名山,寺据者十八九,富埒王侯。"寺院田土山林,虽然属于寺户,不为私人所有,但实际上为各级僧官所支配。大寺院的僧官即是披着袈裟、富比王侯的大地主。寺院所占的大量田产,除来自皇室赏赐和扩占民田外,也还来自汉人地主的托名诡寄或带田入寺。

忽必烈曾自述:"自有天下,寺院田产,二税尽蠲免之,并令缁侣安心办道。"寺院道观可免除差发赋税,因而汉人地主将私产托名寺院,规避差税。形成一个托名佛教的地主集团。

元《经世大典·工典·僧寺》:"自佛法入中国,为世所重,而梵宇遍天下;至我朝尤加崇敬,室宫制度,如帝王居,而侈丽过之,或赐以内帑,或给以官币,虽所费不赀,而莫与之较,故其甍栋连接,檐宇翚飞,金碧炫耀,亘古莫及。"这些都属于官方吐蕃佛教寺园和临济正宗寺园。

南方临济宗,与此异调,坚持修行的是山林禅,禅僧隐遁于山林丛莽,生活十分简朴。元时苏州城中最负盛名的临济宗禅院"狮子林",就属于元中峰明本一脉的

---

① 苗天娥,景爱:《爱金章宗西山八大水院考》,载《文物春秋》2010年第5期。

南方临济宗。

明本禅师(1263—1323年),号中峰,法号智觉,西天目山住持,钱塘(今杭州)人。明本二十四岁赴天目山,受道于禅宗寺,白天劳作,夜晚孜孜不倦诵经学道,遂成高僧。受到尊奉藏传佛教的蒙古统治者的礼敬,仁宗曾赐号"广慧禅师",又赐金襕袈裟,元文宗又追谥为"智觉禅师",塔号"法云";到了元顺帝初年,更册封中峰明本禅师为"普应国师",并赐谥"普应国师"。憩止处曰幻住山。中峰明本禅师却对此殊荣不屑一顾。蒙古人灭宋,也一举灭掉了众多禅师和士大夫那雍容雅致的禅意,带来的却是血与火的洗礼。在这国破家亡、精神无寄之时,中峰明本禅师以其精纯清澈的禅悟,荦确不凡的风骨气节和离世出尘的文风,振奋了一代士大夫失落的心,为走入穷途的禅宗开启了一方新的天地,赢得了中国僧人和士大夫的尊崇,王公贵族、文人士大夫更趋之若鹜,当时的文坛领袖赵孟頫、冯子振等,无不拜归于明本禅师门下,也赢得了蒙古贵族乃至元朝皇帝的尊崇。

明本大师的老师高峰原妙禅师,是一位通古今之变的高僧,他首革宋代禅宗积弊,不住寺庙而隐居山林,先后在浙江湖州的双髻峰和余杭的西天目山庵居二十余年。特别是在西天目山狮子岩筑"死关"独居,十七年足不出户,行头陀之行,一扫宋代禅宗的富贵和文弱之气,令天下丛林耳目一新。

明本禅师是高峰禅师门下最杰出的弟子,高峰禅师圆寂时,明本禅师已是一代宗师。对于官府和各大丛林的纷纷迎请,明本禅师东走西避,在近三十年的岁月中,流离无定。他常常以船为居,往来于长江上下和黄河两岸,亦或筑庵而居,皆以"幻住庵"为名,聚众说法,毕生以清苦自持,行如头陀,虽名高位尊而不变其节,风骨独卓,众望所归,被尊之为"江南古佛"。明本一系,遂成明清两代中国禅宗的主流,如今禅宗丛林,无不是中峰明本禅师的后世传人。

元代至正二年(1342年),得法于中峰的天如惟则禅师来到苏州,其门人选宋代枢密章楶之子章综宅旧址建庵,因为这里"林木翳密,盛夏如秋,虽处繁会,不异林壑","古树丛篁如山中,幽辟可爱",起名"菩提正宗寺",以供禅师起居之用。

天如其师中峰明本,以及中峰明本的老师高峰原妙,都曾于天目山狮子岩说法,各禅宗教派对传承是否正宗十分看重,惟则禅师取狮子林之名,以示师承渊源。狮子为佛国神兽,生于非洲和亚洲的西部,它的吼声很大,有"兽王"之称。《景德传灯录》:"释迦佛生时,一手指天,一手指地,作狮子吼云,天上地下,唯我独尊。"佛教中比喻佛说法时震慑一切外道邪说的神威叫"狮子吼",《维摩经·佛国品》:"演法无畏,犹狮子吼。其所讲说,乃如雷震。"据元朱德润《师子林图序》记载,维则名此寺为狮子林,并非完全为表示师承,也不是借狮子"摄伏群邪",更不是一般所说的石形如狮,他说"石形偶似"而已,真正的目的是借形似狮子的石峰,表达了面对"世道纷嚣"其禅意可以"破诸妄,平淡可以消诸欲";以"无声无形"托诸"狻猊"以警世人。"林"为"丛林"之约称,"丛林"梵语"贫婆那",指挂单接众可以安僧办道的大寺院,唐僧怀海(720—814年)始称"寺院"为"丛林"。"丛林"之意,据《禅林宝训音义》

说是取喻草木之不乱生乱长,表示其中有规矩法度云;《大智度论》认为众僧共住"如大树丛聚,是名为林"。"狮子林"就是禅宗寺院之意。

丛林制度,最初只有方丈、法堂、僧堂和寮舍。以住持为一众之主,非高其位则其道不严,故尊为长老,居于方丈。不立佛殿,唯建法堂。所集禅众无论多少,尽入僧堂,依受戒先后腊次安排。行普请法(集体劳动),无论上下,均令参加生产劳动以自给。又置十务(十职),谓之寮舍;每舍任用首领一人,管理多人事务,令各司其局①。

传为禅宗祖师的几代修行的是山林禅,禅僧隐遁于山林丛莽,要求从青山绿水中体察禅味,从人自身的行住坐卧日常生活中体验禅悦,在流动无常的生命中体悟禅境,从而实现生命的超越,精神的自由。因此,他们都宿在孤峰,端居树下,于山林丛莽中,终朝寂寂、静坐修禅,生活十分简朴。禅宗认为,只有通过绳床瓦灶式的生活,才能令僧徒体悟到自然与生命的庄严法则。

狮子林初建时,"林中坡陀而高,石峰离立,峰之奇怪,而居中最高,状类师子(图6-8),其布列于两旁者",有含晖、吐月、立玉、昂霄等诸峰,最高为狮子峰。在废园旧屋遗址上置石磴称作栖凤亭;有洼地安石梁小飞虹,结茅作方丈室,称禅窝;立雪堂为传法之堂;卧云室为燕居之室,还有指柏轩、问梅阁、冰壶井、玉鉴池。

图 6-8　狮子峰(明徐贲)

---

① 释道原:《景德传灯录》卷六《禅门规式》。

惟则等僧人"就树下作小屋数间","二时粥饭仰给于施,不足则持钵以补之。诸方公选私举一皆谢绝。日与同志之士收拾天目山萝卜头苋菜根,东咬西嚼聊以自娱","柴床地炉煨芋酌水相娱"、"师子林下无足夸。地炉烧柏子,蒿汤当点茶。雪中客至煨芋作供次。"①

由于"信慕之士相率相过请法请戒,而室隘无足容","又动东偏别筑之念",到"癸未(1343年)十月……门外桧行之侧各作矮砖墙。开二小门入东西圃。小池四岸叠以蛮石,而青石盖之。绕池石阑之外作小街道。池南种竹数个。池北撤去旧篱。古柏临池如盖,树下洒扫列瓦鼓为数客坐处。"禅僧从青山绿水中体察禅味,从绳床瓦灶式的行住坐卧等日常生活中体验禅悦,体悟到自然与生命的庄严法则,体悟禅境,从而实现生命的超越,精神的自由。

据元危素的《师子林记》载,元代狮子林的建筑主要有:

燕居之室曰"卧云",传法之堂曰"立雪"……今有"指柏"之轩、"问梅"之阁,盖取马祖、赵州机缘以示其采学。曰"冰壶"之井、"玉鉴"之池,则以水喻其法云。师子峰后结茅为方丈,扁其楣曰"禅窝",下设禅座,上安七佛像,间列八镜,镜像互摄,以显凡圣交参,使观者有所警悟也。

据明洪武五年秋高启《狮子林十二咏·序》,言狮子林"其规制特小,而号为幽胜,清池流其前,崇丘峙其后,怪石膏幸而罗立,美竹阴森而交翳,闲轩净室,可息可游,至者皆栖迟忘归,如在岩谷,不知去尘境之密迩也……清泉白石,悉解谈禅,细语粗言,皆堪人悟。"所咏景有师子峰、含晖峰、吐月峰、小飞虹、禅窝、竹谷旧名栖风亭、立雪堂、卧云室、指柏轩、问梅阁、冰壶井等。

禅寺虽简陋,"而狮子林泉益清,竹益茂,屋宇益完。人之来游而纪咏者益众"②。

禅宗强调"我佛一体"、直心见性之学说,认为人人皆有佛性,所谓一花一叶,无不从佛性中自然流出,一色一香,皆能指示心要、妙悟禅机。"青青翠竹,尽是法身;郁郁黄花,无非般若(智慧)";所谓"衣以表信,法乃印心",法衣作为信物,代代相传;法是以心传心,令人自悟,达到"佛"的最高境,这个"佛",不是释迦牟尼,而只存在于自己的精神世界。

既然"心外无佛",也无"净土",只有"净心",就无需佛殿。佛教立教之初本来没有佛像,也不允许造佛像的。因为佛家还有基督教,伊斯兰教等许多宗教,都认为有形的物体不可能长存不灭,所以反对立像。

现存狮子林保留了禅窝遗址及立雪堂、卧云室、指柏轩、问梅阁、玉鉴池等旧名,还有以"公案"命名的景点,依稀可见元末明初临济宗禅寺的原初风貌。

---

① 惟则:《师子林即景十六首》,见续藏经710部师子林天如和尚语录卷八。

② 高启:《师子林十二咏序》。

取意于唐方干《赠江南僧》诗中"继后传衣钵,还须立雪中"句意的传法之所立雪堂,取《景德传灯录》禅宗二祖慧可初次参见菩提达摩人的故事,言参见当天夜间适逢雨雪交加。但他求师心切,不为所动,恭候不懈。至天明,积雪已没及膝盖。菩提达摩见其求道诚笃,终于收他为弟子,授于《楞伽经》四卷。又传慧可自断手臂,终于感动了达摩,于是上前问他:"你究竟想求什么?"答:"弟子心未安,请大师为我安心。"曰:"请把你的心带来,我就能为你安心。"慧可陷入沉思,良久曰:"我虽尽力寻思,但这心实在是难以捉摸。"达摩见其已开悟,便点醒说:"我已为你安心了!"其实,这一所谓佛门故事明显脱胎于儒家"程门立雪"。

取自禅门中最为热门的话题的"指柏"轩,僧问赵州从稔禅师:"'如何是祖师西来意?'师曰:'庭前柏树子。'曰:'和尚莫将境示人?'师曰:'我不将境示人?'曰:'如何是祖师西来意?'师曰:'庭前柏树子。'"①

禅僧对什么是祖师西来意、什么是佛法大意的回答,反映了禅宗思想体系的四个最重要的部分:本心论、迷失论、开悟论、境界论。

问梅阁则取禅宗公案马祖问梅、赞"梅子熟了"这则故事:《五灯会元》卷三载,马祖道一禅师的弟子法常,初参马祖道一时,听到马祖说"即心即佛",当即大悟,于是便到大梅山去作主持,后称大梅法常禅师。马祖听说大梅法常住山后,想了解他领悟的程度,便派一名弟子去问大梅法常,曰:"你住此山,究竟于马祖大师处领悟到什么?"法常说:"马祖大师教我即心即佛。"那弟子说:"马祖大师近日来佛法有变,又说'非心非佛'。"法常说:"这老汉经常迷惑人,不知要到何日。他说他的'非心非佛',我只管'即心即佛'。"法常从明心见性、我即是佛的禅悟中,由自心自性这一核心出发,已经获得了自我的精神觉醒,领悟到人生的宇宙的永恒真理,已经把握住了自己的生命本性,自足、宁静,能打破偶像与观念的束缚,不受外在世界人事、物境的牵累。所以当那弟子回寺院告诉马道一时,马祖道一禅师赞许地对众弟子说:"大众,梅子熟了!"即谓大梅法常对"非心非佛"和"即心即佛"不二之理已经了悟。

渗透禅理的大假山,约占全园面积的七分之一,是中国早期洞壑式假山群的唯一遗存。著名历史学家顾颉刚(1893—1980年)先生觉得:"此处传为倪云林手叠,享高名者,今观之,乃不过择玲珑巨石,各各植立,犹之桌子上陈列古董耳。天下固无如是之山。此处只可称之曰石林,而不可称之曰假山。意者倪氏之意只在表见数十巨石之美,而志不在拟山,或元代园林艺术固以如此为极诣,而今在他处所见因为元、明来日益进步者乎?"②

卧云室为寺僧静坐敛心、止息杂虑的禅室,位于假山中央的平地中。四周环以酷似群狮起舞的峰峦叠石,小楼恰似卧于峰峦之上。古人以云拟峰石,故小楼如卧

---

① 释道原:《五灯会元》卷四。
② 顾颉刚:《苏州史志笔记》,江苏古籍出版社,1987,第78页。

云间。旧时狮子林有"密竹鸟啼邃清池"、"万竿绿玉绕禅房",与《洛阳伽蓝记》永明寺中"庭列修竹,檐拂高松"一样,修竹乃营造佛禅氛围的植物。今修竹飞阁、通波,一面依叠石,三面环流水。阁旁仍有丛竹摇曳,旧时风貌依稀可见。

狮子林如海方丈乃"以高昌宦族,弃膏粱而就空寂"[①]者,他仰慕倪云林高士之名,洪武六年(1373年),请为狮子林作图,云林亦爱其萧爽,乃为狮子林绘图,并作五言诗:"密竹鸟啼邃,清池云影闲。茗雪炉烟袅,松雨石苔斑。心情境恒寂,何必居在山。穷途有行旅,日暮不知还。"倪在自题《狮子林》跋文中说:"余与赵君善长以意商榷作师子林图,真得荆、关遗意,非师蒙辈所能梦见也。"

据钱培兴《狮子林图卷》称,园景概括,笔简气壮,景少而意长。翠竹、秋山、寒林、寺居,气势雄伟苍凉,显示了独特风貌。元时狮子林淡静幽旷,与倪云林枯寒清远的画风相似(图6-9)。

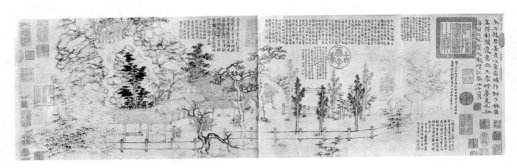

图 6-9　倪瓒狮子林图

小　结

辽金元时期南方士人园林美学思想大致具有与两宋相似的美学风貌,简素雅朴;富丽奢华、格调低俗者唯见元末那些政治、经济暴发户的园林。皇家园林则除了带有山林草原风味外,大多带有若干对两宋宫苑模仿的痕迹,"一池三岛"的秦汉典范,依然在元代宫苑出现。

---

① 　高启:《狮子林十二咏·序》。

参 考 文 献

[1] 杨伯峻. 春秋左传注[M]. 北京:中华书局,1981.

[2] 徐元浩. 国语集解[M]. 北京:中华书局,2002.

[3] 司马迁. 史记[M]. 北京:中华书局,1975.

[4] 班固著,王先谦补注. 汉书补注[M]. 北京:中华书局,1983.

[5] (宋)范晔著,王先谦撰. 后汉书集解[M]. 北京:中华书局,1984.

[6] 萧统编. 文选[M]. 北京:中华书局,1977.

[7] 陶渊明著,逯钦立校注. 陶渊明集[M]. 北京:中华书局,1979.

[8] 刘勰. 文心雕龙[M]. 北京:人民文学出版社,1958.

[9] 令狐德棻,长孙无忌,魏征等. 隋书[M]. 北京:中华书局,1973.

[10] (隋)侯白著,曹林娣、李泉辑注. 启颜录[M]. 上海:上海古籍出版社,1990.

[11] 刘昫. 旧唐书[M]. 北京:中华书局,1975.

[12] 欧阳修等撰. 新唐书[M]. 北京:中华书局,1975.

[13] 欧阳修等撰. 新五代史[M]. 北京:中华书局,1974.

[14] 薛居正等撰. 旧五代史[M]. 北京:中华书局,1976.

[15] 脱脱等撰. 宋史[M]. 北京:中华书局,1985.

[16] 脱脱等撰. 辽史[M]. 北京:中华书局,1974.

[17] 宋濂等撰. 元史[M]. 北京:中华书局,1976.

[18] 脱脱等撰. 金史[M]. 北京:中华书局,1975.

[19] 吴兢编. 贞观政要[M]. 北京:中华书局,2009.

[20] 马端临. 文献通考[M]. 北京:中华书局,1986.

[21] 王夫之. 读通鉴论[M]. 北京:中华书局,1975.

[22] 司马光. 资治通鉴[M]. 民国十八年商务印书馆影印本.

[23] 宋联奎等辑. 关中丛书[M]. 台北:台北艺文印书馆,1970.

[24] 徐松著,张穆校补,方严点校. 唐两京城坊考[M]. 北京:中华书局,1985.

[25] 康骈撰. 剧谈录[M]//《景印文渊阁四库全书》.

[26] 李浩. 唐代别业考[M]. 西安:西北大学出版社,1998.

[27] 曹林娣、李泉辑注. 启颜录[M]. 上海:上海古籍出版社,1990.

[28] 上海古籍出版社编. 唐五代笔记小说大观本[M]. 上海:上海古籍出版社2000.

[29] 彭定求等修. 全唐诗[M]. 北京:中华书局,1960.

[30] 王维撰,赵殿成笺注. 王右丞集笺注[M]. 上海:上海古籍出版社,1992.

[31] 欧阳詹. 欧阳行周文集[M]//四部丛刊据明正德刻本影印.

[32] 韩愈.韩昌黎全集[M].北京:中国书店,1991.

[33] 董诰,阮元,徐松等编.全唐文[M].北京:中华书局,1983年影印嘉庆本.

[34] 柳宗元.柳河东全集[M].北京:北京燕山出版社,1996.

[35] 柳宗元著,尚永亮、洪迎华编.柳宗元集[M].北京:商务印书馆,2007.

[36] 刘禹锡.刘禹锡集遗文补遗[M].上海:上海人民出版社,1975.

[37] 李德裕.李文饶别集[M].四部丛刊据明刻本影印.

[38] 张泊.贾氏谈录[M].永乐大典本.

[39] 白居易著,朱金城笺校.白居易集笺校.上海:上海古籍出版社,1988.

[40] 元结.唐元次山文集[M].明郭勋刻本.

[41] (明)高棅编辑.唐诗品汇[M].上海:上海古籍出版社,1982年影印本.

[42] 吴乘权编辑.纲鉴易知录[M].北京:中华书局,1960.

[43] 李焘.续资治通鉴长编[M].北京:中华书局,1979.

[44] 毕沅.续资治通鉴[M].北京:中华书局,1957.

[45] 钱易撰.南部新书[M]//《景印文渊阁四库全书》.

[46] 李昉撰.大平广记[M]//《景印文渊阁四库全书》。

[47] 李攸.宋朝事实[M].永乐大典本.

[48] 王永熙.宋代文学通论[M].河南:河南大学出版社,1997.

[49] 曾枣庄,刘琳编.全宋文[M].上海:上海辞书出版社,2006.

[50] 北京大学古文献研究所编纂.全宋诗[M].北京:北京大学出版社,1998.

[51] 苏轼.苏东坡全集[M].北京:北京燕山出版社,2009.

[52] 陈迩冬选.苏轼诗选[M].北京:北京人民文学出版社,1957.

[53] 王辟之.渑水燕谈录[M].四库全书本.

[54] 王禹偁.小畜集[M].吉林出版集团,2005.

[55] 朱熹.晦庵先生朱文公文集[M].四部丛刊本.

[56] 李清照.李清照集校注[M].北京:人民文学出版社,1979.

[57] 丁傅靖编.宋人轶事汇编[M].北京:中华书局,2003.

[58] 陶宗仪编.说郛[M].清顺治三年(1646)宛委山堂刻本.

[59] 欧阳修.欧阳修诗文集校笺[M].上海:上海古籍出版社,2009.

[60] 林逋.林和靖集[M].浙江:浙江古籍出版社,2012.

[61] 郭绍虞编撰.宋诗话辑佚[M].北京:中华书局,1980.

[62] 苏舜钦.苏舜钦集编年校注[M].四川:巴蜀书社,1990.

[63] 王明清撰.挥麈后录[M].北京:中华书局,1961.

[64] 欧阳询等编纂、汪绍楹校.艺文类聚[M].上海:上海古籍出版社,1965.

[65] 李昉,徐铉,宋白等编.文苑英华[M].北京:中华书局,1966.

[66] 李昉,李穆,徐铉等学者奉敕编纂.太平御览[M].北京:中华书局,1960.

[67] 沈括.梦溪笔谈[M].北京:文物出版社,1975.

[68] 朱长文.吴郡图经续记[M].江苏:江苏古籍出版社1986.

[69] 顾炎武.日知录[M].上海古籍出版社影印本.

[70] 吴自牧. 梦梁录[M]. 浙江:浙江人民出版社,1980.

[71] 孟元老. 东京梦华录[M]. 北京:中国建筑工业出版社,2013.

[72] 谢维新.《古今合璧事类备要》后集[M]. 四库全书本.

[73] 田汝成. 西湖游览志[M]. 上海:上海古籍出版社,1980.

[74] 张岱. 西湖梦寻[M]. 北京:中华书局,2011.

[75] 周密. 武林旧事[M]. 内府藏本.

[76] 周密. 癸辛杂识[M]. 北京:中华书局,1988.

[77] 毕沅. 续资治通鉴[M]. 北京:中华书局,1957.

[78] 楼钥. 攻媿集[M]. 丛书集成本.

[79] 辛弃疾著,徐汉明编. 新校编辛弃疾全集[M]. 湖北:湖北人民出版社,2007.

[80] 陈亮. 陈亮集(增订本)[M]. 北京:中华书局,1987.

[81] 韩元吉. 南涧甲乙稿[M]. 四库全书本.

[82] 洪适. 盘洲文集[M]. 北京:北京图书馆出版社,2004.

[83] 叶适. 水心先生文集[M]. 四部丛刊本.

[83] 朱长文. 吴郡图经续记[M]. 江苏:江苏古籍出版社,1986.

[84] 范成大. 骖鸾录[M]. 北京:商务印书馆,1936.

[85] 范成大. 揽辔录[M]. 网络版.

[86] 范成大. 吴郡志[M]. 江苏:江苏古籍出版社,1986.

[87] 叶梦得. 避暑录话[M]. 明代津逮秘书本.

[88] 朱熹著,陈俊民校编. 朱子文集[M]. 德富文教基金会,2000.

[89] 沈括. 长兴集[M]. 四部丛刊本.

[90] 洪迈. 容斋随笔[M]. 上海:上海古籍出版社,1996.

[91] 祝穆. 古今事文类聚[M]. 影印文渊阁四库全书本.

[92] 于慎行. 谷山笔麈[M]. 北京:中华书局,1997.

[93] 贾敬颜编. 五代宋金元人边疆行记十三种疏证稿[M]. 北京:中华书局,2004.

[94] 宇文懋昭撰,崔文印校证. 大金国志[M]. 北京:中华书局,1986.

[95] 顾炎武. 历代宅京记[M]. 北京:中华书局,1994.

[96] 于敏中等编纂. 日下旧闻考[M]. 北京:北京古籍出版社,1983.

[97] 孙承泽. 天府广记[M]. 北京:北京古籍出版社,2001.

[98] 刘侗,于奕正. 帝京景物略[M]. 北京:北京古籍出版社,2001.

[99] 吴长元. 宸垣识略[M]. 北京:北京古籍出版社,1982.

[100] 李有棠撰. 金史纪事本末[M]. 北京:中华书局,1980.

[101] 陶宗仪. 南村辍耕录[M]. 北京:中华书局,1959.

[102] 洪皓. 松漠记闻[M]. 沈阳:辽沈书社,1985.

[103] 王寂著,张博泉注释. 辽东行部志注释[M]. 哈尔滨:黑龙江人民出版社,1984.

[104] 车吉心主编. 中华野史全集[M]. 济南:泰山出版社,2011.

[105] 向南. 辽代石刻文编[M]. 河北:河北教育出版社,1995.

[106] 薛瑞兆,郭明志编纂. 全金诗[M]. 天津:南开大学出版社,1995.

[107] 赵秉文. 闲闲老人滏水文集[M]. 北京:商务印书馆,1936.

[108] 顾嗣立编. 元诗选[M]. 北京:中华书局,1987.

[109] 倪瓒. 清閟阁全集[M]. 上海:上海书店出版社,1994 影印本.

[110] 顾嗣立编. 元诗选(初集)[M]. 北京:中华书局,1987.

[111] 郑元祐撰. 侨吴集[M]. 北京:北京图书馆古籍珍本丛刊影印弘治九年刊本.

[112] 朱光潜. 朱光潜美学文学论文选集[M]. 长沙:湖南人民出版社,1980.

[113] 梁思成. 中国建筑史[M]. 天津:百花文艺出版社,1998.

[114] 刘敦桢. 中国古代建筑史[M]. 北京:中国建筑工业出版社,1980.

[115] 刘叙杰主编. 中国古代建筑史[M]. 北京:中国建筑工业出版社,2009.

[116] 周维权. 中国古典园林史[M]. 北京:清华大学出版社,1999.

[117] 张家骥. 中国造园艺术史[M]. 太原:山西人民出版社,2004.

[118] 范文澜,蔡美彪. 中国通史[M]. 北京:人民出版社,1994.

[119] 钱钟书. 管锥编[M]. 北京:中华书局,1979.

[120] 黄仁宇. 中国大历史[M]. 北京:三联书店,2002.

[121] 宗白华. 美学散步[M]. 上海:上海人民出版社,1997.

[122] 朱光潜. 谈美书简二种[M]. 上海:上海文艺出版社,1999.

[123] 李泽厚,刘纲纪主编. 中国美学史[M]. 北京:中国社会科学出版社,1987.

[124] 李泽厚. 美的历程[M]. 北京:文物出版社,1982.

[125] 袁行霈主编. 中国文学史[M]. 北京:高等教育出版社,1999.

[126] 陈寅恪. 金明馆丛稿[M]. 上海:上海古籍出版社,1980.

[127] 钱穆. 国史大纲[M]. 北京:商务印书馆,1994.

[128] 钱穆. 中国文化史导论[M]. 北京:商务印书馆,1994.

[129] 王国维. 观堂集林[M]. 北京:中华书局,2004.

[130] 张岱年. 晚思集:张岱年自选集[M]. 北京:新世界出版社,2002.

[131] 宗白华. 宗白华全集[M]. 合肥:安徽教育出版社,1996.

[132] 宗白华. 美学散步[M]. 上海:上海人民出版社,1981.

[133] 曹林娣. 中国园林文化[M]. 北京:中国建筑工业出版社,2005.

[134] 吴钩. 宋:现代的拂晓时辰[M]. 桂林:广西师范大学出版社,2015.

[135] 周良霄,顾菊英. 元代史[M]. 上海:上海人民出版社,1993.

[136] 伊永文. 宋代市民生活[M]. 北京:中国社会出版社,1999:163-184.

[137] 郑午昌. 中国画学全史[M]. 台北:东方出版社,2008.

[138] 葛兆光. 禅宗与中国文化[M]. 上海:上海人民出版社,1986.

[139] 姚瀛艇. 宋代文化史[M]. 郑州:河南大学出版社,1992.

[140] 侯迺慧. 唐宋时期的公园文化[M]. 台北:东大图书公司,1997.

后 记

　　本卷探索自隋唐至辽金元的园林美学思想脉络。隋盛唐园林美学思想具有开创性、拓展性，着重对自然山水的利用、改造，气势恢弘；中唐至两宋园林美学思想在禅宗美学思想影响下，进一步向精神层面拓展深入，特别是两宋园林"所显示的蓬勃进取的艺术生命力和创造力，达到了中国古典园林史上登峰造极的境地"[①]，中国园林美学思想体系已经完备；辽金元时期的园林美学思想出现了一些游牧民族文化的元素，但由于各民族文化在长期的冲突中的交融，以及辽金元统治者对唐宋文化的倾慕和仿效，园林美学思想特别是士大夫文人的审美理想大多得以延续。为明和盛清园林美学思想理论体系的建设奠定基础。

　　本卷所涉一千多年历史，朝代更替频繁，史料众多，耙梳整理颇费时日，虽由两人合作而成，但挂一漏万之处仍旧难免，恳请专家补正。书中所论观点，也欢迎方家不吝赐教。

曹林娣　沈岚

2015 年 10 月

　　①　周维权：《中国古典园林史》，清华大学出版社，2008，第 350 页。